甘肃省农业科学院年鉴

GANSU ACADEMY OF AGRICULTURAL SCIENCES YEARBOOK

2020

甘肃省农业科学院办公室　编

中国农业出版社
北　京

1月15日，在省委农村工作会议期间，由甘肃省农业科学院承办的农业科技成果推介展示暨转移转化签约活动在兰州宁卧庄宾馆成功举办。甘肃省委副书记孙伟、省人大常委会副主任马青林、副省长常正国、省政协副主席尚勋武出席活动和签约仪式。

6月9日，甘肃省农业科学院党委书记魏胜文在贾山村向省委常委、统战部部长马廷礼汇报帮扶工作。

11月18日，省委常委、省委秘书长石谋军（现任省委常委、省委秘书长、省政府党组副书记、副省长）到甘肃省农业科学院走访调研，图为参观农业科技馆。

9月16日，甘肃省农业科学院举行西北种质资源保存与创新利用中心开工仪式。省政协副主席尚勋武出席仪式并宣布西北种质资源保存与创新利用中心开工。

7月30日，中国工程院院士、华中农业大学教授傅廷栋，华中农业大学校长李召虎带领作物遗传改良重点实验室、植物科学技术学院负责人及有关专家一行来甘肃省农业科学院调研交流。

8月28日，中国工程院院士、中国农业大学教授张福锁，中国农业大学教授李隆、张卫峰一行来甘肃省农业科学院土肥所武威绿洲农业试验站观摩交流，院党委书记魏胜文陪同观摩。

9月23日，甘肃省智慧农业研究中心揭牌仪式在甘肃省农业科学院隆重举行。图为中国工程院院士、国家农业信息化工程技术研究中心主任赵春江和甘肃省农业科学院院长马忠明为甘肃省智慧农业研究中心揭牌。

1月16—17日，甘肃省农业科学院召开2020年工作会议，院长马忠明代表院领导班子作了题为《优化资源促创新 健全机制抓转化 为全省现代农业高质量发展提供科技支撑》的工作报告。

2月5—7日，甘肃省农业科学院领导班子成员分别带队，走访慰问了老干部、老党员、劳动模范和困难职工。

2月24日，中国农业银行甘肃省分行党委书记、行长王霄汉一行来甘肃省农业科学院座谈交流并洽谈合作事宜。院长马忠明主持座谈会，副院长宗瑞谦以及院办公室、财务资产管理处、科技成果转化处、后勤服务中心负责人参加了座谈。

3月4日，窑街煤电集团有限公司董事长张炳忠一行来甘肃省农业科学院调研交流院企合作事宜。院长马忠明主持座谈会，副院长贺春贵，科研管理处、科技成果转化处负责人以及土肥所相关科技人员参加了座谈。

3月10日，甘肃省农业科学院党委书记魏胜文参加镇原县全面高质量打赢脱贫攻坚战誓师大会。

3月13—15日，甘肃省农业科学院党委书记魏胜文、院长马忠明带领院办公室、人事处及财务资产管理处负责人赴黄羊试验场和张掖试验场调研，并在现场办公。

3月26日，甘肃省农业科学院在镇原县方山乡组织开展了捐赠农资农机发放活动，院长马忠明、副院长李敏权出席发放仪式。

4月9—12日，甘肃省农业科学院院长马忠明一行赴张掖市临泽县和酒泉市肃州区、玉门市、瓜州县等地开展技术服务对接和产业发展调研。

4月16日，中国人寿财险甘肃省分公司主要负责人罗成有、党委委员王文彬一行来甘肃省农业科学院洽谈合作事宜并签署战略合作协议。

4月24日，甘肃省农业科学院与甘肃农垦亚盛薯业集团天润公司举行马铃薯科研成果转化项目合作签约暨授牌仪式，院长马忠明出席仪式并讲话。

4月26日，海南省农业科学院党委书记、院长张治礼及副院长张春义一行来甘肃省农业科学院交流并座谈。图为甘肃省农业科学院院长马忠明陪同参观农业科技馆。

4月30日，甘肃省农业科学院院长马忠明一行，赴甘肃农业职业技术学院调研交流并签订战略合作协议。图为马忠明与甘肃农业职业技术学院党委书记、院长冉福祥互授人才培养基地牌匾。

5月20—22日，甘肃省农业科学院党委书记魏胜文赴张掖、黄羊、榆中试验场出席试验场干部宣布会议，调研疫情期间试验场生产经营工作情况，并就全面从严治党加强党的建设工作开展专项约谈。

5月21—27日，全国政协委员、甘肃省农业科学院院长马忠明参加全国政协第十三届三次会议。

6月4日，省科技厅副厅长巨有谦一行来甘肃省农业科学院，就国家引才引智工作开展调研，并为“甘肃省农科院（畜草与绿色农业研究所）国家引才引智示范基地”授牌。甘肃省农业科学院院长马忠明出席会议。

6月8—12日，甘肃省农业科学院院长马忠明带队，副院长贺春贵、宗瑞谦，纪委书记陈静，院机关各处室和各研究所负责人等组成观摩检查组，现场观摩检查在陇南、中部片区实施的重大项目执行进展及综合试验站建设发展等情况。

6月19日，甘肃省农业科学院举行2020年甘肃省“最美家庭”授牌仪式，院党委书记魏胜文、院长马忠明出席仪式并授牌，仪式由院党委委员、副院长、院工会主席李敏权主持。

7月14日，甘肃省农业科学院召开2020年上半年工作总结会，院长马忠明全面回顾总结了全院上半年各项工作进展情况，安排部署了下半年重点工作任务。

8月2日，甘肃省农业科学院在镇原县方山乡举办马铃薯种植技术现场观摩活动，院长马忠明，副院长贺春贵出席活动。

8月3—9日，由省委组织部主办，省一级干部教育培训省农科院基地承办的全省乡村振兴专题培训班在甘肃省农业科学院成功举办。

8月15日，由甘肃省农业科学院和兰州新区管委会主办、甘肃省农业科学院作物研究所和兰州新区秦川园区管委会共同承办的甘肃省农业科学院秦王川现代农业综合试验站“科技开放周”启动仪式在兰州新区秦川园区隆重举行。

8月27—29日，甘肃省农业科学院院长马忠明一行赴西藏调研马铃薯产业发展，并在西藏自治区农牧科学院举办了“陇薯入藏”品种推介及产业需求座谈会。

9月11日，甘肃省农业科学院召开深化科技领域突出问题集中整治专项巡察动员部署会。

9月23日，由甘肃省农业科学院承办的第二届甘肃省农业科技成果推介会隆重开幕。图为甘肃省农业科学院党委书记魏胜文主持推介会开幕式。

9月23日，由甘肃省农业科学院承办的第二届甘肃省农业科技成果推介会隆重开幕。图为甘肃省农业科学院院长马忠明致辞。

9月23日，国家农业信息化工程技术研究中心甘肃省农业信息化示范基地揭牌仪式在甘肃省农业科学院隆重举行。图为甘肃省农业科学院党委书记魏胜文和国家农业科技创新联盟办公室副主任庄严为甘肃省农业信息化示范基地揭牌。

9月23日，智慧农业专家工作站揭牌仪式在甘肃省农业科学院隆重举行。图为甘肃省科技厅成果处处长王晓光和甘肃省农技推广总站站长赵贵宾为智慧农业专家工作站揭牌。

9月24日，由甘肃省农业科技创新联盟主办、甘肃省农业科学院承办、中国农业银行股份有限公司甘肃省分行等8家单位协办的第二届甘肃省农业科技成果推介会“一带一路与乡村振兴”论坛在甘肃省农业科学院成功举办。

9月24—27日，全国政协委员、甘肃省农业科学院院长马忠明参加住甘全国政协委员考察团赴浙江省考察学习活动。

9月21—25日，甘肃省农业科学院成功举办第四届文化艺术节，隆重庆祝新中国成立71周年，颂扬党的丰功伟绩，讴歌祖国的辉煌成就，唱响时代主旋律，营造全院积极向上的文化氛围。

9月21日，甘肃省农业科学院第四届文化艺术节开幕。

9月21日，甘肃省农业科学院第四届文化艺术节“唱农科梦想、谱时代华章”合唱比赛拉开帷幕。

9月25—26日，甘肃省农业科学院党委书记魏胜文参加第二十一次全国皮书年会（2020），并应邀担任“行业类皮书高质量发展：研创与引领”平行论坛的主持人以及大会闭幕式主持人。会上，甘肃省农业科学院组织研创的《甘肃农业现代化发展研究报告（2019）》荣获“优秀皮书奖”三等奖。

11月1—2日，甘肃省农业科学院院长马忠明、副院长贺春贵一行赴山东省农业科学院调研成果转化工作。

11月6日，由甘肃省农业科学院畜草与绿色农业研究所牵头、相关企业共同发起的甘肃省藜麦种植行业协会成立大会暨第一次会员代表大会在兰州市宁卧庄宾馆召开。

11月19日，以色列驻华使馆公使尤瓦尔一行来甘肃省农业科学院考察。图为院长马忠明陪同参观马铃薯温室。

11月22—25日，西藏自治区农牧科学院党组书记、副院长高学，院长助理刘秀群一行来甘肃省农业科学院考察交流。图为参观马铃薯研究所脱毒种薯繁育中心。

12月3日，甘肃省委直属机关工委副书记薛生家一行来甘肃省农业科学院调研指导工作，并为“省委直属机关职工书屋示范点”授牌、赠书。甘肃省农业科学院党委书记魏胜文出席授牌仪式。

12月4日，甘肃省农业科学院党委书记魏胜文带领全院县处级以上领导干部参加甘肃省高级人民法院开展的全国宪法日主题活动。

12月4日，甘肃省农业科学院召开交流及新提拔选用领导干部集体廉政谈话会。

12月7—9日，甘肃省农业科学院举办学习贯彻党的十九届五中全会精神研讨培训班。

12月14日，“中以绿色农业交流示范项目”签字暨揭牌仪式在甘肃省农业科学院举行。甘肃省农业科学院党委书记魏胜文，院长马忠明，副院长李敏权、贺春贵、宗瑞谦出席揭牌仪式。

12月30日，甘肃省农业科学院举办“逐梦十四五、奋进新征程”迎新年环院健步走活动。

甘肃省农业科学院2020年农村试验站（点）分布图

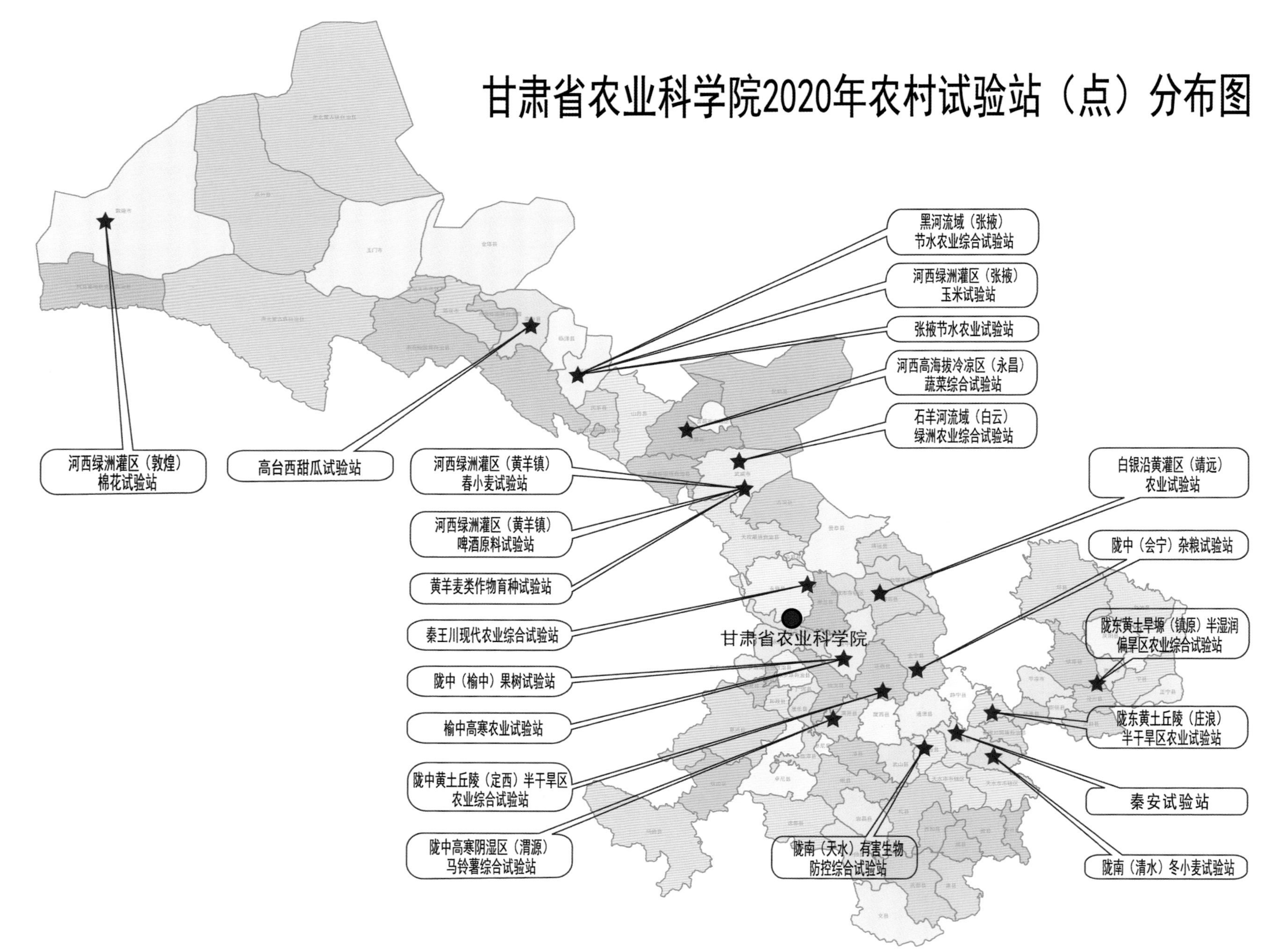

《甘肃省农业科学院年鉴 2020》

主　　编： 胡新元

副 主 编： 张开乾　方　蕊

编　　辑： 陈大鹏　王润琴　郭秀萍

供稿人员： （按姓名笔画排序）

马学民　王晓华　王　静　任　娜　刘　风　刘　芬
李元万　杨　钊　杨昕臻　杨学鹏　杨　攀　张　力
张廷红　张　环　张宝时　张晓艳　张敏敏　张　蕊
陆建英　虎梦霞　周　晶　赵朔阳　骆惠生　班明辉
袁明璐　柴长国　郭家玮　席春艳　展宗冰　黄　锐
董　煛　蒋锦霞　蒲海泉　甄东海　薛　莲

目　　录

一、总　　类

概况 …… 3

工作报告 …… 5

凝心聚力谋发展　继往开来创新局　为推进全省农业农村现代化提供科技支撑
——在甘肃省农业科学院 2021 年工作会议上的报告 …… 5

2020 年院领导班子成员及分工 …… 21

院领导班子成员 …… 21
院领导班子成员分工 …… 21
院党委 …… 21
院纪委 …… 21

内设机构及领导成员 …… 22

职能部门 …… 22
党群组织 …… 22
院属单位 …… 23
人大、政府、政协、民主党派及党外知识分子联谊会任职情况 …… 24

议事机构 …… 25

职称改革工作领导小组 …… 25
高中级职称考核推荐小组 …… 25

二、科技创新

概况 …… 29

科研成果 …… 31

省科技进步奖 …… 31

省专利奖 …… 32
中国社会科学院皮书学术评审委员会第十一届优秀皮书奖 …… 33
中国农业科学院科学技术成果奖 …… 33

获省部级以上奖励成果简介 …… 34

论文著作 …… 42

论文、著作数量统计表 …… 42
SCI 论文一览表 …… 43
CSCD 来源期刊论文 …… 46
科技著作、实用技术手册 …… 53

审定（登记）品种简介 …… 54

知识产权 …… 71

授权国家发明专利名录 …… 71
授权实用新型专利名录 …… 71
授权外观设计专利名录 …… 73
计算机软件著作权名录 …… 73
授权植物新品种权名录 …… 75

认定标准 …… 76

省级地方标准名录 …… 76

条件建设 …… 78

农业农村部野外科学观测试验站一览表 …… 78
农业农村部现代种业创新平台（基地）一览表 …… 79
国家农业科学实验站一览表 …… 79
省（部）级重点实验室一览表 …… 80
省（部）级联合实验室一览表 …… 80
省（部）级工程（技术）中心、鉴定机构、技术转移机构一览表 …… 80
省（部）级星创天地一览表 …… 82
省级科研基础平台一览表 …… 82
省级农业信息化科技平台一览表 …… 82
省、市级科普教育基地一览表 …… 83
院级重点实验室一览表 …… 83
院级工程技术中心一览表 …… 84
院级科研信息基础平台一览表 …… 84
院级农村区域试验站一览表 …… 85

三、脱贫攻坚与成果转化

脱贫攻坚工作 …… 91

农科热线"09317615000"正式开通 …… 95

甘肃省农业科学院召开脱贫攻坚工作领导小组会议 …… 96

甘肃省农业科学院在镇原县方山乡贾山村召开脱贫攻坚工作推进会 …… 97

甘肃省农业科学院召开脱贫攻坚工作领导小组会议 …… 98

成果转化工作 …… 99

党政齐抓共管　加速推进成果转化 …… 101

甘肃省农业科学院召开科技成果转化工作领导小组第一次会议 …… 102

甘肃省农业科学院召开科技成果转化工作领导小组第二次会议 …… 102

甘肃省农业科学院成功举办第二届甘肃省农业科技成果推介会 …… 103

四、人事人才

概况 …… 107

人才队伍 …… 111

优秀专家 …… 111

享受政府特殊津贴人员 …… 111

学术技术带头人 …… 111

研究生指导教师 …… 111

在职正高级专业技术人员 …… 112

在职副研究员 …… 112

高级农艺师 …… 113

高级畜牧师 …… 113

高级实验师 …… 113

高级会计师 …… 113

高级经济师 …… 113

高级工艺美术师 …… 113

副主任护师 …… 114

副研究馆员 …… 114

高级工程师 …… 114

2020 年晋升高级专业技术职务人员 …… 114

2020 年晋升中级专业技术职务人员 …… 114

2020 年公开招聘录用人员名单 …… 115

五、科技交流与合作

概况 …… 119

国际合作基地平台一览表 …… 121
2020 年国际合作统计表 …… 122
2020 年度参加学术交流情况统计表 …… 122
参加 2020 年甘肃省高层次专家国情研修班专家 …… 123
2020 年院地院企合作统计表 …… 123

联盟、学会工作概况 …… 131

甘肃省农业科技创新联盟第二届理事会组成人员名单 …… 134
甘肃省科协农业学会联合体主席团组成人员名单 …… 134
甘肃省农学会第七届理事会组成人员名单 …… 135
甘肃省植物保护学会第十届理事会组成人员名单 …… 136
甘肃省作物学会第八届理事会组成人员名单 …… 136
甘肃省土壤肥料学会第十届理事会组成人员名单 …… 137
甘肃省种子协会第八届理事会组成人员名单 …… 138

六、党的建设与纪检监察

党建工作概况 …… 143

党委成员党支部建设工作联系点 …… 149
院党委理论学习中心组 2020 年第一次学习（扩大）会议 …… 150
院党委理论学习中心组 2020 年第二次学习（扩大）会议 …… 151
院党委理论学习中心组 2020 年第三次学习（扩大）会议 …… 152
院党委理论学习中心组 2020 年第四次学习（扩大）会议 …… 154
院党委理论学习中心组 2020 年第五次学习（扩大）会议 …… 155
院党委理论学习中心组 2020 年第六次学习（扩大）会议 …… 157
院党委理论学习中心组 2020 年第七次学习（扩大）会议 …… 158
院党委理论学习中心组 2020 年第八次学习（扩大）会议 …… 159
院党委理论学习中心组 2020 年第九次学习（扩大）会议 …… 160

纪检监察工作 …… 162

甘肃省农业科学院召开 2020 年度全面从严治党和党风廉政建设工作会议 …… 165
甘肃省农业科学院召开 2020 年度深化科技领域突出问题集中整治工作安排部署会 …… 166

甘肃省农业科学院开展县处级干部集中约谈 …… 167

七、咨询建议及管理服务

甘肃农业科技智库要报 …… 171

把甘肃建成全国道地中药材重要生态基地的建议 …… 171
甘肃省农业科学院关于应对新冠肺炎疫情积极做好农业生产的对策建议 …… 174
甘肃省蔬菜产业发展现状及对策措施 …… 177
河西走廊酿酒葡萄产业持续健康发展建议 …… 180
加强甘肃道地中药材资源保护利用的建议 …… 182
关于打造陇东旱塬夏播（复种）马铃薯生产基地的建议 …… 185
关于“十四五”时期甘肃省农业农村发展几个问题的思考与建议 …… 188

办公室工作 …… 192

财务工作 …… 194

经费收支情况 …… 196

2020年度院属各单位经费收入情况一览表 …… 196
2020年度院属各单位经费支出情况一览表 …… 197
2020年度试验场（站）经费收支情况表 …… 197

基础设施建设工作 …… 198

老干部工作 …… 200

后勤服务工作 …… 202

疫情防控工作 …… 204

甘肃省农业科学院紧急部署新型冠状病毒感染的肺炎疫情防控工作 …… 204
甘肃省农业科学院再次研究部署新型冠状病毒感染的肺炎疫情防控工作 …… 205
抗击疫情——农科人在行动 …… 205
甘肃省农业科学院召开新冠肺炎疫情防控工作领导小组第三次（扩大）会议 …… 207
疫情未止　帮扶不断 …… 208

八、媒体报道

深化院地合作　共谋乡村振兴 …… 211
甘肃省农科院农科新成果亮相 …… 214

甘肃创新科技服务载体与形式　百项农业科研成果转移转化…… 214
“农业科技成果推介展示暨转移转化签约活动”在兰州举行…… 215
“农业+科技”，这个成果推介展示有看头 …… 215
甘肃省农业科技成果转化签下 1 000 万元大单…… 216
晒成果　促转化　甘肃百项农业新技术新品种集中亮相 …… 216
新闻特写：加大农业科技创新　推进成果转化落实 …… 217
甘肃戈壁农业“轻简栽培”待转型：酿“技术包”智能耕作…… 218
农业科技成果推介展示暨转移转化签约活动在兰州举行 …… 219
战疫情丨甘肃省农科院驻村帮扶工作队扎实开展疫情期间帮扶工作 …… 219
“疫情防控　甘肃在行动”抗击疫情　服务“三农” …… 220
“疫情防控　甘肃在行动”不负农时不负春…… 220
甘肃省农科院首次开通农科热线服务“三农”…… 221
【短视频】甘肃省农科院：开通农业科技服务热线　支持春耕有力开展…… 222
全国政协委员马忠明：有序推进产业帮扶　发展绿色劳务输出 …… 222
战疫情丨科技特派员风采：甘肃省农科院林果所抗疫科研两手抓两不误…… 223
甘肃省农科院专家田间地头指导春季农业生产 …… 224
甘肃省农科院专家“进村授课”解农户之难保春耕 …… 225
甘肃省农科院与窑煤集团开展战略合作对接交流 …… 225
甘肃省农科院携手中石化　助推东乡脱贫攻坚 …… 226
临夏县玉米“粮改饲”科技扶贫 …… 226
甘肃省农科院“牵手”兰州安宁区共促城市基层党建 …… 227
省农科院马铃薯品种选育和技术研制结硕果…… 228
甘肃省农科院公开招聘博士：给予超 50 万元科研启动费 …… 228
马忠明委员：让现代农业迈出新步伐 …… 229
【短视频】马忠明：用有质量的提案推动生态农业快速发展…… 230
【两会声音】驻甘全国政协委员抵达北京参加全国政协十三届三次会议 …… 230
【两会声音】全国政协委员马忠明：发展黄河流域农业生产　做好黄河农业大文章 …… 231
【两会声音】全国政协委员马忠明建议：支持黑河流域生态保护与修复治理 …… 231
【两会声音】全国政协委员马忠明：抓好产业扶贫　保证从脱贫攻坚到乡村振兴有机衔接 …… 231
全国政协委员、甘肃省农业科学院院长马忠明在小组会上发言 …… 232
马忠明：保障良好生态　守住民生福祉 …… 233
国内前列！甘肃省农科院莴笋育种取得新突破 …… 233
甘肃省农科院专家组赴通渭开展农作物冰雹灾后科技服务…… 234
诚邀专家来把脉！国家绿肥产业技术体系甘肃绿肥现场观摩会在武威召开…… 234
【短视频】甘肃省选育小麦品种为夏粮稳产提供有力保障…… 235
甘肃省农科院：科技助推旱作农业区乡村振兴 …… 236
十余年试验结硕果！甘肃省农科院陇中寒旱区（榆中）马铃薯试验站筛选出 3 个马铃薯品种研制出多项技术 …… 237

陇上农学杰出人物系列报道之十八（农大校友篇）怀揣梦想破难题　苦心孤诣育良种 …………… 238
建立“桃体系”！甘肃省重点桃产业科研项目成效显著 …………………………………………… 240
甘肃省兰天系列小麦新品种选育取得突破性进展 ……………………………………………… 241
甘肃省农科院：创新项目管理方式推动农业科技工作再上新台阶 ………………………………… 242
甘肃：藏粮于技！甘肃省农业科学院甘谷试验站小麦条锈病防控研究应用结硕果 ……………… 242
省农科院以项目带动推进陇东旱塬草畜循环农业发展 …………………………………………… 243
把科研成果用到农民最需要的地方 ……………………………………………………………… 244
甘肃研发免疫条锈病小麦品种：从源头保障东部麦区产量 ………………………………………… 246
重建“陇东粮仓”的重要科技力量！陇鉴系列冬小麦品种保障了陇东口粮安全 ………………… 247
甘肃：深化院企合作 促进科技成果转化 …………………………………………………………… 248
体系十年，给了我们创新的平台和创业的激情 …………………………………………………… 248
《今日聚焦》——科技带动兴产业 助农增收奔小康 ……………………………………………… 250
旱地抗逆丰产优质冬小麦新品种选育与示范暨种子认证试点观摩交流会在镇原县召开 ……… 252
甘肃研究形成西北旱作马铃薯绿色增产技术模式 ……………………………………………… 252
甘肃省农科院组织老专家赴武威开展科技服务 ………………………………………………… 253
走进省农科院培育油菜新品种基地 ……………………………………………………………… 254
【短视频】甘肃省农科院：加快科技创新　推动产业脱贫 ………………………………………… 254
西甜瓜“甜蜜”“高产”的秘诀 …………………………………………………………………… 255
跟着专家科技致富！甘肃省农科院发挥科研力量助力脱贫攻坚 ………………………………… 256
方山乡的“薯”光 ………………………………………………………………………………… 257
甘肃省农科院开通智慧芽全球专利检索数据库使用权限 ………………………………………… 259
甘肃省农科院秦王川综合试验站“科技开放周”活动启幕 ………………………………………… 259
良种产出健康油 打造品牌“好中优” …………………………………………………………… 260
西北旱区马铃薯主粮化品种筛选和高效生产技术研究与示范项目通过验收 ……………………… 262
第二届甘肃省农业科技成果推介会将于 9 月 23 日在兰州举办 ……………………………………… 262
新闻发布厅｜第二届甘肃省农业科技成果推介会即将开幕 ………………………………………… 263
哭和笑之间，系着一位扶贫干部的所有牵挂 ……………………………………………………… 264
【短视频】第二届甘肃省农业科技成果推介会在兰州开幕 ………………………………………… 266
从“看不到希望”到“日子有奔头” ……………………………………………………………… 266
【短视频】新闻特写：科技成果转化助推甘肃省农业转型升级 …………………………………… 268
给旱作马铃薯插上科技的“翅膀”！ ……………………………………………………………… 268
研制中草药制剂防治黄瓜白粉病开辟中药材种植增效新途径 …………………………………… 269
走向田间地头“读”农作物兰州市举办少年儿童生态道德实践活动 ……………………………… 269
甘肃省农科院研制中草药制剂防治黄瓜白粉病取得成功 ………………………………………… 270
二十多位国内知名设施农业专家齐聚甘肃，为产业发展出谋划策 ……………………………… 271
中以同心·智创同行！“中以绿色农业交流项目”在甘肃省农科院启动 …………………………… 271
中国-以色列友好创新绿色农业交流示范基地在兰州揭牌 ………………………………………… 272
中以绿色农业交流项目在甘肃省农科院启动 ……………………………………………………… 272

【短视频】"中以绿色农业交流示范项目" 在兰州签约 …… 273
展现新作为 体现新担当 …… 273

九、院属各单位概况

作物研究所 …… 277
小麦研究所 …… 279
马铃薯研究所 …… 280
旱地农业研究所 …… 282
生物技术研究所 …… 284
土壤肥料与节水农业研究所 …… 286
蔬菜研究所 …… 288
林果花卉研究所 …… 289
植物保护研究所 …… 291
农产品贮藏加工研究所 …… 293
畜草与绿色农业研究所 …… 294
农业质量标准与检测技术研究所 …… 296
经济作物与啤酒原料研究所 …… 298
农业经济与信息研究所 …… 300
张掖试验场 …… 301
黄羊试验场 …… 303
榆中园艺试验场 …… 304

十、表彰奖励

2020 年受表彰的先进集体 …… 309
2020 年受表彰的先进个人 …… 309

十一、大 事 记

甘肃省农业科学院 2020 年大事记 …… 313

一、总　　类

概　况

甘肃省农业科学院始建于1938年，是甘肃省唯一的综合性省级农业科研机构。2006年9月，经甘肃省人民政府批复，为省政府直属事业单位，正厅级建制，实行省财政一级预算和院（所）长负责制。建院以来共取得各类成果1 475项，其中获国家级奖励成果29项、省部级奖励成果381项、国家授权专利158项，制定国家标准、地方标准160余项。

目前，内设机构有党委办公室（老干部处）、院办公室、人事处、科研管理处、财务资产管理处（基础设施建设办公室）、科技成果转化处、科技合作交流处、后勤服务中心。下属单位有作物研究所、马铃薯研究所、小麦研究所、旱地农业研究所、生物技术研究所、土壤肥料与节水农业研究所、蔬菜研究所、林果花卉研究所、植物保护研究所、农产品贮藏加工研究所、畜草与绿色农业研究所（农业质量标准与检测技术研究所）、经济作物与啤酒原料研究所（中药材研究所）、农业经济与信息研究所14个研究所，在张掖、武威黄羊镇、兰州市榆中县设有3个试验场（站）。设有国家绿色农业兰州研究分中心、国家大麦改良中心甘肃分中心、国家胡麻改良中心甘肃分中心、中美草地畜牧业可持续发展研究中心、国家甲级资质工程咨询中心、国家农产品加工研发果蔬分中心、国家农产品加工业预警甘肃分中心、西北农作物新品种选育国家地方联合工程研究中心、农业农村部农产品质量安全风险评估实验室（兰州）、农业农村部西北作物抗旱栽培与耕作重点开放实验室、甘肃省优势农作物种子工程研究中心、甘肃省农产品贮藏加工工程技术研究中心、甘肃省旱作区水资源高效利用重点实验室、甘肃省农业废弃物资源化利用工程实验室、甘肃省无公害农药工程实验室、甘肃省中药材种质改良与质量控制工程实验室、甘肃省小麦种质创新与品种改良工程实验室、甘肃省马铃薯种质资源创新工程实验室等工程中心（实验室）和1个博士后科研工作站，有9个农业农村部野外科学观测试验站、13个现代农业产业技术体系综合试验站及20个院创新平台。

主要研究领域有农作物种质资源创新及新品种选育、主要农作物高产优质高效栽培、区域农业（旱作节水、生态环境建设）可持续发展、土壤肥料与节水农业、病虫草害灾变规律及综合控制、农业生物技术、林果花卉、农产品贮藏加工、设施农业、畜草品种改良、绿色农业、无公害农产品检验监测和现代农业发展、农业工程咨询设计等。

全院现有在职职工711人，其中硕、博士292人，高级专业技术人才340人。入选国家“新世纪百千万人才工程”4人（在职3人）、国家级优秀专家3人、省优秀专家13人、省领军人才 38 人；有享受国务院特殊津贴专家 38 人、省科技功臣 1 人、陇人骄子 2 人；全国专业技术人才先进集体 1 个、现代农业产业技术体系岗位科学家 13 人、综合试验站站长 14 人、农业农村部农业科研杰出人才 1 人、农业农村部农业科研创新团队 1 个、省宣传文化系统“四个一批”人才 1 人、博士生导师 8 人、硕士生导师 42 人。

凝心聚力谋发展　继往开来创新局
为推进全省农业农村现代化提供科技支撑
——在甘肃省农业科学院2021年工作会议上的报告

院长　马忠明

2021年2月3日

同志们：

2020年，在全面建成小康社会和“十三五”收官之年，面对新冠肺炎疫情的严峻考验，我们勠力同心、砥砺前行，走过了极不平凡的一年。一年来，甘肃省农业科学院（以下简称省农科院）坚持以习近平新时代中国特色社会主义思想为指导，在省委、省政府的正确领导和社会各界的关心支持下，围绕全省农业农村工作总体部署，统筹推进科技创新和成果转化，全面加强能力建设和管理服务，圆满完成了“十三五”规划任务，为顺利开启“十四五”工作打下了坚实的基础。

现在，我代表甘肃省农业科学院领导班子作工作报告，请全院职工审议。

2020年工作主要成效

全年新上项目120余项，合同经费1.7亿元，到位经费1.6亿元，均创历史新高。结题验收项目96项，登记省级科技成果50项。获国家科技进步奖二等奖1项（协作），省科技进步奖二等奖7项、三等奖5项，省专利奖二等奖2项、三等奖1项，省农牧渔业丰收奖7项；审定（登记）新品种34个，授权国家发明专利23项，实用新型专利、外观设计专利及软件著作权75项，品种保护权6项；制定颁布实施技术标准22项；发表学术论文379篇，出版专著7部。帮扶镇原县的4个村66户229人全部脱贫摘帽。争取科研基础条件建设经费近1亿元，1万平方米的“西北种质资源保存与创新利用中心”项目顺利开工建设。成功举办了第二届甘肃省农业科技成果推介会，全年成果转化近2 900万元。与以色列驻华使馆签署了“中—以友好现代农业合作项目”，国际合作迈出新的步伐。

一年来，各项工作顺利推进，事业发展呈现新的亮点，10 个方面的重大进展鼓舞人心。

一、科技创新成果丰硕，支撑产业发展强劲有力

一是加强种质创制与新品种选育，做强种业“芯片”。加快种质资源精准鉴定，完成玉米、大豆、糜子、青稞等作物 800 余份种质资源抗逆性鉴定，筛选出抗旱、耐盐、抗倒等资源 309 份。获得早熟菜用型和高淀粉、彩色马铃薯新组合 129 个；利用 EMS 诱变和快中子诱变等方法，获得大豆高油、高蛋白株系 31 份，创制出高油、高亚麻酸、高木酚素等优异种质1 650余份；获得蔬菜优良单系材料 300 多份，创新了一批高品质甜瓜材料。筛选出多棱和二棱青稞及勾芒大麦新种质 47 份，早熟抗倒宜机收资源 28 份，收集板蓝根、半夏种质资源 25 份。

鉴选出牛肉面专用小麦品系 20 个、高蛋白饲用大麦新品系 13 份以及宜机收玉米、小麦、油菜等作物新品系 15 个，培育出草莓、苹果树种优系各 1 个。利用小麦 90K 芯片鉴定出 17 个抗条锈病基因位点。育成玉米、油菜及冬春小麦新品种 16 个，陇鉴 115 达到国家优质强筋麦标准。

完善了快速育种与表型育种技术体系，初步建立小麦幼胚一步成苗培养和小麦一年 3～5 代快繁技术体系，适用于青稞、小黑麦、燕麦等快繁。构建了青稞花药培养技术体系，确定了幼穗取样的生态学指标。建立果树绿枝全光弥雾扦插技术体系，成苗率达 94.6%以上。研究提出马铃薯脱毒组培苗开放式快繁技术，降低成本 30%～40%。

二是加快良种良法配套、推进农艺农机融合，支撑全省粮食生产。以提高粮食功能区产量和效益为核心，集成应用玉米密植增效与全程机械化技术，率先在陇东旱塬推广玉米密植增产与低水分机械粒收技术，收获期推迟 50 天，增产 10%，节本 19%，引领旱地玉米由采穗收割向籽粒收割的转变。集成创新马铃薯立式深旋松及垄上微沟种植技术，增产近 300 千克/亩*。在陇东南集成应用了一批冬小麦新品种，兰天 36 在徽县创建了 620.8 千克/亩的高产纪录，兰天系列品种在特殊年份表现出特异抗性。

三是集成创新资源高效利用技术，支撑寒旱农业发展。研究提出了玉米免冬灌膜下滴灌水肥一体化、戈壁设施蔬菜和西瓜基质栽培适宜灌溉制度，研发出相应的栽培基质。在靖远、瓜州和民勤集成应用了西甜瓜化肥农药减施增效技术模式，农药减量 30%～45%，肥料利用率提高 8%～15%。筛选出防治马铃薯病虫害的药肥一体化产品，创建旱地果园群体结构调控与水肥高效利用技术，优质果率提高 14.5%。研制出防治蔬菜白粉病的中草药制剂，防治效果显著。筛选出 4 种中药材种子丸粒化填充材料配方，集成创新了中药材丸粒化精量播种技术，板蓝根增产 20%以上。查明甘肃省主要农田养分流失和地膜残留现状，研究应用了地膜污染控制及减量替代技术。研究提出了益生菌与有机钴协调的秸秆饲料化技术，使得肉牛育肥过程中秸秆消化率提高 15%。

四是加强农产品产地监测评价与产后加工技术研究，支撑“甘味”农产品品牌建设。开展了兰州百合、西甜瓜、木耳、静宁苹果、敦煌李广杏、岷县当归和靖远滩羊等地域特色农产品产地环境、产品品质等监测评价，初步明确了检测及品质评价技术和地域品牌的品质特征。构建了名特优农畜产品品质标识数据库；

* 亩为非法定计量单位，1 亩等于 1/15 公顷。——编者注

摸清了玉米霉菌毒素发生与污染分布、黑木耳草甘膦残留及风险防控关键技术；修订了32项绿色食品生产技术标准；提出了基于风味品质调控的苹果白兰地生产关键技术，确定了香芹酮在马铃薯原种和原原种上产生药害的阈值。

二、发挥优势久久为功，脱贫攻坚任务全面完成

精准落实脱贫攻坚各项决策部署，突出科技优势，狠抓产业扶贫，确保帮扶工作齐抓共管、形成合力。在定点帮扶的镇原县方山乡4个村，投入经费180余万元，示范玉米、小麦、马铃薯、小杂粮和畜草等良种良法2万亩，大棚蔬菜15棚，养殖羊9 000余只、牛500余头，平均增收15%以上，早熟马铃薯收入3 000元/亩以上，产业扶贫成效显著。关爱激励驻村干部，发挥驻村帮扶工作队“六大员”作用，扎实推进冲刺清零各项行动。110名帮扶责任人与联系户肩并肩，通过帮实事、解难题，全面完成帮扶任务。在各方共同努力下，4个村全部如期脱贫。

围绕舟曲等16个深度贫困县（区）的特色产业，组织实施22个科技扶贫项目，建立基地27个，示范新品种25个，配套种养技术66项，示范面积超过1万亩。向36个贫困村派出科技人员，帮扶162个建档立卡贫困户科学生产，带动发展合作社14个。结合项目示范内容，开展培训210余场次，培训农民和农技人员1.3万人次。

三、成果转化多点开花，成果收益彰显知识价值

一是建立科技成果转化新机制。进一步坚定信心、统一认识，充实人员队伍，夯实做强科技成果转化工作的组织基础、思想基础。创新方式和载体，带着成果走出去、带着诚意请进来，促进“政科企”“产学研”联合，推进跨行业、跨领域合作，积极开辟成果转化新路径。

二是探索科技成果推介新方式。成功举办“第二届甘肃省农业科技成果推介会”，以线上线下相结合，展示推介400项科技成果，发布100项重大农业科技成果。线上云展馆开通直播间45个，浏览人数近万人次，线下参展单位90多家、参会1 100余人次，各大媒体、网站发布新闻60余条。与兰州科技大市场联合举办了专项推介会，组织参加了2020年甘肃省科技活动周，通过省农科院网站、微信公众号、微博、小视频App等及时发布各类科技成果，形成了点、线、面相结合的成果宣传推介模式。

三是搭建科技合作新平台。发挥“国家技术转移示范机构”等平台作用，推动成果转移转化和技术服务交易。成立科技成果孵化中心，8家企业入驻开展成果转化活动。加强与地方政府、企业的合作，先后与酒泉市、兰州新区、临泽县、中国农业银行、中国人寿财产保险股份有限公司、甘肃农业职业技术学院、甘肃农垦亚盛薯业集团、窑街煤电集团等开展跨界合作，在全方位服务农业产业发展中实现成果的知识价值。推进“陇薯入藏”“陇薯出国”，提升“陇字号”良种的社会效益和经济效益。全年签订成果转化合同378项，成果转化金额近2 900万元，大大提振了全院职工科技成果转化的信心。

四、重点项目顺利推进，科研创新能力持续提升

全年共争取科研基础条件建设经费近1亿

元，实现了历史性突破。5 个国家农业科学试验站和 1 个油料作物学科群试验站批复建设，国拨到位资金 7 300 万元，位居全国省级农业科学院前列。

积极克服新冠肺炎疫情造成的不利影响，加快“西北种质资源保存与创新利用中心”项目设计修改、论证、报批、招投标等工作进度，于 9 月 16 日开工建设，现已完成基坑开挖和基础防水施工。国家油料改良中心胡麻分中心、兰白农业科技创新基地、甘肃省城郊农业绿色增效技术中试基地分别通过验收。农业农村部西北旱作马铃薯科学观测实验站、抗旱高淀粉马铃薯育种创新基地建设通过省级竣工验收。农业农村部青藏区综合试验基地建设顺利竣工。作物快速繁育及分子育种平台加快建设。果酒及小麦新产品研发平台建设完成方案制定、选址和招投标工作。甘肃省智慧农业研究中心、国家农业信息化工程技术研究中心甘肃示范基地、智慧农业专家工作站揭牌成立。新建省级农业信息化科技平台 3 个、省级工程研究中心 1 个。配合国家农业数据中心，有序推进国家农业科学实验站基础性长期性观测监测工作，上传数据 11.2 万个。

五、人才培养卓有成效，人才结构更趋优化

一是加强人才岗位培养。加大院列创新专项对博士及中青年科技人才的资助力度，投入经费 500 万元对遴选的 34 个项目给予支持；争取到省级重点人才项目等 3 项，总经费 205 万元。积极做好人才推荐选拔，1 人入选省拔尖人才，1 人入选省优专家。1 名省领军人才考核优秀，2 人进入省领军人才队伍。9 人参加了省级专家服务团活动，5 人参加了全省高层次专家国情研修班。1 人被评为全国先进工作者。一批优秀人才获得国家、部委及省主管部门的表彰。

二是积极引进紧缺人才。先后完成 2 批次公开招聘，引进博士 3 名、硕士 7 名、本科生 6 人，为新引进博士给予 50 万元科研启动费，以成本价出租公租房各 1 套。

三是大力激发创新创业活力。落实人才相关待遇，积极同省职称改革办公室联系沟通，为 10 人通过特殊人才通道评定了职称，其中正高级 8 名、副高级 2 名；正常评审晋升正高级 2 名、副高级 15 名、中级 16 名。为全院 95 名专家和高层次人才申请办理了“陇原人才服务卡”。

六、交流合作纵深推进，发展活力充分激发

一是国际合作交流迈出新步伐。加强智力引进，“中以友好创新绿色农业交流示范基地”“国家引才引智示范基地”落户省农科院。与俄罗斯圣彼得堡国立农业大学签署合作协议，就人才交流、科技合作、留学生培养达成合作意向。与联合国粮食及农业组织就全球新发展背景下作物生产力提升、采后贮藏与加工、粮食安全和用水管理等方面开展“一带一路”和南南合作，加强发展中国家的科研能力建设，合作协议已经双方审查完毕，即将签约。“中俄马铃薯种质资源创新利用及产业发展关键技术转移与示范”“藜麦种质资源引进及新品种选育示范推广”等国际合作项目进展良好。

二是学术交流取得新成效。举办了第五届中国兰州科技成果博览会“都市农业可持续发展论坛”“现代农业高质量发展论坛”和“一带一路与乡村振兴论坛”等学术活动。组织开展“设施农业专家甘肃行”，为甘肃设施农业发展出谋划策。积极推进科普阵地建设，农业

科技馆先后被命名为省、市两级科普基地。

七、管理服务更加务实，工作效能明显提升

一是全力做好新冠肺炎疫情常态化防控，筑牢防线不放松。坚决贯彻中央和省委、省政府关于疫情防控工作的各项要求，把全院职工及家属生命安全和身体健康放在第一位，及时启动突发公共卫生事件应急预案，成立疫情防控领导小组，层层落实防控责任。在统筹抓好疫情防控工作的同时，推动复工复研复产。与此同时，充分发挥党组织、党员和志愿者在疫情防控中的作用，认真坚守"疫情防控党员模范先锋岗"和"疫情防控志愿者岗"，全院党员及干部职工积极捐款捐物，踊跃支持防疫。省农科院防控工作措施到位、成效显著，为驻地相关部门统筹做好疫情防控做出了积极贡献。

特别需要指出的是，在疫情暴发后，全院各级领导和组织、广大职工和家属，坚决服从省农科院及地方政府疫情防控的工作部署，以强烈的大局意识、深沉的家国情怀，从自身做起，关心、支持疫情防控；后勤服务中心勇于承担领导小组办公室日常工作，尽职尽责做好宣传动员、值守登记、消杀灭毒、动态监测等工作，付出了辛勤的劳动；广大职工主动到疫情防控的第一线，表现出了崇高的牺牲精神。这是全院职工爱院奉献的最好印证，是农科精神的最好体现。让我们一起为大家点赞！

二是加强统筹协调，提升工作效能。按照省委、省政府工作部署及全院年度工作任务，通过工作要点、任务台账明确了各单位、各部门的具体责任和时限要求。按期完成了主要领导经济责任审计问题第一阶段整改任务，认真开展内部审计整改工作。加快信息化进程，"智慧农科"建设顺利推进，协同办公平台、人脸识别门禁系统以及职工电子工作证投入使用。积极开展法律咨询，依法管理的意识更强、氛围更浓。

三是坚持问题导向，深入生产一线调研。以院地院企合作、现场办公、观摩检查、座谈交流的形式，向生产一线问需问策。由院领导带队组成检查组，对陇南、中部片区实施的重大项目执行进展和综合试验站建设发展情况观摩检查，并赴相关农业科研单位和企业学习调研。

四是完善规章制度，推进内控体系建设。制定内控体系缺陷清单，结合全院发展实际，加快制度"废改立"步伐。制定出台了"三重一大"事项议事决策、县（处）级领导人员管理、工作人员考核、绩效工资及奖励性绩效工资发放、科技成果转化贡献奖奖励、科技成果转化、科技成果转化人员院内有效高级职称评价条件标准、科研副产品管理、科研诚信管理、地下车位租用、住房管理、合同管理等方面的制度，修订了知识产权保护和基本建设项目管理办法，不断推进全院制度一体化、管理一盘棋。

八、民生工程扎实开展，职工福祉持续增进

启动实施了配电室改造、旧楼维修、东大门维修等工程项目，完成了创新大厦室外消防改造工程招标，协调通信及广电公司对院区架空线缆进行入地改造，有效整治了乱贴乱画、乱拉乱装和乱停乱放等"12乱"，消除了安全隐患，显著改善了院容院貌。完成17～20号住宅楼工程决算，积极筹措资金，即将完成职工集资款清退。加强机动车辆停放管理，地下车位全面启用。推进旧楼电梯加装工程，1个单元

加装工程基本完成。办理开展医疗服务的房屋租赁审批等手续，引进了居仁堂诊所，解决了职工就医难的问题。关心职工生活，以购买互助保险、夏送清凉、金秋助学、发放生日蛋糕卡和春节慰问送温暖等活动，增强了全院职工向心力。进一步规范了全院科技创新业绩考核奖励发放，明确规定了资金来源，严格执行审批程序，强化了增加知识价值的分配导向，为合理合法合规增加职工收入奠定了坚实基础。

九、专家优势有力彰显，智库作用充分发挥

紧紧围绕全省六大特色产业、脱贫攻坚、乡村振兴等，深度融于省政府的重点工作，组织专家认真调研分析，向省委、省政府报送了一批高质量的智库信息。在通渭县遭遇冰雹灾害的第一时间，组织相关专家赶赴灾区实地调研，与当地政府部门和农技人员一起分析灾情，制定救灾方案，并向省委办公厅提交关于减轻风雹灾害损失开展生产自救的建议，被《甘肃信息决策参考》采用，得到省委领导批示，为全省健全农业自然灾害应急机制提供了借鉴。充分发挥老专家作用，省老科协农科分会组织专家团队赴陇南、定西调研道地中药材发展，向有关部门报送了高质量的调研报告。新冠肺炎疫情发生后，积极开展远程培训和技术服务，开通农科热线咨询电话，遴选 28 名专家全天候开展咨询服务。同时，编印了《应对新冠肺炎疫情甘肃农业技术 200 问》，确保疫情防控和春耕生产“两手抓、两不误”。

全年提交产业调研和建议报告 6 份，其中 3 份被采用，共报送“智库要报”7 期。省农科院信息报送工作受到省委办公厅的书面表扬。

十、党的建设得到加强，政治生态风清气正

一是加强党的政治建设，提升政治能力。把习近平新时代中国特色社会主义思想和习近平总书记最新讲话指示作为首学内容，持续强化理论武装。把“不忘初心、牢记使命”作为党的建设的永恒课题，完成整改落实“回头看”，常态化开展理想信念教育和党性教育。党员领导干部认真履行“一岗双责”，充分发挥示范引领作用。组织开展了习近平总书记对甘肃重要讲话和指示精神研讨会、党的十九届五中全会精神研讨培训班。按期上报了院领导班子及成员重点工作完成情况。

二是推进基层党组织建设，打造坚强政治堡垒。深入推进党支部标准化建设，严格落实党组织生活制度，召开专题会议集体约谈 27 个党组织负责人。建立院党委成员党支部建设工作联系点制度，建立党支部联系点 19 个。明确党内制度执行责任清单 158 条。开展党组织书记述职评议，完成院机关党委及 8 个党总支、支部换届。与安宁区委签订城市基层党建联盟共建协议。扎实开展党员信教和涉黑涉恶专项整治。发展新党员 3 名。

三是加强干部队伍建设，优化干部队伍结构。提拔县处级干部 31 人，交流 24 人，县处级领导人员进一步年轻化。试验场班子按照机构设置要求配备到位。选派 8 名领导干部参加进修学习。严格规范领导干部兼职社团职务行为，完成县处级以上领导人员个人有关事项报告填报，落实专项整治和干部人事档案专项清查。

四是加强党风廉政建设，推进全面从严治党。突出政治监督，紧盯严守政治纪律政治规矩、落实中央、省委决策部署及院党委院行政工作安排再监督，压紧压实“两个责任”。督

促领导干部切实履行“一岗双责”，建立监督责任清单 39 条，对院属 29 个单位 66 名县处级领导和新任转岗干部开展廉政提醒约谈。加强人员招聘、经费使用、基建工程、疫情防控等重点工作日常监督。以监督审计问题整改和责任追究开展警示教育，约谈发出纪检建议 18 份。依纪依规核实、了结问题线索 6 件，处分党员 2 名，通报批评单位 2 个，用第一种形态约谈 1 527 人次。深化科技领域突出问题集中整治，开展首次专项巡察，巡察 7 个党组织，查找问题 118 条并推动整改落实。坚持常抓常管，驰而不息纠正“四风”，严查违反八项规定精神的问题，监督落实“过紧日子”要求，深入整治形式主义、官僚主义。把日常监督和重要时间节点提醒相结合，加强党风党纪教育、警示教育和岗位廉政教育。

五是加强宣传和统战群团工作，汇聚强大的发展合力。强化党对意识形态工作的全面领导，扎实开展移动互联网应用程序和网络群组规范整治。全年各大新闻媒体刊登省农科院新闻报道 150 余篇。强化对民主党派和党外知识分子的政治引领，深入开展民族团结进步宣传月活动，认真落实党委联系服务专家制度。召开第五届工会会员代表大会，完成了换届选举。成功举办第四届文化艺术节。认真落实老干部各项政策待遇，推进老干部工作规范化、信息化、便捷化。认真开展《中华人民共和国民法典》、国家宪法日等系列宣传活动，全面落实“七五”普法任务。扎实做好精神文明创建任务，巩固了创建成果。

“十三五”发展回顾

一、科研中心更加突出

一是项目争取和科研产出形成良性互促。5 年累计新上项目 450 余项，合同经费 6.64 亿元，到位经费 5.98 亿元，获奖成果 96 项，其中国家科技进步奖二等奖（协作）1 项，省部级科技奖励一等奖 7 项、二等奖 36 项、三等奖 22 项、其他奖项 30 项，审定（登记）新品种 136 个，其中国审品种 1 个，“十三五”科技创新主要指标圆满完成。结题验收项目 470 项，登记成果 287 项；获授权国家专利及著作权 244 项，制定技术标准 72 项；发表学术论文1 757篇，出版专著 18 部。编写农业科技“绿皮书”4 部，上报“智库要报”29 份。

二是科技创新支撑产业发展成效显著。收集保存农作物种质资源 858 份，保存了一批地方优异遗传资源；应用生物技术创新种质取得明显效果，作物快繁体系建立取得新进展。研究形成以“藏粮于地、藏粮于技”为核心的稳产保供、绿色增效、农艺农机融合等关键技术与模式，在不同区域建立示范展示基地，有力支撑和引领了粮食增产增效。紧盯全省六大产业，推进河西戈壁设施农业水肥一体化、果树节本增效、马铃薯低成本脱毒快繁、秸秆饲料化等关键技术应用，形成了节水减肥减药综合技术方案。研发出 PI-1 型农产品贮藏气调箱及马铃薯面条、烤馍等主食化系列产品。

三是区域重大问题研究取得新进展。研究提出了旱作农田水分平衡规律及调控参数、覆盖集雨和适水种植水分利用机理，确定了维持有机碳平衡的秸秆还田阈值、长期施肥土壤固碳速率和磷阈值，提出了引黄灌区灰钙土水浇地和黄土高原旱地合理耕层构建参数。明确了桃树“缩冠修剪-树冠恢复”期水分调控效应及补偿作用机制。探明了河西灌漠土和陇东黑垆土农田作物产量变化、土壤有机碳及养分演变特征、长期砂田西瓜种植土壤团聚体及有机碳变化规律。以上研究成果，为解决科学问题奠定了理论基础。

二、成果转化更加有力

一是圆满完成脱贫攻坚的历史重任。设立成果转化项目 105 项，投入经费 2 000 多万元，推广百项新成果，产生经济效益 11.82 亿元。培育了特色种植、种草养畜、黄花菜种植加工、小杂粮商品化生产等一批特色富民产业，帮助当地贫困户如期实现脱贫，出色完成定点帮扶任务。主动参与 23 个深度贫困县脱贫攻坚工作，持续实施科技行动，带动县域特色产业发展。创建出基于小农户种养结合精准脱贫模式，成为增收脱贫的典型模式。累计建立示范基地 284 个，示范面积 20 万亩，年均推广面积 100 万亩以上，开展培训1 250余场次，培训各类人员 12.8 万人次，发展 26 个合作社，带动 225 个贫困户脱贫。

二是成果市场化转化迈上新台阶。通过加强组织领导，完善制度机制，营造宽松环境，打开了成果转化的新局面。成功举办两届甘肃省农业科技成果推介会，开展“试验站科技开放周”活动 18 场次，制作播出“话农点经”电视专栏 93 期，有力地扩大了成果的社会影响力。广泛与地方政府和企业开展合作，累计签约 450 余项。“十三五”期间，通过发挥院所两级的积极性，全院成果转化收入 7 800 万元，超额完成了任务指标。

三、发展基础更加稳固

一是创新平台更加健全。5 年科研条件建设经费投入 1.83 亿元。新建农业农村部野外科学观测实验站 9 个、现代种业创新平台和试验基地 6 个、国家农业科学实验站 5 个、科学技术部星创天地 2 个，省级重点实验室 2 个；获批省部级工程（技术）中心、鉴定机构、技术转移机构 26 个。建成省级农业信息化科技平台、省级种质资源库以及院级重点实验室等一批创新平台。全院现有实验室面积 1.1 万平方米，温室 1.6 万平方米、抗旱棚 2 900 平方米，拥有各类仪器设备 2 180 余台套。

二是人才素质显著提升。累计引进各类人才 56 人，其中博士 13 名、硕士 33 名，调入副高级职称人员 2 名、硕士 2 名。通过项目扶持、团队培养等途径，一批科技骨干得到锻炼并成才。5 年累计晋升正高级职称 37 人、副高级职称 119 人，青年骨干人才达 200 人以上。2 人入选国家百千万人才工程，3 人享受国务院特殊津贴；2 人被评为省优专家，1 人入选省拔尖人才，5 人入选省领军人才，5 名省领军人才任期考核优秀，14 人享受高层次专业人才津贴。

截至“十三五”期末，全院有科技人员 602 人。其中，正高级 108 人，副高级 252 人，博士 87 人，硕士 211 人。入选国家百千万人才工程 3 人、享受国务院特殊津贴 37 人、国家农业科研杰出人才 1 人，国优专家 3 人、省优专家 13 人、省领军人才 39 人；博导 8 人、硕导 42 人。

三是制度机制更加完善。承接“放管服”改革职能下放，成为全省第一批具备正高级职称评审职能的省属科研单位，争取新增 56 个高级职称内部等级岗位，畅通了人才评价“绿色通道”。积极推进机构改革，成立科技合作交流处，完成科技成果转化处、老干部处的更名和职能调整，细化明确了机关各处室职责和内设机构。积极稳妥推进院（所）属企业改革，已有 8 家企业完成改革工作。制定、修订各类制度 50 余项，初步形成了适合省农科院发展实际的制度体系和内控体系。

四、发展动能更加强劲

一是合作交流不断深入。先后邀请外国专家和访问团组 54 批次 321 人来访考察，签订国际合作协议 11 项，引进 2 名发展中国家杰出青年科学家开展合作研究。组织出国（境）培训班 4 个，培训人员 60 余人次，组织学术考察交流团 52 批 126 人次。举办大型学术活动 17 场次，显著提升了学术影响力。引进国外专家 77 人次、先进技术 30 多项、种质资源 4 713 份，引智成果累计示范推广面积2 100 万亩。

二是联盟、学会及科普工作得到加强。牵头成立甘肃省农业科技创新联盟，凝练提出以“三平台一体系”建设为核心的“甘肃现代农业科技支撑体系建设”项目，依托五大协同创新中心实施重点任务 20 项，为解决区域性问题提出了综合方案。完成农业科技馆提升改造，累计举办科普活动 172 次，接待参观 1 万余人，荣获科普奖励 14 项，入选甘肃省文博系统“历史再现工程博物馆”。

三是职工幸福指数大幅提升。大力实施院区环境绿化、亮化和美化工程，工作、生活环境得到显著改善。设立院长信箱、院领导接待日，畅通了职工反映意见的渠道。解决好职工关注的就餐、就医、停车、保卫、后勤服务等热点难点问题。17～20 号住宅楼交付使用，全院职工住房条件进一步得到改善；完成了 15～20 号住宅楼工程决算及集资款清退。

五、党建保障更加坚强

以政治建设为统领，全面加强党的建设。发挥党委理论中心组学习引领作用，带动各级党组织和党员领导人员加强政治理论学习。提高政治站位，发挥政治核心作用，确保党中央重大决策部署和省委、省政府工作安排落实见效。认真完成了“两学一做”学习教育和“不忘初心、牢记使命”主题教育。开展作风建设年活动，聚焦力戒形式主义官僚主义，转变干部作风、营造良好发展环境。省农科院第一次党员代表大会胜利召开，选举产生了新一届院党委、纪委领导班子。以党支部建设标准化为抓手，强化基层党组织建设。干部队伍建设全面加强，提拔县处级干部 31 人、交流干部 30 人。坚持党管意识形态，宣传思想引领能力不断增强。履行管党治党政治责任，党风廉政建设和反腐败工作成效明显。统战群团和老干部工作得到加强，发展的合力得到广泛汇聚。

“十三五”期间，省农科院通过“省级文明单位”复评，荣获“甘肃省模范职工之家”荣誉称号。成功申报 4 个“劳模创新工作室”，1 个集体被评为全省科技工作先进集体，1 个试验站被评为甘肃省工人先锋号。1 人被评为全国先进工作者，2 人被评为全国三八红旗手，2 人获省五一劳动奖章，1 人获省五一巾帼奖，1 人获第九届省青年科技奖，2 人被评为全省科技工作先进个人。2 个家庭被评为甘肃省最美家庭。

过去的 5 年，是省农科院历史上发展最好最快的 5 年，是极不平凡、具有里程碑意义的 5 年。5 年来，我们坚守初心、践行使命，不断强化职能定位，在支撑全省脱贫攻坚和现代农业发展中做出了应有贡献；我们坚持问题导向，加大产业发展关键技术攻关，积极为省委、省政府提供有价值的咨询建议，在积极作为中牢牢占位；我们牢固树立科研中心地位，举全力夯实发展基础，加强统筹谋划，项目争取、成果培育、产业支撑、平台建设同步推进，不断在发展中彰显作为，努力实现“强位”；我们创新体制机制，大力弘扬科学家精神，激励人才创新创业、成长成才，形成了良好的科研生态环境；我们统筹成果转化的社会效益和经济效益，充分彰显知识价值，显著增加了职工的获得感、幸福感；我们全面加强党的领导，坚持党建引领，党建业务融合互促，为高质量发展提供了坚强的保障。

成绩来之不易，经验弥足珍贵。这些成绩的取得，源自省委、省政府正确领导和省直部门关心帮助，归功于全院广大职工顽强拼搏和院属各单位团结协作，也得益于职工家属、离退休老同志和社会各界的大力支持。在此，我代表院领导班子，向大家致以崇高的敬意和衷心的感谢！

在看到成绩的同时，我们也必须要正视发展中暴露出来的短板和存在的突出问题。一是科研工作与全省农业产业发展结合还不够紧密，科研目标聚焦不够，项目碎片化还比较突出；二是科技成果供给乏力，转移转化信心不足，机遇把握能力不强，市场化转化效益低；三是高层次领军人才缺乏，学科团队结构不尽合理，创新要素普遍缺乏，人才、团队、成果宣传不够；四是研究所发展不平衡、不充足的问题依然明显，国家级重点实验室争取力度不够，科研平台正常运转没有保障；五是管理工作存在薄弱环节，发展合力有待进一步增强。

这些问题，需要在今后工作中予以高度重视，并认真研究加以解决。

“十四五”工作总体思路

一、面临的机遇与挑战

“十四五”时期，是实现“两个一百年”奋斗目标的历史交汇期、新一轮科技革命和产业变革同全国产业转型升级的历史交汇期，也是应对挑战、加快构建“两个循环”相互促进新发展格局的战略机遇期。省农科院将面临农业生产方式和科研组织方式重大变革、乡村振兴战略加快实施、农业农村现代化进程加快推进的重要机遇期，处于努力赶超国内先进科研院所、稳步提高创新能力和创新效率的重点突破期。可以说，机遇与挑战并存。

世界农业科技创新形势逼人、挑战逼人，抢占世界科技和产业发展制高点，迫切需要提升原始创新能力。当前，生物、信息、新材料和新能源等领域的颠覆性技术正加速向农业领域渗透，带动了农业产业技术的深刻变革、生产方式的转型升级和产业格局的深度调整，现代生物技术正在驱动新品种选育更加精准高效。农业物联网、大数据等智慧农业技术，正加速农业生产管理精准化、智能化进程。

保障粮食安全和农业产业安全，应对国外高技术封锁，迫切需要强化重大核心关键技术攻关，突破“卡脖子”制约。受人口增长、城镇化发展、消费水平提升、饲料粮增加等因素影响，粮食供求将长期处于紧平衡状态。当前，我国粮食作物单产水平进入徘徊期，种源基本自给但品种差距明显，玉米、大豆等单产较低，部分畜禽与高端果蔬核心种源长期依赖进口。种质资源引进挖掘差距大，世界种业已进入“常规育种＋生物技术＋信息化”的“4.0时代”，而我国仍然处在以杂交选育为主的“2.0时代”。因此，必须加快推动“藏粮于地、藏粮于技”战略落实落地，开展重点领域联合攻关，突破核心关键技术。

突破资源环境瓶颈约束，促进农业可持续发展，迫切需要强化农业绿色技术创新体系构建，提升资源利用率。推进农业绿色发展是农业发展的一场深刻革命，也是农业供给侧结构性改革的主攻方向。总体上看，全国农业生产水肥药等资源利用率偏低，中低产田面积大。农业科技必须突破农业绿色投入品研发、化肥农药减施增效、节水控水、耕地质量提升、农业废弃物循环利用等领域的技术瓶颈，着力构建支撑农业绿色发展的技术体系，培育推动农业高质量发展的新动能。

推动乡村全面振兴，迫切需要强化乡村技术创新集成和转化推广，补齐“三农”短板。当前，创新资源向乡村集聚困难，小农生产与适度规模生产并存，传统生产模式仍占多数，振兴产业科技需求面临由小农户向适度规模化转变的挑战。农业科技必须加大乡村技术创新与集成力度，推动种养加一体化、生态服务拓展以及田园综合体等新产业新业态发展。

二、总体思路与主要目标

深入贯彻党的十九大及十九届二中、三中、四中、五中全会精神和习近平总书记对甘肃重要讲话和指示精神，坚定不移地贯彻创新、协调、绿色、开放、共享的发展理念，坚持四个面向，以支撑农业高质量发展和乡村振兴为方向，以提升创新能力为核心，以改革创新为动力，全面加强学科建设、团队建设和平台建设，紧紧围绕产业重大需求、发展短板、“卡脖子”制约等问题，加强任务谋划，开展应用基础研究和应用技术研究，强化联合攻关和集成创新，取得一批原创性科研成果、关键技术和重大科技产品；探索科研组织方式适应农业生产方式转变的新模式，促进成果、平台、团队更加凝聚融合、创新机制更具活力、成果转化体系更加畅通高效，形成创新链、产业链、价值链有机衔接的产学研深度融合创新体系。

到 2025 年，全院科技竞争力和影响力显著增强，1～2 个学科达到国内一流水准，7～9 个研究所建成定位明确、运行高效、人才集聚的国内一流现代研究所；凝练培育国家级奖励科技成果 1～2 项，获省部级科技成果奖励 40 项以上，新建国家级创新平台 1～2 个、省部级重点实验室（中心）3～5 个，培育 10 个左右在全省具有重要影响的学科团队，示范推广 100 个主栽品种、50 项重大技术。项目合同经费达到 4.5 亿元以上，职工收入年均增长 15%以上，到“十四五”期末在 2020 年的基础上实现翻番。

三、主要方向与重点工作

（一）提升创新能力，实现自立自强

一是把支撑农业稳产保供作为首要任务。围绕全省粮食安全、产业安全、生物安全等重大需求，积极申报和组织实施国家与地方科技计划任务。聚焦种质资源、作物有害生物防控、绿色高效发展等问题，在旱作粮果保供增效、灌区高效节水、戈壁设施高值农业等方面完善“重大科技使命清单”，强化科技资源统筹配置，依托农业科技创新联盟，加大联合攻关力度，加快产出一批标志性、引领性成果。

二是把解决好种子和耕地问题作为创新重点。做好农作物良种培育重大项目部署安排。上游要加快“西北种质资源保存与创新利用中心”建设，深入推进种质资源的保存鉴定和挖掘利用工作。中游要加快突破育种工具、基因编辑、快速繁育等“卡脖子”育种技术。下游要加快推动优质品种推广和配套技术的集成示范。统筹衔接中低产田改良、作物秸秆综合利用、畜禽粪污资源化利用、高标准农田建设等

方面的力量，为提升耕地质量、落实“藏粮于地”战略，提供一体化解决方案。

三是把研究科学问题与关键技术统筹推进。围绕区域重大问题，强化农业应用基础与共性关键技术攻关，持续开展主要动植物性状遗传解析与改良、作物杂种优势、抗逆及养分高效利用品种精准选育、作物—病虫害互作机理、微生物提高动植物养分利用、生物极限节水机理与调控等研究。以促进乡村产业振兴和农业农村高质量发展为目标，拓展农村科技和高端智库影响力。

四是把完善创新平台体系建设作为支撑。把持续改善科研条件和提升创新能力结合起来，加强各类平台建设的宏观指导、结构布局、人才引进、考核监督。以西北种质资源保存与创新利用中心、省级重点实验室（中心）、国家农业科学试验站等为引领，推动建设一批重大平台，构建全院科研平台体系。在设施农业、土壤质量、高效节水和重大病虫害防控等领域，争取创建 3～5 个省级重点实验室（中心）。加强农产品贮藏保鲜与冷链物流研究，提升设施农业装备与智能控制水平。组建农业机械与智能装备研究所，办好《甘肃农业科技》，推进农业信息化研究。

（二）加强人才培养，打造学科团队

完善学科布局，围绕学科构建团队，引领科技资源优化配置，推动优势资源向重点学科、短板学科和新兴学科集聚。强化优势学科影响力，提升特色学科竞争力，激发新兴交叉学科创新力，增强引领和支撑能力。围绕现代种养一体化、智慧农业等新业态、新模式，培育新兴交叉学科，引进、培育一批急需紧缺人才。明确攻关重点与任务，柔性引进高层次人才，联合解决关键科学与技术问题。培育 5 个左右具有全国影响力和学科引领能力的学科团队，培育 10 个左右在国内优势明显、区域引领核心关键技术攻关、支撑农业现代化发展的领先学科团队，新建 3～5 个新兴交叉学科团队，构建研究目标高度聚焦、研究活动高效协同、研究成果高度集成的纵横一体化创新体系。

（三）聚合科技资源，推动乡村振兴

继续把科技助推乡村振兴作为一项重要的政治任务，纳入全局工作，统筹谋划、系统推进。确保在原贫困地区的科技资源投入力度不减、项目经费不减、人员力量不减，实现巩固拓展脱贫攻坚成果同乡村振兴的有效衔接。建设一批引领支撑乡村振兴的典型性综合试验站，加强产业振兴关键技术和农村适用技术创新及成果转化，培训农村实用人才，充分发挥辐射带动作用。在乡村振兴科技支撑行动方案的基础上，遴选项目、组建团队，主动对接地方产业需求，提高当地农业质量效益和竞争力。同时，要积极为农村实体经济发展提供精准的科技服务，把更多的成果和技术转化为农村经济发展的增长点。

（四）深化合作交流，实现融合发展

一要加强科技合作交流。结合国家重点项目实施，推进更高层次的学术交流活动。围绕黄河农业、寒旱农业、绿洲农业等领域，筹划召开 1～2 次国际学术会议，打造 5～8 个国际合作平台，举办 1～2 期发展中国家培训班，组织 3～5 期出国培训和考察学习。加强智力引进与输出工作，围绕全省产业发展需求，引进消化一批种质资源和先进技术，抢抓“一带一路”倡议机遇，转移转化一批新品种、新技术、新产品，服务“一带一路”沿线国家，探索合作新模式。加强与国际农业机构的联合，建立长期稳定的合作关系，推进国家引智综合示范基地建设。加强与国家科研机构和在甘单位的合作，推进平台共建、资源共享，实现合作共赢。

二要拓展院地院企合作。总结“跨界合作”的成功经验，与已有合作关系的企业之间深化合作内容，拓展合作新领域、新项目。发挥院层面的统筹谋划职能，推进重大成果的评估和拍卖，问诊地方产业和企业技术难题，组织专家团队开展有偿技术服务。广泛吸纳企业等社会资源，在院西区科研用地打造具有影响力的合作交流平台。发挥好现有成果转移转化平台作用，强化知识产权价值评估，提高知识产权转让、许可收益。鼓励以技术入股、技术许可等形式参与推动科企融合发展。推进产业技术研究院建设，构建科技成果转化体系。

（五）完善制度机制，激发创新活力

一要创新科研运行机制。健全科技评价制度，构建高效协同的创新生态。优化院科技项目立项和实施机制，探索重大任务清单制和揭榜挂帅制，调动广大科技人员的积极性。改革院成果转化项目支持机制，重点支持具有市场前景的成果熟化和培育，倒逼科技创新水平的提升。加大对中青年人才基础和应用基础研究支持力度。加快科技成果走出实验室和试验站，走进示范园和产业园，推进科技创新与地方产业的深度融合。

二要提升机关工作效能。着眼于新发展阶段对管理服务工作的新要求，以加强机关能力建设、作风建设为抓手，构建起以制度管理为基础，以人性化管理为底色的管理模式，保障制度执行的力度和管理服务的“温度”。职能部门要提高学习政策、调查研究、汇报沟通、谋划发展、指导工作的能力，发挥好中枢神经的职能。要不断健全管理制度，确保制度建设的科学性、及时性，制度执行的系统性、连续性。

三要强化全院一盘棋的意识。各所（场）要在不折不扣地贯彻落实院决策部署的前提下，探索符合自身实际的发展路径。各所（场）要严格执行全院在人事、财务、项目、成果转化等方面的管理制度，统一“度量衡”，各单位可根据情况制定具体的实施细则，但不得另行出台制度。要加强对院决策执行、制度落实的监督检查，最大限度地形成发展合力。

2021 年重点任务

2021 年是“十四五”开局之年。全院要深入贯彻落实党的十九大及十九届二中、三中、四中、五中全会精神和中央农村工作会议精神，紧紧围绕省委、省政府工作部署，立足新发展阶段，贯彻新发展理念，融入新发展格局，统筹新冠肺炎疫情防控和科技工作，同步抓科技创新和成果转化、同步抓科学问题和技术问题、同步抓人才培养和学科建设、同步抓对外开放和融合发展、同步抓管理服务和制度建设，把握机遇，积极作为，以优异成绩为中国共产党建党 100 周年献礼。

重点抓好以下 8 个方面工作：

一、以新视野谋划发展，绘就“十四五”蓝图

坚持问题导向和目标导向，坚持系统思维和辩证思维，深刻分析农业科技事业发展面临的形势，立足发展实际，着眼发展需求，在集思广益、调研论证的基础上，明确未来 5 年全院科技创新、人才培养、平台建设、成果转化等主要领域的目标任务和重点工作，认真编制

全院“十四五”发展规划。各研究所、试验场要结合各自实际制定本单位“十四五”发展规划。

二、以新举措强化科技创新，提升支撑能力

一要着眼发展大局，积极谋划争取项目。紧抓国家大力实施“藏粮于地、藏粮于技”战略机遇，瞄准种子和耕地问题，加强与国家部委衔接沟通，做好国家科技专项和省重大专项的争取工作，抓好国家自然科学基金申报。力争新上项目合同经费 1 亿元，到位经费7 000万元。

二要凝练和组织实施重大科研任务，集中解决产业重大需求。围绕粮食安全、黄河流域生态保护、“牛羊菜果薯药”六大特色产业和特色产业倍增计划行动，在粮油作物丰产增效、戈壁生态高效节水、高标准农田地力提升、特色作物提质增效、病虫害检测防控及新产品研发、智慧农业、作物和畜禽种质保存与评价利用及新品种选育、生态环境治理修复等方面，组织实施重大项目，组织团队联合攻关。创新项目实施利益共同体，联合经营主体和农机企业、融入地方产业园和科技示范园，协同解决产业重大技术问题。

三要加强项目和成果管理，提高绩效产出。加强科技项目的凝练和申报，突出原始创新及关键技术突破。继续推进种质资源创新及生物技术应用，完善生物育种专项管理，突出创新任务引领与重大产出，改革院学科团队及区域创新项目申报和实施管理。加强项目过程管理和目标管理，建立项目执行诚信制度，推行严格的考评与整改制度。挖掘历史数据，整合资源，在重点领域或产业核心技术方向凝练重大成果。启动国家奖励科技成果培育计划。力争获省部级科技进步奖一等奖 1～2 项。

三、以新成效巩固脱贫攻坚，助推乡村振兴

一要加强科技助推乡村振兴的组织领导。完善领导机制，设立乡村振兴专项资金。按照“四个不摘”的要求，选派驻村干部，调整驻村职责、驻村方式、驻村人数、驻村时间等，将工作重点转移到巩固脱贫攻坚成果和接续推进乡村振兴上。

二要组织实施乡村振兴项目。全面总结宣传脱贫攻坚工作成效和经验，抓好乡村振兴背景下的科技创新与成果转化，加强农业产业提质增效技术研究与推广，促进扶贫产业向优势产业转变。紧盯乡村振兴科技需求，启动乡村振兴计划行动，谋划建设一批支撑特色产业、保护生态环境的产业振兴项目。抓好入选农业农村部百强村的 4 个示范村建设，推动“一村一品”产业发展，加快各类成果的中试熟化，推动创新与产业深度融合。

四、以新思路促进成果转化，力争稳中求进

一要巩固来之不易的良好势头。总结成绩、交流经验，不断拓展成果转化新思路，逐步形成各研究所相对稳定的转化渠道和模式。激发科技人员积极参与科技成果转化工作，从创新的源头注重成果的推广和应用，增强科技成果的市场契合度。加大对科技成果转化项目的绩效考核，提高使用效率，发挥“撬动效应”。

二要凝练市场认可的拳头产品。积极调研市场需求，加强应用性研究，提高优秀科技成果数量，形成符合市场需求的“硬成果”，推进产学研用一体化。积极参加省内外各类成果

推介会，加大科技成果推介宣传力度，跑出科技成果转化“加速度”，提高知名度和社会影响力。统筹谋划，探索重大成果评估和拍卖的新机制。

三要发挥各类平台的资源优势。积极推进成立产业研究院，增强全产业链的科技服务能力。发挥科技成果孵化中心的窗口作用，盘活院西区科研用地，为技术创新和研发推广搭建新平台。积极对接地方和企业科技需求，强化产业技术供给，促进科技成果转化为现实生产力。全年科技成果转化效益稳步实现3 000万元。

五、以新要求加快科研设施建设，夯实创新根基

加快推进西北种质资源保存与创新利用中心建设，完成长期库和中期库制冷设备采购等任务和主体工程建设。加大项目建设资金的筹措力度，积极做好建设期间的各项管理服务工作。加快农业农村部西北马铃薯学科群观测站等6个建设项目实施，完成果酒及小麦新产品研发平台建设，建设好作物繁育及分子育种平台。启动智慧农业研究中心和农业机械与智能装备研究室工作。制定并实施《甘肃农业科技》“升核”一揽子方案。改善田间试验数据自动采集设施设备，强化长期定位实验观测及数据共享能力，推进试验站物联网建设，为农业科技大数据平台建设奠定基础。积极对接国家农业科技创新能力条件建设、现代种业提升工程等项目。

六、以新定位深化合作交流，积蓄发展力量

一要加强工作谋划。立足定位，进一步理清全方位开展合作交流的思路和重点任务，明确外事、联盟、学会各项工作的着力点，强化合作交流对人才培养、平台建设、智力引进和成果转化的职能任务，不断为事业发展寻求机遇、积蓄能量。积极谋划与省气象局等中央在甘单位及兄弟省院的合作交流，实现强强联合。

二要激发外事工作活力。加强与“一带一路”沿线国家及联合国粮农组织、世界粮食计划署、国际小麦玉米改良中心等国际组织的交流合作，认真做好“中—以”设施农业、“中—俄”马铃薯、“中—吉”藜麦等项目实施。高质量办好“现代旱作节水及设施农业技术”发展中国家技术培训。多方位开拓交流渠道，加强与省科学技术厅、省外事办公室等相关单位的项目合作，为全省智力引进探索新途径。

三要丰富学术交流活动。着眼全院发展和广大科技人员要求，创新学术交流的形式和载体，增强实效性。进一步发挥学会人才智力资源密集的优势，推动科技下乡，加强科技普及，助力乡村振兴。加强创新联盟工作，把握工作主动权，创新机制，推进五大协同中心项目实施。

七、以新标准加强管理服务，提升治理能力

一要加强人才队伍建设。紧紧围绕全院学科建设，精准引进急需紧缺人才，合理用好现有人才。以人才项目为抓手，加强在职培养，发挥选优推优对人才的激励作用，探索在读博士研究生预引进的有效途径。以建立科研攻关、创新创造平台等方式，柔性引进高层次人才，建立科学评估和有效退出机制。修订完善全院职称评审办法，完善研究员考核办法，强化目标任务管理。加强成果

转化人才队伍建设，优化研究所人员力量布局。着眼“十四五”发展，做好管理人才的遴选培养。

二要加强全院财务管理。修改完善内控手册，完成内控体系建设。组织召开全院财务工作会议，开展不定期的财务抽查、检查，加强对院属单位财务工作的监督指导，提升财务人员能力。树立“过紧日子”的思想，严格财务预决算制度，保障会计独立行使审核权，强化资金管理。推进主要领导经济责任审计问题整改，着力建立长效机制。

三要推进后勤管理服务改革。以高效后勤、节约后勤、满意后勤、智慧后勤建设为目标，推行便捷化服务，量化岗位目标，推进后勤企业化管理、社会化服务。系统谋划后勤管理服务“一揽子”方案，以创新的思维、改革的手段，合理调配现有人、财、物资源，提升物业管理水平，建立风险管控机制，向管理要效益。持续推进环境整治，精细内部管理，激发全院职工及家属的主人翁意识，打造环境优美、管理有序、和谐文明的农科家园。要动态关注新冠肺炎疫情，及时调整应对措施，紧盯薄弱环节和风险点，确保预案在先、措施具体、责任到人。

四要促进试验场创新发展。3 个试验场要在资源盘活和开放办场上做好文章。要立足自身资源优势，找准定位，明确方向，稳定培育并逐步做大做强主导产业；同时，要依托现有试验站等平台，加强与院内外的研究单位、企业开展合作，加大与驻地政府部门的汇报沟通，不断为自身发展增添新活力。

八、全面加强党的建设，为事业发展提供政治保障

以党的政治建设为统领，引领带动党的建设质量全面提高。按照中央和省委统一部署，开展庆祝建党 100 周年系列活动，认真落实《不忘初心、牢记使命》的制度，持续抓好理论武装，夯实党员干部干事创业的思想基础。坚持以党支部建设标准化促全面规范，以“四抓两整治”促重点提升，落实党委成员党支部联系点制度，健全“甘肃党建”平台使用定期督查、及时提醒工作机制。加强干部队伍建设，修订院管领导班子和领导干部考核办法，加强领导干部的政治素质考察，激励干部担当作为。切实肩负起从严管党治党政治责任、意识形态工作主体责任。做好宣传统战群团工作，强化对民主党派和党外知识分子的政治引领。组织普法宣传活动，抓好精神文明建设，举办职工运动会等文体活动，营造和谐的氛围。

同志们！成绩属于过去，奋斗成就未来。“十四五”工作已经开启。让我们振奋精神、坚定目标，团结协作、真抓实干，努力开创“十四五”工作新局面，为全面建成社会主义现代化国家做出新的贡献！

再过半个月，就是中华民族的传统节日新春佳节。在此，我谨代表院领导班子，向全院职工及家属致以节日的问候，祝大家在新的一年里工作顺利、身体健康、生活愉快、阖家幸福！

谢谢大家！

2020 年院领导班子成员及分工

院领导班子成员

院党委书记：魏胜文

院　　　长：马忠明

院党委委员、副院长：李敏权

院党委委员、副院长：贺春贵

院党委委员、副院长：宗瑞谦

院党委委员、纪委书记：陈　静

院领导班子成员分工

魏胜文：主持党委全面工作，负责组织、干部、群团工作。分管党委办公室、院工会、院团委。

马忠明：主持行政全面工作，负责科研、合作交流工作。分管院办公室、科研管理处、科技合作交流处。

李敏权：负责人才、人事、老干部工作，分管人事处、离退休职工管理处。联系马铃薯研究所、生物技术研究所、蔬菜研究所、植物保护研究所、农产品贮藏加工研究所、经济作物与啤酒原料研究所（中药材研究所）。

贺春贵：负责统战、扶贫开发、成果转化工作，分管成果转化处。联系作物研究所、小麦研究所、土壤肥料与节水农业研究所、畜草与绿色农业研究所、农业质量标准与检测技术研究所、绿星公司。

宗瑞谦：负责宣传、财务资产、基础设施建设、综合治理、后勤服务工作，分管财务资产管理处、基础设施建设办公室、后勤服务中心。联系旱地农业研究所、林果花卉研究所、农业经济与信息研究所、张掖试验场（张掖节水农业试验站）、榆中试验场（榆中高寒农业试验站）、黄羊试验场（黄羊麦类作物育种试验站）。

陈　静：负责纪委全面工作，分管纪委、监察室。

（此分工经院党委会议 2019 年 5 月 8 日研究确定）

院　党　委

院党委第一届委员会委员

书　记：魏胜文

委　员：魏胜文　李敏权　贺春贵　宗瑞谦　陈　静　汪建国

院　纪　委

院纪委第一届委员会委员

书　记：陈　静　副书记：程志斌

委　员：陈　静　程志斌　胡新元　刘元寿　马心科

内设机构及领导成员

职能部门

院办公室

主　任：胡新元　　副主任：张开乾（正处级）

党委办公室（老干部处）

主　任：汪建国

副主任：蒲海泉　王　来

老干部处处长：王季庆

副处长：蒲海泉（兼）

监察室

主　任：程志斌（兼）

副主任：高育锋

人事处

处　长：马心科

副处长：葛强组

科研管理处

处　长：樊廷录

副处长：展宗冰

财务资产管理处（基础设施建设办公室）

处　长：刘元寿

副处长：马　彦（正处级）　王晓华

基建办主任：马　彦（兼）

副主任：王晓华（兼）

科技成果转化处

处　长：王晓巍

副处长：田　斌（正处级）　张朝巍

科技合作交流处

处　长：王　敏

副处长：张礼军

党群组织

院工会

主　席：汪建国（兼）

常务副主席：王　方（正处级）

院机关党委

书　记：汪建国（兼）

副书记、纪委书记：张有元

院团委

书　记：边金霞

副书记：郭家玮

院党外知识分子联谊会

会　长：马忠明

副会长：马　明　颉敏华

秘书长：窦晓利

民盟甘肃省农业科学院支部

主任委员：杨晓明　副主任委员：高彦萍

九三学社甘肃省农业科学院支社

主任委员 ：李宽莹

副主任委员：包奇军

民进甘肃省农业科学院支部

主任委员：鲁清林

院属单位

作物研究所

所　长：杨天育

党总支书记、副所长：张建平

副所长：董孔军

小麦研究所

党总支书记、副所长：王　勇

副所长：曹世勤　柳　娜

马铃薯研究所

所　长：吕和平

党总支书记、副所长：文国宏

旱地农业研究所

所　长：张绪成

党总支书记、副所长：乔小林

副所长：李尚中　陈光荣

生物技术研究所

所　长：陈玉梁

党总支书记、副所长：崔明九

土壤肥料与节水农业研究所

所　长：汤　莹

党总支副书记、副所长：郭天海

副所长：杨思存

蔬菜研究所

所　长：侯　栋

党总支书记、副所长：常　涛

副所长：张玉鑫　王佐伟

林果花卉研究所

所　长：王　鸿

党总支书记、副所长：王卫成

植物保护研究所

所　长：郭致杰

党总支副书记、副所长：刘永刚

副所长：于良祖

农产品贮藏加工研究所

党总支书记、副所长：胡生海

副所长：颉敏华　李国锋

畜草与绿色农业研究所（农业质量标准与检测技术研究所）

所　长：马学军

党总支书记、副所长：白　滨

党总支副书记、副所长：杨富海（正处级）　谢志军

经济作物与啤酒原料研究所（中药材研究所）

所　长：王国祥

党总支副书记、副所长：边金霞

农业经济与信息研究所

党总支书记、副所长：陈文杰

副所长：王志伟　张东伟　马丽荣

后勤服务中心

党总支书记、主任：李林辉

党总支副书记、副主任：张国和

副主任：王建成

张掖试验场

党委副书记、副场长：鞠　琪（正科级）

党委委员、副场长：蔡子文（正科级）

工会主席：王兆杰（副处级）

榆中园艺试验场

党总支书记、场长：于良祖（副处级）

党总支委员、副场长：李国权（正科级）

副场长：蒋　恒（正科级）

工会主席：张世明（副处级）

黄羊试验场

党支部副书记、副场长：杜明进（正科级）　郭开唐（正科级）

甘肃飞天种业股份有限公司

法人代表：马　彦（兼）

甘肃绿星农业科技有限责任公司

法人代表、党支部书记：田　斌（兼）

（注：以上信息以2020年12月31日为准）

人大、政府、政协、民主党派及党外知识分子联谊会任职情况

政协第十三届全国委员会委员　马忠明
政协甘肃省第十二届委员会常务委员　吴建平
政协甘肃省第十二届委员会委员　马　明
王兰兰
甘肃省人民政府参事　陈　明
鲁清林
兰州市安宁区十八届人大代表　李敏权
政协兰州市安宁区第九届委员会常委　杜　惠
政协兰州市安宁区第九届委员会委员　颉敏华
省党外知识分子联谊会常务理事　马忠明
甘肃欧美同学会会长　吴建平
甘肃欧美同学会常务理事　王　鸿
民盟甘肃省第十四届委员会委员　杨晓明
九三学社甘肃省第八届委员会委员　李宽莹
民进甘肃省第八届委员会委员　鲁清林

议事机构

职称改革工作领导小组

组　长：马忠明

副组长：魏胜文　李敏权

成　员：贺春贵　宗瑞谦　陈　静　汪建国　胡新元　马心科　樊廷录　王晓巍

高中级职称考核推荐小组

组　长：马忠明

副组长：魏胜文　李敏权

成　员：贺春贵　宗瑞谦　陈　静　汪建国　胡新元　程志斌　马心科　樊廷录　刘元寿　王晓巍　马学军　王　鸿　王志伟　王国祥　白　滨　吕和平　汤　莹　杨天育　陈玉梁　张绪成　胡生海　侯　栋　郭致杰　曹世勤

二、科技创新

概　况

2020年，在全面建成小康社会和“十三五”收官之年，面对新冠肺炎疫情的严峻考验，全院紧紧围绕六大产业和脱贫攻坚重大任务，抢抓上题立项，推进科技创新，推动科研产出，改善科研条件，全面完成了本年度科研任务，取得了显著成效。

一、多渠道抢抓上题立项，争取经费再创历史新高

全年新上项目120余项，项目合同经费1.72亿元，到位经费接近1.61亿元，其中科技创新经费7 400万元，科研基础条件建设经费近1亿元，是“十三五”时期最多的一年。特别是5个国家农业科学试验站和1个特色油料作物科学观测站项目，到位中央财政经费7 301万元，位居全国农科院前列。

二、围绕六大产业，稳步推进科技创新

一是加强种质创制与新品种选育，做强种业“芯片”。完成玉米、大豆、糜子、青稞等作物800余份种质资源抗逆性鉴定，筛选出抗旱、耐盐、抗倒等资源309份，多棱和二棱青稞及勾芒大麦新种质47份，早熟抗倒宜机收甜瓜资源28份。利用EMS诱变和快中子诱变等方法，获得大豆高油、高蛋白株系31份，创制出高油、高亚麻酸、高木酚素等优异种质1 650余份；获得蔬菜优良单系材料300多份，创新了一批高品质甜瓜材料。收集板蓝根、半夏种质资源25份。育成玉米、油菜及冬春小麦新品种16个，陇鉴115达到国家优质强筋麦标准。二是加快良种良法配套、推进农艺农机融合，支撑全省粮食生产。推广玉米密植增产与低水分机械粒收技术，收获期推迟50天，增产10%，节本19%，引领旱地玉米由采穗收割向籽粒收割的转变。集成应用了一批冬小麦新品种，兰天36在徽县创建了620.8千克/亩的高产纪录。建立果树绿枝全光弥雾扦插技术体系，成苗率94.6%以上。研究提出马铃薯脱毒组培苗开放式快繁技术，成本降低30%～40%。三是集成创新资源高效利用技术，支撑寒旱农业发展。研究提出了玉米免冬灌膜下滴灌水肥一体化、戈壁设施蔬菜和西瓜基质栽培适宜灌溉制度，研发出相应的栽培基质。集成应用了西甜瓜化肥农药减施增效技术模式，农药减量30%～45%，肥料利用率提高8%～15%。创建旱地果园群体结构调控与水肥高效利用技术，优质果率提高14.5%。研制出防治蔬菜白粉病的中草药制剂，防治效果显著。筛选出4种中药材种子丸粒化填充材料配方，集成创新了中药材丸粒化精量播种技术，板蓝根增产20%以上。查明甘肃省主要农田养分流失和地膜残留现状，研究应用了地

膜污染控制及减量替代技术。研究提出了益生菌与有机钴协调的秸秆饲料化技术，肉牛育肥过程中秸秆消化率提高 15%。四是加强农产品产地监测评价与产后加工技术研究，支撑“甘味”农产品品牌建设。开展了兰州百合、西甜瓜、木耳、静宁苹果、敦煌李广杏、岷县当归和靖远滩羊等地域特色农产品产地环境、产品品质等监测评价，初步明确了检测及品质评价技术和地域品牌的品质特征。构建了名特优农畜产品品质标识数据库；摸清了玉米霉菌毒素发生与污染分布、黑木耳草甘膦残留及风险防控关键技术；修订了 32 项绿色食品生产技术标准；提出了基于风味品质调控的苹果白兰地生产关键技术，确定了香芹酮在马铃薯原种和原原种上产生药害的阈值。

三、强化项目过程管理，凝练培育重大科技成果

全年通过结题验收项目 96 项，登记省级科技成果 50 项，通过国家和省级主管部门审定（登记）的品种 34 个。组织推荐 2020 年国家科技奖 1 项、省科技进步奖 19 项，神龙奖 4 项。获得各类科技奖励 23 项，其中国家科技进步奖二等奖 1 项（协作），省科技进步奖 12 项（二等奖 7 项、三等奖 5 项），省专利奖 3 项（二等奖 2 项、三等奖 1 项），省农牧渔业丰收奖 7 项（一等奖 2 项、二等奖 4 项、三等奖 1 项）。获授权国家发明专利 9 项、实用新型专利 47 项（含外观设计专利 6 项）、计算机软件著作权 28 项、植物新品种保护权 5 项；颁布实施技术标准 20 项；在各类期刊发表学术论文 379 篇，出版专著 7 部。制定出台了《科研副产品管理暂行办法》，出版了《甘肃农业改革开放研究报告》绿皮书，印发了《甘肃省农业科学院应对新冠肺炎疫情甘肃农业技术 200 问》。

加强平台建设，支撑科技创新有新突破。紧紧围绕构建“科学研究、技术创新、基础支撑”3 类科技平台，完善全院科技创新平台体系。组织申报 2020 年“三农”补短板项目 27 项；申报 2021 年农业建设储备项目 15 项，获省农业农村厅可研批复 6 项；申报全省“两新一重”建设储备项目 8 项。张掖、凉州、镇原、安定、渭源 5 个国家农业科学实验站和西北特色油料作物科学观测站项目获国家发展和改革委员会、农业农村部立项批复，下达中央资金7 301万元。1 万平方米的“西北种质资源保存与创新利用中心”项目顺利开工建设。在建的 6 项农业农村部科技创新能力条件建设项目有 2 项通过省级竣工验收，3 项通过院内初步验收。完成了省级重点实验室和省级种质资源库的年度绩效评估工作；秦王川农业综合试验站（兰白农业科技创新基地）顺利通过验收；完成了院本部科研温室调配工作，作物快速繁育及分子育种平台投入建设。完成了国家农业科学实验站农业基础性长期性科技观测监测工作，上传国家各数据中心数据 11.2 万个。新增省级农业信息化科技平台 3 个、省级工程研究中心 1 个、市级科技示范基地 1 个；新增仪器设备 117 台套，大型仪器共享收入达到 199 万元。

科研成果

省科技进步奖

甘肃雨养农田苹果水分高效利用技术研究与示范

获奖单位：林果花卉研究所

主研人员：马　明　尹晓宁　孙文泰　刘兴禄　牛军强　董　铁　胡　霞　李建明　徐保祥　雷普雄

奖励等级：二等奖

高原特色蔬菜绿色生产关键技术与应用

获奖单位：农产品贮藏加工研究所

主研人员：李国锋　冯毓琴　张克平　杨富民　冯世杰　杨　敏　邵威平　王爱民　张忠明　杨春雪

奖励等级：二等奖

河西走廊酿酒葡萄产业提质增效关键技术研究与集成应用

获奖单位：林果花卉研究所

主研人员：郝　燕　马麒龙　白耀栋　王玉安　张　坤　朱燕芳　陈双生　陈建军　刘　芬　杨彦军

奖励等级：二等奖

藜麦种质创新与系列新品种选育及产业化应用

获奖单位：畜草与绿色农业研究所

主研人员：杨发荣　黄　杰　魏玉明　王　耀　赵　婧　金　茜　赵保堂　刘文瑜　胡福平　吕　玮

奖励等级：二等奖

抗病、抗盐、高产向日葵品种选育与应用

获奖单位：作物研究所

主研人员：贾秀苹　卯旭辉　梁根生　刘　风　章文江　刘润萍　王兴珍　王　莹　张文贞　赵光毅

奖励等级：二等奖

胡麻田杂草安全高效防控技术研究与示范推广

获奖单位：植物保护研究所

主研人员：胡冠芳　牛树君　赵　峰　王玉灵　贾海滨　李爱荣　叶春雷　张　炜　许维诚　岳德成

奖励等级：二等奖

甘肃中东部小麦抗旱耐寒栽培基质及技术集成示范

获奖单位：旱地农业研究所

主研人员：侯慧芝　党　翼　张　健　续创业　张国平　赵　刚　张文伟　高应平　孙学胜　田　斌

奖励等级：二等奖

旱地农田水分变化特征及适水种植技术与应用

获奖单位：旱地农业研究所

主研人员：樊廷录　李尚中　赵　刚　王　磊　程万莉　王淑英　张建军

奖励等级：三等奖

甘肃省盐渍化土壤改良关键技术研究与应用

获奖单位：土壤肥料与节水农业研究所

主研人员：郭全恩　曹诗瑜　车宗贤　南丽丽　展宗冰　王　卓　王乐光

奖励等级：三等奖

马铃薯主食化品种筛选及加工关键技术创新与应用

获奖单位：农产品贮藏加工研究所

主研人员：李　梅　李守强　孙红男　田世龙　木泰华　葛　霞　程建新

奖励等级：三等奖

优质高产广适啤酒大麦新品种甘啤6号选育及推广

获奖单位：经济作物与啤酒原料研究所

主研人员：潘永东　包奇军　徐银萍　张华瑜　柳小宁　火克仓　王　方

奖励等级：三等奖

黄芪高效育苗关键技术集成与应用

获奖单位：生物技术研究所

主研人员：赵　瑛　蔡子平　罗俊杰　张运晖　张敏敏

奖励等级：三等奖

省专利奖

一种裸燕麦种衣剂及其制备方法

获奖单位：植物保护研究所

主研人员：刘永刚　何苏琴　赵桂琴　郭满库　郭建国　张海英　刘　欢

奖励等级：二等奖

一种旱地地膜玉米田免耕直播冬小麦的方法

获奖单位：旱地农业研究所

主研人员：李尚中　樊廷录　赵　刚　王　磊　王　勇　唐小明　张建军　党　翼

奖励等级：三等奖

农业行业新型肥料的研制

获奖单位：土壤肥料与节水农业研究所

获奖人员：车宗贤

获奖类别：专利发明人奖

中国社会科学院皮书学术评审委员会第十一届优秀皮书奖

《甘肃农业现代化发展研究报告（2019）》

获奖单位：甘肃省农业科学院

主研人员：魏胜文　乔德华　张东伟

奖励等级：三等奖

中国农业科学院科学技术成果奖

优质特色梨新品种选育及配套高效栽培技术创建与应用

获奖单位：甘肃省农业科学院林果花卉研究所

主研人员：李红旭　赵明新　王　玮　曹素芳　曹　刚　刘小勇

奖励类别：杰出科技创新奖

获省部级以上奖励成果简介

成果名称：甘肃雨养农田苹果水分高效利用技术研究与示范

验收时间：2018年10月17日

获奖级别：甘肃省科技进步奖二等奖

获奖编号：2020-J2-005

完成单位：甘肃省农业科学院林果花卉研究所

成果简介：针对制约甘肃省东部雨养区旱地苹果优质高效生产的主要问题——干旱少雨，本项目研究创新并大面积示范推广了“旱地苹果垄膜保墒集雨技术”等4种水分高效利用技术模式，优质果率提高10.6%～15.2%，水分利用效率提高13.9%～16.5%。集成创新的“旱地果园起垄覆膜小沟集雨穴贮肥水水分深渗高效用水技术”，300～500厘米土壤绝对含水量较清耕提高4.0个百分点，“旱地果园轻简精准水肥一体化技术”提高水肥利用效率26.3%。研究明确了优质杂草蒸腾量较土壤蒸发量降低5.5%～13.8%，筛选出适宜旱地苹果园自然生草的抗旱、耐瘠薄、抗病虫优质草种16个并广泛应用。研究推广了“旱地果园群体结构调控水肥高效利用技术”，春季0～100厘米土壤含水量提高13.4%，优质果率提高23.3%，降低肥水无效消耗35.6%。项目制定技术规程6项，发表论文16篇，出版专著1部，获得专利3项。近3年培训技术人员和果农6 230人次，累计推广应用面积85.2万亩，新增利润7.53亿元，取得了显著的经济效益和社会效益。

成果名称：河西走廊酿酒葡萄产业提质增效关键技术研究与集成应用

验收时间：2019年8月

获奖级别：甘肃省科技进步奖二等奖

获奖编号：2020-J2-007

完成单位：甘肃省农业科学院林果花卉研究所

成果简介：项目集成创新酿酒葡萄“三带整形管理模式”，通风透光且便于机械化操作、品质显著提高，可溶性固形物提高20.5%，总酸含量降低14.9%，糖酸比提高35.1%。集成创新酿酒葡萄农机农艺融合栽培技术体系，提高劳动效率20倍，亩节支380元。研发的“烟雾剂+防霜冻配套技术”能够提高葡萄园温度4～5℃，低成本减灾效果明显，推广应用4万亩，减损8 400万元。制定《河西走廊酿酒葡萄区域规划》，将产区划分为最适宜区至不适宜区5个区域，开发的贵人香葡萄酒等产品获得国际金奖。项目授权专利5项（发明1项、新型4项），发表论文23篇，出版专著2部，颁布地方标准1项、制定规程2项。3年累计推广应用30.89万亩，实现节本增效3.08亿元。社会效益、经济效益显著，支撑了河西地区脱贫致富和特色产业发展。

成果名称：藜麦种质创新与系列新品种选育及产业化应用

验收时间：2016 年 6 月

获奖级别：甘肃省科技进步奖二等奖

获奖编号：2020-J2-035

完成单位：甘肃省农业科学院畜草与绿色农业研究所

成果简介：项目构建了甘肃省首个藜麦种质资源库，收集藜麦种质资源 618 份；明确藜麦耐旱阈值 10%～15%，耐盐阈值 200～300 毫摩尔/氯化钠。育成粮饲兼用型陇藜 2 号、矮秆早熟型陇藜 3 号和高品优质型陇藜 4 号藜麦新品种。探明甘肃省藜麦适种海拔范围 1 800～2 400米，制定了甘肃省藜麦适种生态区划。研制提出春播藜麦覆膜栽培技术和夏播藜麦复种栽培技术规程，配套藜麦专用播收机具，初步实现农机农艺深度融合。分析测试了藜麦粉组分特点及糊化特性，研发出藜麦主食类、时令类和即食类系列产品，取得藜麦产品加工工艺关键技术新突破，实现藜麦的高值转化，延伸了藜麦的产业链条；凝聚多方资源组建藜麦全产业链创新团队，构建藜麦学科体系，创立“一年一穗”等品牌和“科企融合、农企对接”产业发展模式。项目发表论文 18 篇，获得专利 2 项，登记计算机软件著作权 2 项，注册商标 13 件。成果累计示范推广 30.90 万亩，总产值达 4.70 亿元，新增纯收入 1.75 亿元，产品销售总额达 2.04 亿元，新增纯收益 0.29 亿元。经济、社会效益显著，支撑了贫困地区脱贫致富和特色产业发展。

成果名称：胡麻田杂草安全高效防控技术研究与示范推广

验收时间：2019 年 12 月

获奖级别：甘肃省科技进步奖二等奖

获奖编号：2020-J2-045

完成单位：甘肃省农业科学院植物保护研究所

成果简介：项目在全面调查明确我国胡麻田杂草种类与群落组成和主要群落类型、探明不同生态类型区胡麻田杂草发生危害规律、明确优势杂草危害胡麻的生态与生理机制、揭示播种期和播种量对胡麻田杂草发生以及对胡麻产量的影响、探明农业防控和物理防控以及生态调控对胡麻田杂草防控效果之基础上，通过开展除草剂筛选研究和应用示范，提出了以 2 甲・辛酰溴或 2 甲・溴苯腈、灭草松＋精喹禾灵或高效氟吡甲禾灵苗期茎叶喷雾一次用药兼防胡麻田阔叶杂草与禾本科杂草为核心内容，辅以农业防控、物理防控和生态调控的胡麻田杂草安全高效防控技术，其具有安全，防效高、工效高，有效降低用药量及用水量和生产成本四大突出创新点。

该技术是原国家胡麻产业技术体系向农业农村部推荐的轻简化实用技术，“十二五”和“十三五”期间已在我国胡麻主产区实施大面积示范推广，2012—2019 年累计示范推广 1 933万亩，已获经济效益 28.68 亿元，科研投资年均纯收益率 7.89 元/元。其中 2017—2019 年累计示范推广 748 万亩，已获经济效益 8.88 亿元，取得了显著的经济和社会效益。发表论文 48 篇、参编论著 3 部、授权发明专利 2 项、制定技术规程 12 项和技术模式 17 项、颁布地方标准 3 项。

成果名称：高原特色蔬菜绿色生产关键技术与应用

验收时间：2019 年 9 月

获奖级别：甘肃省科技进步奖二等奖

获奖编号：2020-J2-004

完成单位：甘肃省农业科学院农产品贮藏加工研究所

成果简介：本项目针对甘肃省高原夏菜在7—8月断档期以及产生大量尾菜严重影响产地生态环境安全的问题开展了系列研究，引进筛选出适宜高寒地区种植的外调性蔬菜新品种7类50个，将高原夏菜种植区域从海拔1 500～1 800米提升到2 500～2 700米，使天祝县等地80%～90%的传统农业区调整为蔬菜产业新区，填补了市场空档期，高原夏菜价格是常规产区的3～5倍；研究形成分期播种、平畦密植、豆类宽窄行、秋冬少耕等栽培技术；集成示范产地预冷、1-MCP保鲜、自发气调、纸膜包装等绿色环保型采后处理和现代冷链物流技术，使采后损失率降至5%以下，保鲜期延长7～10天；设计了由清洗、打浆、贮料、压滤、水处理、电气控制为单元构成的尾菜饲料化前处理生产线，生产线高效、节能、易于操作；开发了饲用蔬菜粉、蔬菜颗粒、蔬菜青贮饲料、蜂窝块蔬菜粗饲料4类产品并制定企业标准。

项目获授权专利5件，认证国家绿色A级产品7个，制定企业标准4项，技术操作规程4项，发表学术论文15篇。2017—2019年，累计示范种植35.66万亩，新增蔬菜产量79.90万吨；处理尾菜32.9万吨，生产各类蔬菜饲料2.27万吨；累计纯收益达8.07亿元。

成果名称：甘肃中东部小麦抗旱耐寒栽培基质及技术集成示范

验收时间：2019年12月

获奖级别：甘肃省科技进步奖二等奖

获奖编号：2020-J2-047

完成单位：甘肃省农业科学院旱地农业研究所

成果简介：本成果在量化甘肃省中东部寒旱生境对小麦生长发育限制强度的基础上，以突破寒旱生境限制为目标，提出了春小麦全膜微垄沟播技术、冬小麦扩行稀植技术和周年绿色覆盖技术，丰富和发展了小麦抗旱耐寒栽培的理论知识，引领了我省旱地小麦栽培的技术创新方向。得出“土壤一小麦旗叶生态化学计量特征之间密切相关，化肥深施匀施可缓解旗叶氮/磷下降和促进小麦花后耗水，进而提高光合速率和籽粒产量”的科学论断，为精准施肥提供了新的理论依据和技术方法。

该成果集成抗旱耐寒小麦品种、关键技术、农机具等，分别在中东部形成了旱作春、冬小麦抗旱耐寒两大栽培技术体系，在甘肃庄浪、镇原、灵台、安定、会宁等地，2017—2019年累计推广223.3万亩，增粮1.1亿千克，增效2.5亿元。授权专利3项，发表论文30篇，其中SCI3篇，颁布地方标准3项。成果技术的应用推动了小麦产业的健康快速发展，为当地的农村社会发展产生了较大影响。

成果名称：抗病、抗盐、高产向日葵品种选育与应用

验收时间：2014年11月

获奖级别：甘肃省科技进步奖二等奖

获奖编号：2020-J2-036

完成单位：甘肃省农业科学院作物研究所

成果简介：项目采用回交转育、轮回选择、异地穿梭育种并结合SSR及InDel分子标记辅助选择，育成高抗盐碱黄萎病品种陇葵杂2号，高亚油酸含量品种陇葵杂3号，高蛋白含量品种陇葵杂4号。构建了陇葵杂2号RIL群体，筛选出6个耐盐碱候选基因，确定了候选基因的同源性、参与的代谢调控网络及共表达，明确了叶面积及茎粗可作为向日葵抗盐碱

鉴定的主要表性指标。创制了抗盐碱、抗病、优质向日葵种植，丰富了向日葵种质资源；研究了向日葵叶片数、株高、茎粗、含油率等指标与基因间的遗传关系。确定了陇葵杂系列品种的栽培技术要点，提出了氮、磷、钾平衡施肥比例。确定了向日葵耐盐碱极限，改良盐碱地的能力范围，不同土壤盐含量对向日葵收获指标的影响范围。

该项目 2011—2019 年累计在全省推广面积 626.66 万亩，其中 2017—2019 年累计推广 229.12 万亩，新增纯收益34 435.32万元，总经济效益21 694.25万元。发表论文 25 篇，制定并颁布地方标准 2 项，获专利 1 项。

成果名称：旱地农田水分变化特征及适水种植技术与应用

验收时间：2019 年 1 月

获奖级别：甘肃省科技进步奖三等奖

获奖编号：2020-J3-003

完成单位：甘肃省农业科学院旱地农业研究所

成果简介：项目以提高旱地作物种植系统干旱适应弹性和水分可持续利用为目标，发现近 50 年陇东黄土高原呈现年均降水量减少 0.86 毫米和年均温增加 0.05℃的整体干旱趋势，0～2 米麦田土壤贮水量减少 28.1 毫米，小麦水分满足率 52.0%～87.0%，玉米生育期水分满足率 61.3%～81.9%的水分供需变化特征；提出了调减小麦种植面积、增加玉米和马铃薯种植面积，发展适度规模果园和草地，夏秋种植结构由 65∶35 调整到 40∶60 的适水种植技术适应性和作物适水种植结构。建立了旱作玉米产量—群体—耗水关系，提出了玉米适水定密参数 10 株/（毫米·亩），确定了合理群体参数，亩增 1 000 株密度产量和水分效率提高 15.2%和 17.3%、0～1 米土层硝态氮减少 49.3%，提高了农田纳雨蓄墒能力和干旱逆境适应能力，农田降水利用率达 75%以上，旱地玉米水分利用效率高达 3.64 公斤/（毫米·亩）。授权发明专利 5 件，发表论文 12 篇，出版专著 1 部，制定地方标准 1 项。累计推广面积 670 万亩，新增粮食 3.03 亿公斤，新增效益 4.96 亿元。近 3 年推广面积 450 万亩，新增粮食 2.11 亿公斤，新增效益 3.43 亿元。

成果名称：马铃薯主食化品种筛选及加工关键技术创新与应用

验收时间：2019 年 9 月

获奖级别：甘肃省科技进步奖三等奖

获奖编号：2020-J3-047-R1

完成单位：甘肃省农业科学院农产品贮藏加工研究所

成果简介：该成果针对甘肃省马铃薯主食产业化过程中专用品种缺乏，加工技术落后，高品质、高附加值产品少等瓶颈问题，开展马铃薯主食化品种筛选和加工关键技术研究。系统解析了甘肃省主栽马铃薯品种与加工制品品质特性间的关联规律，确定马铃薯主食加工适宜品种评价关键因子，筛选出适宜加工品种；研发出以“间歇式微波＋覆膜”马铃薯预处理技术为关键的鲜薯面条加工技术、以马铃薯全粉为调节原料的烤馍和饼干加工技术、以变温变湿降黏成型一次发酵技术为核心的马铃薯全粉馒头加工技术，建立了马铃薯主食加工关键技术体系，开发出马铃薯面条、烤馍及饼干等主食化系列新产品。为延长产业链，提高企业效益，促进甘肃省马铃薯产业持续健康发展提供强有力的技术支撑。

项目确定主食加工品种 12 个，创新加工技术4项，研发新产品4大类50多种，新建生产线4条；获授权国家发明专利3项，外观设计专利7项，制定企业标准3项，发表学术论文13篇。2017—2019年，成果在马铃薯主产区5家企业推广应用，累计销售马铃薯主食化系列产品6 416.00吨，新增销售额14 481.80万元，新增利润3 816.32万元。项目在助力产业发展、精准扶贫、乡村振兴中发挥了重要作用，经济、社会和生态效益显著。

成果名称：甘肃省盐渍化土壤改良关键技术研究与应用

验收时间：2016年6月

获奖级别：甘肃省科技进步奖三等奖

获奖编号：2020-J3-005

完成单位：甘肃省农业科学院土壤肥料与节水农业研究所、甘肃农业大学、甘肃瓮福化工有限公司、西部环保有限公司

成果简介：该成果系统阐明干旱区灌溉水盐分类型、矿化度、温度、水吸力、地下水位对水盐迁移参数的影响，揭示了环境因子（蒸发量、降水量、近地面空气温度和湿度、土温、土壤水分）对土壤表层盐分累积的关系。该成果主要有以下创新：①针对苹果园钠盐毒害，提出果园春季适宜灌水定额为2 700立方米/公顷。②研制出盐碱土调理剂系列产品，委托甘肃瓮福化工、西部环保公司中试生产，施用改良剂pH减小0.10～0.41个单位，增产3.33%～25.2%，亩均增收300～500元，在瓜州、金塔、高台、景泰、靖远等地建立示范基地。近3年累计推广面积120.56万亩，新增纯收益3.28亿元。③筛选四翅滨藜和柳枝稷能明显降低土壤盐分、钠和氯离子含量。④研发板结盐渍化土壤渗水装置1套和开挖沟槽秸秆回填技术1项，可有效解决土壤水分入渗问题，土壤脱盐率达4.8%～16.7%。

该成果获授权专利6项、实用新型专利1项，受理专利3项，发表期刊论文30篇，其中SCI（EI）论文6篇。与9家企事业单位合作，成果转化收入198.3万元。该项成果对于甘肃省2 121.12万亩盐渍化土壤有广阔的改良、利用前景。

成果名称：优质高产广适啤酒大麦新品种甘啤6号选育及推广

验收时间：2009年6月

获奖级别：甘肃省科技进步奖三等奖

获奖编号：2020-J3-053

完成单位：甘肃省农业科学院经济作物与啤酒原料研究所

成果简介：项目采用杂交育种，历经14年系统选育出啤酒大麦新品种甘啤6号，2009年甘肃省鉴定，2010年甘肃省认定，2012年成为北方春大麦区主栽品种，2013年被认证*Bud weiser*牌全球著名酿造大麦商标（*Bud weiser*牌啤酒全球排名第一），2015年获国家植物新品种权，2020年通过非主要农作物品种登记。一般产量7 500～9 000公斤/公顷，最高可达10 400公斤/公顷。该品种千粒重45～50克、发芽率95%～100%、蛋白质8.7%～10.5%、饱满度（≥2.5毫米）85%～93.0%、麦芽蛋白质8.7%～10.3%、糖化时间8分钟、色度3.0EBC、浸出物80%～82%、α-氨基氮量155～180毫克/100克、β-葡聚糖118～304.72毫克/公斤、α-淀粉酶46.9DU[①]、库尔巴哈值39～46、糖化力325～

① DU指的是α-淀粉酶的活性（糊精化单位），在有过剩β-淀粉酶的情况下，能在20℃的条件下，以1克/小时的速度使可溶性淀粉糊精化为α-淀粉酶的量。

359WK①，各项酿造品质指标均达到或超过国家优级标准，种植区域横跨我国北方春大麦区。

该项目制定《阴湿区啤酒大麦优质高产标准化生产技术》《河西及中部灌区啤酒大麦优质高产标准化生产技术》《啤酒大麦种子繁殖技术》《啤酒大麦种子加工贮藏技术》《甘啤6号》5项地方标准，近3年在新疆、甘肃、内蒙古累计推广种植243.90万亩，新增产大麦6 563.77万千克，新增销售额11 814.78万元。2009—2020年累计推广种植面积709.6万亩，新增产大麦21 226.12万千克，新增销售额38 207.02万元。取得了显著的经济、社会和生态效益。

甘啤6号是拥有自主知识产权的国产啤酒大麦“芯”，在当前国产啤酒大麦受到国际市场严重冲击和国产啤酒大麦种植面积严重萎缩的状况下，其种植面积仍占甘肃省及西北地区啤酒大麦种植面积的80%以上，作为民族品牌支撑着我国麦芽加工业及啤酒工业的健康发展。

成果名称：黄芪高效育苗关键技术集成与应用

验收时间：2016年4月

获奖级别：甘肃省科技进步奖三等奖

获奖编号：2020-J3-059

完成单位：甘肃省农业科学院生物技术研究所，礼县春天药业有限责任公司，甘肃省农业科学院中药材研究所，甘肃省农业科学院农业质量标准与检测技术研究所

成果简介：项目先后进行黄芪愈伤组织诱导与细胞增殖培养，形成黄芪愈伤组织细胞悬浮培养的最佳培养基，形成1套生产高含量多糖产物的植物组织细胞培养技术。从7个引进品种中优选出2个黄芪品种，在黄芪育苗基地进行组培快繁；生产出优良苗木供给中药材黄芪种苗市场。明确了黄芪种苗质量分级标准；研制出一种药用植物育苗专用地膜；制定出黄芪覆膜穴孔高效育苗集成技术规程1套，形成黄芪覆膜穴孔高效育苗集成技术1套，该集成技术使黄芪优质种苗产出率达85%以上。在黄芪种苗培育基地开展优良品种筛选、种苗育苗配套技术研发和育苗工作，实现黄芪育苗的专业化、规模化。

项目3年累计完成推广面积54 100亩，总经济效益74 175.5万元，新增纯收益23 736.16万元，新增税收4 035.15万元。发表研究论文6篇，获得国家发明专利2项，实用新型专利4项，制定地方标准2项。

成果名称：一种裸燕麦种衣剂及其制备方法

验收时间：2014年7月

获奖级别：甘肃省专利奖二等奖

获奖编号：2020-ZL-022

完成单位：甘肃省农业科学院植物保护研究所

成果简介：获奖成果为裸燕麦专用种衣剂国家发明专利，它是一种绛红色的，由多种原料经混合、分散、砂磨等工艺制成的悬浮液体；在燕麦播种前将本发明按照与燕麦种子1∶（40～50）的药种比包衣后，自然晾干后能够在燕麦种子表面形成药膜，通过药物的内吸和植物的传导作用，在燕麦生长期间，能够持续不断地到达作物的各个组织，从而起到治虫防病的作用。其有效成分噻虫嗪和戊唑醇均为高效低毒低残留的农药品种，对蚜传病毒所致的燕麦红叶病以及种传的黑穗病的控制作用

① 糖化力的单位是WK，1WK表示100克无水麦芽在20℃、pH4.3的条件下分解可溶性淀粉30分钟产生1克麦芽糖。

明显，对穗期蚜虫的防治效果可达 68.3%～78.1%，对红叶病的防治效果可达 70.4%～80.0%，对黑穗病的防治效果可达 96%以上，增产效果可达到 63.4%～75.7%。因此，本专利克服了现有燕麦红叶病和黑穗病防治方法的缺陷，对蚜传病毒所致的红叶病以及种传的黑穗病控制效果明显，可有效减少化学防治次数，减轻劳动强度，具有绿色环保、省时省工、防病增产效果突出、可操作性强、应用范围广的优点。

成果名称：一种旱地地膜玉米田免耕直播冬小麦的方法

成果登记时间：2016 年 9 月 7 日

授权公告时间：2016 年 5 月

获奖级别：甘肃省专利奖三等奖

获奖编号：2020-ZL-031

完成单位：甘肃省农业科学院旱地农业研究所

成果简介：本发明专利技术克服了目前地膜玉米收获后回茬冬小麦种植技术的缺陷，首次采用地膜玉米收后不揭膜，直接免耕穴播冬小麦，在节省农时的同时改善了回茬麦田土壤水温环境，可实现回茬冬小麦适时播种，解决了传统地膜玉米收后回茬冬小麦播期较正茬推迟，造成水热不足、冬前冬小麦根系不发达、分蘖少、冬春死苗严重、回茬冬小麦产量低而不稳等问题。同时，参评专利技术玉米收获后减少了土壤翻耕作业，减少了工序，降低了冬小麦生产成本。本专利技术较传统回茬种植技术增产 13.6%，增效 76.8%。

在专利技术转化期间，多次组织技术培训和现场会，受益者主要是涉农企业、地方技术人员和当地农户。每年在甘肃中东部旱作区开展技术培训、典型示范和现场观摩等工作。据不完全统计，先后举办培训班和现场观摩会 28 次，培训农民 1 960 人次，培训种植大户 175 人次，培训县（乡）技术员 132 人次，培训专业合作社负责人 21 人次，发放培训资料 6 370 余份。先后发放冬小麦良种 21 吨、控释氮肥 15 吨，显著提高了旱地冬小麦种植科技水平，社会效益显著。

成果名称：农业行业新型肥料的研制（车宗贤）

验收时间：2007—2020 年

获奖级别：甘肃省政府专利发明人奖

获奖编号：2020Z-LFMR-007

完成单位：甘肃省农业科学院土壤肥料与节水农业研究所

成果简介：车宗贤同志在肥料技术创新方面做出了突出贡献，在 2007—2020 年，有多项高质量的技术发明，获授权发明专利主要是“小麦除草专用肥”“玉米缓释专用肥”“花卉专用胶囊肥料”“棉花防病专用肥料”“一种全膜覆盖玉米注灌肥及其制备方法”“一种梨树酸性滴灌肥料及其制备方法”等 9 项，部分专利技术得到规模化应用推广，取得了显著的经济、社会和环境效益。其中，代表型专利“花卉胶囊肥料”授权生产销售，2017—2019 年，新增利润 1 792 万元，新增税收 1 164.8 万元，经济效益十分显著。代表型专利“玉米注灌专用肥”推广面积累积达到 49.37 万亩，平均亩增产 133.1 公斤，平均亩增收 221.8 元，玉米总增产6 573.43万公斤，增收 11 832.17 万元；平均亩节肥 8.0 公斤，总节约肥料 545 万公斤。在减少肥料用量 30%时可确保玉米不减产，减少肥料用量 20%时可增产 10%以上。

成果名称：《甘肃农业科技绿皮书：甘肃

农业现代化发展研究报告（2019）》

验收时间：2019 年 4 月

获奖级别：第十一届“优秀皮书奖”三等奖

完成单位：甘肃省农业科学院

成果简介：《甘肃农业现代化发展研究报告（2019）》从现代农业的“三大支柱”谋篇布局，全景式地呈现了甘肃农业现代化发展进程中的重点、热点、难点问题，提出了今后一个时期甘肃农业现代化发展的对策措施，对于学术研究和实践探索具有重要的参考价值。全书由总报告、产业体系篇、生产体系篇和经营体系篇四部分组成。

总报告基于协调发展的视角，探讨了新形势下农业现代化发展的整体趋势，厘清了影响区域农业现代化发展的障碍与思路，提出了欠发达地区用新思维谋划现代农业的策略和促进现代农业发展的措施建议；产业体系篇以甘肃省特色农业、农产品加工业、戈壁农业、农业新业态发展为主要内容；生产体系篇以甘肃农业科技化、良种化、机械化、信息化、优质化、绿色化发展为主要内容；经营体系篇以人力资源支持现代农业发展、新型农业经营主体发展、品牌化发展、农地制度改革与集体经济发展、农业社会化服务等为主要内容。

该书是甘肃农业科技绿皮书系列的第三部成果，由社会科学文献出版社于 2019 年 4 月出版发行。全书共包括 18 篇研究报告，总计 31.7 万字。

成果名称：优质特色梨新品种选育及配套高效栽培技术创建与应用

验收时间：2017 年 12 月

获奖级别：中国农业科学院杰出科技创新奖

获奖编号：2019-JC-21-06-02

完成单位：甘肃省农业科学院林果花卉研究所（协作）

成果简介：项目采用种间远缘杂交聚合技术，育成“早酥”“华酥”“五九香”“甘梨早6”“甘梨早 8”等优质特色梨新品种 14 个，创建了“郁闭园改造＋高接换种＋省力化花果管理”为核心的低效梨园改造技术体系和梨树水肥高效利用技术模式，建立了梨树病虫害绿色防控和“早金香”为代表的早熟品种的温室促成栽培技术体系，创新了新品种配套优质高效省力化栽培管理技术，实现良种良法配套。制定了我国第一个《植物新品种特异性、一致性和稳定性测试指南梨》农业行业标准和国家标准，以及《梨苗木繁育技术规程》农业行业标准。通过项目实施，改变了我国长期以来以传统地方品种为主导的局面，显著优化了梨品种结构，有效解决了我国梨园郁闭、品种混杂、果实品质差等产品质量提升的重大技术问题，以及北方梨产区灌区节水和旱区保墒的重大技术难题，实现了梨树病虫害的高效防控和节本增效，带动了我国梨品种的更新换代、栽培技术的变革和产业技术水平的提升。

该成果育成不同熟期、优质、广适及专用梨新品种 14 个，其中通过国家审定 1 个，省级审（认）定 8 个，获植物新品种权 6 个，制定颁布国家标准 1 个，行业标准 2 个，出版《中国早酥梨》专著 1 部，发表论文 276 篇。新品种、新技术在全国 31 个省（自治区、直辖市）累计推广 300 余万亩，近 3 年新增利润 2.52 亿元。

论文著作

论文、著作数量统计表

单　位	论　文			著作/实用技术手册
	总数	SCI	CSCD（IF＞1）	
作物所	25	0	3	0
小麦所	6	1	3	0
蔬菜所	41	4	6	1
马铃薯所	17	1	2	0
旱农所	46	6	19	0
生技所	35	2	10	1
土肥所	28	2	7	1
林果所	45	1	13	0
植保所	24	2	5	0
加工所	26	2	4	1
畜草所	21	1	5	1
质标所	15	1	0	0
经啤所	21	3	3	0
农经所	11	0	3	0
院机关	5	0	0	2
张掖场	5	0	0	0
黄羊场	0	0	0	0
榆中场	0	0	0	0
后勤中心	0	0	0	0
合　计	379	31	93	7

SCI 论文一览表

论文题目	第一作者	发表刊物	发表期数及页码	第一单位	IF
Effects of vertical rotary subsoiling with plastic mulching on soil water availability and potato yield on a semiarid Loess plateau	张绪成	Soil & Tillage Research	2020 年第 199 期，104591	旱农所	
Did plastic mulching constantly increase crop yield but decrease soil water in a semiarid rain-fed area?	张绪成	Agricultural Water Management	2020 年第 241 期，106380	旱农所	
Plastic-soil mulching increases photosynthetic rate by relieving nutrient limitation in soil and flag leaves of spring wheat in a semiarid area	侯慧芝	Journal of Soils and Sediments	2020 年第 20 期，3158—3170	旱农所	
Vertical rotary sub-soiling affects soil moisture characteristics and potato water utilization	张绪成	Agronomy Journal	2020 年第 113 卷第 1 期，657—669	旱农所	
Maize-potato rotation maintains soil water balance and improves productivity	王红丽	Agronomy Journal	2020 年第 113 卷第 1 期，645—656	旱农所	
Effects of soil-plastic mulching on water consumption characteristics and grain yield of spring wheat in a semiarid area	侯慧芝	Irrigation and drainage	2020 年第 69 期，914—927	旱农所	
Dietary supplementation with oregano essential oil and monensin in combination is antagonistic to growth performance of yearling Holstein bulls	吴建平	J. Dairy Sci. 103	2020 年第 103 卷第 9 期，8119—8129	农科院	
Combined effects of ultrasound and aqueous chlorine dioxide treatments on nitrate content during storage and postharvest storage quality of spinach (Spinacia oleracea L.)	慕钰文	Food Chemistry	2020 年第 333 卷，127500	加工所	

（续）

论文题目	第一作者	发表刊物	发表期数及页码	第一单位	IF
Preparation and quality characteristics of gluten-free potato cake	李　梅	Journal of Food Processing and Preservation	2020 年第 44 卷第 11 期，14828	加工所	
First Report of Alternaria alternata Causing Leaf Spot of Pinellia ternata in China	魏莉霞	Plant Diserse	2020 年第 104 卷第 5 期，1555—1555	经啤所	
Complete chloroplast genome sequence of Bletilla striata（Thunb.）Reichb. f.，a Chinese folk medicinal plant	蔡子平	Mitochondrial DNA Part B	2020 年第 5 卷第 3 期，2239—2240	经啤所	
Complete chloroplast genome sequence of Pinellia ternata（Thunb.）Breit，a medicinal plants to China	蔡子平	Mitochondrial DNA Part B	2020 年第 5 卷第 3 期，2107—2108	经啤所	
Genomic Comparison and Population Diversity Analysis Provide Insights into the Domestication and Improvement of Flax	张建平	iScience	2020 年第 23 卷第 4 期，100967	作物所	
Yield，oil content，and fatty acid profile of flax（Linum usitatissimum L.）as affected by phosphorus rate and seeding rate	谢亚萍	Industrial Crops & Products	2020 年第 145 期，112087	作物所	
Differentially expressed miRNAs in anthers may contribute to the fertility of a novel Brassica napus genic male sterile line CN12A	董　云	Journal of Integrative Agriculture	2020 年第 7 期，1731—1742	作物所	
Over-Expression of Oshox4 Enhances Drought and Salinity Tolerance in Rice	周文期	Russian Journal of Plant Physiology	2020 年第 6 卷第 67 期，1152—1162	作物所	
QTL mapping of yield component traits on bin map generated from resequencing a RIL population of foxtail millet（Setaria italica）	刘天鹏	BMC Genomics	2020 年第 21 卷第 1 期，141	作物所	
Complete mitochondrial genome sequence of Fusarium tricinctum	谢奎忠	Mitochondrial DNA Part B Resources	2020 年第 5 卷第 3 期，2364—2365	马铃薯所	

（续）

论文题目	第一作者	发表刊物	发表期数及页码	第一单位	IF
Genome-wide association mapping of adult-plant resistance to stripe rust in common wheat (Triticum aestivum L.)	杨芳萍	Plant disease	2020 年第 104 卷第 8 期，2174—2180	小麦所	
Expression analysis of MicroRNAs and their target genes in Cucumis metuliferus infected by the root-knot nematode Meloidogyne incognita	叶德友	Physiological and Molecular Plant Pathology	2020 年第 111 卷，101491	蔬菜所	
The complete chloroplast genome of Cucumis anguria var. anguria (Cucurbitaceae) and its Phylogenetic Implication	程　鸿	Mitochondrial DNA Part B: Resources	2020 年 5 卷第 1 期，654—655	蔬菜所	
The complete chloroplast genome of Cucumis melo L. 'Shengkaihua' (Cucurbitaceae) and its phylogenetic implication	程　鸿	Mitochondrial DNA Part B: Resources	2020 年第 5 卷第 2 期，1253—1254	蔬菜所	
The complete chloroplast genome sequence of Red Asparagus Lettuce(Lactuca sativa var. asparagine L. red)(Asteraceae), endemic to China	刘明霞	Mitochondrial DNA Part B: Resources	2020 年第 5 卷第 3 期，3031—3032	蔬菜所	
The ameliorative effects of low-grade palygorskite on acidic soil	袁金华	Soil Research	2020 年第 58 卷第 4 期，411—419	土肥所	
Transcriptional and physiological analyses of reduced density in apple provide insight into the regulation involved in photosynthesi	牛军强	PLOS ONE	2020 年第 15 卷第 10 期，0239737	林果所	
Growth-promoting and disease-suppressing effects of Paenibacillus polymyxa strain YCP16-23 on pepper(Capsicum annuum)plants	徐生军	Tropical Plant Pathology	2020 年第 45 期，415—424	植保所	

共计 26 篇

CSCD 来源期刊论文

论文题目	第一作者（通讯作者）	发表刊物	发表期数及页码	第一单位（通讯作者单位）	IF
半干旱区氮肥运筹对全膜双垄沟播玉米水肥利用和产量的影响	王红丽	应用生态学报	2020 年第 31 卷第 2 期，449—458	旱农所	
半干旱区周年全膜覆盖对玉米田土壤冻融特性和水热分布的影响	王红丽	应用生态学报	2020 年第 31 卷第 4 期，1146—1154	旱农所	
全膜微垄沟播对春小麦土壤水热环境的影响及其光合和产量效应	侯慧芝	应用生态学报	2020 年第 31 卷第 9 期，3005—3014	旱农所	
半干旱区箭筈豌豆播期对间作马铃薯生物量和水分利用效率的影响	张绪成	干旱区研究	2020 年第 39 卷第 6 期，1619—1626	旱农所	
立式深旋松耕对半干旱区饲草玉米水分利用和产量的影响	方彦杰	草业学报	2020 年第 29 卷第 10 期，161—171	旱农所	
地膜覆盖和施肥对半干旱区苦荞土壤水分利用及产量的影响	方彦杰	草业学报	2020 年第 29 卷第 11 期，46—56	旱农所	
全膜微垄沟播对寒旱区春小麦苗期土壤水热环境及光合作用的影响	侯慧芝	作物学报	2020 年第 46 卷第 9 期，1398—1407	旱农所	
旱地立式深旋耕方式下有机肥替代对饲用玉米耗水特性和产量的影响	方彦杰	作物学报	2020 年第 46 卷第 12 期，1958—1969	旱农所	
全生物降解地膜覆盖对旱地土壤水分状况及春小麦产量和水分利用效率的影响	马明生	作物学报	2020 年第 46 卷第 12 期，1933—1944	旱农所	
施肥对半干旱区旱地全膜覆土播苦荞产量及水肥利用率的影响	方彦杰	中国农业科技导报	2020 年第 22 卷第 9 期，143—152	旱农所	
不同地膜覆盖栽培模式对玉米产量、水分利用效率和品质的影响	李尚中	草业学报	2020 年第 29 卷第 10 期，182—191	旱农所	

（续）

论文题目	第一作者（通讯作者）	发表刊物	发表期数及页码	第一单位（通讯作者单位）	IF
长期施肥下旱地黑垆土磷平衡及农学阈值研究	王淑英	干旱地区农业研究	2020年第38卷第3期，155—162	旱农所	
宽幅播种旱作冬小麦幅间距与基因型对产量和水分利用效率的影响	赵　刚	中国农业科学	2020年第53卷第11期，2171—2181	旱农所	
我国西北覆膜农田土壤微塑料数量及分布特征	程万莉	农业环境科学学报	2020年第39卷第11期，2561—2568	旱农所	
留膜留茬免耕栽培对旱作玉米田土壤养分、微生物数量及酶活性的影响	张建军	草业学报	2020年第29卷第2期，123—133	旱农所	
留膜留茬免耕栽培条件下旱作玉米生长季土壤氮素供应动态特征	张建军	中国农业科技导报	2020年第22卷第2期，132—139	旱农所	
抗旱、抗条锈、丰产冬小麦新品种—陇鉴111	倪胜利	麦类作物学报	2020年第4期，384	旱农所	
陇东旱塬区复种不同藜麦品种（系）的适应性初步评价	魏玉明	西北农业学报	2020年第29卷第5期，675—686	畜草所	
外源纤维素酶对断奶羔羊瘤胃体外发酵特性的影响	孟　芳（刘立山为同等贡献作者）	动物营养学报	2020年第6期，2911—2920	畜草所	
过氧化物酶体增殖物激活受体γ信号通路调控脂质代谢的研究进展	宋淑珍	动物营养学报	2020年第4期，1473—1483	畜草所	
日粮添加藜麦秸秆对育肥羔羊生长性能和养分利用的影响	郝生燕	草业科学	2020年第37卷第11期，2351—2358	畜草所	
根腐病对党参细胞结构和生理特性的影响	徐美蓉	草地学报	2020年4期，915—922	质标所	
卷丹及主要食用百合EST-SSR鉴别体系的构建	厚毅清	中草药	2020年第51卷第16期，4308—4315	生技所	
兰州百合同源四倍体诱导及其基因组大小估算	李淑洁	草业学报	2020年第29卷第3期，190—196	生技所	

（续）

论文题目	第一作者（通讯作者）	发表刊物	发表期数及页码	第一单位（通讯作者单位）	IF
不同陆地棉基因型抗旱性评价与抗旱种质筛选	石有太	植物遗传资源学报	2020 年第 21 卷第 3 期，625—636	生技所	
甘肃民勤两种主要固沙植物根际土壤细菌群落分布特征研究	吕燕红	生态环境学报	2020 年第 29 卷第 4 期，717—724	生技所	
钾肥与有机肥配施对食用百合根际土壤酶活性、养分含量及鳞茎产量的影响	李　琦	中国土壤与肥料	2020 年第 1 卷第 1 期，91—99	生技所	
播种量＋施肥量对水分胁迫下胡麻生长、产量及收获指数效应研究	陈　军	中国农业科技导报	2020 年第 22 卷第 10 期，139—148	生技所	
轮作小麦消减胡麻连作障碍的效应研究	王立光	干旱地区农业研究	2020 年第 38 卷第 2 期，158—163	生技所	
植物 Na^+，K^+/H^+ 反向转运体：pH 平衡与囊泡运输	王立光	生物技术通报	2020 年第 36 卷第 4 期，151—158	生技所	
甘肃沿黄灌区主栽春小麦品种（系）麦谷蛋白亚基组成分析	陈　琛	分子植物育种	2020 年第 18 卷第 23 期，7625—7632	生技所	
西北荒漠区野生黑果枸杞种质资源遗传多样性分析	王红梅	中国野生植物资源	2020 年第 39 卷第 11 期，27—33	生技所	
低氧高二氧化碳碳贮藏环境对马铃薯品质的影响	田甲春	食品科学	2020 年第 15 期，275—281	加工所	
香芹酮对马铃薯种薯发芽的调控机制	葛　霞	中国农业科学	2020 年第 23 期，4929—4939	加工所	
利用菊糖生产 L-乳酸的菌株筛选鉴定和发酵工艺优化	黄玉龙	食品与发酵工业	2020 年第 22 期，161—166	加工所	
大麦种质资源成株期抗旱性鉴定及抗旱指标筛选	徐银萍	作物学报	2020 年第 3 期，448—461	经啤所	
生长后期干旱复水对饲草大麦产量、品质及叶绿素含量的影响	徐银萍	中国土壤与肥料	2020 年第 2 期，192—192	经啤所	

（续）

论文题目	第一作者（通讯作者）	发表刊物	发表期数及页码	第一单位（通讯作者单位）	IF
减量施肥对啤酒大麦干物质积累、产量及肥料利用率的影响	包奇军（潘永东）	中国农业科技导报	2020年第22卷第8期，149—158	经啤所	
《中国药典》、古代经典方剂中含羌活制剂分析	张东佳	中成药	2020年第42卷第10期，2800—2805	经啤所	
胡麻亚麻酸含量的遗传分析	王利民	西北农业学报	2020年第29卷第6期，942—948	作物所	
胡麻新品种陇亚15号选育技术报告	党　照	中国麻业科学	2020年第42第4期，145—149	作物所	
胡麻异质型ACCase亚基基因的克隆与表达分析	杨　婷（张建平）	草业学报	2020年第29卷第4期，111—120	作物所	
水稻和玉米叶表皮突变体的筛选和鉴定	周文期	植物生理学报	2020年第2期，189—199	作物所	
半干旱条件下糜子氮磷积累、分配及利用效率的差异	张　磊	甘肃农业大学学报	2020年第3期，66—70，77	作物所	
玉米黄绿叶突变体表型鉴定及基因初步定位	刘忠祥	植物遗传资源学报	2020年第2期第21卷，452—458	作物所	
水稻OsPP1a基因克隆和RNAi-OsPP1a遗传转化分析	周文期	植物生理学报	2020年第7期，1561—1572	作物所	
干旱胁迫下玉米自交系抗旱性评价及筛选	周玉乾	干旱地区农业研究	2020年第5期第38期，211—217	作物所	
胡麻种质资源籽粒表型与品质性状评价及其相关性研究	赵　利	植物遗传资源学报	2020年第21卷第1期，243—251	作物所	
干旱胁迫下玉米自交系抗旱性评价及筛选	周玉乾	干旱地区农业研究	2020年第5卷第38期，211—217	作物所	
化肥减量配施有机肥对棉田土壤微生物生物量、酶活性和棉花产量的影响	王　宁	应用生态学报	2020年第1期，173—181	作物所	
EMS诱变玉米自交系种质创新应用	周文期	玉米科学	2020年第6卷第28期，31—38	作物所	
陇薯系列高淀粉马铃薯品种的淀粉产量及品质性状综合评价	李建武	核农学报	2020年第34卷第2期，0329—0338	马铃薯所	

（续）

论文题目	第一作者（通讯作者）	发表刊物	发表期数及页码	第一单位（通讯作者单位）	IF
马铃薯卷叶病毒 RT-LAMP 检测方法的建立	高彦萍	核农学报	2020 年第 34 卷第 9 期，1943—1950	马铃薯所	
河西绿洲灌区节水抗旱型玉米品种的评价方法探讨	张雪婷	草业学报	2020 年第 9 卷第 2 期，134—148	小麦所	
转 RD29A：DREB1A 融合基因小麦的获得及其抗旱性研究	柳　娜	麦类作物学报	2020 年第 40 卷第 8 期，921—929	小麦所	
灌水对河西走廊绿洲灌区不同小麦品种生长发育和产量的影响	柳　娜	节水灌溉	2020 年第 8 期，1—7	小麦所	
喷施硒肥对砂田西瓜产量、品质及养分吸收的影响	杜少平	果树学报	2020 年第 37 卷第 5 期，705—713	蔬菜所	
有机无机肥配施对砂田西瓜产量、品质及水氮利用率的影响	杜少平	果树学报	2020 年第 37 卷第 3 期，380—389	蔬菜所	
辣椒新品种‘陇椒 11 号’	王兰兰	园艺学报	2020 年第 74 卷第 6 期，1221—1222	蔬菜所	
野生角瓜根结线虫抗性相关 CmWRKY20 的克隆与表达分析	叶德友	华北农学报	2020 年第 35 卷第 4 期，161—168	蔬菜所	
镉胁迫对甜瓜幼苗叶片叶绿体超微结构及光合色素含量的影响	孔维萍	西北农业学报	2020 年第 29 卷第 6 期，935—941	蔬菜所	
野生絮缘蘑菇粡橔羶鉴定及生物学特性研究	杨　琴	甘肃农业大学学报	2020 年第 6 期，1—6	蔬菜所	
三种豆科作物与玉米间作对玉米生产力和种间竞争的影响	赵建华	草业学报	2020 年第 29 卷第 1 期，86—94	土肥所	
宽窄行配置一穴多株种植对膜下滴灌玉米产量和群体质量的影响	连彩云	灌溉排水学报	2020 年第 39 卷第 2 期，37—45	土肥所	
玉米秸秆调节牛粪含水率对其腐熟进程及氨气释放量的影响	赵　旭	生态科学	2020 年第 39 卷第 5 期，179—186	土肥所	

（续）

论文题目	第一作者（通讯作者）	发表刊物	发表期数及页码	第一单位（通讯作者单位）	IF
不同厚度地膜一膜三年覆盖对土壤水热效应、玉米产量及地膜残留的影响	唐文雪	中国农业科技导报	2020年第22卷第4期，153—161	土肥所	
覆膜对玉米/豌豆作物生产力及种间互作的影响	赵建华	干旱地区农业研究	2020年第38卷第2期，164—169	土肥所	
深松和秸秆还田对灌耕灰钙土团聚体特征的影响	温美娟	干旱地区农业研究	2020年第38卷第2期，78—85	土肥所	
养分专家系统（NE）推荐施肥提高甘肃甜瓜产量品质及降低土壤氮素淋洗损失的效果	温美娟	植物营养与肥料学报	2020年第37卷，1—11	土肥所	
桃（*Prunus persica*）组培快繁研究进展	王　鸿	分子植物育种	2020年第18卷第10期，3348—3360	林果所	
戈壁日光温室限根栽培对油桃营养生长和光合特性的影响	王　鸿	西北植物学报	2020年第40卷第1期，104—112	林果所	
不同砧穗组合红富士苹果幼树叶片及枝条发育后期的生理特性	王红平（马　明）	甘肃农业大学学报	2020年第55卷第1期，107—114	甘肃农业大学（林果所）	
5个苹果砧木品种枝条的低温半致死温度及耐寒性评价	王红平（马　明）	果树学报	2020年第37卷第4期，495—501	林果所	
不同矮化中间砧对长富2号苹果叶片光合生理特性的影响	王红平（马　明）	西北农业学报	2020年第29卷第5期，700—708	林果所	
间伐改形对陇东高原密闭富士苹果园冠层微域环境及叶片生理特性的影响	牛军强	应用生态学报	2020年第11期，3681—3691	林果所	
不同矮化中间砧对长富2号苹果生长特性、叶片生理及果实品质的影响	董　铁	果树学报	2020年第37卷第12期，1846—1855	林果所	

（续）

论文题目	第一作者（通讯作者）	发表刊物	发表期数及页码	第一单位（通讯作者单位）	IF
供氮水平与地面覆沙对苹果幼树 15N-尿素吸收分配及利用的影响	任　静	农业工程学报	2020 年第 36 卷第 4 期，135—142	林果所	
长期覆沙果园土壤温湿度和矿质养分年际变化特征	刘小勇	中国土壤与肥料	2020 年第 4 期，1—11	林果所	
大果早熟杏新品种‘陇杏 2 号’的选育	王玉安	果树学报	2020 年第 37 卷第 8 期，1260—1263	林果所	
转色期葡萄果肉代谢组变化对土壤水分的响应	张　坤（王玉安）	灌溉排水学报	2020 年第 39 卷第 12 期，111—119	潍坊职业技术学院（林果所）	
留果量对密植圆柱形梨树果实品质和产量的影响	王　鑫（李红旭）	果树学报	2020 年第 37 卷第 10 期，1528—1536	武威市林业科学研究院（林果所）	
20 个梨品种在河西地区的生长发育和果实品质研究	王　鑫（李红旭）	西北农业学报	2020 年第 29 卷第 2 期，285—294	武威市林业科学研究院（林果所）	
南农 92R 系列小麦种质在甘肃陇南的条锈病和白粉病抗性表现及其利用价值	曹世勤	麦类作物学报	2020 年第 40 卷第 8 期，1008—1014	植保所	
二月兰叶斑病病原甘蓝链格孢的分离鉴定及生物学特性研究	王春明	草业学报	2020 年第 29 卷第 5 期，88—97	植保所	
解淀粉芽孢杆菌 HZ-6-3 的筛选鉴定及其防治番茄灰霉病效果的评价	荆卓琼	草业学报	2020 年第 29 卷第 2 期，31—41	植保所	
甘南草原不同退化草地植被和土壤微生物特性	李雪萍	草地学报	2020 年第 28 卷第 5 期，1252—1259	植保所	
天水地区葡萄霜霉病田间病情、孢子囊数量动态及病害始发关键因子分析	杜　蕙	草业学报	2020 年第 29 卷第 5 期，191—197	植保所	

共计 87 篇

科技著作、实用技术手册

书　名	第一主编	出版社	出版时间	单　位	字数（万）
草地畜牧业生产体系导论	吴建平	科学出版社（978-7-03-065215-7）	2020年6月	农科院	16.9
苹果现代生物发酵加工技术	康三江	科学出版社（978-7-03-066953-7）	2020年12月	加工所	41.3
新型肥料生产工艺与装备	车宗贤	科学出版社（978-7-03-064534-0）	2020年6月	土肥所	24.7
甘肃省食用菌资源利用与高效栽培技术	张桂香	科学出版社（978-7-03-067002-1）	2020年11月	蔬菜所	30.9
草食家畜可持续生产体系研究进展	吴建平	中国农业科学技术出版社（978-7-5116-4662-0）	2020年6月	农科院	95
藜麦种植与生产探索	杨发荣	中国农业科学技术出版社（978-7-5116-4588-3）	2020年12月	畜草所	22.9
现代农业生物技术育种	罗俊杰	兰州大学出版社（978-7-311-05807-4）	2020年9月	生技所	58.3
					共计7部

审定（登记）品种简介

品种名称：陇春 41 号

审定（登记）编号：甘审麦 20200002

选育单位：甘肃省农业科学院小麦研究所

品种来源：春性矮败小麦×陇春 23 号、陇春 19 号、陇辐 2 号、银春 8 号。原代号 4100。

特征特性：春性，全生育期 101 天，与对照宁春 4 号熟期相同，幼苗直立，叶色深绿，分蘖力 1.3。株高 85～90 厘米，株型紧凑型，抗倒性强。旗叶中宽半披散，整齐度高，穗层整齐，熟相好。穗型近长方形，长芒、白壳、白粒，籽粒卵圆、角质，饱满度好。亩穗数 38.6 万穗，穗粒数 39 粒，千粒重 47.5 克。抗病性鉴定，中抗条锈病。品质检测结果，籽粒容重 806 克/升，蛋白质含量 14.04%，湿面筋含量 27.5%，稳定时间 4.0 分钟，吸水率 59.0%，最大拉伸阻力 230E.U.，拉伸面积 62 平方厘米。

产量表现：2017—2018 年参加甘肃省水地春小麦西片区域试验，平均亩产 539.43 千克，比对照宁春 4 号增产 6.68%。2019 年生产试验平均亩产 534.18 千克，比对照宁春 4 号增产 6.02%。

栽培要点：适宜播种期 3 月中、下旬播种，每亩适宜基本苗 40 万～45 万株。注意开花后喷药防治吸浆虫 1～2 次。

适宜范围：陇春 41 号适宜在甘肃省河西水地品种类型区种植。

品种名称：兰天 40 号

审定（登记）编号：甘审麦 20200008

选育单位：甘肃省农业科学院小麦研究所

品种来源：兰天 30 号/济麦 22 号。原代号 10-120。

特征特性：冬性。全生育期 245 天，与对照兰天 33 号相同。幼苗半直立，叶色较深，分蘖力强。株高 75.6 厘米，株型紧凑，抗倒性强。旗叶长宽适中上冲，整齐度好，穗层整齐，熟相好。穗型近棍棒形，无芒、白壳、白粒，籽粒半硬质，饱满度好。亩穗数 39 万穗，穗粒数 41.5 粒，千粒重 40.9 克。抗病性鉴定，中抗条锈病，中抗叶锈病，中抗白粉病，中抗黄矮病，中感赤霉病。品质检测结果，籽粒容重 737 克/升，蛋白质含量 13.92%，湿面筋含量 31.6%，稳定时间 1.9 分钟，吸水率 66.8%，最大拉伸阻力 150E.U，拉伸面积 38 平方厘米。

产量表现：2017—2018 年参加甘肃省小麦品种区域试验，平均亩产 461.5 千克，比对照兰天 33 号增产 4.6%。2018—2019 年生产试验平均亩产 440.5 千克，比对照兰天 33 号增产 4.3%。

栽培要点：适宜播种期 9 月至 10 月底，每亩适宜基本苗 30 万～40 万株。

适宜范围：兰天40号适宜在甘肃省陇南川地冬麦品种类型区种植。

品种名称：兰天42号

审定（登记）编号：甘审麦20200009

选育单位：甘肃省农业科学院小麦研究所

品种来源：兰天33号/矮抗58。原代号10-74。

特征特性：冬性。全生育期245天，与对照兰天33号相同。幼苗半直立，叶色较深，分蘖力较强。株高80.1厘米，株型紧凑，抗倒性强。旗叶长宽适中上冲，整齐度好，穗层整齐，熟相好。穗型近棍棒形，无芒、白壳、白粒，籽粒半硬质，饱满度好。亩穗数40万穗，穗粒数41.1粒，千粒重47.2克。抗病性鉴定，中抗条锈病，中抗叶锈病，中抗白粉病，中抗黄矮病，中感赤霉病。品质检测结果，籽粒容重748克/升，蛋白质含量13.95%，湿面筋含量33.7%，稳定时间1.9分钟，吸水率65.8%，最大拉伸阻力114E.U，拉伸面积29平方厘米。

产量表现：2017—2019年参加甘肃省小麦品种区域试验，平均亩产484.1千克，比对照兰天33号增产7.5%。2018—2019年生产试验平均亩产447.1千克，比对照兰天33号增产5.8%。

栽培要点：适宜播种期9—10月，每亩适宜基本苗30万～40万株。

适宜范围：兰天42号适宜在甘肃省陇南川地冬麦品种类型区种植。

品种名称：兰天575

审定（登记）编号：甘审麦20200010

选育单位：甘肃省农业科学院小麦研究所

品种来源：以兰天19号为母本，陇原931为父本，杂交选育而成的常规品种。原代号04-575-8-2-1-1。

特征特性：属冬性品种，幼苗生长习性半直立型，生育期270天，株高101厘米，穗长8.7厘米，穗长方形，长芒，白粒。成穗数34.25万个，穗粒数35粒，千粒重42克，容重762克/升，抗寒，抗旱，抗青干，条锈病免疫，中抗白粉病，蛋白质含量12.29%，稳定时间1.4分钟。

产量表现：2017—2018年甘肃省冬小麦区域试验中，兰天575平均亩产301.0千克，比对照陇育4号增产14.1%。2019年甘肃省冬小麦生产试验中，兰天575平均亩产315.5千克，比对照陇育4号增产10.7%。

栽培要点：一般9月下旬播种，播量以亩保苗25万～30万株为宜。根据土壤肥力水平，亩施农家肥4 000～5 000千克，尿素15～17.5千克、过磷酸钙35～40千克或磷酸二铵15千克、尿素10.0千克做底肥，在返青前亩追施返青肥尿素6～7.5千克。

适宜范围：兰天575适宜在甘肃省陇东冬麦旱地品种类型区或宁夏南部山区种植。

品种名称：兰天653

审定（登记）编号：甘审麦20200011

选育单位：甘肃省农业科学院小麦研究所

品种来源：以96-18-1-3-2-1（Dippes Triumph/兰天10号）为母本，兰天26号为父本，杂交选育而成的常规品种。原代号06-653-7-2-2-2。

特征特性：属冬性品种，幼苗生长习性半直立型，生育期278天，株高90厘米，穗长7.4厘米，穗长方形，长芒，白粒。成穗数32.75万个，穗粒数41粒，千粒重46.6克，越冬率98%，容重782克/升，抗寒，抗旱，抗青干，高抗条锈病，感白粉病，蛋白质含量13.21%，稳定时间1.6分钟。

产量表现：2017—2018年甘肃省陇南片冬小麦区域试验中，兰天653平均亩产428.1千克，比对照兰天19号增产8.7%。2019年甘肃省冬小麦生产试验中，兰天653平均亩产440.4千克，比对照兰天19号增产5.7%。

栽培要点：一般9月中下旬播种，播量以亩保苗30万株为宜。根据土壤肥力水平，亩施农家肥4 000～5 000千克，尿素15.0～17.5千克、过磷酸钙35～40千克，或磷酸二铵15.0千克+尿素10.0千克，在返青前亩追施返青肥（尿素）7.5千克。

适宜范围：兰天653适宜在甘肃省陇南山地冬麦品种类型区种植。

品种名称：兰天134

审定（登记）编号：甘审麦20180013；宁审麦20200005

选育单位：甘肃省农业科学院小麦研究所

品种来源：以陇原932为母本，兰天15号为父本，杂交选育而成的常规品种。原代号04-575-8-2-1-1。

特征特性：属冬性品种，幼苗生长习性半匍匐，生育期271～281天，株高81～93厘米，穗长9.2厘米，穗长方形，长芒，白粒。成穗数38万个，穗粒数35.7粒，千粒重46.6克，容重775克/升，抗寒，抗旱，抗青干，高抗条锈病，中抗白粉病，蛋白质含量13.82%，稳定时间6.3分钟。

产量表现：2015—2016年甘肃省冬小麦区域试验中，兰天134平均亩产332.8千克，比对照陇育4号增产7.9%；2017年甘肃省冬小麦生产试验中，兰天134平均亩产222.2千克，比对照陇育4号增产12.2%。2017—2018年参加宁夏南部山区区域试验，平均亩产259.1千克，较对照宁冬7号增产15.1%；2019年参加宁夏南部山区生产试验，平均亩产360.4千克，较对照宁冬7号增产8.8%。

栽培要点：甘肃陇东旱塬区适宜播种期为9月中下旬，种植密度以25万～28万粒/亩为宜。建议施肥量：基肥亩施15千克磷酸二铵+10.0千克尿素或20千克磷肥+17.5千克尿素；第二年返青后追施7.5千克/亩尿素。宁夏南部山区播期9月上旬至9月下旬，播种密度每亩30.0万～32.0万粒，亩保苗28.0万～30.0万株；播前亩施农家肥3 000千克、磷酸二铵10千克、尿素7.5千克；返青后及时亩深施磷酸二铵7.5千克、尿素7.5千克。

适宜范围：兰天134适宜在甘肃省陇东冬麦旱地品种类型区或宁夏南部山区种植。

品种名称：陇甜1号

审定（登记）编号：GPD高粱（2020）620070

选育单位：甘肃省农业科学院作物研究所

品种来源：以Tx623A为母本，甜高粱自交系LY3002为父本，经三系杂交选育而成。原代号LT01。

特征特性：一年生禾本科青贮用甜高粱杂交种，生育期135天左右，平均株高332厘米，茎秆柔韧，茎秆糖锤度19.8%～20.7%。芽鞘浅紫色，叶鞘红色，蜡质叶脉，平均叶长47.5厘米，叶宽7.2厘米。实秆多汁，茎粗1.68厘米，平均分蘖数1.7个。纺锤形穗，中紧穗型。柱头黄色，长度1.2毫米。颖壳质地革质，壳色深红色。籽粒橙红色，胚痕中等，胚乳白色，千粒重27.1克。倾斜率12.3%，倒折率4.2%。

产量表现：2017—2018年甘肃省高粱品

种青贮组区域试验中，两年 5 点中 4 点增产，陇甜 1 号 2 年区试鲜质量平均产量6 805.2千克/亩，居参试品种第 1 位，比对照辽甜 6 号增产 7.5%。2018 年生产试验中，陇甜 1 号鲜质量产量6 248.4千克/亩，较对照品种辽甜 6 号增产 7.3%。

栽培要点：西北地区宜在 4 月下旬到 5 月上旬播种，亩播量 1～1.5 千克，播深 2～3 厘米；行距为 50～60 厘米，亩留苗5 000株左右。播种时每亩可施入缓释肥或腐熟农家肥2 000～3 000千克，施磷酸二铵 15～25 千克，钾肥 5～7.5 千克做口肥，种肥分离。视土壤墒情踩格，保证全苗。

适宜范围：适宜干旱半干旱生态区甘肃省酒泉、张掖、兰州、定西、临夏、庆阳、平凉等市活动积温达到 2 800℃地区或海拔高度在 1 800 米以下高粱产区春播。

品种名称：陇油 18 号

审定（登记）编号：GPD 油菜（2019）620191

选育单位：甘肃省农业科学院作物研究所

品种来源：以门源油菜为母本，E144 为父本，杂交选育而成的极早熟白菜型春油菜品种。原代号 11TS201。

特征特性：属春性品种，生育期 108 天。该品系叶片大，叶色淡绿，花瓣大而平，花期集中，株型紧凑。株高 126 厘米左右，一次有效分枝数 3～6 个，单株果数 268 个左右，角粒数 20.85 粒，千粒重 2.98 克，含油量（粗脂肪）38.89%，芥酸含量 0.98%，硫苷含量 22.41 微摩尔/克。

产量表现：2014—2015 年甘肃省极早熟春油菜区域试验中，两年 10 点中 10 点增产，陇油 18 号平均亩产 142.01 千克，比对照甘南 4 号增产 16.40%。2018 年甘肃省极早熟春油菜生产试验中，陇油 18 号平均亩产 133.15 千克，比对照甘南 4 号增产 15.43%。

栽培要点：一般 4 月下旬播种，播量以亩保苗 3.5 万～5.5 万株为宜。根据土壤肥力水平，亩施农家肥3 000～5 000千克，尿素 5～8 千克，过磷酸钙 80～100 千克（磷酸二铵 10～15 千克）做底肥。

适宜范围：陇油 18 号适宜在甘肃省张掖、武威、甘南、定西等海拔 2 400 米以上春油菜区种植。

品种名称：陇油 19 号

审定（登记）编号：GPD 油菜（2019）620192

选育单位：甘肃省农业科学院作物研究所

品种来源：以不育系 2012A1 为母本，恢复系 2012C2 为父本组配而成的中早熟甘蓝型春油菜三系杂交种。原代号 L02。

特征特性：属春性品种，苗期生长稳健，分枝能力中等，株型紧凑，生育期 138 天，株高 173 厘米，一次有效分枝数 4～7 个，单株果数 137 个，角粒数 25.8 粒，千粒重 3.65 克；含油量（粗脂肪）45.21%，芥酸含量 0.42%，硫苷含量 17.18 微摩尔/克。

产量表现：2016—2017 年甘肃省中早熟春油菜区域试验中，两年 10 点中 9 点增产，陇油 19 号平均折合亩产 201.36 千克，比对照青杂 5 号增产 9.68%。2018 年甘肃省中早熟春油菜生产试验中，陇油 19 号平均亩产 204.02 千克，比对照青杂 5 号增产 9.4%。

栽培要点：一般 4 月上旬播种，播量以亩保苗 1.8 万～2.5 万株为宜。根据土壤肥力水平，亩施农家肥3 000～5 000千克，尿素 5～8 千克，过磷酸钙 80～100 千克（磷酸二铵 10～

15 千克）做底肥。

适宜范围：陇油 19 号适宜在甘肃张掖、武威、甘南、定西以及内蒙古、新疆、青海等春油菜区种植。

品种名称：陇油 20 号

审定（登记）编号：GPD 油菜(2019) 620193

选育单位：甘肃省农业科学院作物研究所

品种来源：以不育系 2012A1 为母本，恢复系 2012C1 为父本组配而成的中早熟甘蓝型春油菜三系杂交组合。原代号 L01。

特征特性：属春性品种，幼苗半直立型，生育期 138 天，株高 188 厘米，一次有效分枝数 5～8 个，单株果数 171 个，角粒数 26.83 粒，千粒重 3.53 克，花期集中，株型较矮；含油量（粗脂肪）42.71%，芥酸含量 0.32%，硫苷含量 12.38 微摩尔/克。

产量表现：2016—2017 年甘肃省中早熟春油菜区域试验中，两年 10 点中 10 点增产，陇油 20 号平均折合亩产 209.32 千克，比对照青杂 5 号增产 14.02%。2018 年甘肃省中早熟春油菜生产试验中，陇油 19 号平均亩产 209.16 千克，比对照青杂 5 号增产 12.2%。

栽培要点：一般 4 月上旬播种，播量以亩保苗 1.8 万～2.5 万株为宜。根据土壤肥力水平，亩施农家肥3 000～5 000千克，尿素 5～8 千克，过磷酸钙 80～100 千克（磷酸二铵10～15 千克）做底肥。

适宜范围：陇油 20 号适宜在甘肃张掖、武威、甘南、定西以及内蒙古、新疆、青海等春油菜区种植。

品种名称：陇油 21 号

审定（登记）编号：GPD 油菜(2019) 620194

选育单位：甘肃省农业科学院作物研究所

品种来源：以青油 14 为母本、青海大黄为父本杂交选育而成的甘蓝型春油菜品种。原代号 11TS19。

特征特性：属春性品种，叶片大，叶色深绿，花瓣大而平，花期集中，植株较矮。株高 127 厘米左右，一次有效分枝数 2～5 个，单株角果数 114 个左右，角粒数 26.95 粒，千粒重 3.73 克。含油量（粗脂肪）42.32%，芥酸含量 0.26%，硫苷含量 14.74 微摩尔/克。

产量表现：2014—2015 年甘肃省极早熟春油菜区域试验中，两年 10 点中 10 点增产，陇油 18 号平均亩产 189.79 千克，比对照甘南 4 号增产 55.58%。2018 年甘肃省极早熟春油菜生产试验中，陇油 18 号平均亩产 175.46 千克，比对照甘南 4 号增产 52.11%。

栽培要点：一般 4 月下旬播种，播量以亩保苗 3.5 万～5.5 万株为宜。根据土壤肥力水平，亩施农家肥3 000～5 000千克，尿素 5～8 千克，过磷酸钙 80～100 千克（磷酸二铵 10～15 千克）做底肥。

适宜范围：陇油 18 号适宜在甘肃省张掖、武威、甘南、定西等海拔2 400米以上春油菜区种植。

品种名称：陇谷 16 号

审定（登记）编号：谷子 GDP (2020) 620051

选育单位：甘肃省农业科学院作物研究所

品种来源：以陇谷 4 号为母本，以晋谷 4 号为父本，杂交选育而成的常规品种，原系号：9410-4-2-2-1。

特征特性：陇谷 16 号生育期 124 天，株型下披，茎秆粗壮无分蘖，幼苗绿色，成株色绿色，纺锤形穗，穗码较紧，短刚毛，黄谷黄米，米质粳性。平均株高 123.05 厘米，茎粗 0.99 厘米，主茎可见节数 13.2 节，穗长 25.00 厘米，穗粗 2.46 厘米，单株穗重 24.03 克，单穗粒重 19.61 克，千粒重 3.59 克，单株草重 22.58 克，出谷率 81.60%；籽粒蛋白质含量 12.16 毫克/千克（干基）、粗脂肪含量 4.21%（干基）、粗淀粉含量 68.08 毫克/千克（干基）、赖氨酸含量 0.29%（干基）；高抗黑穗病。

产量表现：2015—2016 年参加了甘肃省谷子品种多点试验，在 6 个县（区）12 个点次的试验中平均折合产量 323.73 千克/亩，较对照陇谷 11 号（CK）增产 6.66%；2017 年在全省 8 个点生产试验中折合产量 271.53 千克/亩，较对照陇谷 11 号（CK）增产 8.26%，所有试点均增产。

栽培要点：春播适宜播期 4 月 20 日前后，陇东地区可推迟至 5 月上中旬播种，夏播复种临界播期 6 月 10 日前；该品种建议旱地种植留苗密度每亩 2.0 万～3.0 万株，高水肥条件地区可控制在每公顷 3.5 万～5.0 万株，复种留苗密度每公顷 3.0 万～4.0 万株。及时及早进行间苗、定苗，促进形成壮苗；成熟期严防麻雀危害。

适宜范围：适宜甘肃省白银、定西、平凉、天水和庆阳等海拔 1 900 米以下谷子产区种植。

品种名称：陇谷 18 号

审定（登记）编号：谷子 GDP（2020）620050

选育单位：甘肃省农业科学院作物研究所

品种来源：以晋谷 28 号为母本，以陇谷 7 号为父本，杂交选育而成的常规品种，原系号：0412-4-5。

特征特性：生育期 136 天，株型下披，茎秆粗壮无分蘖，幼苗菠色，成株色紫色，纺锤形穗，穗码较紧，短刚毛，青谷青米，米质粳性。平均株高 142.40 厘米，茎粗 0.78 厘米，主茎可见节数 11.3 节，穗长 22.00 厘米，穗粗 2.25 厘米，单株穗重 21.34 克，单穗粒重 17.36 克，千粒重 3.87 克，单株草重 21.17 克，出谷率81.36%；籽粒水分含量 6.88 毫克/千克、灰分 1.7 毫克/千克、蛋白质含量 13.6 毫克/千克（干基）、粗脂肪含量 3.52%（干基）、粗淀粉含量 68.79 毫克/千克（干基）、赖氨酸含量 0.28%（干基）；高抗黑穗病。

产量表现：2015—2016 年参加甘肃省谷子品种多点试验，在 6 个县（区）12 个点次的试验中平均折合产量 316.46 千克/亩，较对照陇谷 11 号（CK）增产 4.26%；2017 年在 8 个点中的生产试验中折合产量 274.34 千克/亩，较对照陇谷 11 号（CK）增产 9.38%。

栽培要点：春播适宜播期 4 月 20 日前后，陇东地区可推迟至 5 月上中旬播种，夏播复种临界播期 6 月 10 日前。该品种建议旱地种植留苗密度每公顷 2.0 万～3.0 万株，高水肥条件地区可控制在每公顷 3.5 万～4.0 万株，复种留苗密度每公顷 3.0 万～4.0 万株。及时及早进行间苗、定苗，促进形成壮苗。成熟期严防麻雀危害。

适宜范围：适宜甘肃省白银、定西、平凉、天水和庆阳等海拔 1 900 米以下谷子产区种植。

品种名称：陇单 703

审定（登记）编号：甘审玉 20200001

选育单位：甘肃省农业科学院作物研究所

品种来源：以 1801 为母本，M24 为父本，杂交选育而成的杂交种。

特征特性： 属中晚熟品种，生育期 134 天。幼苗叶鞘紫色，叶片绿色，叶缘绿色，株型半紧凑，株高 316 厘米，穗位高 113 厘米，成株叶片数 19 片。茎基紫色，花药浅紫色，颖壳绿色。花丝绿色，果穗筒形，穗长 25.4 厘米，穗行数 18.3 行，行粒数 39.6 粒，穗轴紫红色，籽粒黄色、半马齿形，百粒重 34.1 克。接种鉴定，高抗禾谷镰孢茎腐病和丝黑穗病，高感禾谷镰孢穗腐病和大斑病。籽粒容重 755 克/升，含粗蛋白 9.81%，粗脂肪 3.93%，粗淀粉 71.12%，赖氨酸 0.27%。

产量表现： 2018—2019 年参加甘肃省玉米品种区域试验，平均亩产1 067.0千克，比对照先玉 335 增产 7.7%；2019 年生产试验平均亩产 1 103.4 千克，比对照先玉 335 增产 8.5%。

栽培要点： 在甘肃一般 4 月中下旬播种，种植密度每亩5 000～6 000株。施肥，基肥应每亩施 50 千克；追肥，拔节期亩施 20 千克，大喇叭口期亩施 30 千克。

适宜范围： 适宜在甘肃省中晚熟春玉米类型区种植。

品种名称： 陇单 803

审定（登记）编号： 甘审玉 20200002

选育单位： 甘肃省农业科学院作物研究所

品种来源： 以 M1609 为母本，0986 为父本，杂交选育而成的杂交种。

特征特性： 属中晚熟品种，生育期 138 天，与对照先玉 335 相同。幼苗叶鞘紫色，叶片绿色，叶缘紫色。株型半紧凑，株高 310 厘米，穗位高 130 厘米，成株叶片数 19 片。茎基紫色，花药紫色，颖壳绿色。花丝紫红色，果穗筒形，穗长 24.9 厘米，穗行数 18.3 行，行粒数 37.3 粒，穗轴紫红色，籽粒黄色、半马齿形，百粒重 34.1 克。接种鉴定，抗禾谷镰孢茎腐病，感丝黑穗病、禾谷镰孢穗腐病和大斑病，籽粒容重 739 克/升，含粗蛋白 9.50%，粗脂肪 4.11%，粗淀粉 73.05%，赖氨酸 0.27%。

产量表现： 2018—2019 年参加甘肃省玉米品种区域试验，平均亩产 1 092.8 千克，比对照先玉 335 增产 8.4%；2019 年生产试验平均亩产 1 078.7 千克，比对照先玉 335 增产 8.5%。

栽培要点： 在甘肃一般 4 月中下旬播种，种植密度每亩 5 000～6 000 株。施肥，基肥应每亩施 50 千克；追肥，拔节期亩施 20 千克，大喇叭口期亩施 30 千克。

适宜范围： 适宜在甘肃省中晚熟春玉米类型区种植。

品种名称： 陇甜 2 号

审定（登记）编号： 甘审玉 20200101

选育单位： 甘肃省农业科学院作物研究所

品种来源： 以 S11-2 为母本，S18-5 为父本，杂交选育而成的杂交种。

特征特性： 陇甜 2 号从出苗到采收期为 92 天，比对照朝甜 603 晚熟 1 天。幼苗叶鞘绿色，叶片深绿色，叶缘绿色。株型平展，株高 224 厘米，穗位高 66 厘米，成株叶片数 17～19 片。茎基绿色，花药黄色，颖壳绿色。花丝黄色，果穗筒形，穗长 21.1 厘米，穗行数 14～16 行，行粒数 38.9 粒，穗轴白色，籽粒黄色。陇甜 2 号授粉后 20 天的水溶性糖含量 9.6%，还原性糖含量 2.0%。外观与蒸煮品质达到部颁鲜食甜玉米二级标准。经两年接种鉴定，陇甜 2 号高感丝黑穗病和瘤黑粉病。

产量表现： 2018—2019 年参加鲜食玉米品种区域试验，两年平均亩产1 127.0千克，比对照朝甜 603 增产 11.3%。

栽培要点：4 月中旬播种，种植密度每亩 4 000～4 500株。施肥，基肥应每亩施磷酸二铵 25 千克，尿素 15 千克；追肥，拔节期亩施尿素 10 千克；大喇叭口期亩施尿素 20 千克。注意用防治丝黑穗病和瘤黑粉病的拌种剂拌种。

适宜范围：适宜在甘肃省鲜食玉米类型区种植。

品种名称：甘露早油

审定（登记）编号：甘审果（2020）第 04 号

选育单位：甘肃省农业科学院林果花卉研究所

品种来源：以陇油桃 1 号为母本，“汪建国 3 号”为父本，杂交选育而成的常规品种。原代号 08-3-20。

特征特性：果实发育期 65 天左右。果实圆形，成熟时果实底色绿白，果面着鲜红色晕或点；平均单果重 82 克，最大单果重 117 克；果肉乳白色，硬溶质，风味甜，汁液多，可溶性固形物含量 11.3%，黏核；丰产、耐贮运，品质优。在兰州安宁区 6 月中旬成熟。

产量表现：2012 年春半成苗定植，株行距 1.2 米×2.5 米。2014 年开始结果，表现为成花容易，早果性强，平均株产 3.2 千克。2016 年，平均单果重 82 克，平均株产 13.9 千克，折合亩产 3 086 千克。果实全红、果肉白、风味甜、品质优、耐贮运。

栽培要点：根据既有利早期丰产，又方便后期管理的原则，树形三主枝自然开心形整枝可采用株行距 3 米×（4～5）米，“Y”形整枝株行距可选用 2 米×（4～5）米进行定植。该品种丰产性强，结果过多时树势易弱，应注意增施肥料。一年中前期追肥以氮肥为主，磷、钾肥配合使用，促进枝叶生长，后期追肥以钾肥为主。该品种坐果率高，应合理留果，有利果个的增大和品质的提高。当果皮底色已变白，果实表现出固有的风味时即可采收。

适宜范围：适宜在甘肃兰州市、天水市、陇南市等桃产区种植。

品种名称：陇蜜 10 号

审定（登记）编号：甘审果（2020）第 03 号

选育单位：甘肃省农业科学院林果花卉研究所

品种来源：以筑波 84 为母本，早油 118 为父本，杂交选育而成的常规品种。原代号 03-3-194。

特征特性：该品种果实发育期 85 天左右。果实圆形，成熟时果实底色绿白，果面着鲜红色晕或点；平均单果重 134 克，最大单果重 180 克；果肉乳白色，近核处有少量红色素，硬溶质，风味甜，汁液多，可溶性固形物含量 13.5%，黏核；丰产、耐贮运，品质极优。在兰州安宁区 7 月上旬成熟。

产量表现：2010 年春半成苗定植，株行距 1.2 米×2.5 米。2012 年开始结果，表现为成花容易，早果性强，平均株产 3.5 千克，折合亩产 777 千克。2015 年，平均单果重 134 克，平均株产 14.2 千克，折合亩产 3 152 千克。果实全红、果肉白、肉质硬、风味甜、品质优、耐贮运。

栽培要点：根据既有利早期丰产，又方便后期管理的原则，树形三主枝自然开心形整枝可采用株行距 3 米×（4～5）米，“Y”形整枝株行距可选用 2 米×（4～5）米进行定植。该品种丰产性强，结果过多时树势易弱，应注意增施肥料。一年中前期追肥以氮肥为主，磷、钾肥配合使用，促进枝叶生长，后期追肥以钾肥为主。该品种坐果率高，应合理留果，有利果个的增大和品质的提高。果实硬度高，挂树时间长，当果皮底色已变白，果实表现出固有的风味时即可采收。

适宜范围：适宜在甘肃兰州市、天水市、陇南市等桃产区种植。

品种名称：陇油金蜜

审定（登记）编号：GPD 桃（2020）620012

选育单位：甘肃省农业科学院林果花卉研究所

品种来源：以杂交后代 01-6-7-1 为母本，瑞光 28 为父本，杂交选育而成的常规品种。原代号 08-10-12。

特征特性：该品种桃果实发育期 137 天，晚熟品种。平均单果重 215.8 克，最大单果重 296 克；可溶性固形物含量 16.5%，果肉黄色，硬溶质，黏核，风味浓甜；果实圆形，果顶平，果形端正，果实着红色晕，该品种丰产、耐贮运，品质极优，在兰州安宁区 8 月底成熟。

产量表现：2014 年春半成苗定植，株行距 1.2 米×2.5 米。2016 年开始结果，8 月下旬果实成熟，成花容易，早果性强，平均株产 2.5 千克，2018 年进入盛果期，平均株产 8.6 千克，折合亩产 1 909 千克，2019 年平均株产 10.8 千克，折合亩产2 398千克。

栽培要点：根据既有利早期丰产，又方便后期管理的原则，树形三主枝自然开心形整枝可采用株行距 3 米×4～5 米，Y 形整枝株行距可选用 2 米×4～5 米进行定植。该品种丰产性强，结果过多时树势易弱，应注意增施肥料。一年中前期追肥以氮肥为主，磷、钾肥配合使用，促进枝叶生长，后期追肥以钾肥为主。该品种坐果率高，应合理留果，有利果个的增大和品质的提高。尽管果实硬度高，但也要注意适时采收，当果皮底色已变黄，果实表现出固有的风味时即可采收。

适宜范围：适宜在甘肃兰州市、天水市、陇南市等桃产区种植。

品种名称：陇油桃 9 号

审定（登记）编号：GPD 桃（2020）620013

选育单位：甘肃省农业科学院林果花卉研究所

品种来源：以陇油桃 1 号为母本，哈太雷油桃为父本，杂交选育而成的常规品种。原代号 05-24-33。

特征特性：该品种桃果实发育期 125 天，中晚熟品种。平均单果重 221 克，最大单果重 390 克；可溶性固形物含量 15.1%，果肉白色，硬溶质，离核，风味浓甜；果实近圆形，果顶平，果形端正，果实着红色斑点和晕，该品种丰产、耐贮运，品质极优，在兰州安宁区 8 月下旬成熟。

产量表现：2013 年春半成苗定植，株行距 1.2 米×2.5 米。2015 年开始结果，8 月下旬果实成熟，成花容易，早果性强，平均株产 2.7 千克；2017 年平均株产 7.6 千克，折合亩产1 687.2千克，2018 年平均株产 10.7 千克，折合亩产2 375千克。

栽培要点：根据既有利早期丰产，又方便后期管理的原则，树形三主枝自然开心形整枝可采用株行距 3 米×4～5 米，Y 形整枝株行距可选用 2 米×4～5 米进行定植。该品种丰产性强，结果过多时树势易弱，应注意增施肥料。一年中前期追肥以氮肥为主，磷、钾肥配合使用，促进枝叶生长，后期追肥以钾肥为主。该品种坐果率高，应合理留果，有利果个的增大和品质的提高。该品种成熟期晚，果实易受病虫危害，应注意后期病虫害管理。尽管果实硬度高，但也要注意适时采收，当果皮底色已变白，果实表现出固有的风味时即可采收。

适宜范围：适宜在甘肃兰州市、天水市、陇南市等桃产区种植。

品种名称：碧玉

审定（登记）编号：甘 S-SC-VL-005-2020

选育单位：甘肃省农业科学院林果花卉研究所

品种来源：以京秀为母本，红地球为父本，通过杂交选育而成的优质早中熟葡萄新品种。原代号 JH-162。

特征特性：属中熟品种，生长势中，一年生成熟枝条黄褐色；节间平均长度 6.2 厘米；叶片近圆形、五裂，表面光滑；花为两性花，第 1 花序一般着生在第 3～4 节。萌芽率和结果枝率较高，萌芽率 75.4%，结果枝率 85.2%，果枝平均果穗数 2.0 个；定植后第二年就可以挂果。抗逆性和适应性强，该品种成花容易，适宜中、短梢修剪，篱架、V 形架均可栽培，丰产性强。果穗圆锥形，穗形整齐，果穗长、宽为 16.2 厘米×12.5 厘米，果穗平均重 278.5 克；果粒近圆形，着生紧密，大小均匀，纵径 1.82 厘米、横径 1.78 厘米，平均粒重 3.7 克，最大粒重 4.2 克；果皮黄绿色，薄、脆，果肉较软，汁液中，酸甜适口，可溶性固形物含量为 20.8%；无核，该品种在兰州安宁 8 月下旬成熟。

产量表现：2014—2017 年进行多点生产试验，优质成苗建园，栽植密度 1 米×3 米，定植第二年开始结果，折合亩产 214.8 千克，较对照品种增产 1.2%；第三年平均亩产 950.36 千克，较对照品种增产 2.1%；第四年平均亩产 1 015.48 千克，较对照品种增产 3.2%；第五年生产试验，平均亩产1 258.71 千克，较对照品种增产 5.4%。

栽培要点：①栽植密度：株行距 1 米×3 米。②整形修剪：采用篱架栽培，独龙蔓厂型修剪模式。幼龄树主要培养树形，并促进加粗生长。夏季修剪时及时合理抹芽、定枝，除萌蘖、副梢，及时摘心。进入盛果期后，及时摘心、除副梢，生长期按整枝要求对主蔓、侧蔓、结果母枝等进行引绑，以利枝条成熟、花芽分化及通风透光。③花果管理：碧玉为两性花，坐果率高，正常年份进行严格的整穗，盛果期亩产量控制在2 000千克以内，果实可溶性固形物含量达到 20%以上开始采收。④肥水管理：该品种丰产性好，应加强肥水管理。盛果期葡萄园秋施腐熟优质农家肥2 000千克/亩，萌芽前每亩追施氮磷复合肥 35 千克，坐果后追施氮磷复合肥 40 千克/亩，转色期追施硫酸钾肥 35 千克/亩。生长期内，结合病虫害防治，叶面喷施 0.3%磷酸二氢钾 2～3 次。

适宜范围：碧玉品种综合品质优良，丰产、稳定，适应性广、抗性较强，适宜在甘肃省天水、兰州、白银等葡萄适宜区推广种植。

品种名称：嫣红

认定（登记）编号：甘 R-SC-VL-008-2020

选育单位：甘肃省农业科学院林果花卉研究所

品种来源：以红地球为母本，6-12 为父本，通过杂交选育而成的优质中熟葡萄新品种。原代号 7-21。

特征特性：属中晚熟品种，生长势强，一年生成熟枝条红褐色；节间平均长度 9.6 厘米；叶片心脏形、五裂，表面光滑；花为两性花，第 1 花序一般着生在第 3～4 节。萌芽率和结果枝率中等，萌芽率 72.5%，结果枝率 75.4%，果枝平均果穗数 2.0 个；定植后第二年就可以挂果。抗逆性和适应性强，该品种成花容易，适宜中、短梢修剪，篱架、V 形架均可栽培，丰产性强。果穗圆锥形，穗形整齐，果穗长、宽为 19.5 厘米×13.5 厘米，果穗平均重 625.8 克；果粒近圆形，着生紧密，大小均匀，纵径 2.5 厘米、横径 2.2 厘米，平均粒重 9.1 克，最大粒重 9.8 克；果皮紫红色，中厚、韧，果肉较软，汁液中，酸甜爽口，可溶性固形物含量为 16.6%；有核，种子多为 2～3 粒，该品种在兰州安宁 9 月中旬成熟。

产量表现：2013 年起进行多点生产试验，优质成苗建园，栽植密度 1 米×3 米，定植第二年开始结果，折合亩产 245.6 千克，较对照品种增产 0.5%；第三年平均亩产1 050.42千克，较对照品种增产 1.1%；第四年平均亩产 1 225.36千克，较对照品种增产 1.6%；第五年生产试验，平均亩产1 550.85千克，较对照品种增产 2.1%。

栽培要点：①栽植密度：株行距 1 米×3 米。②整形修剪：采用篱架栽培，独龙蔓厂型修剪模式。幼龄树主要培养树形，并促进加粗生长。夏季修剪时及时合理抹芽、定枝，除萌蘖、副梢，及时摘心。进入盛果期后，及时摘心、除副梢，生长期按整枝要求对主蔓、侧蔓、结果母枝等进行引绑，以利枝条成熟、花芽分化及通风透光。③花果管理：嫣红为两性花，坐果率高，正常年份进行严格的整穗，盛果期亩产量控制在2 000千克以内，果实可溶性固形物含量达到 16%以上开始采收。④肥水管理：该品种丰产性好，应加强肥水管理。盛果期葡萄园秋施腐熟优质农家肥2 000千克/亩，萌芽前每亩追施氮磷复合肥 35 千克，坐果后追施氮磷复合肥 40 千克/亩，转色期追施硫酸钾肥 35 千克/亩。生长期内，结合病虫害防治，叶面喷施 0.3%磷酸二氢钾 2～3 次。

适宜范围：嫣红品种综合品质优良，丰产、稳定，适应性广、抗性较强，适宜在甘肃省天水、兰州、白银等葡萄适宜区推广种植。

品种名称：早玉

审定（登记）编号：甘 S-SC-PL-006-2020

选育单位：甘肃省农业科学院林果花卉研究所

品种来源：以甘梨早 6（四百目×早酥）为母本，黄冠为父本杂交选育的早熟梨新品种，原代号 09-3-427。

特征特性：树冠圆锥形，树姿半开张，树势中庸。枝干灰褐色，一年生枝红褐色，皮孔中等多，嫩枝有茸毛，幼叶黄绿色，叶片卵圆形，叶尖渐尖，叶基宽楔形，叶缘锐锯齿有刺芒，成熟叶片深绿色，叶片平均长 13.1 厘米，宽 7.2 厘米。每花序 7～8 朵花，花蕾粉红，花冠白色，直径 3.1 厘米，花药紫红色，花瓣邻接，花瓣圆形，5 枚，柱头高于花药，雄蕊 20～23 枚。果实扁圆或圆形，平均单果重 280.9 克，果皮薄，绿黄色，萼片脱落，萼洼深、狭。果面光洁，锈斑无或极少，果点小、隐疏。果肉乳白色，肉质酥脆，石细胞极少，汁液多，酸甜适口，有香味，果心小。果实去皮硬度 4.25 千克/平方厘米，可溶性固形物含量12.4%～14.3%，含可溶性糖 6.8 克/100 克，有机酸 0.123 克/100 克，维生素 C 4.7 毫克/100克。果实室温条件下可存放20天左右，恒温冷库0～1℃条件下可存放100天以上。在甘肃白银地区，3月下旬花芽萌动，4月下旬盛花，8月上旬果实成熟，11月上旬落叶，果实发育天数约110天，营养生长期约220天。抗寒、耐旱、抗病性强。

产量表现：早果、丰产、稳产。利用杜梨为砧木的优质乔化苗木建园，栽植密度2米×4米，成苗定植第三年即可结果，平均株产7.8千克，折合亩产647.3千克；第四年平均株产14.5千克，折合亩产1 203.5千克；第五年平均株产25.2千克，折合亩产2 091.6千克。

栽培要点：①园地选择：选择水肥条件好，有灌溉条件的地块栽植，以杜梨作砧木，高位嫁接，栽植密度：株行距（2～3）米×4米。②授粉品种：早酥、苹果梨、黄冠，配置比例为（4～5）：1。③整形修剪：宜采用自由纺锤形。幼树轻剪少疏，主侧枝中度短截，以增加枝叶量，扩大树冠，结果后逐步疏除过密辅养枝，果枝成花或结果后适度回缩。④花果管理：该品种易成花，坐果率高，要严格进行疏花疏果，亩产量控制2 500千克以内。⑤肥水管理：注意生长前期肥水管理。秋季每亩施有机肥1 500～2 000千克，萌芽前后追施氮磷复合肥30千克，6月、7月结合灌水，追施1～2次氮、磷、钾三元复合肥。

适宜范围：适宜在甘肃省平凉、白银、武威和张掖等地推广种植。

品种名称：甘甜3号

审定（登记）编号：GPD甜瓜（2020）620363

选育单位：甘肃省农业科学院蔬菜研究所

品种来源：以12C26为母本，12C24为父本，杂交选育而成的杂种一代品种。原代号甘甜S13。

特征特性：甘甜3号是薄皮甜瓜杂交一代品种，长势强，抗病性好，全生育期约90天，果实发育期28～30天；果实阔卵形，果形指数1.1～1.3；果皮灰绿色，成熟后皮色泛黄晕；果肉翠绿，肉厚约2.5～3.0厘米，肉质酥脆，可溶性固形物含量约12.0%～13.0%，单果重400～500克，耐储运。

产量表现：2014—2015年开展区域试验，2016—2017年进行了生产示范，平均亩产量3 358.7千克，较对照盛开花增产13.9%；表现优良。

栽培要点：本品种适宜在西北地区日光温室、早春大棚、小拱棚及露地地膜起垄栽培，起垄前施足基肥，以有机肥为主，亩配施复合肥约50～100千克。育苗适宜温度20～30℃，不能低于15℃，尽量延长光照时间。两叶一心或三叶一心时选壮苗定植。吊蔓栽培亩保苗1 800株左右，单蔓或双蔓整枝；爬地栽培亩保苗约1 500株左右，7～8叶期打顶留3～4条子蔓，每条子蔓留1～2条孙蔓，每株留4～6果。开花坐果期适宜温度25～35℃，坐果期要及时整枝打叉、浇足水，促进坐果。果实发育期30天左右，成熟期控水，以防产生裂果。适时采收。

适宜范围：甘甜3号适宜在全国薄皮甜瓜产区的塑料大棚及日光温室种植。

品种名称：甘甜5号

审定（登记）编号：GPD甜瓜（2020）620362

选育单位：甘肃省农业科学院蔬菜研究所

品种来源：以12C11为母本，12C28为父本，杂交选育而成的杂种一代品种。原代号甘甜 S15。

特征特性：甘甜 5 号是薄皮甜瓜杂交一代品种，长势强，全生育期约 95～100 天，果实发育期约 33～35 天；果实卵形，果形指数 1.2～1.4；果皮白色，成熟后皮色泛黄晕；果肉白色，肉厚约 2.0～2.5 厘米，肉质酥脆爽口，可溶性固形物含量约 13.0%～14.0%，单果重 0.40～0.65 千克，耐储运。

产量表现：2014—2015 开展区域试验，2016—2017 年进行了生产示范，平均亩产约 3 552.5 千克，比对照品种千玉 200 增产 12.79%。

栽培要点：本品种适宜在西北地区日光温室、早春大棚、小拱棚及露地地膜起垄栽培，起垄前施足基肥，以有机肥为主，亩配施复合肥约 50～100 千克。育苗适宜温度 20～30℃，不能低于 15℃，尽量延长光照时间。两叶一心或三叶一心时选壮苗定植。吊蔓栽培亩保苗 1 800 株左右，单蔓或双蔓整枝；爬地栽培亩保苗约1 600株左右，打顶留 3～4 条子蔓，每条子蔓留 1～2 条孙蔓，每株留 4～6 果。开花坐果期适宜温度 25～35℃，坐果期要及时整枝打叉、浇足水，促进坐果。果实发育期 35 天左右，成熟期控水。熟后易脱把，适时采收。

适宜范围：适宜在北方地区日光温室、早春大棚、小拱棚及露地地膜栽培。

品种名称：陇金兰

审定（登记）编号：甘认瓜 2008002；GDP 西瓜（2020）620350

选育单位：甘肃省农业科学院蔬菜研究所

品种来源：以 FA26 为母本，H14 为父本，杂交选育而成的杂交一代。

特征特性：属早熟品种。露地栽培全生育期为 87 天左右，果实发育期约 24 天，日光温室反季节栽培全生育期为 100 天，果实发育期约 28～30 天。果实圆球形，翠绿皮上覆有 15 条深绿色齿条带，果皮光滑，皮厚 0.7 厘米；瓤色橙黄，肉质酥脆，口感细腻，汁多爽口，风味好；皮硬较耐贮运，中抗西瓜枯萎病。

产量表现：在 2001—2002 年多点试验中，一般亩产 2 925.6～3 414 千克，比对照黄冠增产 2.0%～23.6%。

栽培要点：选择土层深厚，排灌方便的沙壤土或壤土为最好。施足基肥，以优质有机肥为主，配施化肥，忌偏施或过量施用氮肥。露地每亩 800～1 000 株，保护地每亩 1 300 株。一般采用双蔓或 3 蔓整枝，每株留 1 果。膨瓜期结合浇水亩追施磷酸二铵 15 千克，尿素 10 千克。开花坐果期控制浇水，果实膨大期应保证充足的水分，采收前 10 天应停止浇水，以保证果实的品质。

适宜范围：陇金兰适宜在甘肃省敦煌、武威、兰州及临洮等地早熟栽培和保护地栽培。

品种名称：陇丰早成

审定（登记）编号：甘认瓜 2008003；GDP 西瓜（2020）620349

选育单位：甘肃省农业科学院蔬菜研究所

品种来源：以 94F03 为母本，94F06 为父本，杂交选育而成的杂交一代。原代号 96BI10。

特征特性：属早熟品种。露地栽培全生育期 90 天，果实发育期约 30 天；果实椭圆形，果形指数 1.4，果皮底色翠绿，上覆 15 条左右墨绿色条带，果皮光洁美观，不易裂果；瓜瓤大红色，酥脆可口，可溶性固形物 9.8%左右，可溶性糖 8.35%。中抗西瓜枯萎病。

产量表现：在 1996—1997 年多点试验中，

平均亩产 4 239 千克，比对照京欣增产 8.7%。

栽培要点： 选择土层深厚，排灌方便的沙壤土或壤土为最好。施足基肥，以优质有机肥为主，配施化肥，忌偏施或过量施用氮肥。露地每亩 800～1 000 株，保护地每亩 1 300 株。一般采用双蔓或 3 蔓整枝，每株留 1 果。膨瓜期结合浇水亩追施磷酸二铵 15 千克，尿素 10 千克。开花坐果期控制浇水，果实膨大期应保证充足的水分，采收前 10 天应停止浇水，以保证果实的品质。

适宜范围： 陇丰早成适宜在甘肃省武威、白银、榆中、临洮和庆阳等地早熟栽培和保护地栽培。

品种名称： 甘甜玉露

审定（登记）编号： 甘认瓜 2011008；国品鉴瓜 2013009；GDP 甜瓜（2020）620285

选育单位： 甘肃省农业科学院蔬菜研究所

品种来源： 以 03W05 为母本、03W01 为父本选育而成的杂交一代，原代号 2004E17。

特征特性： 属中熟白兰瓜类型杂交种。全生育期 96 天左右，果实发育期约 40 天。长势中强稳健，叶心形且皱，对甜瓜叶面病害表现出较高的抗性，高抗甜瓜细菌性叶枯病，中抗甜瓜白粉病。果实高圆形，果形指数 1.0～1.05，果皮玉白色有网。果肉浅绿纯正，肉质酥软多汁，种腔小，含糖量 16%左右，平均单瓜重 2.0 千克左右。

产量表现： 2007—2008 年进行省内区域试验，两年 10 点次产量均高于对照台农 2 号，平均亩产量为 3 019.2 千克，比对照台农 2 号增产 15.1%，最高亩产量达 3 571.9 千克。甘甜玉露在旱砂田栽培中表现出较强的耐旱性，两年平均亩产量为 1 740 千克，较对照台农 2 号增产 22.39%。

栽培要点： 选择土层深厚，土壤疏松肥沃、排灌水方便的地块。前茬以豆科作物或大田作物为好，实行轮作倒茬，避免连作种植。施足底肥，多施有机肥和磷钾肥。西北露地栽培区于 4 月中下旬地温稳定在 20℃ 以上时，采用地膜覆盖直播，亩种植 1 000～1 300 株，双蔓或 3 蔓整枝，选留子蔓第 4～5 片叶孙蔓坐果，及时选果、疏果，每株留 1～2 个果；旱砂田亩约种植 600 株，采用 3 蔓或 4 蔓整枝，每株留 2～3 个果；保护地栽培亩种植 1 800～2 000 株，实行立架栽培，育苗移栽，适宜苗龄 20～30 天，单蔓整枝，第 10～13 节位留果，每株 1 果。膨瓜期加强水肥管理，坐果后 40 天左右成熟，长途运输需七八成熟时采收，后熟 4～5 天食用品质最佳。

适宜范围： 适宜西北地区厚皮甜瓜生产生态区露地及保护地栽培。

品种名称： 甘甜雪碧

审定（登记）编号： 甘认瓜 2014014；GDP 西瓜（2020）620284

选育单位： 甘肃省农业科学院蔬菜研究所

品种来源： 以 06W02 母本，06W05 为父本选育而成的杂交一代。

特征特性： 属中熟白兰瓜类型甜瓜杂交种。全生育期 100 天左右，果实发育期约 42 天。果实短椭圆形，果形指数 1.2 左右，果皮白色，光滑、细腻，果肉淡绿纯正，肉质紧实、脆，果肉厚 4.8 厘米，种腔较小，中心可溶性固形物含量 16.6%左右，维生素 C 含量达 167.8 毫克/千克，品质优良，口感风味佳，植株长势中庸稳健，叶片呈心脏形，平均单瓜重 2.14 千克左右。贮运性好，采收后室温下 0～21 天果肉硬度较对照银帝 2 号提高 16.0%～30.9%，货架期较对照延长 5 天。抗病性，经田间自然发病调查高抗甜瓜白粉病，中抗甜瓜叶斑病。

产量表现：2010—2011 年进行省内区域试验，10 点次平均亩产量为 3 035.5 千克，较对照银帝 2 号增产 9.6%，最高亩产量达到 3 571.9千克；2012 年进行省内生产示范，5 点次平均亩产量为 3 001.4 千克，较对照增产 8.90%，稳产、丰产性好。

栽培要点：选择土层深厚，土壤疏松肥沃、排灌水方便的地块。西北露地栽培区于 4 月中下旬地温稳定在 20℃以上时，采用地膜覆盖直播，亩种植 1 000～1 300 株，双蔓或 3 蔓整枝，选留子蔓第 4～5 片叶孙蔓坐果，及时选果、疏果，每株留 1～2 个果；旱砂田亩约种植 600 株，采用 3 蔓或 4 蔓整枝，每株留 2～3 个果；保护地栽培亩种植 1 800～2 000 株，实行立架栽培，育苗移栽，适宜苗龄20～30 天，单蔓整枝，第 10～13 节位留果，每株 1 果。膨瓜期结合浇水亩追施磷酸二铵 15～20 千克，尿素 10 千克。坐瓜后结合防病主要喷施磷钾肥和微肥，选用磷酸二氢钾，生物钾肥高美施、多元微肥等，每 7～10 天喷一次，可喷 2～3 次。坐果后 42 天左右成熟，长途运输需七至八成熟采收，后熟 4～5 天食用品质最佳。

适宜范围：适宜保护地及西北厚皮甜瓜栽培区露地及旱砂田栽培。

品种名称：陇薯 15 号

审定（登记）编号：GPD 马铃薯（2020）620015

选育单位：甘肃省农业科学院马铃薯研究所

品种来源：以青薯 9 号为母本，创新资源 L0202-2 为父本杂交选育而成，系谱号 L1149-2。

特征特性：晚熟，生育期 125 天左右。植株直立，株高 70～75 厘米，成株繁茂，茎绿色，叶片深绿色，花冠白色，天然结实较弱。结薯集中，单株结薯 4～6 个，商品率 80%以上。薯形扁圆，薯皮网纹，黄皮黄肉，耐运输、贮藏。薯块干物质平均含量 25.33%，淀粉平均含量 18.36%，粗蛋白平均含量 2.23%，维生素 C 平均含量 11.83 毫克/100克，蒸煮食味优。高抗晚疫病，退化轻。

产量表现：省内区域试验，亩产达到 3 081.3千克，平均 2 164.4 千克，比统一对照品种陇薯 6 号平均增产 36.3%，比当地对照品种平均增产 49.8%，产量总评居 10 份参试材料的第 1 位。2017 年在渭源、天水、安定、临夏和金昌 5 点进行全省马铃薯新品种生产试验，临夏亩产达到 2 839.4 千克，平均亩产 1 690.4千克，比陇薯 6 号平均增产 45.3%。

栽培要点：高寒阴湿、二阴地区 4 月中旬播种，半干旱地区 4 月中、下旬播种。密度一般 3 000 株/亩，旱薄地 2 500 株/亩。重施底肥而且氮、磷、钾配合，早施追肥，切忌氮肥过量。选用脱毒种薯，或建立种薯田，选优选健留种。

适宜范围：适宜在甘肃省高寒阴湿、二阴地区及半干旱地区推广种植。

品种名称：陇薯 16 号

审定（登记）编号：GPD 马铃薯（2020）620016

选育单位：甘肃省农业科学院马铃薯研究所

品种来源：以陇薯 8 号为母本，早大白为父本杂交选育而成，原代号 LZ111。

特征特性：晚熟，生育期 123 天左右。植株直立，株高 70 厘米，茎绿色，叶片深绿色，花冠白色，天然结实弱。薯形椭圆形，薯皮光滑，淡黄皮淡黄肉，芽眼浅。结薯集中，单株结薯 3～5 个，商品率 80%以上。耐运输、贮藏。薯块干物质平均含量 25.32%，淀粉平均含量 19.14%，最高可达 21.00%（2014 年），粗蛋白平均含量 2.56%，维生素 C 平均含量 13.32 毫克/100 克，还原糖平均含量 0.30%。蒸煮食味优。高抗晚疫病，退化轻。

产量表现：省内区域试验，亩产达到 3 111.6千克，平均 1 798.8 千克，比统一对照品种陇薯 6 号平均增产 13.3%，比当地对照品种平均增产 24.5%，产量总评居 10 份参试材料的第 2 位。2017 年在渭源、天水、安定、临夏和金昌 5 点进行全省马铃薯新品种生产试验，渭源亩产达到 2 454.9 千克，平均亩产 1 414.8千克，比陇薯 6 号平均增产 21.9%。

栽培要点：高寒阴湿、二阴地区 4 月中旬播种，半干旱地区 4 月中下旬播种。密度一般 4 000 株/亩，旱薄地 3 000 株/亩。重施底肥而且氮、磷、钾配合，早施追肥，切忌氮肥过量。选用脱毒种薯，或建立种薯田，选优选健留种。

适宜范围：适宜在甘肃省高寒阴湿、二阴地区及半干旱地区推广种植。

品种名称：陇薯 17 号

审定（登记）编号：GPD 马铃薯（2020）620017

选育单位：甘肃省农业科学院马铃薯研究所

品种来源：以创新资源 L0020-14 为母本，云薯 6 号为父本杂交选育而成，系谱号 L08104-12。

特征特性：晚熟，生育期 125 天左右。植株直立，株高 76 厘米，茎绿色，叶片深绿色，花冠白色，天然结实性强。结薯集中，单株结薯 3～5 个，商品率 82%以上。耐运输、贮藏。薯块干物质平均含量 26.28%，淀粉平均含量 19.54%，最高可达 20.92%（2014 年），粗蛋白平均含量 2.81%，维生素 C 平均含量 16.51 毫克/100 克，还原糖平均含量 0.17%。蒸煮食味优，适合鲜食和淀粉加工。高抗晚疫病，退化轻。

产量表现：省内区域试验，亩产达到 3 090.9千克，平均 1 896.1 千克，比统一对照品种陇薯 6 号平均增产 44.6%，比当地对照品种平均增产 39.4%，产量总评居 10 份参试材料的第 1 位。2018 年在渭源、天水、安定、临夏和景泰 5 点进行全省马铃薯新品种生产试验，平均亩产 1 969.2 千克，比陇薯 6 号平均增产 27.3%。

栽培要点：高寒阴湿、二阴地区 4 月中旬播种，半干旱地区 4 月中、下旬播种。密度一般 3 500 株/亩，旱薄地 2 800 株/亩。重施底肥而且氮、磷、钾配合，早施追肥，切忌氮肥过量。选用脱毒种薯，或建立种薯田，选优选健留种。

适宜范围：适宜在甘肃省高寒阴湿、二阴地区及半干旱地区推广种植。

品种名称：甘科 6 号

审定（登记）编号：GPD 辣椒（2020）620637

选育单位：甘肃绿星农业科技有限责任公司

品种来源：甘科 6 号（P817×P827）是以自交系 P817 为母本，以自交系 P927 为父本组配的辣椒杂交一代品种。

特征特性：早熟，植株生长势中等，株高

80～90 厘米，株幅 65 厘米，茎粗中等。叶片深绿色。商品果绿色，成熟果红色，长羊角形，基部皱褶较多，果长 30 厘米，果肩宽 3.5～4.2 厘米，果肉厚 3 毫米，单果重 70 克。光泽度中等，耐运输。单株结果数 25 个左右。辣味淡，纤维细，品质优。对低温弱光照环境的适应性较强，中抗辣椒疫病，中抗病毒病。

产量表现：2011—2012 年品种比较试验中，甘科 6 号产量 4 592 千克/亩，对照陇椒 2 号产量 3 930 千克/亩，甘科 6 号比对照增产 16.8%。2012—2013 年区域试验中，甘科 6 号产量 5 650 千克/亩，对照陇椒 2 号产量 4 869千克/亩，甘科 6 号比对照增产 16.1%。2012—2013 年生产试验中，甘科 6 号产量 5 734千克/亩，对照陇椒 2 号产量4 945千克/亩，甘科 6 号比对照增产 15.9%。

栽培要点：育苗移栽，培育壮苗。精细整地，重施基肥，每亩施入优质腐熟农家肥 5 000千克，磷酸二铵复合肥（N-P_2O_5-K_2O 含量 18-46-0）50 千克，硫酸钾（K_2O 含量 50%）20 千克。高垄栽培，地膜覆盖。种植密度为 3 000～3 300 穴（双株）/亩，亩保苗 6 000～7 000 株。结果期加强水肥管理，加强病虫害防治。

适宜范围：适宜甘肃省兰州市、靖远县、凉州区、高台县、肃州区、甘谷县、临洮县等地保护地种植。

品种名称：九寸红

审定（登记）编号：GPD 辣椒（2020）620638

选育单位：甘肃绿星农业科技有限责任公司

品种来源：从甘肃地方品种七寸红辣椒的混杂群体中经过 5 代单株选择，系统选育而成的稳定常规品种。

特征特性：九寸红为鲜食制干兼用型辣椒品种。中早熟，始花节位 11～12 节，植株长势中庸，株高 110 厘米，株幅 55 厘米，主茎较高。叶片较小，深绿色，披针形。果实细长羊角形，果面轻微皱褶，果长 28～30 厘米，果肩宽 1.8～2.2 厘米，果肉厚 2.2 毫米，单果重 28～35 克，光泽度中等，耐运输。单株结果数 26 个左右，辣味中等。中抗病毒病，中抗炭疽病，中抗辣椒疫病。

产量表现：2009—2010 年品种比较试验中，九寸红产量 3 068 千克/亩，对照七寸红产量 2 598 千克/亩，九寸红比对照品种增产 18.1%。2009—2010 年区域试验中，九寸红产量 3 344 千克/亩，对照七寸红产量2 881千克/亩，九寸红比对照增产 16.1%。2011—2012 年生产试验中，九寸红产量3 337千克/亩，对照七寸红产量 2 878 千克/亩，九寸红比对照增产 15.9%。

栽培要点：育苗移栽，培育壮苗。精细整地，重施基肥，每亩施入优质腐熟农家肥 5 000 千克，磷酸二铵复合肥（N-P_2O_5-K_2O 含量 18-46-0）50 千克，硫酸钾（K_2O 含量 50%）20 千克。高垄栽培，地膜覆盖。种植密度为 3 000～3 300 穴（双株）/亩，亩保苗 6 000～7 000 株。加强水肥管理，加强病虫害防治。

适宜范围：九寸红适宜甘肃省平凉、庆阳、天水、定西、兰州、武威、张掖等地早春保护地和露地种植。

知识产权

授权国家发明专利名录

专利名称	专利号	专利权人	发明人
半干旱区马铃薯立式深旋耕作栽培方法	2018104164422	旱农所	张绪成等
一种甘草扦插繁育方法	2016108334762	经啤所	蔡子平等
一种肉桂酸酯类化合物在防治农作物真菌病害中的应用	2019110933633	植保所	胡冠芳等
一种盐渍化土壤灌溉洗盐方法及其检测方法	2018103300148	土肥所	郭全恩等
一种幼龄果树安全越冬方法	2018101792824	林果所	刘小勇等
一种假节杆菌及应用及其生物有机肥及应用	2019106895840	土肥所	李娟等
一种太阳能辅助吸附式脱水干燥苹果片的方法	2017110914366	加工所	康三江等

共计 7 项

授权实用新型专利名录

专利名称	专利号	专利权人	发明人
连栋温室侧墙内保温系统	2019206404948	林果所	王玉安等
一种葡萄根部补水桶	2019202681617	林果所	牛茹萱等
一种新型果园害虫水盆监测诱捕器	2019208333311	土肥所	杨虎德等
一种具有疏松土壤功能的环境监测用取土器	2018221140091	作物所	刘婷婷等
秧苗田间便携式照相版	2019214506445	马铃薯所	李建武等
一种测定马铃薯容重的简易取样工具	2019213154858	旱农所	张国平等
一种农业种植用喷药机	2019215210509	林果所	王晨冰等

（续）

专利名称	专利号	专利权人	发明人
一种用于树形角度调整固定的调节器	2019215414794	林果所	王玉安等
一种葡萄根部补水桶	2019202681617	作物所	张丽娟等
田间多功能插地标签牌	2020203078526	林果所	杨馥霞等
一种小粒种子数粒器	2020203758731	林果所	郝　燕等
一种可调节葡萄架	201922017946X	林果所	郝　燕等
一种便于拆卸的防鸟网可调节搭建装置	2019220181900	土肥所	杨虎德等
一种测定土壤有效氨氮加速挥发装置	2019221475259	土肥所	杨虎德等
一种污染土壤修复用液相药剂渗透注入装置	201922147523X	土肥所	杨虎德等
一种修复有机污染土壤的可渗透反应墙装置	201922147643X	土肥所	杨虎德等
一种原位热处理修复有机污染土壤的装置	2019221490013	生技所	张运晖等
紫苏叶片收集器	201922006368X	生技所	张运晖等
水果采摘推车	2019221895077	旱农所	谭雪莲等
一种梨树拉枝器	2019222948194	旱农所	谭雪莲等
一种梨树修枝器	201922294818X	土肥所	杨虎德等
一种基于高光谱成像的土壤剖面信息原位采集装置	2019221490032	马铃薯所	贾小霞等
一种超净工作台马铃薯切片设备	2019224265074	马铃薯所	贾小霞等
一种马铃薯切片设备	2019224271785	经啤所	张华瑜等
一种水浴槽高效利用固定架	2020201695278	土肥所	杨虎德等
一种农业面源土壤污染检测装置	2020204025085	植保所	郭致杰等
一种可调节式土壤分区取样器	2020214698594	植保所	刘永刚等
一种水培法测定杀虫剂内吸毒力的装置	2020207312289	土肥所	杨虎德等
一种受污染土壤区域警示围栏	2020204027095	土肥所	杨虎德等
一种水体面源污染清理装置	2020204026035	土肥所	杨虎德等
一种截留净化农业面源污染的生态蓄水池	202020402710.8	土肥所	黄　涛等
一种有机施肥机	20200088828.8	作物所	张　磊等
一种田间防风可伸缩插地标识牌	2019211513146	加工所	王学喜等

（续）

专利名称	专利号	专利权人	发明人
一种黄花菜杀青装置	2019221828138	畜草所	王国栋等
一种农业牧草产量称重装置	2020204094704	畜草所	王国栋等
一种手持式牧草幼苗移栽打窝机	2020204095590	旱农所	张平良等
一种混合动力集雨补灌系统	2019214824240	旱农所	张平良等
一种新型果园喷淋装置	2019214824310	旱农所	董　博等
一种适用于果树根部的深度施肥装置	2019212250383	旱农所	党　翼等
一种新型农业生产用秸秆粉碎装置	2019211279492	旱农所	党　翼等
一种用于农业生产的玉米烘干装置	2019211261075	林果所	王玉安等
共计 41 项			

授权外观设计专利名录

专利名称	专利号	专利权人	发明人
包装箱（夫笛土豆面）	2020300144108	加工所	田世龙等
包装袋（夫笛土豆面）	2020300144108	加工所	田世龙等
包装箱（马铃薯烤馍）	2020300143980	加工所	李　梅等
包装袋（马铃薯烤馍）	2020300148414	加工所	田世龙等
苹果醋包装箱	2020304395904	加工所	张霁红等
苹果醋瓶贴	2020304392573	加工所	张霁红等
共计 6 项			

计算机软件著作权名录

软件名称	登记号	著作权人
梨树病虫害防治系统	2020SR0139567	谭雪莲等
梨树栽培管理专家系统	2020SR0140945	谭雪莲等
农产品质量检测溯源系统	2020SR0218704	董　煛等

（续）

软件名称	登记号	著作权人
农业机械运维服务管控系统	2020SR0222376	王佐伟等
实验室检查样品安全管理系统	2020SR0218703	董　煛等
葫芦科作物种质资源数据管理系统	2020SR0196101	张敏敏等
食品农药残留信息检测分析处理系统	2020SR0568849	徐美蓉等
企业财务会计经济统计报表分析管理系统	2020SR0431064	李绍娟等
旱地全膜双垄沟播玉米栽培方法的测评系统	2020SR0832862	王红丽等
旱砂田西瓜套作栽培监测与警示系统	2020SR0832841	张化生等
甜瓜种质资源标准化管理评价系统	2020SR1082181	张化生等
西瓜种质资源标准化管理评价系统	2020SR1011676	张化生等
用于西北非耕地日光温室水分控制系统	2020SR1630853	王　鸿等
用于西北非耕地日光温室温度环境控制系统	2020SR1011676	王　鸿等
日光温室水肥一体化智能控制系统 V1.0	2020SR1111317	俄胜哲等
富钙土壤 OLsen-P 含量预测系统 V1.0	2020SR1107077	俄胜哲等
有机肥料发酵成熟度预测系统 V1.0	2020SR1111345	俄胜哲等
灌漠土农田土壤有机碳含量预测模型软件	2020SR1154491	俄胜哲等
黑垆土农田土壤有机碳含量预测模型软件	2020SR1172680	俄胜哲等
灌淤土作物铅含量预测系统 V1.0	2020SR11111324	俄胜哲等
灌漠土作物不同器官镉含量预测模型软件 V1.0	2020SR1154496	俄胜哲等
河西灌区制种玉米生育期监测及产量预测系统	2020SR0033076	蔡子文等
农业生产安全管理信息化系统	2020SR0360608	刘新星等
自动化农情监测及信息综合管理平台	2020SR0360788	李忠旺等
甘肃名特优新农产品分子身份证识别系统	2020SR0360590	欧巧明等
玉米大斑病害高光谱正度监测系统	2020SR0924569	郭建国等
玉米病虫草害智能化诊断防治系统	2020SR1684032	郭建国等
肉牛饲料配方智慧管理系统	2020SR1089282	郝怀志等

共计 28 项

授权植物新品种权名录

品种名称	品种权号	品种权人	培育人
陇薯 14 号	CNA20161270.9	马铃薯所	文国宏等
陇缘红	CNA201846832	林果所	赵秀梅等
陇油金蜜	CNA201844905	林果所	赵秀梅等
甘梨 3 号	CNA201846814	林果所	李红旭等
陇春 41 号	CNA20191001424	小麦所	杨文雄等
			共计 5 项

认定标准

省级地方标准名录

标准名称	标准编号	发布机构	完成单位	编撰人
盐碱荒地快速改良技术规程	DB62/T 4122—2020	甘肃省市场监督管理局	土肥所	王成宝等
垄膜下秸盐分阻控技术规程	DB62/T 4121—2020	甘肃省市场监督管理局	土肥所	王成宝等
葡萄滴灌水肥一体化栽培技术规程	DB62/T 4152—2020	甘肃省市场监督管理局	土肥所	崔云玲等
加工型番茄膜下滴灌水肥一体化栽培技术规程	DB62/T 4151—2020	甘肃省市场监督管理局	土肥所	车宗贤等
制种玉米免冬灌水肥一体化栽培技术规程	DB62/T 4163—2020	甘肃省市场监督管理局	土肥所	张立勤等
油菜主要病虫害防控技术规程	DB62/T 4179—2020	甘肃省市场监督管理局	植保所	郑　果等
玉米主要病虫害综合防治技术规程	DB62/T 4180—2020	甘肃省市场监督管理局	植保所	郭　成等
桃日光温室促成栽培技术规程	DB62/T 4239—2020	甘肃省市场监督管理局	林果所	王　鸿等
旱地果园垄膜保墒集雨技术规程	DB62/T 4235—2020	甘肃省市场监督管理局	林果所	王发林等
绿色食品　河西走廊酿酒葡萄栽培技术规程	DB62/T 4281—2020	甘肃省市场监督管理局	林果所	郝　燕等
河西走廊酿酒葡萄机械化栽培技术规程	DB62/T 4282—2020	甘肃省市场监督管理局	林果所	郝　燕等
菘蓝种子繁育技术规范	DB62/T 4192—2020	甘肃省市场监督管理局	经啤所（中药材所）	蔡子平等
河西灌区菘蓝覆膜穴播技术规范	DB62/T 4194—2020	甘肃省市场监督管理局	经啤所（中药材所）	王国祥等
秦艽种子繁育技术规程	DB62/T 4193—2020	甘肃省市场监督管理局	经啤所（中药材所）	魏莉霞等

（续）

标准名称	标准编号	发布机构	完成单位	编撰人
秦艽品种　陇秦 1 号	DB62/T 4195—2020	甘肃省市场监督管理局	经啤所（中药材所）	魏莉霞等
秦艽品种　陇秦 2 号	DB62/T 4196—2020	甘肃省市场监督管理局	经啤所（中药材所）	魏莉霞等
绿色食品　食用百合生产技术规程	DB62/T 4153—2020	甘肃省市场监督管理局	生技所	林玉红等
农业科学技术研究档案数字化规范	DB62/T 4233—2020	甘肃省市场监督管理局	院办公室	郭秀萍等
农业科学技术研究档案管理规范	DB62/T 2343—2020	甘肃省市场监督管理局	院办公室	郭秀萍等
农业科研项目文件归档整理规范	DB62/T 2345—2020	甘肃省市场监督管理局	院办公室	郭秀萍等
豌豆品种　陇豌 6 号	DB62/T 4227—2020	甘肃省市场监督管理局	作物所	张丽娟等
大豆品种　陇中黄 602	DB62/T 4226—2020	甘肃省市场监督管理局	作物所	王兴荣等

共计 22 项

条件建设

农业农村部野外科学观测试验站一览表

试验站名称	依托单位	建设地点	承担任务
农业农村部天水作物有害生物科学观测实验站	植保所	甘　谷	主要承担作物有害生物观测监测，解决甘肃乃至我国农业生产特别是在作物重大有害生物控制中遇到的重要科学问题及技术难题
农业农村部作物基因资源与种质创制甘肃科学观测实验站	作物所	张　掖	主要承担农作物种质资源的收集鉴定、繁殖更新、入库保存、提供利用和种质创制等科学试验
农业农村部西北旱作马铃薯科学观测实验站	马铃薯所	会　川	主要承担农业气象数据观测、马铃薯晚疫病预测预报、病虫害防控、农田生态、土壤环境、品种基因型与环境互作关系等方面的观测监测以及马铃薯资源材料抗旱、品质及抗逆性状鉴定评价、马铃薯块茎发育与淀粉积累规律观测分析研究
农业农村部西北地区蔬菜科学观测实验站	蔬菜所	永　昌	主要承担蔬菜种质资源精准鉴定、创制，土壤温度、水分、养分含量等数据观测以及蔬菜光合、蒸腾生理指标数据、区域气象数据的观测监测
农业农村部西北地区果树科学观测实验站	林果所	榆　中	主要承担野外果树种质资源和新品种要素观测、公共实验、长期定位试验和技术示范服务等
农业农村部甘肃耕地保育与农业环境科学观测实验站	土肥所	凉　州	主要承担耕地保育与农业环境监测，提升自主创新能力和服务水平
农业农村部西北旱作营养与施肥科学观测实验站	旱农所	镇　原	主要承担旱地植物营养与施肥数据采集、土壤和植物营养长期要素监测等
农业农村部西北黄土高原地区作物栽培科学观测实验站	旱农所	定　西	主要承担旱地农田生态系统的水、土、气、生物等生理生态要素的长期定位观测，建立数据共享信息系统
农业农村部西北特色油料作物科学观测实验站	作物所	兰州新区	主要承担特色油料资源和农田气候的科学观测、科学试验和新品种、新技术示范工作

共计 9 个

农业农村部现代种业创新平台（基地）一览表

平台名称	依托单位	建设地点	承担任务
国家油料改良中心胡麻分中心	作物所	兰　州	主要承担胡麻育种、亲本材料创新、育种方法研究、品种优化选育等方面的研究任务
国家糜子改良中心甘肃分中心	旱农所 作物所	兰　州 镇　原	主要承担种质资源创新和品种改良研究、育种材料与方法创新，培育糜子抗病、优质专用新品种
甘肃省农业科学院抗旱高淀粉马铃薯育种创新基地	马铃薯所	榆　中 会　川	主要承担干旱生态条件下的马铃薯高淀粉选育，抗旱高淀粉种质资源及亲本材料的搜集、鉴评、保存、利用、创新以及抗旱、高淀粉性状等转基因研究
甘肃陇东旱塬国家农作物品种区域综合试验站	旱农所	庆　阳 平　凉	主要以北方旱地冬小麦、春大豆、中晚熟玉米、杂粮糜子谷子等作物为主，开展高标准、规范化新品种检测与鉴定试验
国家牧草育种创新基地	畜草所	张　掖	主要以抗病虫、抗逆性、高产优质育种技术、新品种集成创新为核心，开展苜蓿、藜麦、饲用高粱优良品种及产业化技术示范推广
青藏区综合性农业科学试验基地（甘肃省）	张掖节水试验站	张 掖	以设施高效栽培、制种玉米、高原夏菜、经济林果水肥高效利用、农作物新品种选育为主，开展高标准、规范化田间试验和技术集成，为青藏区（甘肃省）乃至全国绿洲节水高效农业新品种、新技术研发，技术集成熟化、成果应用转化提供技术支撑和保障服务

共计 6 个

国家农业科学实验站一览表

名　称	依托单位	负责人	批复机构
国家农业环境张掖观测实验站（张掖站）	省农科院	马忠明	农业农村部
国家土壤质量镇原观测实验站（镇原站）	旱农所	樊廷录	农业农村部
国家种质资源渭源观测实验站（渭源站）	马铃薯所	吕和平	农业农村部
国家土壤质量凉州观测实验站（凉州站）	土肥所	车宗贤	农业农村部
国家土壤质量安定观测实验站（安定站）	旱农所	张绪成	农业农村部

共计 5 个

省（部）级重点实验室一览表

名　称	依托单位	负责人	批复机构
甘肃省旱作区水资源高效利用重点实验室（优化整合）	省农科院	樊廷录	省科学技术厅
甘肃省牛羊种质与秸秆资源研究利用重点实验室	畜草所	吴建平	省科学技术厅
			共计 2 个

省（部）级联合实验室一览表

名　称	依托单位	共建单位	负责人
国家小麦改良中心-甘肃小麦种质创新利用联合实验室	小麦所	国家小麦改良中心	杨文雄
甘肃旱作区水资源高效利用联合实验室	旱农所	中国农业科学院环境与可持续农业研究所	樊廷录
反刍家畜及粗饲料资源利用共建联合实验室	畜草所	西北农林科技大学 云南农业大学	吴建平
			共计 3 个

省(部)级工程(技术)中心、鉴定机构、技术转移机构一览表

名　称	依托单位	负责人	批复机构
国家技术转移示范机构	省农科院	马忠明	科学科技部
中美草地畜牧业可持续研究中心	省农科院	吴建平	科学科技部
国家果品加工技术研发分中心	加工所	田世龙	农业农村部
国家农产品加工预警体系甘肃分中心	加工所	胡生海	农业农村部
国家大麦改良中心甘肃分中心	经啤所	潘永东	农业农村部
农药登记药效试验单位资质（农药安全评价中心）	植保所	张新瑞	农业农村部

（续）

名　称	依托单位	负责人	批复机构
西北优势农作物新品种选育国家地方联合工程研究中心	省农科院	常　涛	国家发改委
全国农产品地理标志产品品质鉴定检测机构	质标所	白　滨	农业农村部农产品质量安全中心
甘肃省农业废弃物资源化利用工程实验室	省农科院	庞忠存	省发改委
甘肃省中药材种质改良与质量控制工程实验室	省农科院	王国祥	省发改委
甘肃省小麦种质创新与品种改良工程实验室	省农科院	杨文雄	省发改委
甘肃省新型肥料创制工程研究中心	土肥所	车宗贤	省发改委
甘肃省无公害农药工程实验室	省农科院	张新瑞	省发改委
甘肃省马铃薯种质资源创新工程实验室	马铃薯所	胡新元	省发改委
甘肃省优势农作物种子工程研究中心	省农科院	常　涛	省发改委
甘肃省精准灌溉农业工程研究中心	省农科院	马忠明	省发改委
甘肃省草食畜产业创新工程研究中心	畜草所	杨发荣	省发改委
甘肃省农业害虫天敌工程研究中心	植保所	张新瑞	省发改委
甘肃省藜麦育种栽培技术及综合开发工程研究中心	畜草所	杨发荣	省发改委
西北啤酒大麦及麦芽品质检测实验室	经啤所	王国祥	省质监局
甘肃省农产品贮藏加工工程技术研究中心	省农科院	颉敏华	省科技厅
甘肃省马铃薯脱毒种薯（种苗）病毒检测及安全评价工程技术研究中心	省农科院	吕和平	省科技厅
甘肃省油用胡麻品种创新及产业化工程技术研究中心	作物所	张建平	省科技厅
甘肃省小麦工程技术研究中心	小麦所	杨文雄	省科技厅
甘肃省果蔬贮藏加工技术创新中心	省农科院	颉敏华	省科技厅

（续）

名　称	依托单位	负责人	批复机构
甘肃省技术转移示范机构	省农科院	马忠明	省科技厅
共计 26 个			

省（部）级星创天地一览表

名　称	依托单位	负责人	批复机构
经作之窗·星创天地	经啤所	冉生斌	科学科技部
马铃薯脱毒种薯繁育技术集成创新与示范星创天地	马铃薯所	张　武	科学科技部
共计 2 个			

省级科研基础平台一览表

名　称	依托单位	负责人	批复机构
甘肃省主要粮食作物种质资源库	作物所	祁旭升	省科技厅
甘肃省主要果树种质资源库	林果所	王发林	省科技厅
共计 2 个			

省级农业信息化科技平台一览表

名　称	依托单位	负责人	批复机构
甘肃省智慧农业研究中心	省农科院	马忠明	国家农业信息化工程技术研究中心
国家农业信息化工程技术研究中心甘肃省农业信息化示范基地	省农科院	马忠明	国家农业信息化工程技术研究中心
智慧农业专家工作站	省农科院	马忠明	国家农业信息化工程技术研究中心
共计 3 个			

省、市级科普教育基地一览表

名　称	依托单位	负责人	批复机构
全国农产品质量安全科普基地	质标所	白　滨	农业农村部农产品质量安全中心
甘肃省科普教育基地	省农科院	马忠明	省科学技术协会
甘肃省马铃薯研究与栽培特色科普基地（会川）	马铃薯所	吕和平	省科技厅
兰州市科普教育基地	省农科院	马忠明	兰州市科学技术协会

共计 4 个

院级重点实验室一览表

名　称	依托单位	负责人
生物技术育种重点实验室	生技所	罗俊杰
甘肃省名特优农畜产品营养与安全重点实验室	质标所	白　滨
旱寒区果树生理生态重点实验室	林果所	王　鸿
蔬菜遗传育种与资源利用重点实验室	蔬菜所	程　鸿
作物土传病害研究与防治重点实验室	植保所	李敏权
啤酒大麦麦芽品质检测重点实验室	经啤所	潘永东
农业资源环境重点实验室	土肥所	杨思存
油料作物遗传育种重点实验室	作物所	赵　利
农业害虫与天敌重点实验室	植保所	罗进仓
植物天然产物开发与利用重点实验室	生技所	赵　瑛
蔬菜栽培生理重点实验室	蔬菜所	张玉鑫

共计 11 个

院级工程技术中心一览表

名　称	依托单位	负责人
设施园艺环境与工程技术研究中心	蔬菜所	宋明军
果树种质创新与品种改良工程技术研究中心	林果所	王玉安
甘肃省名贵中药材驯化与种苗繁育工程中心	经啤所	王国祥
食用菌工程技术研究中心	蔬菜所	张桂香
马铃薯种薯脱毒繁育工程技术研究中心	马铃薯所	张　武
旱区循环农业工程技术研究中心	旱农所	樊廷录
玉米工程技术研究中心	作物所	何海军
智慧农业工程技术研究中心	农经所	王恒炜
集雨旱作农业工程技术研究中心	旱农所	张绪成
生物防治工程技术研究中心	植保所	徐生军
食用百合种质资源与种球种苗繁育工程中心	生技所	林玉红
棉花工程技术研究中心	作物所	冯克云
粮油作物资源创新与利用工程技术研究中心	作物所	董孔军

共计 13 个

院级科研信息基础平台一览表

名　称	依托单位	负责人
甘肃省农科院农业科技数字图书馆	农经所	展宗冰
甘肃省农科院科研信息管理平台	农经所	展宗冰
甘肃省农科院自然科技资源平台	农经所	乔德华
甘肃省农科院新品种新技术数据库	农经所	乔德华
甘肃省马铃薯数据库	马铃薯所	吕和平

共计 5 个

院级农村区域试验站一览表

试验站名称	依托单位	负责人	驻站人数	功能定位	承担任务
陇东黄土旱塬（镇原）半湿润偏旱区农业综合试验站	旱农所	李尚中	11	旱作节水及高效农作制	承担西北玉米新品种配套技术集成与示范、降解地膜田间功能验证与土壤环境影响研究、作物抗逆种植及逆境生物学机制、区域特色作物高效种植和施肥体系、环境协调型种植制度、旱地水土资源利用与环境要素演变监测等方面的研究与推广工作
陇中黄土丘陵（定西）半干旱区农业综合试验站	旱农所	马明生	14	农田生态环境改善与水土资源利用	承担陇中旱作区马铃薯高产提质种植技术集成应用、旱地农田覆盖生理生态、作物抗逆种植及逆境生物学机制、区域特色作物高效种植和施肥管理及旱地水土资源利用与环境要素演变监测、基于APSIM模型的半干旱区绿色覆盖模式优化及其长期土壤水碳效应等方面的研究与集成示范
陇东黄土丘陵（庄浪）半干旱区农业试验站	旱农所	何宝林	4	农田退化环境改善及特色作物高效生产	承担黄土高原半干旱区梯田高效生产开发利用、旱作农田膜秸双覆盖耦合土壤解磷及固碳效应、区域特色作物马铃薯和果树高效种植与产业开发等方面的研究与示范
石羊河流域（白云）绿洲农业综合试验站	土肥所	张久东	12	耕地保育与农业资源高效利用	承担绿肥作物栽培与利用、中低产田改良、退化耕地修复、高产和超高产农田培育、植物营养与生理生态、农业废弃物循环利用、水肥一体化技术等方面的研究与示范
黑河流域（张掖）节水农业综合试验站	土肥所	孙建好	8	农业节水和农业环境监测	承担区域灌溉制度优化与水资源高效利用、农田节水灌溉原理与技术、高效栽培原理与技术、作物水肥高效利用、农田环境演变与监测等方面的研究
白银沿黄灌区（靖远）农业试验站	土肥所	王成宝	5	土壤改良与作物耕作栽培	承担盐碱地改良利用、土壤培肥与退化耕地修复、高效节水技术与模式、植物营养与作物高效施肥、作物高效栽培、农业废弃物循环利用等方面的研究与示范

（续）

试验站名称	依托单位	负责人	驻站人数	功能定位	承担任务
陇南（天水）有害生物防控综合试验站	植保所	孙振宇	6	有害生物综合防控	承担农作物主要病虫害灾变规律、病虫流行暴发成因与预警技术、主要病虫抗药性监测、作物种质资源抗病、抗虫性鉴定与评价，抗病基因挖掘及种质资源创新，主要病虫害关键防控技术研究及集成与示范，甘肃河西小麦条锈病对我国小麦条锈病西北越夏区的作用研究
河西高海拔冷凉区（永昌）蔬菜综合试验站	蔬菜所	任爱民	6	蔬菜与食用菌栽培	承担高海拔冷凉区高原夏菜与日光温室蔬菜新品种引进、栽培生理、栽培技术、栽培模式的研究及集成技术示范，新型园艺设施及保温设备研发；食用菌高效栽培新品种引进、栽培设施研发、培养料发酵、工厂化栽培、高效栽培技术研究及集成技术示范
高台西甜瓜试验站	蔬菜所	杨永岗	5	西甜瓜种质创制与新品种选育	承担西瓜优异种质资源创制及抗旱、抗病、优质和耐贮运新品种选育；甜瓜优异种质资源创新及抗病、耐贮运优质新品种选育；西北压砂西瓜与绿洲灌区露地厚皮甜瓜栽培研究与示范推广
陇中高寒阴湿区（渭源）马铃薯综合试验站	马铃薯所	李建武	6	马铃薯育种、栽培与种薯繁育	承担马铃薯种质资源保存、创新利用，新品种选育与育种新技术研究，高效栽培技术研究，高效低成本种薯繁育技术研究
河西绿洲灌区（黄羊镇）啤酒原料试验站	经啤所	潘永东	9	啤酒大麦育种与栽培	承担啤酒大麦（青稞）种质资源创新利用，专用、高产优质、抗（耐）性啤酒原料新品种选育，育种新技术研究，节水丰产优质栽培技术研究
陇中（榆中）果树试验站	林果所	王玉安	5	果树育种与栽培	承担果树种质资源收集、保存及鉴定评价；果树新品种选育和新技术研究，果树旱、寒等生境下栽培生理研究，设施果树栽培模式及环境调控研究
秦安试验站	林果所	王晨冰	5	桃树育种与栽培	承担国家桃产业技术体系兰州综合试验站任务：品种区域试验，病虫害综合防控，桃园土肥水管理；承担苹果新品种及示范园建设和花椒良种及示范园建设

（续）

试验站名称	依托单位	负责人	驻站人数	功能定位	承担任务
陇中（会宁）杂粮试验站	作物所	董孔军	6	杂粮育种与栽培	承担杂粮种质资源的征集、鉴定、评价与利用创新，杂粮育种技术研究、新品种选育、高产高效栽培技术研究
河西绿洲灌区（敦煌）棉花试验站	作物所	冯克云	7	棉花育种与作物抗旱性鉴定评价	承担棉花种质资源创新、早熟优质棉花新品种选育、棉花育种技术研究；主要农作物种质资源（品种）抗旱性鉴定技术研究及评价
秦王川现代农业综合试验站	作物所	王利民	15	油料作物与食用豆育种	承担胡麻种质资源创新、新品种选育及雄性不育系的基础和应用研究，油葵、春播油菜种质资源的创新利用、自交系及杂交种的选育研究，蚕豆、豌豆等豆种的资源创新利用、新品种选育及产业化示范
河西绿洲灌区（张掖）玉米试验站	作物所	周玉乾	8	玉米育种	承担玉米种质材料创新，抗病、抗倒、耐密优质玉米自交系和杂交组合选育，玉米育种方法和技术的研究
河西绿洲灌区（黄羊镇）春小麦试验站	小麦所	杨长刚	8	春小麦育种与栽培	承担春小麦种质资源创新利用，小麦杂优利用，麦类作物种质资源研究与利用，适宜河西和沿黄灌区种植春小麦新品种选育，育种新技术研究，节水丰产栽培技术研究
陇南（清水）冬小麦试验站	小麦所	鲁清林	6	冬小麦育种与栽培	承担冬小麦种质资源创新利用，抗锈、丰产稳产冬小麦新品种选育，育种新技术研究，高产高效栽培技术研究
张掖节水农业试验站	张掖试验场	王志伟	36	试验示范基地	承担青藏区绿洲灌区农业技术集成创新、综合示范及成果转化；蔬菜集约化育苗关键技术研发与产业化示范
黄羊麦类作物育种试验站	黄羊试验场	陈玉梁	28	试验示范基地	承担麦类、大豆、啤酒花等作物优异种质资源创制与繁育；麦类、玉米、胡麻、大豆高效节水、节肥、节药技术研究与集成示范
榆中高寒农业试验站	榆中试验场	于良祖	16	试验示范基地	承担高寒阴湿地区果树及园艺作物新品种引进繁育、示范推广、农业综合开发及科技服务

共计 22 个

三、 脱贫攻坚与成果转化

脱贫攻坚工作

2020年，甘肃省农业科学院按照省委、省政府安排部署，积极应对疫情影响，严格落实脱贫攻坚帮扶责任，全面完成了各项帮扶任务。同时充分发挥自身科技、项目、人才等优势，大力培育发展富民产业，推动科技成果在贫困地区转化应用，广泛开展技术培训指导，助力产业扶贫、智力扶贫。帮扶的方山乡贾山、关山、王湾和张大湾4个村，共计减贫66户229人，实现贫困户全部脱贫退出，挂牌督战的贾山村全面脱贫出列。贫困户“两不愁、三保障”存在的突出问题已经得到有效解决，帮扶村的水、电、路、房、网等基础设施建设取得长足发展，村容村貌和户内环境得到大幅改善，群众获得感、幸福感和内生动力日益增加。

一、严格落实脱贫攻坚帮扶责任，全面完成各项任务

一是提高政治站位，加强组织领导。院党委、院行政把脱贫攻坚工作作为最大政治、最大任务和最大责任。全年召开专题会议4次、应对疫情专门会议1次、现场推进会1次，组织学习贯彻落实习近平总书记关于扶贫工作重要论述和对甘肃重要讲话指示精神、省委及省政府相关安排部署及镇原县全面高质量打赢脱贫攻坚战誓师大会精神，统筹安排全院阶段性工作任务，推进落实各项工作举措，确保各项帮扶工作按计划落实到位。制定出台了《省农科院2020年脱贫攻坚帮扶工作要点》《省农科院镇原县方山乡定点帮扶村帮扶工作计划》《省农科院脱贫攻坚挂牌督战实施方案》《省农科院脱贫攻坚“回头看”排查问题整改方案》《省农科院2020年全面高质量打赢脱贫攻坚战工作方案》《省农科院脱贫攻坚帮扶冲刺扫尾工作方案》等，指导全年脱贫攻坚相关工作有序开展。编印并向全院帮扶责任人发放《扶贫政策汇编》和《甘肃省脱贫攻坚重点政策20问》，提升帮扶干部政策水平。院领导班子成员分工督战4个帮扶村脱贫攻坚帮扶工作，院属各单位分工负责落实具体帮扶任务。全年院党政主要负责人和院领导班子其他成员均到帮扶村实地调研督战4次以上，对脱贫攻坚工作各项举措细化安排、检查落实，有力保障了工作任务按时有序推进开展。严格落实《甘肃省脱贫攻坚“回头看”排查问题整改方案》《省脱贫攻坚领导小组办公室关于认真对照国务院扶贫办通报　扎实做好脱贫攻坚排查发现问题整改工作的通知》，对标对表，制定了整改方案，对排查出的5个问题，建立了整改台账，明确了整改时限。结合院脱贫攻坚挂牌督战方案，监督驻村帮扶工作队、帮扶责任人及相关责任单位落实整改。

二是稳定帮扶力量，加强管理保障。严格落实“摘帽不摘帮扶”工作要求，保持驻村帮扶工作队队长和工作队队员稳定，继续开展驻村帮扶工作。院领导及脱贫攻坚帮扶工作领导小组办公室每月一次到帮扶村进行回访，检查

指导帮扶村科技帮扶项目及驻村帮扶工作进展情况。严格落实驻村干部请销假制度，工作队队员轮休须经地方党委政府和院管理部门审批备案。院帮扶办不定期通过电话、微信等手段对工作队队员到岗到位情况进行抽查。院科研管理、成果转化及纪委等部门不定期赴科技帮扶项目实施地对项目实施进展情况进行检查督导。院党委、院行政全方位关爱驻村干部，政治上关心、工作上支持、生活上保障。对自2015年以来参与驻村帮扶工作表现突出的5名干部进行了提拔重用。安排100万元专项资金保障驻村帮扶工作运转。为驻村帮扶干部购买了人身意外伤害保险，严格落实驻村生活补助每人每天100元、通信补贴每人每月80元的标准，足额发放。每年开展一次健康体检。对年度考核优秀等次的给予2 000元奖励。协调解决驻村工作中遇到的困难和问题，为工作生活在村提供必要的保障，确保驻村干部真正沉下去、留得住、干得好。

三是发挥驻村帮扶工作队作用，全面落实日常帮扶工作任务。驻村帮扶工作队严格落实《甘肃省驻村帮扶工作队管理办法》和《全省脱贫攻坚帮扶工作责任清单》，做到吃住在村，工作到户。坚持考勤打卡、轮流值班和请销假制度，全员驻村220天以上，其中住村均在160天以上。工作队认真落实学习、考勤、公示、例会、报告、自律六项制度，充分发挥“六大员”作用，全面完成地方党委政府安排的入户核查、群众接待、矛盾化解、政策宣讲、项目落实、产业发展、基层党建、乡村治理等各项工作任务。配合乡村工作，扎实推进“六查三讲一提升”“3＋1”冲刺清零和“5＋1”专项提升行动实施。

四是强化帮扶干部责任，落实帮扶措施到户到人。印发了《甘肃省脱贫攻坚重点政策二十问》，组织全院帮扶责任人参加了“全省脱贫攻坚帮扶工作网络培训”，入户填写《脱贫攻坚到户政策落实明白卡》。全院110名帮扶责任人全年人均入户走访2次以上，入户期间积极开展“三送”（送品种、送技术、送温暖）和“四帮”（帮定产业脱贫规划、帮外出务工、帮选优势脱贫产业、帮培科技明白人）活动，协助贫困户制定完善并落实“一户一策”精准脱贫计划。

五是发挥特色优势，大力开展产业扶贫。紧盯“种好铁杆庄稼，增加牛羊养殖”“良种全覆盖、良法全配套、饲草全优质、牛羊全增效”产业培育目标，结合方山乡产业培育计划，以挂牌督战的贾山村为重点，开展产业扶贫。在4个帮扶村安排科技成果转化项目7项，总计金额187万元。为4个村870余户农户免费发放作物良种12.65吨、肥料150吨、蔬菜种苗3万株、农膜7吨、机械设备17台(件)，同时积极开展技术培训，指导农户日常生产管理。结合方山乡新型产业培育计划，调整农业种植结构，基本建立起了全膜粮食、马铃薯、畜草养殖、大棚蔬菜、小杂粮等产业框架，全年种植玉米8 000亩、小麦4 680亩、马铃薯700亩、小杂粮2 800亩、畜草2 640亩、大棚蔬菜15棚，养殖羊9 700余只、牛530余头，提高收入15%以上，培育的早熟马铃薯亩收入达到3 000元以上，成为当地的一个新兴产业。和庆阳市合作，在王湾村和关山村进行草畜专业科技脱贫示范村建设，推广新品种、新种植模式和饲草加工技术等，使当地牧草产量提高1～2倍，带动贫困户发展养殖业，为贫困村养殖合作社的建立壮大奠定了基础。加强对4个村合作社的扶持，通过物资设备捐赠和生产经营指导，夯实发展基础，提升运营水平，使合作社成为引领带动产业发展的“领头羊”，并培养合作社负责人成为致富带头人。

六是积极帮办实事，多渠道促进帮扶取得实效。积极开展爱心扶贫，帮助解决群众燃眉之急。省农科院与方山乡卫生院沟通，承担50%的贫困户体检费用，补助388户贫困户进行了健康体检；购买227条双人床单及18 000只鸡苗分发至联系帮扶户，落实镇原县关于帮扶实事任务和发展产业意见。驻村工作队员和帮扶责任人捐款捐物，购置疫情防控物资，为4个村的小学生购买学习用品，资助贫困大学生学费，慰问患病贫困户，帮助修缮房屋、水电，帮助合作社联系农产品销售等，力所能及地帮助解决群众实际困难。举办了马铃薯种植技术和饲草青贮技术现场观摩活动，通过现场展示、观摩、培训的方式直观展示了马铃薯先进栽培技术和新品种以及饲草袋装青贮和颗粒饲料加工技术。对推广先进适用科技成果，提升农业产业发展水平，助力产业扶贫和有效衔接脱贫攻坚与乡村振兴发挥了积极作用。日常指导帮扶村辣椒、番茄、马铃薯、万寿菊、玉米等田间管理和小麦收获，做好病虫害防控工作，先后开展科技培训15场次，培训相关人员200人次，发放培训材料220余份。

七是开展消费扶贫，助力贫困地区和农户增收。参加了全省消费扶贫月启动仪式和消费扶贫展销活动，现场联系订购扶贫产品价值2.45万元。院属各单位、帮扶责任人和驻村工作队全年购买帮扶村和贫困户面粉、肉类、蜂蜜、鸡蛋、瓜子等农产品价值10.2万元。联系社会企业和合作社收购农民生产的黄花菜鲜菜150吨，价值3万元；马铃薯215吨，价值22.3万元。

八是积极应对疫情，减少不利影响。疫情期间，全院帮扶责任人通过各种通信方式，了解帮扶户生产生活现状和诉求，切实发现影响脱贫或可能返贫、致贫的问题、短板，调整完善“一户一策”方案，制定切实可行的方案措施，并想方设法加以落实解决，尽量消除和减少疫情影响，做到联系不断、计划到位、措施到位。4支驻村帮扶工作队与地方党委、政府和帮扶村积极沟通联系，了解掌握疫情防控和春耕备耕情况，围绕各村产业培育计划和单位自身实际，着手制定详细的帮扶工作计划，并撰写各类帮扶项目申请书，确保疫情防控与春耕生产两不误。工作队及时奔赴帮扶村，帮助开展疫情防控和春耕备耕工作。为尽量减少疫情对春耕生产的不利影响，切实发挥省农科院科技支持产业扶贫作用，广大科技人员通过网络、微信、电话等方式，积极开展远程培训和技术服务，让农户足不出户学习科学种养技术，帮助他们解决生产中的技术问题。同时，及时开通农科热线咨询电话0931-7615000，开展农业科技知识咨询、生产问题在线诊断、综合解决方案制定与建议等科技服务。

九是加强党建引领，助力决战决胜脱贫攻坚。院党委利用党委会议和理论中心组学习会议等机会，组织学习习近平总书记扶贫工作重要论述和对甘肃重要讲话指示精神，提升干部思想认识和理论水平。院驻村帮扶工作队临时党支部注重加强对工作队党员的教育管理，切实发挥“党员先锋队作用”，帮助销售土蜂蜜、土鸡蛋、面粉等农产品1万多元。派驻各村第一书记积极开展党支部“四抓两整治”和基层党组织分类晋级活动，推进村级党支部标准化建设，发挥党组织脱贫攻坚战斗堡垒作用。院属研究所与贫困村党支部联合开展了“联学共建暨党员结对帮扶活动”，讲了一堂党课、做了一次专题培训、开展了一次座谈交流、帮办了一件实事、开展了一次入户活动、举办了一次现场教学，给困难党员和老党员赠送生活用品。同时结合种养技术现场观摩活动，与贫困村党支部联合开展了主题党日活动。

二、充分发挥科技优势，有效支撑全省脱贫攻坚

一是以项目为抓手，推动科技成果在贫困地区转化应用。组织专家对 2019 年到期的 4 项科技帮扶项目进行验收。各项目执行情况良好，均完成了计划任务，示范推广效果明显。组织申报了 2020 年度科技成果转化项目，列入年度资助成果转化项目共计 29 项，其中新资助科技帮扶项目 8 项，经费 132 万元，继续支持 2019 年下达项目 14 项，经费 220 万元。发布项目指南，征集乡村振兴示范村建设、科技开放周、科技中试孵化、科技中试孵化（新品种）4 类项目。并组织专家对符合申报条件的 30 项储备项目进行综合评审，为下一年度科技成果转化项目的顺利实施奠定了基础。

2019—2020 年院列 14 项科技帮扶项目共在 12 个贫困县建立科技示范基地 19 个，示范小麦、玉米、马铃薯、藜麦、饲草、胡麻、花椒、油葵、油菜、乌龙头、中药材等新品种 13 个，配套种植养殖技术 32 项，示范面积 4 855亩。向 29 个贫困村派出科技人员进行技术咨询指导，帮扶 141 户精准建档立卡贫困户科学生产，带动发展专业合作社 13 个。结合项目示范内容开展培训 65 场次，培训农民约 4 000余人次。各项目按照进度计划推进落实“三实事、一报告＋培训”任务，科技帮扶成效初步显现。2020 年新上实施的 8 个科技帮扶项目在 4 个贫困县共建立科技示范基地 8 个，示范马铃薯、饲草、黄花菜、玉米、红小豆、糜谷、胡麻、万寿菊、燕麦、甜瓜、双孢蘑菇等新品种 11 个，配套种植养殖技术 34 项，示范面积5 171.5亩。向 7 个贫困村派出科技人员进行技术咨询指导，帮扶 21 户精准建档立卡贫困户科学生产，带动发展专业合作社 1 个。结合项目示范内容开展培训 37 场次，培训农民约1 550余人次。

二是加强与地方合作，为“牛羊菜果薯药”六大产业发展提供科技支撑。围绕“牛羊菜果薯药”六大产业发展需求，筛选科技成果，通过搭建合作平台、畅通合作机制等手段，加强与地方政府、企业的合作，先后与酒泉市人民政府、兰州新区政府、临泽县政府、农业银行、人寿保险公司、甘肃农业职业技术学院、甘肃农垦亚盛薯业集团、窑街煤电集团、甘肃金九月肥业有限公司、甘肃农民合作社联合社等单位和部门分别就共建戈壁农业产业研究院、农业风险预测、农业灾害评估、农科教融合、农业科研合作、农业科技服务及科技成果转化等方面进行跨行业、跨领域、跨学科的科技合作，共签订合作框架协议 8 项，引导院属单位与企业、公司及地方政府签订科技成果转化“四技”合同达 180 余项（类），全方位服务农业产业发展和一线生产，有力支撑了全省六大产业发展。

三是加强异地搬迁扶贫，积极开展科技帮扶。根据易地扶贫搬迁后续扶持要求，依托甘肃省农业科学院天祝藜麦高寒试验站，在天祝县松山镇引进藜麦、小黑麦 160 份品种资源，进行品种展示和技术示范，配合当地政府和龙头企业推广种植藜麦 3 万亩以上，并开展藜麦栽培技术和藜麦饲料化利用技术培训，参加人员达 400 余人次。蔬菜所技术人员在古浪县开展产业扶贫技术帮扶指导，促进当地生态移民区日光温室蔬菜产业发展。

四是广泛开展培训指导，智力扶贫提升干部群众致富能力。承办了由省委组织部主办的全省乡村振兴专题培训班。来自全省 14 个市（州）从事农业管理工作的县处级领导干部 51 人参加了专题培训。培训班通过课堂讲授、专题报告、研讨交流、案例分析、学员论坛、现

场教学等课程模块，集中培训和研讨了乡村振兴战略的相关内容。全院科技人员依托各类科技创新和成果转化项目开展技术培训和指导。选派的13名科技骨干按照省农业农村厅、省林业和草原局与省农科院联合印发的《关于选派科技人员开展产业扶贫技术帮扶工作的函》要求，在全省13个重点贫困村开展产业扶贫技术帮扶。组织畜牧养殖、设施蔬菜和中药材3期“全省脱贫攻坚农村人才实训”，来自全省7个市（州）56个县（区）的360名种养大户和技术人员等，参加了每期10天的培训。

农科热线“09317615000”正式开通

在全国上下共同抗击新冠肺炎疫情之际，为进一步发挥农业科技智力优势，支撑农业产业发展和乡村振兴，甘肃省农业科学院和中国农业银行甘肃分行积极合作，于2月20日开通农科热线咨询电话，为广大农业经营主体、合作社及广大农民搭建信息咨询的平台，提供现代农业生产的科技知识和咨询服务。

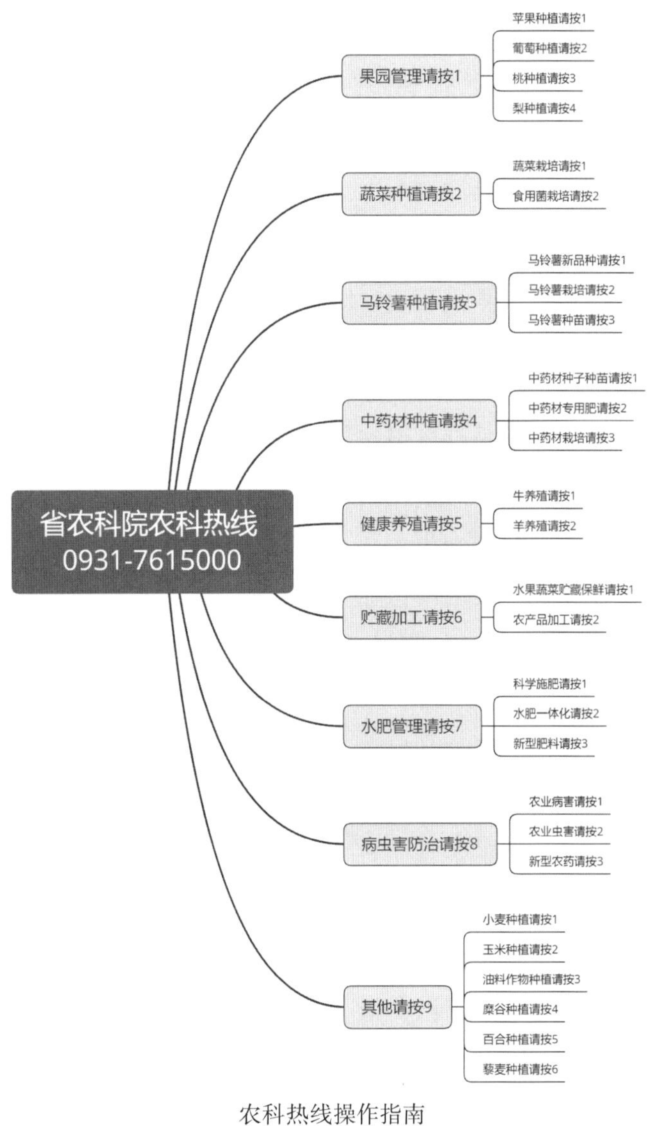

农科热线操作指南

农科热线由甘肃省农业科学院 28 名科技专家组成服务团队，以在线沟通的方式，重点围绕全省六大特色产业，从果园管理、蔬菜种植、马铃薯种植、中药材种植、健康养殖、贮藏加工、水肥管理、病虫害防治及其他作物种植等方面开展农业科技知识的咨询、生产问题的在线诊断、综合解决方案的制定与建议等服务。

农科热线是甘肃省农业科学院与农民朋友的联心线，是科技服务农业农村的解忧线，是科技成果推广转化的致富线，有利于引导广大农业经营主体、合作社及广大农民提高生产水平，有利于农业增效、农民增收，是省农科院为全省农业生产担当作为，发挥才智，落实好省委、省政府的总体部署的具体措施和手段。

甘肃省农业科学院召开脱贫攻坚工作领导小组会议

3 月 17 日，甘肃省农业科学院召开脱贫攻坚工作领导小组会议。党委书记魏胜文主持会议，院长马忠明出席会议并讲话。院脱贫攻坚工作领导小组全体成员 30 余人参加会议。会议传达学习习近平总书记在决战决胜脱贫攻坚座谈会上的重要讲话精神，以及省委常委会（省脱贫攻坚领导小组第三次会议）、省政府党组（扩大）会议、镇原县全面高质量打赢脱贫攻坚战誓师大会精神，安排部署近期脱贫攻坚帮扶工作重点任务。

魏胜文通报了镇原县全面高质量打赢脱贫攻坚战誓师大会情况及省农科院帮扶的镇原县方山乡 4 个村脱贫攻坚现状，并就进一步落实帮扶责任提出五点要求。一是提高政治站位抓落实。全院要认真学习习近平总书记关于脱贫攻坚的讲话精神，把思想和行动统一到总书记讲话精神上来，进一步提高政治站位和思想认识，增强工作的主动性和自觉性，明确工作目标和方向。要充分了解脱贫攻坚的国情、省情，把问题把握准，把困难估计透，打有准备之仗，全面完成脱贫攻坚任务。二是明确任务抓落实。4 个帮扶村脱贫任务还十分艰巨，全院要发挥优势，紧盯帮扶村发展产业、帮助群众种好“铁杆庄稼”，确保贫困户“两不愁三保障”的工作重心，依照省农科院 2020 年帮扶工作要点和 4 个村帮扶计划，在规定时间节点前将物资调配、驻村帮扶、入户联系等各项工作举措落实到位。同时要注重发挥近年来帮扶项目在帮扶村持续作用的发挥。三是找准差距抓落实。要认识到帮扶工作还存在一些问题，距国家和省委、省政府的要求还有一定差距，全院各单位、帮扶干部和驻村帮扶工作队要本着解决问题、弥补差距的原则，高标准、严要求地开展帮扶工作。四是加强督战抓落实。按照省农科院脱贫攻坚挂牌督战实施方案，院党委院行政班子全力督、全院上下共同战，确保各项任务落实到位。五是扛牢责任抓落实。各级帮扶责任主体要对照院脱贫攻坚帮扶工作责任清单，切实扛起各自责任，坚决杜绝形式主义，抓好工作落实。

马忠明就落实好近期脱贫攻坚工作任务提出四点意见。一是提高认识和政治站位，狠抓工作不放松，坚决防止松劲懈怠思想出现。全院要切实增强脱贫攻坚工作的紧迫感、责任感，树立信心，在关键时期“响鼓重锤、重锤重擂”地开展工作。二是深入总结过去脱贫攻坚工作的经验和不足，聚焦产业扶贫，拾遗补阙，精准施策。找准产业发展中的关键制约因素，精准制定产业帮扶计划，加强设施设备和技术支撑，在培育龙头企业、扶持专业合作社方面下功夫，提升产业扶贫质量，建立起长效稳定的扶贫机制。帮扶责任人要充分发挥作用，精准完善“一户一策”，在制定完善到户帮扶计划时，要注重与全村产业帮扶相结合，整体推进，最大限度地减少疫情造成的影响。工作队要抓好品种和技术示范，提高规范化水平，不能简单地将物资“一发了之”，要进行有组织有计划的良种良法配套，集中规范示范，突出示范效果，起到引领带动作用。三是完善实施方案，切实做好挂牌督战工作。按照“识别精准、帮扶精准、退出精准”的原则，进一步完善院挂牌督战方案，明确督战的对象、内容和责任。相关单位、部门和责任人要按照方案将各项措施落实落细，压茬推进，确保省农科院帮扶工作发挥成效。四是用好扶贫资金和物资，发挥最大效益。院、所共同筹集资金，主要用于4个帮扶村开展新品种示范，解决产业发展中的技术问题和开展技术培训。下功夫解决产业发展中的关键问题，把资金用在刀刃上。要做好资金使用调配，重点向贾山村和挂牌督战贫困户倾斜。同时要规范资金的管理使用，紧扣产业发展需求，确保资金到位，发挥作用。

甘肃省农业科学院在镇原县方山乡贾山村召开脱贫攻坚工作推进会

为使脱贫攻坚帮扶工作再精准、再聚焦，确保高质量打赢脱贫攻坚战，3月26日，甘肃省农业科学院院长马忠明、副院长李敏权带领院办、人事处、帮扶办主要负责人，赴镇原县方山乡4个帮扶村调研督战脱贫攻坚工作。马忠明主持召开了脱贫攻坚帮扶工作推进会。方山乡党委书记高亚丽、乡长席银东参加了会议。

贾山村、关山村、张大湾村、王湾村驻村帮扶工作队第一书记汇报了2020年帮扶工作计划和新冠肺炎疫情对脱贫攻坚工作的影响，分析研判了当前存在的问题。高亚丽介绍了脱贫攻坚工作开展情况，并就驻村帮扶工作中几个急需解决的问题一一做了回应。

马忠明就进一步做好脱贫攻坚帮扶工作提出四点要求，一要提高认识，坚定信心，全力做好关键冲刺阶段的脱贫攻坚帮扶工作。当前要全面贯彻落实习近平总书记在决战决胜脱贫攻坚座谈会上的重要讲话精神和省委、省政府决策部署，在冲锋总攻的路上绝不能掉链子。驻村帮扶工作队队长要做好考勤，带领工作队员心无旁骛地投入脱贫攻坚工作中去，熟悉所有帮扶工作，做到情况明、底子清。二要进一步查找弱点弱项、补齐短板，要聚焦重点，提高脱贫攻坚的质量。抓的产业与乡上产业规划对接起来，种植结构调整与种养加相结合，在产业培育上做实、做细、做准、做优。要用新的思路、思维、手段，解决产业发展中的关键技术难点，帮助乡村打造品牌，接续推进全面脱贫与乡村振兴有效衔接。三要组织好帮扶责任人做好帮扶工作。充分发挥帮扶责任人的技术优势，统筹抓好帮扶工作，做实“一户一策”，确保帮扶户能如期脱贫。四要切实用好扶贫资金。严格执行科技帮扶项目资金的使用，规范采购农资农机，遵守财经纪律，把资金用到贫困户，不能“一发了之”，要做好技术配套，示范带动和展示的作用。

甘肃省农业科学院召开脱贫攻坚工作领导小组会议

7月1日，甘肃省农业科学院召开脱贫攻坚工作领导小组会议。党委书记魏胜文主持会议，院长马忠明出席会议并讲话。院脱贫攻坚工作领导小组成员30余人参加会议。会议传达学习习近平总书记关于脱贫攻坚工作重要讲话指示精神，全省深度贫困地区脱贫攻坚现场推进会和镇原县省直及中央在甘单位脱贫攻坚帮扶工作推进会暨脱贫攻坚挂牌督战工作调度会精神，以及近期脱贫攻坚工作重要文件精神，回顾总结了上半年全院脱贫攻坚工作进展情况，并对下半年重点工作进行了安排部署。

魏胜文就进一步做好脱贫攻坚工作提出四点要求。一是提升决战意识，强化政治担当。全院要积极响应党中央发出的决战决胜脱贫攻坚“总攻令”，以实现“两个确保”的政治高度，把思想和行动统一到党中央的决策部署上来，抓好脱贫攻坚最后冲刺阶段的各项工作。二是充分肯定成绩，增强必胜信心。省农科院长期以来扛牢政治责任，心怀“三农”情怀，充分发挥人才技术优势，投入大量项目资金在镇原县开展帮扶工作，获得了地方和群众的认可。进入2020年以来，全院上下扎实开展工作，共同努力真帮实扶，尤其在产业扶贫方面取得了显著成效，对促进贫困村乃至镇原县产业发展、保证农民稳定增收发挥了积极作用。全院上下要增强信心，继续有力有效地助推地方打好打赢脱贫攻坚战。三是抓实相关工作，努力提升满意度。要坚决杜绝形式主义、官僚主义，把各项工作做实做细；要扎实开展问题整改，做到问题整改无死角、全清零；要坚持严管与厚爱并重，发挥好驻村帮扶工作队作用；要加强组织和督促，履行好帮扶责任人职责，完成各项帮扶任务，提升地方和群众对我们工作的认可度和满意度。四是认真总结，加大宣传。全院要认真总结工作成效，挖掘树立先进典型，加大宣传力度，提升全院工作的展示度和影响力。

马忠明对全院上半年脱贫攻坚工作进展情况进行了总结，分析了工作中存在的问题和不足，并对下半年重点工作做了安排。一是紧盯目标任务，狠抓问题整改，加强督战力度，强化服务管理，动员全院力量，全面高质量完成定点帮扶任务。二是结合职能特色，通过落实科技帮扶项目和广泛开展科技服务，为全省脱贫攻坚提供科技支撑。三是进行全面总结宣传，讲好农科院脱贫攻坚故事。四是提早谋划部署，做好脱贫攻坚与乡村振兴的有效衔接。

成果转化工作

2020 年，甘肃省农业科学院充分发挥技术转移示范机构“排头兵”作用，制定出台相关政策，深入开展合作交流，扎实推进科技成果转移转化，“十三五”工作完美收官，为“十四五”开篇打下坚实基础。

一、加强制度建设和人才建设，提供制度和人才保障

一是加强制度建设保障。认真贯彻落实国家、省上关于促进科技创新和成果转化相关文件精神，制定下发了《甘肃省农业科学院科技成果转化管理办法》《甘肃省农业科学院关于进一步加强科技成果转化工作的指导意见》《甘肃省农业科学院科技成果转化项目管理办法（试行）》《甘肃省农业科学院科技成果转化奖励办法（试行）》，修订了《甘肃省农业科学院知识产权管理办法（修订）》，为促进科技成果转化指明了方向、提供了依据。

二是加强科技成果转化人才培养。12 名科技人员人参加了“2020 年兰州科技大市场技术合同认定登记线上培训”，进一步提高科技人员成果转化意识，增强相关工作业务知识和实际操作能力。院内从事科技成果转化人员 8 人参加了甘肃省第一期初级技术经纪人培训班，并全部获得结业证书，充实了全院服务科技成果转化的技术力量。3 名科技人员参加了 2020 年度海南省初级技术经纪人培训班，取得了《国家技术转移专业人员能力等级培训证书》；1 人参加科研院所科技成果转化若干问题解析研修班并结业。公开招聘 2 名干部进入科技成果转化处工作，充实成果转化管理服务队伍。

二、落实基地、平台和队伍建设，夯实成果转化基础

一是科技成果孵化中心正式启运。实施创新驱动发展战略，加快发展新型创新创业服务平台，促进政、产、学、研、用、企紧密结合，“甘肃省农业科学院科技成果孵化中心”揭牌正式运营，通过制定《甘肃省农业科学院科技成果孵化中心运行管理方案》和签订《甘肃省农业科学院科技成果孵化中心企业入驻协议》，入驻院孵化中心企业数达 8 家。通过平台运行，积极推动院企联合合作，院内先后与种业公司、肥业公司、农机公司、牧草公司、有机肥公司及塑料生产企业，签订院企技术服务、技术咨询等协议 8 项，完成科技成果转化净收益达 50.8 万元。二是启动开展中试车间建设工作。小麦加工中试车间、果酒生产技术中试车间和饲料加工中试车间已完成建设方案制定和选址工作。三是加强工程中心和示范机构平台建设。组织申报“甘肃省数字农业工程研究中心”并向省发改委提交了《甘肃省工程研究中心申请报告》，正处于评审阶段。四是利用院网站“甘肃农业科技转移转化平台”，发布“2019 年甘

肃省农业科学院拟转化的科技成果”，包括品种、专利、技术等 73 项。五是发挥甘肃省农业科学院“国家技术转移示范机构”和“甘肃省技术转移示范机构”平台功能和作用，促进技术转移项目签订，向省科技厅提交了《甘肃省省级技术转移示范机构考核评估报告》，全面统计了全院自 2017 年至 2020 年 6 月期间，促成技术转移项目 505 项、技术交易额4 642余万元，服务技术主体 280 个（次），完成技术转移收入2 870万元，技术转移人才培训达3 050人次。

三、加强宣传展示，提升科技成果影响力

一是成功举办“第二届甘肃省农业科技成果推介会”。以“加强科技创新，服务地方经济，支撑特色产业，助力脱贫攻坚”为主题，采取线上与线下相结合的形式，展示推介了 46 家参展单位研发的新品种、新技术、新产品、新装备、新服务等科技成果 400 项；重点发布具有前沿性、标志性的重大农业科技成果 100 项，涉及“牛羊菜果薯药”六大产业以及甘肃现代丝路寒旱农业发展的各个领域。会上有 11 家政府、龙头企业分别与甘肃省农业科学院签署了合作协议，签订科技成果转化合同经费达 827 万元。提升成果推介效果，线上云展馆推介成果 320 项，开通直播间 45 个，在各大媒体和网站发布转载宣传报道 60 余条，线上浏览云展馆人数达到 9 600 余人次；线下现场推介会的单位有 90 多家，参会人数达 1 100余人次，通过媒体报道和视频直播平台的扩散和传播，收看和了解本届推介会成果的人数初步估计达 50 万人次以上，有力地扩大了甘肃省农业科学院科技成果推介会的影响和成果宣传。同时，成功举办以现代农业高质量发展和“一带一路”寒旱农业发展为主题的论坛 2 场次。二是成功举办农业科技成果推介展示暨转移转化签约活动。在省委农村工作会议举办期间，面向全省农业战线推介展示了由甘肃省农业科学院自主研发的 100 项最新农业科技成果、20 项重大科技成果。甘肃省农业科学院及所属相关研究所分别与永昌县人民政府及 10 家企业签订了成果转化协议。三是与兰州科技大市场联合举办农业领域技术专项推介会。组织院属相关人员参加农业领域技术专项推介会，对全院 30 余项新品种、新技术、新产品和科技服务进行推介。现场与 2 家企业签订了成果转化协议。四是启动秦王川现代农业综合试验站“科技开放周”活动。充分展示、交流和推介全院最新科技成果 18 项，搭建科技服务平台，促进科技成果转化，助力脱贫攻坚和区域产业发展。共接待 250 余人次观摩交流，《甘肃日报》、甘肃电视台等新闻媒体报道了相关情况，与 4 家政府、企业现场签订了科技合作协议。五是参加 2020 年甘肃省科技活动周（平凉）启动仪式。集中展出了新技术、新品种、新产品等 20 余项，是众多优秀科技成果的集中“亮相”，是集中推介宣传全院科技成果的“窗口”，是众多优秀科技成果“走出去”的重要一步，为今后加强科技成果转化和转化为现实生产力奠定了基础。

四、强化项目管理，发挥示范带动效果

积极组织申报 2020 年度科技成果转化项目 15 项、2021 年度科技成果转化储备项目建议入库 20 项，并对 2019 年度到期项目 14 项进行结题验收。落实“三实事、一报告＋培训”任务，充分发挥科技示范项目成效。完成 2019 年“科研条件建设及成果转化专项”绩效评价工作及

2020年省级预算绩效运行监控工作，书面检查2020年度实施的科技成果转化项目29项，为进一步强化财政资金支出责任和效率意识，建立科学、规范、高效的资金分配和管理体系，提高财政资金使用效益，规范、高效成果转化项目管理工作奠定了坚实基础。

五、强化市场导向，深入开展技术合作

在与地方政府、企业深入对接的基础上，甘肃省农业科学院积极推介科技成果，与政府、企业签订各类成果转化合同项目379项，合同经费2 710.96万元，到位经费2 862.55万元，完成科技成果转化净收益达2 493.52万元，其中“四技”服务净收益1 964.02万元（含测试分析净收益497.61万元），其他服务净收益529.5万元，由于疫情影响，完成全年3 040万元成果转化任务的82.02%。

党政齐抓共管　加速推进成果转化

——甘肃省农业科学院党委专题研究科技成果转化工作

3月5日，甘肃省农业科学院党委书记魏胜文主持召开党委会，专题研究科技成果转化工作。会议原则通过成立院科技成果转化工作领导小组的意见，并对进一步加强科技成果转化工作做了安排部署。

魏胜文强调，科技成果转化是全院主要工作职责之一，是科技创新的目标。全院要迅速积极行动起来，切实推动科技成果转化工作取得新进展。一是提高政治站位。全院要统一思想，进一步增强对科技成果转化工作重要性和紧迫性的认识。要将科技成果转化列入中心工作，提上重要议事日程，与科技创新同谋划、同落实、同检查、同考核。二是加强领导，压实责任。成立院科技成果转化工作领导小组，充分发挥班子合力，党政同抓，分工分责。同时要压紧压实所（场）班子责任，签订目标责任书，保障工作安排落地落实。三是细化工作措施，狠抓工作落实。各单位、各部门要深挖政策含金量，发挥自身职能作用，根据院总体安排，细化实化工作任务、完善相关制度、明确责任分工，形成全院动员、全员参与、各司其职、各负其责的工作局面，推动实现科研创新绩效化和成果转化效益化。

院长马忠明指出，科技成果转化将科技创新转化为现实生产力并输送到生产一线，实现科技成果的经济价值，是全院服务“三农”，支持社会经济建设的主要途径；是落实国家和省委、省政府决策部署，履行单位职能职责的具体体现；是加快自身发展和提高职工待遇的重要手段。当前，国家和省上密集出台促进科技成果转化政策，全省农业生产、脱贫攻坚和乡村振兴对科技的需求与日俱增，全院职工提高待遇的呼声日渐强烈，加速推进科技成果转化，有条件、有需要、有动力，势在必行。成立院科技成果转化工作领导小组是院党政加强成果转化工作的重要举措，是促进成果转化工作的重要议事平台，领导小组要积极发挥作用，在全院职工的共同努力下开创全院成果转化工作新局面。

甘肃省农业科学院召开科技成果转化工作领导小组第一次会议

为进一步贯彻落实 2020 年全院工作会议精神，明确目标和靠实责任，全力推进科技成果转化工作，4 月 14 日，甘肃省农业科学院召开科技成果转化工作领导小组第一次会议。院长马忠明主持会议，院党委书记魏胜文出席会议并讲话，院科技成果转化工作领导小组 30 人参加会议。

魏胜文强调，科技创新与成果转化如鸟之双翼、车之两轮，是全院的重点工作和中心工作，院党政要齐抓共管，确保完成任务目标。全院各部门、各单位要提高政治站位，把成果转化工作列入全院中心工作内容；要切实加强领导，压实工作责任；要认真落实各项措施，职能处室要细化配套具体举措。

马忠明强调，要提高认识、统一思想、转变观念、坚定信心、全力完成成果转化工作；要进一步落实全院工作会议和院长办公会议精神及院发的成果转化指导意见和管理办法；各部门、各单位要深入一线，加强调研，解决问题，联系业务，开辟成果转化新渠道；机关处室要各司其职，全力配合做好成果转化工作。

会上，甘肃省农业科学院与院属各单位签订了 2020 年科技成果转化工作任务书。

甘肃省农业科学院召开科技成果转化工作领导小组第二次会议

7 月 8 日，甘肃省农业科学院召开科技成果转化工作领导小组第二次会议，院长马忠明主持会议，院党委书记魏胜文出席并讲话，院科技成果转化工作领导小组成员参加会议。

会上，院属各单位分别汇报了上半年成果转化工作进展和存在的主要问题及下一步工作举措，成果处通报了全院科技成果转化工作整体进展情况。

魏胜文指出，全院上下克服新冠肺炎疫情影响，积极开展科技成果转化工作，呈现出思想认识进一步提升、思路理念进一步扩展、办法举措进一步落实、转化的成效初步显现等特点。他强调，一是认识再深化。要认真学习贯彻习近平总书记关于科技成果转化工作的一系列重要讲话精神，增强工作的主动性。二是措施再实化。要发挥好政策的指导引领作用，抓紧制定出台相关奖励办法，加大平台建设力度，发挥优势和特长。三是努力拓展市场。要加大创新力度，培育核心技术和过硬成果，加大宣传推介力度，积极走出去，打通成果转化“最后一公里”。四是努力补短板、强弱项。要进一步解决问题，加强与企业合作，履行合同契约精神，融入市场经济。

马忠明总结讲话指出，2020 年在新冠肺炎疫情的影响下，全院成果转化工作在各单位、各部门的共同的努力下，各项任务计划稳步推进。一是各级领导重视，思想进一步统一，紧迫感进一步增强；二是思路进一步开阔，已有平台的功能进一步发挥；三是观念进一步更新，探索了一些新的方式和方法，特别在机制完善、平台建设、渠道拓展和宣传推介等方面有了新突破。

马忠明强调，下半年全院科技成果转化工作任务依然很重。要确保完成全年工作目标，一要提高站位抓转化。加强成果转化，是实施创新驱动发展战略的必然要求，是落实国家和省上科技创新政策的具体行动，是推动全省农业农村现代化的重要支撑，是全院高质量发展的重要途径。二要坚定信心抓转化。成果转化达到“时间过半、任务过半”的目标，全院只要发挥优势、总结经验，统一思想、齐心协力，一定能完成全年度任务。三要开拓途径抓转化。通过“四技”服务和知识产权转化、开展多种途径的成果推介、利用多种媒体宣传展示、加强院地和院企合作、开展跨领域、跨行业、跨学科的联合和建立新型资质机构等途径，发挥各自优势抓转化。四要压实责任抓转化。院属各单位、各部门主要负责同志，要增强紧迫感和责任感，开阔思路，拓展渠道，靠实责任，抓好系统谋划、具体安排和督查落实。要把想法变成办法，把计划落到实处，落实已签订的协议，加强对授牌科技成果转化基地的考核，加强科技孵化中心的建设和管理，全力办好“第二届甘肃省农业科技成果推介会”。五要转变观念抓转化。要进一步解放思想，转变观念，调整方向，加大硬核技术的攻关，加大成果的中试熟化，加强品种转化后补助管理，加强科技成果转化体系建设。

甘肃省农业科学院成功举办第二届甘肃省农业科技成果推介会

9 月 23 日，由甘肃省农业科学院承办的第二届甘肃省农业科技成果推介会隆重开幕。中国工程院院士、国家农业信息化工程技术研究中心主任赵春江莅临开幕式。党委书记魏胜文主持开幕式，院长马忠明致辞。

马忠明在致辞中指出，甘肃省农业科学院作为全省唯一的省级综合性农业科技创新机构，始终与省委、省政府工作部署保持高度一致，与全省农业产业发展休戚与共，与广大农民和新型经营主体同频共振，“陇”字号为主的科技成果已在陇原大地开花结果、惠及千家万户，农科院专家已成为服务全省三农的重要力量。近年来，为破解科技与经济“两张皮”问题和成果转化“最后一公里”的难题，甘肃省农业科学院把科技成果转化摆在与科技创新同等重要的位置。一方面，发挥自身主观能动性，创新体制机制，梳理挖掘待转化科技成果，利用专家、试验站的优势，多渠道、多平台宣传发布成果信息，在全院上下形成了加速科技成果转化的共识和工作合力。另一方面，以创新联盟为纽带，深化联合与协作，推进院地院企科技合作，探索与窑街煤电集团公司、农行甘肃省分行、国寿财险甘肃分公司等之间的“跨界”合作，取得了显著成效。他指出，加速农业科技成果转化应用，是甘肃省农业科学院突破自我、实现高质量发展的必由之路，也是联盟单位在新时代携手并进、担当作为的共同心声。希望以推介会为契机，按下合作共赢的“快进键”，进一步巩固全省农业科技大联合、大协作的新局面，为建设幸福美好新甘肃汇聚磅礴之力。

开幕式上，临泽县委副书记、县工业园区党工委书记兰永武，甘肃华丰草牧业有限公司总经理王延飞分别代表地方政府和企业发言。

临泽县政府、窑街煤电集团有限公司与甘肃省农业科学院签署合作协议，甘肃省陇玉种业科技有限责任公司等 9 家龙头企业分别与作物、蔬菜、旱地农业等研究所签署了合作协议。省科技厅党组成员、副厅长朱晓力和甘肃省农业科学院院长马忠明共同为“甘肃省农业科学院科技成果孵化中心”揭牌。

此次成果推介会以“加强科技创新，服务地方经济，支撑特色产业，助力脱贫攻坚”为主题，采取线上与线下相结合的形式，吸纳科研院所与企业广泛参与，各类农业科技成果与新型农机同台展出，成果推介与高端智库相得益彰，呈现了全视角、多领域的科技成果“盛宴”。推介会展示推介了 46 家参展单位研发的新品种、新技术、新产品、新装备、新服务等科技成果 380 项；重点发布具有前沿性、标志性的重大农业科技成果 100 项，这些项目涉及“牛羊菜果薯药”六大产业以及甘肃现代丝路寒旱农业发展的各个领域。其间，还举办了“甘肃现代农业高质量发展”和“一带一路与乡村振兴”两场主题论坛。

省政府办公厅、省政府国资委、省科技厅、省财政厅、省农业农村厅、省生态环境厅、省纪监委派驻省农业农村厅纪检监察组、国家税务总局甘肃省税务局、国家农业科技创新联盟办公室、省科学技术协会、省供销合作社、甘肃农业大学、省科学院、国寿财险甘肃省分公司，农行甘肃省分行、甘肃银行、甘肃农垦集团、甘肃亚盛集团、窑街煤电集团，有关市（州）、县政府及涉农部门，有关农业合作社、龙头企业、涉农院校等单位的领导和嘉宾参加了推介会。

四、人事人才

概　况

2020年，甘肃省农业科学院人事处以习近平新时代中国特色社会主义思想为指导，认真学习贯彻十九届五中全会和习近平总书记关于人才工作的重要论述精神，严格执行省委、省政府和业务主管部门关于人事人才工作的政策规定，在院党委、院行政的正确领导和大力支持下，按照全院总体工作安排，积极开展新冠肺炎疫情防控，奋力完成院里确定的2020年重点工作任务，强化责任担当，狠抓协调落实，各项工作取得良好成效。

一、人才推荐选拔卓有成效

1人入选省拔尖人才，制定了培养办法，落实了100万元的年度培养经费。1人被评为第九届甘肃省优秀专家，2人被评为全省科技工作先进个人、1个集体被评为全省科技工作先进集体。1人获全国“三八红旗手”荣誉称号、1人获甘肃省“三八红旗手”荣誉称号。审核上报了34名省领军人才聘期考核材料，1人考核结果为优秀，其余33人均为合格并获得续聘，其中4人由第二层次进入第一层次；另有2人补选进入省领军人才第二层次。为全院95位专家和高层次人才申请办理了“陇原人才服务卡”。组织9名专家参加了省委组织部组织的省级专家服务团活动，选派4名专家分别参加了人力资源和社会保障部和省委组织部组织的高层次人才赴海南疗养活动，选派5名专家参加了甘肃省高层次专家国情研修班赴井冈山干部学院研修。推荐2人为中国工程院2021年院士增选候选人，1人为国家百千万人才工程候选人，2人为享受国务院政府特殊津贴候选人，2人为享受甘肃省高层次专业技术人才津贴候选人，1人为“全国创新争先奖”候选人，1人为全省防疫评优先进个人候选人，1个集体为全省防疫评优先进集体候选单位。推荐26位院内专家进入福建省农科院高级专业技术职务评委库。按照省科技厅2020年创新人才推进计划安排，推荐1人申报“中青年科技创新领军人才”、1个团队申报“重点领域创新团队”，并以院为依托单位申报“创新人才示范基地”。推荐2人为省人社厅专业技术人才项目评审专家，3人为甘肃农业大学高级专业技术职务评定专家库成员。

二、人才项目争取成果丰硕，人才培养培训成效显著

积极向主管部门汇报争取，获批省级重点人才项目2项、陇原青年创新创业团队扶持项目1项，总经费205万元。申报了1项国家级专家服务基层、2项国家级高级研修班项目。完成了2018—2019年度省级重点人才项目和陇原青年创新创业团队（个人）项目网上系统填报，组织实施的2019年度3项省级重点人才项目顺利通过省委组织部绩效评估。在向有关市（州）发放征求意向表的基础上，按照地

方科技需求，结合地方特色产业，在8月至12月举办了设施瓜菜、中药材和马铃薯栽培、畜牧养殖和草业发展能力提升3期培训班，培训了来自7个市（州）45个县（区）的360名贫困户、种养加大户、农技推广人员和合作社、涉农企业负责人。完成了2019年“陇原之光”培养计划选派来院的3名研修人员期满考核工作，接收安排了2020年选派的3名研修人员。配合全国博士后管理委员会和省人社厅留博处，完成了对省农科院博士后工作站的评估工作。向院属各单位征询并制定了省农科院2020年急需紧缺人才培养计划，由于疫情原因暂未实施。组织开展全院2019年继续教育公需课——党的十九届四中全会精神考试，为58人出具了完成继续教育任务证明书。

三、人才相关待遇及时落实

根据院专业技术职务聘任权限，为2019年12月晋升专业技术职务的73名人员办理了聘任手续、签订了任务书。积极同省职改办联系沟通，为全院10名同志通过特殊人才通道评定了职称，其中正高级8名、副高级2名；正常晋升正高级3名、副高级19名、中级22名。在正常评审中，省职称信息系统通过省农科院首次实现了申报评审无纸化办公和网上一键式终端服务，把专业技术人员和职改工作人员从烦琐的重复性工作中解放了出来，实现了突破性改革。完成了全院688名职工年度正常晋升薪级工资、67名晋升职务职称和岗位变动人员岗位设置及工资变动。完成了2019年度全院科学发展业绩考核奖审批、“平安甘肃建设”奖励核算工作。完成了16名驻村帮扶人员享受艰苦边远地区津贴、4名退休职工提高高龄补贴标准的申报审批工作。为13名按期转正人员办理了转正定级手续，落实了工资待遇。完成了院工勤技能岗位人员晋升技术等级考核和资格证办理工作，为17名到龄退休职工办理了退休审批手续，为2名解除聘用合同人员办理了相关手续。组织协调院属各单位，顺利完成了养老保险2021年度缴费基数申报和每月一次的缴费核定工作。组织评选表彰2018—2019年度全院双文明室组5个、先进集体16个、先进工作者33名。统计奖励2019年度获得地厅级及以上荣誉称号的先进集体5个、先进个人14人。完成了2019年度全院工作人员考核备案工作。全院县处级以下人员人事档案信息化建设工作稳步推进，已接近尾声。完善了2019年度晋升专业技术职务人员的技术档案材料，并分类整理归档。

四、人才招聘稳步推进

为加大人才引进力度，2020年共开展了2批公开招聘。第一批引进博士1名、硕士6名；及时为新引进的博士申请了兰州市人才公寓，并为其向省委组织部申报了陇原人才服务卡D卡。第二批公开招聘，计划引进高层次人才6名，招聘硕士1名、本科生6名，硕士和本科生招聘已完成笔试、面试，高层次人才招聘正在进行网上报名，计划在2021年1月底前完成全部招聘工作。为加大省农科院人才招聘宣传力度，按照省委组织部安排，积极与“每日甘肃”网络平台联系，向其提供了省农科院各类宣传材料及7个博士、2个硕士的招聘岗位信息，参加了由省委组织部在该网络平台牵头举办的“2021年甘肃省选调生招录暨高层次人才引进宣介会”。

五、人才选拔任用和调研分析取得较好成效

为优化院机关干部队伍结构，增强处室管理服务职能，根据院机关工作需要，在全院范围内组织竞聘，为机关相关处室选调4名工作人员，并按照有关规定办理了聘任手续，其中：党委办公室干事1名、科技成果转化处干事2名、科技合作交流处干事1名。限额外聘用工勤岗位取得资格证技师5人、高级工10人。为激发高层次人才的荣誉感和使命感，在全院半年工作总结会上为全院新聘任的二、三级研究员和2019年聘任的四级研究员颁发了聘书。组织召开了全院人才工作专题座谈会，听取了各层级人员的意见建议，增强了做好人才工作的针对性。对全国12个省级农科院的编制、机构和人员情况进行了调研，对全院人才结构和现状进行了分析，为加强全院人才队伍建设掌握了第一手资料。

六、人事人才制度不断健全

为激发全院工作人员干事创业的积极性、主动性，制定出台了《甘肃省农业科学院绩效工资实施暂行办法》《甘肃省农业科学院奖励性绩效工资分配暂行办法》。为调动全院从事科技成果转化人员工作积极性，促进科技成果转化，制定了《甘肃省农科院科技成果转化人员院内有效高级职称评价条件标准（试行）》。为分类量化考核全院工作人员的德才表现和工作实绩，加强科研诚信建设，修订了《甘肃省农业科学院工作人员考核暂行办法》。为进一步规范科技创新业绩考核奖励发放、资金提取等方面的管理，牵头组织了全院科技创新业绩奖励发放专项检查，起草印发了《关于对院属研究所2019年度科技创新业绩考核奖励发放专项检查中发现问题进行整改的通知》和《关于对2019年度科技创新业绩考核奖励发放突出问题进一步整改的意见》，督促相关单位进行整改，取得了较好成效。

七、与业务主管部门联系沟通持续加强

参加了全省人才工作会议、省委人才工作领导小组办公室事业单位工资分配制度改革座谈会。向省人社厅反馈了对公开招聘、岗位设置、特设岗位的意见建议，部分建议被采纳。对省科技厅《甘肃省实验技术系列职称评价条件标准（试行）（征求意见稿）》提出了书面反馈建议。向省委机构编制委员会办公室报送专题材料，积极反映省农科院机构、编制方面存在的突出问题，为下一步改革创造条件。承办了省委组织部事业单位人事管理调研工作，对省审计厅关于省农科院主要领导经济责任审计反馈问题做了说明。向省委人才办报送了2020年重点人才工作任务台账、本年度高层次人才引进情况、人才工作总结以及“十三五”期间人才工作总结；向省人社厅报送了近5年来国家百千万人才工程实施工作总结。向省人社厅、省农业农村厅报送了全院2019年度人才、工资、农业报表。

八、全面加强党支部建设标准化，努力提高党建质量和水平

按照院党委安排，深入开展作风建设年活动，积极开展“不忘初心、牢记使命”主题教育“回头看”，进一步查找不足，及时跟进整改，有力巩固了主题教育成效。及时组织支部党员学习十九届五中全会和习近平总书记关于

人才工作的重要论述精神，不断增强做好人事人才工作的使命感和自觉性。统筹规划，按规定完成各项党建任务，及时将活动情况上传“甘肃党建”App。认真落实“三会一课”制度，推进“两学一做”学习教育常态化、制度化。圆满完成新冠肺炎疫情防控值班工作，在疫情防控中考验和锤炼了支部党员党性，支部凝聚力、战斗力进一步增强。结合“放管服”改革，以加强教育引导，突出忠诚、干净、担当为导向，力戒形式主义、官僚主义，不断提高支部党员的服务意识、服务质量。及时对党员进行提醒谈话和集体约谈，党风廉政建设常抓不懈。

人才队伍

优　秀　专　家

国家级（3人）：

王吉庆　秦富华　党占海

甘肃省（13人）：

金社林　周文麟　马天恩　刘积汉

李守谦　李秉衡　邱仲华　兰念军

郭天文　杜久元　樊廷录　杨文雄

杨天育

享受政府特殊津贴人员（共38人）

陈　明　马忠明　王吉庆　邱仲华

李守谦　秦富华　周文麟　马天恩

朱福成　刘桂英　吕福海　李隐生

李秉衡　陈效杰　于英先　孟铁男

孙志寿　刘积汉　宋远佞　徐宗贤

黄文宗　欧阳维敏　党占海

贾尚诚　吴国忠　雍致明　王效宗

王兰兰　张永茂　王一航　张国宏

吕和平　潘永东　樊廷录　王发林

金社林　吴建平　张建平

学术技术带头人

全国专业技术人才先进集体（1个）

农产品贮藏加工科研创新团队

全国优秀科技工作者（1人）

张永茂

“百千万人才工程”国家级人选（4人）

党占海　樊廷录　金社林　张建平

甘肃省科技功臣（1人）：

王一航

甘肃省政府特聘科技专家（1人）：

张永茂

甘肃省领军人才（38人）：

第一层次：（11人）

王一航　樊廷录　郭天文　金社林

王恒炜　罗俊杰　潘永东　马忠明

李继平　杨文雄　张建平

第二层次：（27人）

马　明　文国宏　王　勇　王发林

王晓巍　车宗贤　吕和平　祁旭升

何继红　张桂香　张新瑞　杨天育

杨发荣　杨永岗　杨封科　张国宏

邵景成　罗进仓　贾秋珍　郭晓冬

颉敏华　刘永刚　杨晓明　曹世勤

郝　燕　张绪成　王　鸿

甘肃省宣传文化系统“四个一批”人才（1人）：

魏胜文

研究生指导教师（共52人）

博士研究生导师（8人）：

吴建平　陈　明　马忠明　李敏权
贺春贵　党占海　樊廷录　王发林

硕士研究生导师（42 人）：

魏胜文　郭天文　罗俊杰　张新瑞
郭晓冬　吕和平　张正英　金社林
王兰兰　胡冠芳　张桂香　罗进仓
杨封科　郭贤仕　颉敏华　王晓巍
车宗贤　杨天育　杨文雄　文国宏
马　明　张国宏　鲁清林　刘小勇
张　武　王国祥　杨晓明　张绪成
冯毓琴　李　掌　陆立银　杨虎德
杨思存　杨芳萍　王文丽　孙建好
高彦萍　曹世勤　田世龙　刘永刚
赵　利　张建平

在职正高级专业技术人员（108 人）

二级研究员（8 人）：

马忠明　吴建平　樊廷录　金社林
张国宏　郭天文　王发林　吕和平

三级研究员（27 人）：

魏胜文　李敏权　贺春贵　寇思荣
罗俊杰　杨封科　王兰兰　张新瑞
胡冠芳　杨天育　罗进仓　杨文雄
张桂香　车宗贤　王　勇　李继平
潘永东　杜久元　鲁清林　文国宏
王晓巍　祁旭升　曹世勤　马　明
杨发荣　何继红　张绪成

四级研究员（72 人）：

宗瑞谦　王恒炜　郭贤仕　郭晓冬
贾秋珍　杨永岗　邵景成　刘小勇
颉敏华　张东伟　张　武　杨芳萍
李　掌　张建平　刘永刚　赵秀梅
何宝林　张辉元　何海军　陈灵芝
王志伟　杨晓明　郝　燕　陆立银
林玉红　杜　蕙　王文丽　侯　栋
王世红　李兴茂　王玉安　李高峰
胡立敏　赵　利　程　鸿　齐恩芳
张正英　庞中存　王　鸿　康三江
陈建军　杨思存　于安芬　田世龙
冯毓琴　宋明军　王淑英　王国祥
刘忠祥　董孔军　周玉乾　李尚中
白　斌　刘效华　陈光荣　袁俊秀
王立明　李红旭　张礼军　唐文雪
郑　果　乔德华　曲亚英　王晨冰
汤　莹　任瑞玉　唐小明　梁　伟
蔡子平　冯守疆　张立勤　张建军

四级正高级工程师（1 人）：

陈　静

在职副研究员（210 人）

姚元虎　陆登义　马志军　张国和
何苏琴　王　方　杨虎德　蒋锦霞
赵　瑛　董　铁　任爱民　马学军
郭致杰　李宽莹　王卫成　尹晓宁
柴长国　龚成文　高彦萍　刘润萍
崔云玲　孙建好　刘　芬　胡生海
胡志峰　庞进平　苟作旺　冯克云
南宏宇　汤瑛芳　于庆文　展宗冰
高育锋　王晓娟　卯旭辉　王　萍
陈子萱　贾小霞　张　芳　李红霞
郭全恩　吕军峰　吕迎春　赵晓琴
胡新元　张　茹　岳宏忠　康恩祥
刘月英　马丽荣　张雾红　张邦林
魏莉霞　张廷红　李玉萍　牛军强
赵　玮　白　滨　董　俊　罗爱花
王彩莲　叶德友　张玉鑫　倪胜利
陈玉梁　欧巧明　张朝巍　陈　伟

陈　富　班明辉　包奇军　骆惠生
杨蕊菊　陶兴林　郭建国　周昭旭
霍　琳　王建成　叶春雷　王红梅
连彩云　刘建华　王红丽　孙振宇
俄胜哲　董　云　李　梅　李建武
王利民　张海英　张久东　葛　霞
李　娟　赵有彪　李守强　黄　铮
卢秉林　谢奎忠　杨君林　马彦霞
李玉芳　李瑞琴　李晓蓉　郎　侠
李淑洁　谭雪莲　王春明　黄玉龙
李亚莉　张平良　陆建英　侯慧芝
夏芳琴　杨建杰　苏永全　李国锋
马　彦　陈卫国　漆永红　惠娜娜
王学喜　赵建华　柳　娜　王　婷
朱惠霞　耿新军　贾秀苹　李建军
张　勃　董　博　于显枫　王兴荣
袁金华　张　帆　田甲春　杨彦忠
曹　刚　谢亚萍　徐生军　宋淑珍
魏玉明　党　翼　韩富军　姜小凤
赵　刚　赵欣楠　刘明军　张开乾
赵　鹏　王　磊　李玉梅　连晓荣
黄　杰　曾朝珍　杜少平　张海燕
王宏霞　张　荣　杨如萍　王智琦
张雪婷　张东琴　方彦杰　党　照
孙小花　杨长刚　王立光　刘文瑜
任　静　李雪萍　周文期　陈　娟
薛　亮　赵　旭　柳燕兰　王　炜
李静雯　王　玮　赵明新　孙文泰
吴小华　郭　成　冉生斌　李青青
陈大鹏　孔维萍　曹素芳　李闻娟
王　毅　崔文娟　潘发明　徐银萍
张东佳　张　力　牛小霞　李永生
刘海波　葛玉彬　裴怀弟　黄　瑾
石有太　王　斌　马明生　曹诗瑜
王成宝　周　刚　何振富　刘强德
彭云霞　张　磊

高级农艺师（23人）

汪建国　安小龙　常　涛　梁志宏
张广虎　焦国信　田　斌　刘忠元
王　颢　秦春林　谢志军　李元万
刘元寿　王润琴　魏玉红　李玉奇
虎梦霞　火克仓　岳临平　郑永伟
冯海山　于良祖（单位有效）
王小平（院内有效）

高级畜牧师（1人）

窦晓利

高级实验师（5人）

张雪琴　张华瑜　胡　梅　张　环
董　煛

高级会计师（9人）

王　静　师范中　王晓华　张延梅
杨延萍　段艳巧　蔡　红　王　卉
孙小臆

高级经济师（3人）

程志斌　周　洁　化青春

高级工艺美术师（1人）

周　晶

副主任护师（1 人）

马惠霞

副研究馆员（1 人）

郭秀萍

高级工程师（1 人）

甄东海

2020 年晋升高级专业技术职务人员

研究员（10 人）：

曲亚英　王晨冰　汤　莹　任瑞玉
唐小明　梁　伟　蔡子平　冯守疆
张立勤　张建军

正高级工程师（1 人）：

陈　静

副研究员（15 人）：

李永生　刘海波　葛玉彬　裴怀弟
黄　瑾　石有太　王　斌　马明生
曹诗瑜　王成宝　周　刚　何振富
刘强德　彭云霞　张　磊

高级实验师（1 人）：

董　煚

高级农艺师（2 人）：

郑永伟　冯海山

高级工程师（1 人）：

甄东海

2020 年晋升中级专业技术职务人员（22 人）

赵鹏彦　任　娜　王　静　张旭临
杨馥霞　张爱琴　任　慧　吕燕红
朱天地　袁伟宁　王玉灵　蒋晶晶
许文艳　杜　典　张宝时　李长亮
赵朔阳　张雪冰　徐永伟　赵　华
张　磊　王美灵

2020 年公开招聘录用人员名单

招聘单位	姓名	性别	出生年月	毕业院校	专业	学历/学位
土肥所	马　菁	女	1989 年 11 月	北京林业大学	水土保持与荒漠化防治	研究生/博士
土肥所	沙林伟	男	1991 年 6 月	中国科学院大学	地图学与地理信息学	研究生/硕士
马铃薯所	王树林	男	1992 年 7 月	甘肃农业大学	生物化学与分子生物学（马铃薯分子育种）	研究生/硕士
经啤所	王　昕	女	1992 年 11 月	甘肃中医药大学	中药学	研究生/硕士
加工所	刘　东	男	1993 年 12 月	甘肃农业大学	动物性食品营养与工程	研究生/硕士
作物所	侯静静	女	1994 年 7 月	甘肃农业大学	作物遗传育种	研究生/硕士
旱农所	周　刚	男	1994 年 10 月	甘肃农业大学	农业机械化工程	研究生/硕士
畜草所	谢建鹏	男	1990 年 6 月	甘肃农业大学	动物遗传育种与繁殖	研究生/博士
经啤所	王正凤	女	1983 年 6 月	兰州大学	草　学	研究生/博士
张掖站	后建霞	女	1992 年 5 月	甘肃农业大学	园　艺	大学本科
张掖站	彭海红	女	1998 年 1 月	甘肃农业大学	设施农业科学与工程	大学本科
张掖站	吴文杰	男	1997 年 7 月	甘肃农业大学	植物保护	大学本科
张掖站	陈文越	女	1997 年 9 月	福建农林大学	农业资源与环境	大学本科
张掖站	李　桢	男	1994 年 12 月	海南热带海洋学院	食品科学与工程	大学本科
榆中站	李培玲	女	1995 年 11 月	甘肃农业大学	植物保护	研究生/硕士
榆中站	张恺东	男	1992 年 4 月	国家开放大学	市场营销	大学本科

五、科技交流与合作

概　况

2020年，在院党委、院行政的正确领导下，省农科院科技合作交流处认真学习贯彻习近平新时代中国特色大国外交思想，立足全院科研实际，紧抓“一带一路”重大机遇，以引才引智工作为突破点，以上题立项为重点，强化平台对科技合作工作的支撑作用，推动农业科技国际合作交流工作取得新进展。

一、科技合作项目争取获得新进展

全年组织申报各类科技合作类项目70余项，争取落地20项。其中科技部6项、省科技厅3项、省科协11项，累计到位经费210余万元。

二、国际合作交流稳步推进

在与以色列驻华大使馆多次沟通、衔接、协调和积极争取下，“中以友好现代农业合作项目”落地甘肃省农业科学院。该项目通过与以色列驻华大使馆的合作，打造中以农业科技合作交流的科研基地、中以农业科技人员国际化联合培养基地、中以现代农业技术综合展示基地，成为新时期甘肃外事交流和中以农业科技合作的示范样板。与俄罗斯圣彼得堡国立农业大学就农业人才交流、农业领域联合研究、留学生培养等达成合作意向，并签署了农业教育与研究合作协议，为促进甘肃与俄罗斯农业方面的各项交流奠定了基础，为后续双方农业科技交流提供了良好条件。广泛争取联合国粮农组织、世界银行、国际农业研究磋商组织等机构的支持和帮助，就全球新发展背景下作物生产力提升、采后贮藏与加工、旱作节水农业等领域加强与“一带一路”沿线国家的合作，实现甘肃优势农业科技“走出去”，助力发展中国家科研能力建设。

三、加强督促管理，在研项目进展顺利

积极沟通、协调、督促院属各单位做好各个国际合作项目执行工作，省科技厅国际合作重大专项“中俄马铃薯种质资源创新利用及产业发展关键技术转移与示范”、国家引才引智示范基地“藜麦种质资源引进及新品种选育示范推广”、中日科技合作项目“甘肃省农民专业合作社发展”“现代旱作节水及设施农业技术”发展中国家技术培训班、联合国粮食计划署“甘肃富锌马铃薯小农户试点”、与香港中文大学“抗旱耐盐大豆品种及牧草大豆新品种选育”等项目进展良好。科技部国际科技合作基地“干旱灌区节水高效农业”已完成2020年国家国际科技合作基地绩效自评估报告填报，等待科技部科技评估中心评估结果。省科技厅国际合作项目“提高甘肃旱地农业生产力

技术合作研究”“耐旱作物优异种质资源引进与干旱灌区抗逆品种选育”和“作物高效节水国际科技特派员”项目完成各项任务指标，等待省科技厅验收。

四、稳步推进外事管理与服务工作

受新冠肺炎疫情影响，按照上级主管部门指示，因公出访和邀请外宾来访工作全部暂停。举办全院全民国家安全教育培训，进一步增强党员干部总体国家安全观。组织人员赴各厅局、大专院校和兄弟单位开展甘肃省农业科技国际合作工作调研，梳理“十三五”工作，筹划“十四五”规划。积极组织参加2020年“一带一路”美丽乡村论坛、第25届全国农科院系统外事协作网会议暨全国农业科技“走出去”联盟线上会议等学术交流活动。

国际合作基地平台一览表

基地名称	主管部门	依托单位	类别	共建单位
干旱灌区节水高效农业国际科技合作基地	科技部	省农科院	国家级国合基地	国际玉米小米改良中心 澳大利亚国际农业研究中心 荷兰土地合作局
甘肃省农业科学院国家级引才引智示范基地	科技部	畜草所	引才引智基地	
中美草地畜牧业可持续研究中心	科技部	畜草所	联合研究中心	美国南达科他州大学 得克萨斯州农工大学 美国瑞克公司
中以友好创新绿色农业交流示范基地		省农科院	合作交流基地	以色列驻华大使馆 甘肃省外事办
干旱半干旱地区工业污染土壤管理中—荷技术转移中心		省农科院	技术转移中心	荷兰土地合作局
中俄马铃薯种质创新与品种选育联合实验室		马铃薯所	联合实验室	俄罗斯沃罗涅日农业大学
丝绸之路中俄技术转移中心		马铃薯所	技术转移中心	俄罗斯沃罗涅日农业大学
中澳草食畜生产体系研究中心		畜草所	联合研究中心	悉尼大学　查尔斯大学
中加农业可持续发展研究联合研究中心		畜草所	联合研究中心	麦吉尔大学
反刍家畜及粗饲料资源利用联合共建实验室	省科技厅	畜草所	联合实验室	云南农业大学 西北农林科技大学
草食畜可持续发展研究甘肃省国际科技合作基地	省科技厅	畜草所	省级国合基地	美国南达科他州大学、 美国得克萨斯州农工大学、 加拿大麦吉尔大学、 悉尼大学、查尔斯大学
马铃薯种质创新与种薯繁育技术	省科技厅	马铃薯所	省级国合基地	俄罗斯沃罗涅日农业大学
国外花椒种质资源引进种植与示范推广	省外专局	林果所	省级引智基地	

（续）

基地名称	主管部门	依托单位	类别	共建单位
小麦条锈病综合防控技术研究与示范	省外专局	小麦所	省级引智基地	
国外彩色棉优质新品种引进与产业化示范推广	省外专局	作物所	省级引智基地	
能源植物柳枝稷引进与示范推广	省外专局	旱农所	省级引智基地	
中国科协"海智计划"甘肃基地甘肃省农业科学院工作站	省科协	省农科院	海智基地工作站	
				共计 17 个

2020 年国际合作统计表

单位	合作国家及单位	协议名称	合作内容	签约时间
省农科院	以色列驻华使馆	甘肃省农业科学院与以色列驻华大使馆联合建立中以友好现代农业合作项目	交流互访、技术培训	11 月 14 日
省农科院	俄罗斯圣彼得堡国立农业大学	甘肃省农业科学院与俄罗斯圣彼得堡国立农业大学教育与研究合作交流协议	项目联合申报交流互访、教育培训	5 月 15 日

2020 年度参加学术交流情况统计表

单位	批次	参加人数	主要内容	参加天数	做报告数
旱农所	15	26	学术会议、汇报会	40	2
作物所	12	39	学术会议、观摩会、汇报会	35	3
经啤所	3	10	学术会议、培训会	12	1
质标所	9	16	学术会议、汇报会	27	0
加工所	26	38	学术会议、研修班、汇报会	63	10
蔬菜所	14	26	学术会议、研修班、汇报会	32	1

（续）

单位	批次	参加人数	主要内容	参加天数	做报告数
土肥所	25	77	学术会议、汇报会	132	3
植保所	6	15	学术会议、汇报会	17	6
畜草所	10	19	学术技术流、研讨会	33	1
马铃薯所	13	38	学术会议	30	0
林果所	7	17	学术会议、汇报会	21	2
小麦所	11	28	学术会议、参观学习	34	0
生技所	5	20	学术会议、汇报会	22	0
农经所	45	23	学术会议、培训班	143	6
共计 201 批 392 人次					

参加 2020 年甘肃省高层次专家国情研修班专家

康三江　　张国宏　　王兰兰　　邵景成　　杨晓明

2020 年院地院企合作统计表

单位	合作单位	协议名称	合作内容	签约时间
省农科院	临泽县人民政府	合作框架协议	科技指导 技术咨询	9 月 23 日
省农科院	甘肃金九月肥业有限公司	科技合作协议	科技指导 技术咨询	6 月 6 日
省农科院	甘肃省农民专业合作社联合社	战略合作框架协议	科技指导 技术咨询	12 月 1 日
省农科院	窑街煤电集团有限公司	合作框架协议	科技指导 技术咨询	9 月 23 日
小麦所	庆阳市裕丰种业有限公司	冬小麦新品种兰天 134、兰天 575 使用权转让	技术转让	8 月 30 日
蔬菜所	窑街煤电集团甘肃金能工贸有限责任公司	油页岩半焦基矿物生物炭对戈壁设施基质栽培西瓜生长以及产量、品质的影响研究	技术服务	4 月 6 日
蔬菜所	兰州市大行农业废弃物处理有限公司	菌肥技术成果转化及微生物菌肥应用技术服务合同	技术服务	7 月 1 日

（续）

单位	合作单位	协议名称	合作内容	签约时间
蔬菜所	甘肃颐年商贸有限责任公司	特殊植物用太阳能光转换产品农业试验技术服务合同	技术服务	10月28日
蔬菜所	甘肃长青良宇生态农业科技工程有限公司	设施园艺工程与环境调控产学研合作协议	技术合作	10月18日
蔬菜所	甘肃省农产品质量安全检验检测中心	甘肃省特色优势农产品评价—康县黑木耳	技术服务	7月15日
蔬菜所	甘肃省农产品质量安全检验检测中心	甘肃省特色优势农产品评价—甘谷辣椒	技术服务	7月14日
土肥所	甘肃省农业农村厅	甘肃省特色优势农产品评价（民勤蜜瓜）	技术服务	6月1日
土肥所	农业农村部科教司政府购买服务合同	全国农业面源污染监测及相关技术服务（甘肃氮磷监测）	技术服务	6月1日
土肥所	甘肃省农业生态与资源保护技术推广总站	甘肃省废旧农膜残留污染综合防治试验示范基地技术服务项目	技术服务	4月1日
土肥所	甘肃省耕地质量建设管理总站	马铃薯水溶肥田间筛选试验	技术服务	1月1日
土肥所	兰州大学	绿肥项目武威试验站研究合作协议	技术服务	1月1日
土肥所	天祝睿柏诚现代农业科技有限公司	新型肥料研发技术服务	技术服务	11月18日
土肥所	甘肃亚盛农业综合服务公司	甘肃亚盛实业（集团）股份有限公司有机肥厂建设项目技术服务	技术服务	7月1日
土肥所	甘肃施可丰新型肥料有限公司	技术服务	技术服务	1月1日
土肥所	夏河县达哇央宗有机肥料加工销售有限责任公司	新型肥料研发技术服务	技术服务	3月2日
土肥所	窑街煤电集团甘肃金能工贸有限责任公司	油页岩半焦基矿物生物炭对露地、设施作物生长以及土壤重金属吸附影响研究	技术服务	4月1日
土肥所	窑街煤电集团甘肃金能工贸有限责任公司	油页岩半焦基矿物生物炭对粮食作物生长影响研究	技术服务	4月1日
土肥所	甘肃润达市政园林工程建设有限公司	技术服务合同	技术服务	5月1日

（续）

单位	合作单位	协议名称	合作内容	签约时间
加工所	上海迪沃智能装备股份有限公司	苹果酒（白兰地）发酵生产工艺优化	技术咨询	5月12日
加工所	兰州新龙马商贸有限公司	果露酒、白酒品鉴技术咨询服务	技术咨询	6月5日
加工所	天水裕源果蔬有限责任公司	高品质苹果白兰地产品合作开发	技术开发	11月10日
加工所	祁连牧歌实业有限公司	畜产品加工技术及产品研发	技术服务	11月1日
加工所	天水嘉瑞恒益农业发展有限公司	大樱桃保鲜技术合作	技术服务	5月10日
加工所	张掖市锦荣果蔬有限责任公司	早酥梨保鲜技术指导	技术服务	7月25日
加工所	中国农业科学院农产品加工研究所	马铃薯采后品质保持机制研究及调控集成技术示范	技术服务	9月30日
加工所	甘肃红鑫商贸有限公司	黄花菜酸菜复合食品加工技术	技术转让	9月15日
加工所	甘肃康辉现代农牧产业有限责任公司	尾菜饲料化利用技术服务	技术服务	5月8日
加工所	兰州介实农产品有限公司	蔬菜保鲜贮运技术	技术转让	2月10日
加工所	贵州省安顺市农业科学院	模块化薯类贮藏试验示范库建造技术服务协议	技术服务	10月10日
加工所	定西市宏泰马铃薯农民专业合作社	马铃薯贮藏保鲜	技术服务	10月10日
加工所	省农科院植物保护研究所	微波发生设备租赁及技术服务	技术服务	3月15日
畜草所	陇南市武都区农业技术推广中心	技术服务协议（藜麦种植）	技术服务	3月23日
畜草所	泾川县旭康食品有限责任公司	技术服务协议（肉牛生产）	技术服务	10月1日
旱农所	中国农业科学院农业环境与可持续发展研究所	地膜回收率定位监测及调查	技术服务	1月1日
旱农所	美盛农资（北京）有限公司	承担科学试验	技术服务	1月1日

（续）

单位	合作单位	协议名称	合作内容	签约时间
旱农所	灵台县农业项目服务中心	灵台县 2020 年高标准农田建设项目委托开发协议	委托开发	1月1日
旱农所	农业农村部科技教育司	农业生态环境保护—农田地膜残留污染监测评价	技术服务	1月1日
林果所	甘肃南屏现代农业发展有限公司	桃日光温室高效栽培技术	技术服务	1月1日
林果所	柳满刚	桃高效栽培技术	技术服务	1月1日
林果所	永靖县富金种植农民专业合作社	桃幼树管理技术	技术服务	1月1日
林果所	甘肃共裕高新农牧科技开发有限公司	梨标准化建园与高效优质栽培	技术服务	1月1日
林果所	甘肃省龙胜生态林果有限责任公司	梨优质高效栽培	技术服务	1月1日
林果所	甘肃杨子惠众农业种植有限公司	葡萄栽培管理技术	技术服务	4月1日
林果所	甘肃艾科思农业科技有限公司	鲜食葡萄栽培技术	技术服务	10月1日
林果所	甘肃科园苑花卉园艺开发有限公司	草莓、紫斑牡丹种苗繁育生产技术	技术服务	1月1日
林果所	天水丰乐农业开发有限公司	苹果、核桃、花椒等林果生产管理技术	技术服务	1月1日
林果所	甘肃佳丽共创职业培训学校	苹果、梨、桃、葡萄、核桃、花椒等林果生产技术培训	技术服务	1月1日
林果所	甘肃和恒农业技术有限公司	农作物智能化管理	技术咨询	1月1日
林果所	兰州大唐园林科技有限公司	园林植物快繁及高效栽培技术	技术咨询	1月1日
林果所	海东市平安区利源富硒农业科技有限公司	设施果树技术指导	技术咨询	1月1日
植保所	兰州磐耕农资有限公司	农业技术服务合同	技术服务	7月1日
植保所	甘肃省植物保护学会	瓜类种子病菌监测调查与控制	技术服务	8月20日
作物所	甘肃福成农业科技开发有限公司	油菜新品种陇油杂1号、陇油杂2号推广与示范	技术开发	3月26日

（续）

单位	合作单位	协议名称	合作内容	签约时间
作物所	兰州福来种业有限公司	技术服务协议	技术服务	1月31日
作物所	张掖璐玉农业科技有限公司	玉米育种技术服务协议书	技术服务	3月20日
作物所	张掖市玉米原种场	玉米育种技术服务协议书	技术服务	4月8日
作物所	甘肃九洋农业发展有限公司	玉米育种技术服务协议书	技术服务	3月20日
作物所	甘肃汇丰种业有限责任公司	品种授权协议	技术转让	8月16日
作物所	中国科学院分子植物科学卓越创新中心	糜子抗旱鉴定相关试验技术服务	技术服务	5月1日
作物所	酒泉市吉农农业有限责任公司	玉米育种技术服务协议书	技术服务	4月3日
作物所	新疆新沃生态科技有限公司	饲草高粱品种陇草2号合作开发协议	技术服务	3月17日
作物所	张掖市玉源农业科技研发中心	玉米育种技术服务协议书	技术服务	3月22日
作物所	甘肃三宜种业有限公司	玉米育种技术服务协议书	技术服务	3月26日
经啤所	兰州信禾文化发展公司	《华夏文明在甘肃》中药板块技术服务	技术服务	3月23日
经啤所	甘肃瑞丰种业有限公司	甘饲麦1号生产技术服务	技术服务	3月8日
经啤所	武威丰田种业有限公司	甘饲麦1号生产技术服务	技术服务	3月10日
经啤所	山丹军马三场	陇青1号生产技术服务	技术服务	3月8日
经啤所	武威丰田种业有限公司	甘啤8号生产技术服务	技术服务	3月10日
经啤所	会宁县白塬天顺农机种植农民专业合作社	黄芪、黄芩种子种苗繁育及栽培技术服务	技术服务	3月6日
经啤所	民乐县诚泰药业有限公司	板蓝根种子丸粒化技术服务	技术服务	6月19日
经啤所	庆阳农民职业培训学校	技术服务	技术服务	5月8日

（续）

单位	合作单位	协议名称	合作内容	签约时间
经啤所	中国医学科学院药用植物研究所	远志种子丸粒化技术服务	技术服务	2月22日
经啤所	西和县广鸿中药材专业合作社	西和县中药材标准化种植示范基地建设	技术服务	3月1日
经啤所	民勤县兴国农林牧产销专业合作社	葡萄水肥一体化技术模式研究与应用	技术服务	3月6日
经啤所	兰州市红古区兴业农副产品农民专业合作社	饲用甜菜新品种及其高效利用技术示范	技术服务	3月8日
生技所	兰州大唐园林科技有限公司	种苗繁育与生物菌肥技术指导	技术服务	12月10日
生技所	甘肃烽火台数据信息技术有限责任公司	“农产品分子身份证识别系统V1.0”“数字化农业生产综合管理系统V1.0”软件著作权转让合同	技术转让	8月31日
生技所	甘肃吉颉环保科技有限公司	清洗污泥生物测试及处理途径分析试验	技术服务	12月1日
生技所	甘肃省农业科学院土壤肥料与节水农业研究所	西瓜种苗基质配方筛选技术研发	技术服务	3月1日
生技所	景泰县石鹿农业发展有限公司	景泰县优质小麦新品种引进与提质增效技术示范	技术服务	12月14日
生技所	中国农业科学院油料作物研究所	栽培试验与示范委托合同书	技术服务	3月1日
生技所	内蒙古自治区农牧业科学院	特色油料产业技术体系胡麻综合防控岗位任务委托协议	技术服务	4月10日
农经所	甘肃省农业科学院畜草与绿色农业研究所	东乡区布塄沟村400亩甜高粱种植基地建设项目	技术咨询	1月13日
农经所	甘南一谷有机食品开发有限公司	高原绿色特色农产品加工基地建设项目	技术咨询	4月11日
农经所	甘肃康盛源现代农牧科技开发有限公司	蛋鸡养殖项目	技术咨询	8月13日
农经所	甘肃省农业科学院土壤肥料与节水农业研究所	国家农业环境张掖观测实验站建设项目	技术咨询	8月14日
农经所	甘肃省农业科学院旱地农业研究所	国家土壤质量安定观测实验站建设项目	技术咨询	8月14日

（续）

单位	合作单位	协议名称	合作内容	签约时间
农经所	甘肃省农业科学院旱地农业研究所	国家土壤质量镇原观测实验站建设项目	技术咨询	8月15日
农经所	甘肃亚盛实业（集团）股份有限公司	亚盛本源生物牛羊预混料及生物添加剂厂投资建设项目	技术咨询	8月18日
农经所	宕昌县农业农村局	甘肃省宕昌县2021年国家区域性中药材种苗繁育基地建设项目	技术咨询	9月8日
农经所	甘肃省农业科学院土壤肥料与节水农业研究所	国家土壤质量凉州观测实验站建设项目	技术咨询	9月16日
农经所	甘肃省农业科学院马铃薯研究所	国家种质资源渭源观测实验站建设项目	技术咨询	9月16日
农经所	甘肃广宇丰华生态科技有限责任公司	平川区50万头生猪养殖产业化扶贫建设项目一期工程	技术咨询	9月22日
农经所	甘肃亚盛实业（集团）股份有限公司	中药材标准化基地及初加工建设项目	技术咨询	7月22日
农经所	东乡族自治县农业农村局	东乡族自治县现代农业产业园总体规划（2020—2022年）	技术咨询	1月1日
农经所	临夏回族自治州农业农村局	甘肃甘味肉羊产业集群建设方案（2020—2022年）（临夏州）	技术咨询	3月15日
农经所	武威市农业农村局	甘肃省肉羊优势特色产业集群建设方案（2020—2022年）（武威市）	技术咨询	3月1日
农经所	永昌县农业农村局	甘肃省永昌县国家现代农业产业园总体规划（2020—2025年）	技术咨询	5月31日
农经所	白银市农业农村局	白银市现代丝路寒旱农业发展暨战略性农业产业培育规划	技术咨询	5月18日
农经所	窑街煤电集团甘肃金能工贸有限责任公司	窑街煤电集团有限公司 军马坪乐山坪农场产业发展总体规划	技术咨询	9月1日
马铃薯所	山丹县正明种植有限责任公司	技术服务协议书（病毒检测）	技术服务	1月1日
马铃薯所	定西旺农马铃薯农民专业合作社	技术服务协议书（脱毒基础苗）	技术服务	1月1日

（续）

单位	合作单位	协议名称	合作内容	签约时间
马铃薯所	省农科院植保所	技术服务协议书（病毒检测）	技术服务	1月1日
马铃薯所	会宁县种子管理站	技术服务协议书（病毒检测）	技术服务	1月1日
马铃薯所	渭源县五竹马铃薯良种繁育专业合作社	马铃薯脱毒种薯生产技术合作协议	技术服务	1月1日
马铃薯所	渭源县五竹马铃薯良种繁育专业合作社	马铃薯脱毒种薯生产技术合作协议	技术服务	2月1日
马铃薯所	渭源县建军马铃薯购销合作社	马铃薯脱毒种薯生产技术合作协议	技术服务	1月1日
马铃薯所	甘肃裕新农牧科技开发有限公司	马铃薯脱毒种薯生产技术合作协议	技术服务	1月1日
马铃薯所	甘肃天润薯业有限公司	科技合作框架协议	技术服务	4月1日
马铃薯所	定西农兴马铃薯农民专业合作社	科技服务协议	技术服务	4月1日
马铃薯所	定西市农夫薯园马铃薯脱毒快繁有限公司	科技合作协议	技术服务	1月1日
马铃薯所	和政县华丰农资经销有限责任公司	马铃薯品种授权许可协议书（陇薯7号）	技术转让	2月13日
马铃薯所	定西市甲天下农产品产销专业合作社	马铃薯品种授权许可协议书（陇薯7号、10号）	技术转让	2月18日
马铃薯所	永靖县金丰马铃薯农民专业合作社	马铃薯品种授权许可协议书（陇薯7号）	技术转让	10月10日
马铃薯所	甘肃汇丰农业科技发展有限公司	马铃薯品种授权许可协议书（陇薯10号）	技术转让	12月12日
马铃薯所	甘肃一航薯业科技发展有限责任公司	技术合作协议	技术服务	1月1日

联盟、学会工作概况

2020 年，在甘肃省农业科学院挂靠的学术团体有甘肃省农业科技创新联盟、甘肃省农学会、甘肃省植保学会、甘肃省作物学会、甘肃省土壤肥料学会、甘肃省种子协会。2020 年 11 月 6 日，由甘肃省农业科学院畜草与绿色农业研究所牵头成立的甘肃省藜麦种植行业协会举行了成立仪式。

一年来，各学术团体以习近平新时代中国特色社会主义思想为指导，加强自身建设，树立服务意识，提高政治站位，以党建为统领，强化高端智库建设、搭建学术交流平台、推动农业科技人才成长、推进科技成果推广普及，为全省现代农业发展做出了应有的贡献。

甘肃省农业科技创新联盟在农业农村部和国家农业科技创新联盟的指导下，围绕甘肃农业区域布局和产业发展重点，精心组织“三平台一体系”建设项目、扎实推动“五大协同创新中心”“十大科技任务”落实落地和高效执行，打造“看得见摸得着”的综合示范展示基地。

创新平台迈出新步伐，全年共争取科研基础条件建设经费超过 1 亿元，5 个国家农业科学试验站和 1 个油料作物学科群试验站等一批创新平台批复建设，“西北种质资源保存与创新利用中心”项目开工；资源共享平台建设稳步推进，新建省级农业信息化科技平台 3 个、省级工程研究中心 1 个，完成了“草食畜遗传资源信息数据库”等 13 个科研数据库的数据录入和测试工作；咨询平台服务功能有效发挥，编研并出版发行了 4 期农业科技绿皮书和《文化新村》，以《甘肃农业科技智库要报》形式向省委省政府报送戈壁农业、旱情趋势、应急灾情等咨询报告 13 份，新冠肺炎疫情发生后，开通农科热线，遴选 28 名专家全天候开展农情咨询服务，编印《应对新冠肺炎疫情甘肃农业技术 200 问》，确保疫情防控和春耕生产“两手抓、两不误”。

科技创新体系支撑产业发展强劲有力，2020 年联盟成员单位新上项目合计 200 余项，合同经费 2 亿多元。结题验收项目 134 项，登记省级科技成果 55 项。获国家科技进步奖二等奖 1 项（协作），省科技进步奖二等奖 7 项；以联盟为纽带，成功举办“第二届甘肃省农业科技成果推介会”，展示推介的 400 项科技成果、发布的 100 项重大农业科技成果受到社会广泛关注；成立科技成果孵化中心，8 家企业入驻开展成果转化活动，提升“陇字号”良种的社会效益和经济效益，推进“陇薯入藏”“陇薯出国”，全年成果转化总值超过 3 000 万元。

截至 2020 年年底，甘肃省农学会共有理事单位 62 家，理事 95 人，会员 5 000 余人。甘肃省农业科学院院长马忠明兼任甘肃省农学会会长职务。一年来，学会充分发挥智库优势，编辑出版《甘肃农业绿色发展研究报告》《甘肃农业现代化发展研究报告》，通过各种渠道上报咨询建议 6 期，完成“甘肃农业科技智库”建设工作，入库专家达到 58 家单位 438 人。新冠肺炎疫情发生后，开通农科热线咨询电话，组织专家学者开展多种形式的决策咨询活动。应对风雹灾害等强对流天气，第一时间撰写提交《关于减轻风雹灾害损失开展生产自救的建议》，被省委办公厅《甘肃信息决策参考》采用，体现了农业科技工作者的使命与担当；积极开展学术交流活动，成功举办第五届中国兰州科技成果博览会“都市农业可持续发展论坛”“一带一路与乡村振兴”论坛、“现代农业高质量论坛”“设施农业专家甘肃行”等大型学术活动，邀请罗锡文、李天来、赵春江等院士专家交流指导，深入农业生产一线考察调研，为甘肃产业发展出谋划策，受众近万人次；深入推进科学普及，依托农科馆，重点实验室、工程中心、农村试验站（点）等科普阵地，先后举办承办“试验站开放周”“重点实验室科普开放日”“种质资源科普开放日”“让民族团结之花处处绽放——‘民族团结一家亲走进农业科技馆’”等大型主题活动，累计接待参观 35 批、1 800多人次，得到了各级部门的肯定。农科馆被命名为甘肃省科普教育基地和兰州市科普基地；人才推荐培养力度持续加强，1 人被授予“全国先进工作者”荣誉称号，1 人被授予“全国三八红旗手”荣誉称号，1 人荣获“甘肃省三八红旗手”荣誉称号；1 人荣获“首届陇原最美科技工作者”荣誉称号，4 人获得“甘肃省青年科技人才托举工程”项目资助；积极组织开展项目申报工作，撰写项目申报书 50 余份次，“2020 年度省科协学会助力精准扶贫项目”等 9 个项目获得立项。

甘肃省植保学会积极开展项目申报工作，“区域内重大危害外来入侵物种调查监测与综合防控”“国家种子繁育基地（甘肃）检疫性有害生物监测调查与控制”获得农业农村部政府购买服务项目立项支持，到位经费 90 万元。2 人获得省科协青年托举人才项目立项支持。一年来，学会和理事单位积极主办、承办各类学术活动，积极参加国内外相关学术交流。举办了“智慧植保科技论坛”“全省农业植物有害生物监测与处置技术培训班”“绿色防控、减肥增效，制种玉米病虫害及水肥一体化管理专业化服务研讨会”等大型学术活动，积极开展学术交流，参加“中国植物保护学会 2020 年工作会议暨第七次常务理事会”“2020 年青海科技创新论坛”。发挥智库作用，撰写“加强我省制种产业外来入侵生物监测预警与防控工作”的咨询建议，报送省委、省政府供决策参考。为应对甘谷等地的强冰雹灾害天气，第一时间开展灾情调研，举办冰雹灾害挽救防治技术现场培训，开展救灾减灾工作。

甘肃省作物学会积极加强学术交流与合作，影响力进一步提升。举办甘肃省作物学会学术年会、全国旱作农业水土资源高效利用及全膜覆土穴播小麦学术会议、全国芝麻及特油作物产业发展暨学术研讨会等大型学术交流活动，邀请康绍忠、王汉中等院士专家来甘开展学术交流、调研考察。选派科研骨干到国际马铃薯中心、中国农业科学院、中国农业大学等国内外知名科研机构研修交流。发挥桥梁纽带作用，积极举荐人才，推荐 5 名青年科技人员为中国作物学会青年储备人才，1 名青年英才入选“伏羲杰出人才”计划。争取到 2 项甘肃省青年科技人才托举工程项目。先后组织申报神农中华农业科技奖 50 余项。

甘肃省土壤肥料学会举办“甘肃省土壤肥

料学会 2020 年学术年会”，邀请知名专家徐明岗研究员做了题为“我国土壤氮素演变特征与高效利用技术”的学术报告；为应对新冠肺炎影响，学会于 2 月 19 日向甘肃土壤肥料界发出倡议书，号召“防疫情、促生产、保春耕”，在省内产生了较大的反响；组织会员参加省科协举办的“科技为民、奋斗有我”为主题的全国科技者工作者日系列活动，在活动现场，学会副理事长崔增团研究员被授予“首届陇原最美科技工作者”荣誉称号，学会被授予科技志愿者服务队队旗。

甘肃省种子协会先后举办“马铃薯脱毒种薯检测”“胡麻、西瓜、甜瓜、米子谷子转基因成分检测”“种子生产、加工、贮藏及检验”“种子法及配套规章”等培训班 14 期，培训技术人员 500 多人次；产业交流不断加强，先后参加“2020 年加快现代种业发展培训”“中国种子协会种业国际人才培训”等活动，开阔会员视野；调研工作深入推进，针对甘肃省种业发展现状和趋势，先后开展了“种业发展情况”“种子生产加工制种机械应用情况”“全省马铃薯脱毒种薯全覆盖”“甘肃国家玉米制种基地调研”等专项调研，摸清了生产、建设和管理中存在的问题，提出了发展思路和对策；自身建设持续强化，积极发展新会员，进一步规范了协会管理和业务活动，厘清了行政机关与行业协会的职能边界，促进协会成为依法设立、自主办会、服务为本、治理规范、行为自律的行业组织。

全年，由各挂靠学术团体牵头组织召开大型学术交流活动 7 场，承办或协办国内、国际学术交流活动 15 次，累计受众达 1 万余人，参加国内各类学术会议、学术交流活动等 57 批，470 余人次，交流论文、学术报告 200 多篇，派员参加国内学术交流 120 余人次，邀请相关专家学者来甘肃省访问交流 40 余人次。

甘肃省农业科技创新联盟
第二届理事会组成人员名单

（2019年5月6日常务理事会通过）

理 事 长：马忠明

副理事长：赵兴绪　冉福祥　刘建勋
郭小俊　王合业　王义存
张春义

秘 书 长：郭天文

副秘书长：樊廷录　马心科

常务理事：（按姓氏笔画为序，23人）
马忠明　王义存　王合业
王　冲　牛济军　左小平
旦智才让　冉福祥　刘建勋
闫志斌　李全明　李建国
李　恺　张春义　张振科
张莲英　陈志叶　陈耀祥
赵兴绪　郭小俊　郭天文
程志国　焦堂国

理　　事：（按姓氏笔画为序，82人）
于良祖　马忠明　马海军
马麒龙　王　冲　王义存
王长明　王发林　王合业
王进荣　王志伟　王国祥
王育军　王俊凯　王晓巍
车宗贤　牛继军　文建水
左小平　旦智才让　冉福勇
冉福祥　白　滨　包旭宏
吕和平　吕裴斌　乔德华
刘建勋　刘振波　刘海平
闫志斌　关晓玲　杜永涛
李　恺　李大军　李全明
李幸泽　李国智　李明孝
李建国　李建科　杨天育
杨文雄　杨发荣　杨增新
何应文　何顺平　沈宝云
张　华　张红兵　张春义
张振科　张莲英　张健挺
张绪成　张辉元　陈　富
陈　馨　陈玉良　陈志叶
陈耀祥　林益民　罗天龙
罗俊杰　孟宪刚　赵兴绪
侯　健　高　宁　郭小俊
郭天文　郭志杰　容维中
曹　宏　曹万江　逯晓敏
韩登仑　程志国　焦国信
焦堂国　谢晓池　雷志辉
樊廷录

甘肃省科协农业学会联合体
主席团组成人员名单

（2017年12月25日选举产生）

主席团主席：
南志标　甘肃省农学会名誉会长

轮值主席：
吴建平　甘肃省农学会会长

成　　员：

魏胜文　甘肃省农学会副会长

杨祁峰　甘肃省农学会副会长

马忠明　甘肃省农学会副会长

贺春贵　甘肃省作物学会理事长

郁继华　甘肃省园艺学会理事长

李敏权　甘肃省植保学会理事长

执行秘书长：

郭天文　甘肃省土壤肥料学会理事长、甘肃省农学会秘书长

副 秘 书 长：

杨天育　甘肃省作物学会秘书长

颉建明　甘肃省园艺学会秘书长

郭致杰　甘肃省植保学会秘书长

吴立忠　甘肃省土壤肥料学会秘书长

张建平　甘肃省种子协会秘书长

甘肃省农学会第七届理事会
组成人员名单

（2016 年 11 月 1 日选举产生）

名誉会长：任继周　南志标

会　　长：马忠明

副 会 长：杨祁峰　魏胜文　吴建民　郁继华

秘 书 长：郭天文

副秘书长：丁连生　李　毅

常务理事：（排名不分先后）

杨祁峰　丁连生　李　福
于　轩　赵贵宾　崔增团
常　宏　吴建平　魏胜文
陈　明　马忠明　郭天文
车宗贤　王发林　王晓巍
樊廷录　张新瑞　吴建民
郁继华　李　毅　王化俊
师尚礼　韩舜愈　陈佰鸿
李敏骞　郭小俊　宋建荣
王宗胜　王义存　张振科
程志国

理　　事：（排名不分先后）

杨祁峰　丁连生　李　福
于　轩　常　宏　赵贵宾
崔增团　刘卫红　安世才
李向东　高兴明　韩天虎
李崇霄　杨东贵　张世文
贺奋义　吴建平　魏胜文
陈　明　马忠明　郭天文
展宗冰　吕和平　杨天育
杨文雄　樊廷录　罗俊杰
车宗贤　王晓巍　王发林
张新瑞　田世龙　杨发荣
白　滨　王国祥　王恒炜
吴建民　郁继华　李　毅
陈佰鸿　韩舜愈　师尚礼
陈　垣　李玲玲　王化俊
白江平　柴　强　柴守玺
孟亚雄　司怀军　杨德龙
冯德勤　赵多长　豆新社
宋朝辉　张法霖　马德敏
任建忠　郭小俊　文生辉
宋建荣　李中祥　付金元
王宗胜　王义存　张振科
张仲保　刘建勋　程志国

费彦俊　左小平　李永清
王三喜　李敏骞　李怀德
王忠亮　文建水　曹　宏
魏玉杰　杨孝列　田　斌
刘永刚　刘小平　龚成文
王世红　文国宏　张绪成
杨思存　王　鸿　郭致杰
颉敏华　苏永生　周　晶
陈　富　黄　铮

注：2020年4月24日，中共甘肃省委组织部组兼任字〔2020〕18号文件通知，马忠明同志兼任甘肃省农学会会长。

甘肃省植物保护学会第十届理事会组成人员名单

（2017年3月25日选举产生）

名誉理事长：南志标　蒲崇建　陈　明

理　事　长：李敏权

副 理 事 长：李春杰　刘卫红　刘长仲
张新瑞　徐秉良　陈　琳

秘　书　长：郭致杰

常 务 理 事：（排名不分先后）
李敏权　李春杰　刘卫红
刘长仲　张新瑞　徐秉良
陈　琳　郭致杰　金社林
罗进仓　姜红霞　陈　臻
王森山　杨成德　李彦忠
王军平　运　虎　王安士
沈　彤

理　　　事：（排名不分先后）
马如虎　王安士　王作慰
王森山　王军平　文朝慧
吕和平　任宝仓　刘大化
刘卫红　刘长仲　许国成
孙新纹　运　虎　李　虹
李金章　李春杰　李彦忠
李继平　李晨歌　李敏权
李惠霞　李锦龙　杨成德
杨宝生　何士剑　张　波
张建朝　张晶东　张新瑞
沈　彤　陈　琳　陈　臻
陈广泉　陈杰新　罗进仓
岳德成　金社林　郑　荣
胡冠芳　段廷玉　姜红霞
费彦俊　袁明龙　贾西灵
徐生海　徐秉良　高　强
郭致杰　康天兰　谢　谦
强维秀　魏周全

甘肃省作物学会第八届理事会组成人员名单

（2016年11月1日选举产生）

理 事 长：贺春贵

副理事长：李　福　常　宏　赵贵宾

杨文雄　白江平　刘建勋
闫治斌
秘 书 长：杨天育
副秘书长：司怀军　李向东　展宗冰
常务理事：（排名不分先后）
贺春贵　李　福　常　宏
赵贵宾　杨文雄　白江平
刘建勋　闫治斌　杨天育
司怀军　李向东　展宗冰
罗俊杰　吕和平　王国祥
杨发荣　白　滨　张仲保
付金元　李永清　赵振宁
王三喜　左小平　曹　宏
张想平　何景全　乔喜红
理　　事：（排名不分先后）
李　福　常　宏　赵贵宾
李向东　白江平　柴　强
司怀军　杨德龙　郭小俊
赵振宁　逯文生　付金元
王宗胜　王义存　张　明
张仲保　刘建勋　程志国
左小平　李永清　郭青范
王三喜　李怀德　曹　宏
张想平　何景全　闫治斌
张　德　何小谦　乔喜红
刘小平　贺春贵　展宗冰
杨天育　张正英　张建平
杨文雄　吕和平　樊廷录
罗俊杰　王晓巍　杨发荣
白　滨　王国祥　田世龙
苏永生　侯　栋　龚成文
文国宏　张绪成　车　卓
文生辉　肖正璐　潘水站
马　宁　王林成　宋世斌
鲁光伟　黄　铮　何继红
寇思荣　祁旭升　何海军
卯旭辉　庞进平　冯克云
赵　利　杨晓明　葛玉彬
杜久元　鲁清林　王世红
杨芳萍　张俊儒　刘效华
李　掌　张　武　陆立银
齐恩芳　李高峰　王兰兰
邵景成　张桂香　杨永岗
张国宏　何宝林　李兴茂
李尚中　倪胜利　吕迎春
周　晶

甘肃省土壤肥料学会第十届理事会组成人员名单

（2018年5月28日选举产生）

理 事 长：车宗贤
副理事长：崔增团（常务）　郭天文
张仁陟　张建明　白　滨
刘学录
秘 书 长：杨思存
常务理事：（排名不分先后）
车宗贤　崔增团　郭天文
张仁陟　张建明　白　滨
刘学录　杨思存　刘　健
吴立忠　蔡立群　邱慧珍
段争虎　李小刚　樊廷录
胡燕凌　谢晓华　周　拓

吴湘宏　王　方　柴　强
张绪成　郭晓冬　牛济军

理　　事：（排名不分先后）

车宗贤　崔增团　郭天文
张仁陟　张建明　白　滨
刘学录　杨思存　刘　健
吴立忠　蔡立群　邱慧珍
段争虎　李小刚　樊廷录
胡燕凌　谢晓华　周　拓
吴湘宏　王　方　柴　强
张绪成　郭晓冬　牛济军
黄　涛　武翻江　罗珠珠
张杰武　金社林　段廷玉
陈志叶　李志军　吕　彪
包兴国　顿志恒　马明生
张平良　张　环　苏永中
南忠仁　毛　涛　刘建勋
胡秉安　冯　涛　李国山
关佑君　杨志奇　李晓宏
赵宝勰　张　鹏　李效文
马　宁　秦志前　丁宁平
王鹏昭　刘大化　戚瑞生
王平生　何士剑　费彦俊
王泽林　胡梦珺　展争艳
张恩辰　方三叶　冯克敏

甘肃省种子协会第八届理事会组成人员名单

（2018 年 9 月 26 日选举产生）

理 事 长：张建平

副理事长：（以姓氏笔画为序）

白江平　李会文　李忠仁
张绍平　陆登义　周爱兰
贾生活

秘 书 长：田　斌

副秘书长：展宗冰　赵　玮

常务理事：（以姓氏笔画为序）

马　彦　王　伟　王国祥
文国宏　卯旭辉　冯克云
李明生　何海军　罗志刚
周玉乾　庞进平　侯　栋
贾天荣　徐思彦　陶兴林
寇思荣

理　　事：（以姓氏笔画为序）

马丽英　马俊邦　马　彦
王　婷　王小平　王永军
王西和　王　伟　王多成
王佐伟　王国祥　王和平
车天忠　水建兵　文国宏
方　霞　白江平　卯旭辉
冯克云　冯　海　乔喜红
刘万军　刘克禄　刘艳霞
孙亚钦　杜彦斌　李万仓
李立勇　李有红　李会文
李明生　李忠仁　李荣森
李　恺　李森堂　杨东恒
杨海平　杨新俊　杨德润
肖立兵　肖必祥　吴义兵
何小谦　何　文　何海军
何雁龄　张志年　张建平
张绍平　张俊全　陆登义

陈卫国　陈永明　陈作兴　胡志坚　侯　栋　骆世明
陈顺军　陈淑桂　陈锦花　袁　森　贾天荣　贾生活
武怀宁　范会民　林永康　贾永祥　贾建文　夏学礼
罗志刚　罗积军　罗耀文　徐思彦　徐博鸿　陶立新
周玉乾　周建国　周爱兰　陶兴林　寇思荣　董克勇
庞进平　赵康定　郝　铠　谢新学　薛兴明

六、党的建设与纪检监察

党建工作概况

2020年，面对新冠肺炎疫情的严峻考验和脱贫攻坚的决战大考，在省委、省政府的正确领导下，甘肃省农业科学院党委团结带领全院干部职工，以习近平新时代中国特色社会主义思想为指导，深入学习贯彻党的十九大，十九届二中、三中、四中、五中全会精神及习近平总书记对甘肃重要讲话和指示精神，扎实做好“六稳”工作，全面落实“六保”任务，围绕全省脱贫攻坚和农业农村工作的总体部署，统筹推进科技创新和成果转化，全面加强能力建设和管理服务，圆满完成了年度工作任务，实现了“十三五”圆满收官，为顺利开启“十四五”工作打下了坚实基础。

一、抓住思想政治建设“定盘星”，始终把牢正确政治方向

院党委始终坚持以党的政治建设为统揽，把牢政治方向，提升政治能力，确保在政治上、思想上、行动上同以习近平同志为核心的党中央保持高度一致。从严落实政治责任，制定“三重一大”事项议事决策规则，严格执行重大事项请示报告制度，定期按时向省委专题报告院党委落实意识形态、网络安全、保密工作、风险防范等工作情况，每季度按期向省委考核办报告院领导班子及成员重点工作完成情况。强化理论武装，坚持把学习贯彻习近平新时代中国特色社会主义思想作为根本任务，制定《党委理论学习中心组2020年度学习计划》，把习近平新时代中国特色社会主义思想和习近平总书记最新讲话指示作为党委会议、党委理论学习中心组学习的首学内容和第一议题，采取集体学习和个人自学相结合、集中培训和研讨交流相结合的模式，持续固本培元、凝神铸魂，教育引导各级党组织和广大党员干部增强理论素养、夯实思想根基，不断提高真信笃行、知行合一的意志和能力，全年组织党委专题学习会议19次、党委理论学习中心组学习12次。坚持把不忘初心、牢记使命作为党的建设的永恒课题，召开“不忘初心、牢记使命”主题教育总结会议，完成主题教育整改落实“回头看”，常态化开展理想信念教育和党性教育，教育引导广大党员干部和科技人员，自觉树牢“科研为民”导向、肩负“科技强国”使命，以“四个面向”为统领，投身创新驱动、科教兴国、人才强国、乡村振兴战略实施。坚持政治立身，突出以上率下，院领导班子成员认真落实上讲台制度，带头宣讲党的十九届四中、五中全会精神，交流心得体会、研讨发展思路，并结合工作实际到所在党支部、党建工作联系点、分管部门和联系单位，以上党课、谈心得等形式促进学习的引领与互动，以“关键少数”的“头雁效应”激发“绝大多数”的“群雁活力”。突出抓好党的十九届五中全会精神的学习贯彻，举办全院学习贯彻党的十九届五中全会精神研讨培训班，对全院县处级领导干部和党组织负责人进行全覆盖

培训，为全院立足新发展阶段、贯彻新发展理念、融入新发展，全面做好“十三五”总结收官，谋划“十四五”发展开好局、起好步奠定了坚实的思想政治基础。全年征订《习近平谈治国理政（第三卷）》《党的十九届五中全会〈建议〉学习辅导百问》《习近平关于力戒形式主义官僚主义重要论述选编》等学习资料1 000余册，带动各级党组织和领导干部加强学习。

二、织密筑牢联防联控“安全线”，坚决打赢疫情防控阻击战

新冠肺炎疫情发生以来，院党委把职工生命安全和身体健康放在第一位，以“疫情就是命令、防控就是责任”的政治高度，坚决贯彻“坚定信心、同舟共济、科学防治、精准施策”的总要求，筑牢联防联控防线，统筹推进疫情防控和中心工作，坚决打赢打好疫情防控阻击战。强化组织领导，新冠肺炎疫情刚发生，启动甘肃省农业科学院突发公共卫生事件应急预案，成立疫情防控工作领导小组，修订《甘肃省农业科学院突发公共卫生事件应急预案》，制定《关于做好返岗上班后全院疫情防控工作的安排》，层层落实防控责任。做实联防联控、群防群控，紧紧抓住治理体系能力提升这一关键，守住院门、盯住职工，外防输入、内防扩散，以疫情日报告和零报告制度掌握全院疫情防控动态，以工作督查形式确保防控措施落实落细，以疫情防控信息系统统筹全院职工考勤和健康状态监管，以拉网式排查确保疫情防控无盲区，以地毯式消杀确保重点密集区域消毒全覆盖，织密织牢疫情防控网格。统筹抓好疫情防控和各项工作，积极推动复工复研复产，努力克服疫情给脱贫攻坚带来的挑战和影响，及时开通“7615000”农科热线，编印《应对新型冠状病毒肺炎疫情甘肃农业技术200问》技术资料，结合信息手段开展远程培训和技术服务，指导贫困户解决疫情期间的农业生产问题。充分发挥党组织和党员在疫情防控中的作用，组织动员全院各级党组织和广大党员，把投身疫情防控一线作为践行初心使命、体现责任担当的试金石和磨刀石，认真坚守“省农科院疫情防控党员模范先锋岗”，扎实做好轮流值守，踊跃捐款支持防疫，全院党员累计捐款8.92万元，各级党组织和广大共产党员用实际行动让“党旗在疫情防控第一线高高飘扬”。

三、决战决胜脱贫攻坚“主战场”，坚决攻克最后贫困堡垒

院党委坚持把脱贫攻坚作为最大政治、最大任务和最大责任，举全院之力决战决胜脱贫攻坚，以总攻姿态打赢深度贫困歼灭战和全面小康收官战。严格落实决战决胜政治责任，制定《省农科院2020年脱贫攻坚帮扶工作要点》《省农科院脱贫攻坚挂牌督战实施方案》，组织全院帮扶责任人参加“全省脱贫攻坚帮扶工作网络培训”，院党政主要领导带头履行督战责任，带领110名帮扶责任人，先后4轮（次）深入贫困村，扎实落实“一户一策”“3＋1”冲刺清零等帮扶举措，积极帮助贫困群众复工复产，坚决攻克最后贫困堡垒。狠抓脱贫攻坚反馈问题整改，严格落实《甘肃省脱贫攻坚回头看排查问题整改方案》，举一反三开展自查，从严制定整改措施，全面抓好整改落实。加强驻村帮扶干部管理，严格落实“摘帽不摘责任”的要求，督促驻村帮扶工作队员落实“六项制度”、发挥“六大员”作用，安排100万元专项资金用于驻村帮扶工作运转，为驻村帮扶工作队员足额发放驻村补助津贴、安排健康体检、购买人身意外伤害保险，对2015年以

来驻村帮扶工作表现突出的5名干部予以提拔使用。加强科技培训，围绕全省乡村振兴工作任务，组织承办了省一级干部教育培训项目《全省乡村振兴专题培训班》培训工作，进一步发挥科技利器，助推乡村振兴战略实施。全年向29个贫困村派出科技人员进行技术咨询指导，开展技术培训100场次，培训农户及技术人员6 000余人次，带动发展合作社14个。大力开展产业扶贫，紧紧围绕“种好铁杆庄稼、增加牛羊养殖”“良种全配套、饲草全优质、牛羊全增效”的产业培育目标，结合方山乡新型产业培育计划，在4个帮扶村投入科技成果转化项目资金187万元，调整农业种植结构，基本建立起全膜粮食、马铃薯、畜草养殖、大棚蔬菜、小杂粮等产业框架，使产业经营收入提高15%以上，培育的早熟马铃薯亩收入达3 000元以上。抓党建促决战脱贫攻坚，院属研究所党组织与贫困村党支部积极结对帮扶，动员广大职工购买贫困村和农户土特产品，开展消费扶贫，助力贫困村和农户增收，为全面打赢脱贫攻坚战作出积极贡献。2020年，省农科院帮扶的方山乡贾山、关山、王湾和张大湾4个村，共计减贫66户229人，实现贫困户全部脱贫、贫困村全部退出。

四、增强科技创新“驱动力”，支撑产业发展能力持续提升

院党委强化政治引领，认真落实党中央、国务院和省委、省政府对农业科技工作的宏观要求，加强科研工作的统筹谋划，重视在研项目过程管理，突出成果转化和推广应用，科研成果产出和服务生产实际需求的能力进一步提高。一是科研成果硕果累累。全年新上项目120余项，合同经费1.7亿元，到位经费1.6亿元，均创历史新高。结题验收项目96项，登记省级科技成果50项。获国家科技进步奖二等奖1项（协作），省科技进步奖二等奖7项、三等奖5项，省农牧渔业丰收奖7项；授权国家发明专利23项，实用新型专利、外观设计专利及软件著作权75项，品种保护权5项；制定技术标准20项；发表学术论文379篇，出版专著7部。二是科技创新成效显著。加强种质创制和新品种选育，完善了快速育种与表型育种技术体系，进一步做强了种业“芯片”；集成创新了一批关键核心技术，有力支撑全省粮食生产、寒旱农业发展和“甘味”农产品品牌建设。三是成果转化多点开花。成功举办“第二届甘肃省农业科技成果推介会”，以线上线下相结合，展示推介400项科技成果，发布100项重大农业科技成果；成立科技成果孵化中心，8家企业入驻开展成果转化活动；积极推进“陇薯入藏”“陇薯出国”，提升“陇字号”良种的社会效益和经济效益。全年签订成果转化合同378项，成果转化收益达2 900万元。四是平台基础不断夯实。全年共争取科研基础条件建设经费近1亿元，实现了历史性突破。5个国家农业科学试验站和1个油料作物学科群试验站批复建设，国拨到位资金7 300万元，位居全国省级农科院前列。1万平方米的“西北种质资源保存与创新利用中心”项目顺利开工建设。新建省级农业信息化科技平台3个、省级工程研究中心1个。五是合作交流纵深推进。“中以友好创新绿色农业交流示范基地”“国家引才引智示范基地”落户省农科院，与俄罗斯圣彼得堡国立农业大学签署合作协议，与联合国粮农组织就全球新发展背景下作物生产力提升、采后贮藏与加工、粮食安全和用水管理等方面开展合作。积极推进科普阵地建设，农业科技馆先后被命名为省、市两级科普基地。六是管理服务更加务

实。按期完成了主要领导经济责任审计问题第一阶段整改任务，积极开展法律咨询，加强预算绩效目标管理，加快制度“废改立”步伐，制定出台了“三重一大”事项议事决策、县（处）级领导人员管理、工作人员考核、绩效工资及奖励性绩效工资发放、科技成果转化贡献奖奖励、科技成果转化、科研副产品管理、合同管理等方面的制度，修订了知识产权保护和基本建设项目管理办法，不断推进全院制度一体化、管理一盘棋。七是职工福祉持续增进。启动实施了配电室改造、旧招待所楼维修、东大门维修等工程项目，协调通信及广电公司对院区架空线缆进行入地改造，启用地下车库，推进旧楼电梯加装工程，显著改善了院容院貌。完成 17～20 号住宅楼工程决算，积极筹措资金清退职工集资款，为新入职人员分配住房，引进了居仁堂诊所，开展购买互助保险、夏送清凉、金秋助学、发放生日蛋糕卡和春节慰问送温暖等活动，增强全院职工幸福感。八是智库作用充分发挥。紧紧围绕全省六大特色产业、脱贫攻坚、乡村振兴等，组织专家认真调研分析，向省委、省政府报送了一批高质量的智库信息。充分发挥老专家作用，省老科协农科分会组织专家团队赴陇南、定西调研道地中药材发展，向有关部门报送了高质量的调研报告。农业科技绿皮书《甘肃农业改革开放研究报告》完成编研任务，进入出版程序。全年提交产业调研和建议报告 6 份，其中 3 份被采用，共报送“智库要报”7 期。

五、牵住党建工作责任“牛鼻子”，着力提升党建引领能力

院党委把抓好党的建设作为最大责任，深入贯彻新时代党的建设总要求和新时代党的组织路线，以党的政治建设为统领，统筹推进党的建设各项工作。把抓基层、打基础摆在更加突出的位置，靠实基层党建工作责任制，持续深入推进党支部建设标准化，依托“甘肃党建”平台，加强支部活动的在线组织和上级组织的在线管理，建立分级赋权、定期督查、及时提醒工作机制，通过线上线下结合，促进基层党支部组织生活规范、党建质量提高。着力在落实组织生活制度上下功夫，认真贯彻全省严格落实党组织生活制度约谈会议精神，召开专题会议对 27 个院属单位党组织负责人进行集体约谈，党委主要负责同志在“甘肃党建”平台亲自督办落实组织生活制度后进的党组织，以约谈和督办推动问题整改和组织生活质量提高。建立院党委班子成员党支部建设工作联系点制度，每名院党委委员联系 3～4 个党支部，6 名党委成员共建立 19 个党支部联系点，按照每年撰写 1 篇调研报告、每季度开展 1 次工作指导、每半年参加 1 次主题党日活动、每年讲 1 次专题党课、每年至少解决 1～2 个突出问题等五个方面的“规定动作”，以点扩面带动全院党支部建设提档升级。加强党内法规执行，制定《院党委贯彻〈中国共产党党内法规执行责任制规定（试行）〉实施办法》，明确党内制度执行责任清单 158 条，确保党内法规在全院贯彻执行。压实基层党建工作责任，扎实开展党组织书记述职评议，举办“党务干部业务能力提升专题培训班”，督促指导 8 个党总支、支部按期完成换届选举。加强党员教育管理，扎实开展党员信教和涉黑涉恶问题专项整治，把 300 元/（人・年）的党员教育经费列入财政预算，全年有计划发展党员 3 名。树立全域党建理念，与安宁区委签订城市基层党建联盟共建协议，以党建为统领服务地方经济发展。在建党 99 周年之际，全院评选表彰 15 个“先进基层党组织”、15 名“优

秀党务工作者”和33名“优秀共产党员”。

六、打好干部选育管用“组合拳”，加强领导干部队伍建设

院党委立足全院各项事业长远发展，围绕打造忠诚干净担当的高素质干部队伍，统筹做好选育管用各项工作，全面推进领导班子和干部队伍素质过硬。加强干部选拔任用，坚持新时代好干部标准，把政治素质放在第一位，树立正确的选人用人导向，从全院事业薪火相传的战略高度，着眼“十四五”乃至到2035年的长期发展需要，遵循干部成长规律，突出治理体系和治理能力提升，制定《县（处）级领导人员管理实施办法》，大力选拔任用敢担当、善作为、实绩突出的干部，大力推进干部队伍年轻化，优化队伍结构，激励担当作为，为保证全院长期持续稳定健康发展提供充足的接续队伍。在深入扎实开展全院干部工作大调研的基础上，共提拔任用干部31人、平职交流任职24人，18名院中层干部自愿退出管理岗位，专心从事专业技术工作，以实际行动支持干部队伍年轻化，县处级领导人员平均年龄下降5岁，结构进一步优化，试验场班子按照机构设置要求配备到位；加强干部教育培训，举办县处级以上领导干部学习贯彻党的十九届五中全会精神研讨培训班，选派8名领导干部参加省委党校、行政学院、甘肃省科技厅、甘肃农业大学进修学习，通过多层次、全覆盖的政治学习，进一步提升了各级干部的政治素养和工作能力；加强干部管理，完成了2019年度县处级领导班子和领导人员科学发展业绩考核并兑现了考核奖惩，院党政主要负责同志聚焦全面从严管党治党，聚焦抓实主业主责，对院属机关处室、研究所、试验场等28个单位69名领导人员开展了提醒谈话和工作约谈；加强干部监督，严格规范领导干部兼职社团职务行为，完成县处级以上领导干部个人有关事项报告填报，扎实落实领导干部个人有关事项报告专项整治和干部人事档案专项清查。

七、增强人才队伍建设“新动能”，人才队伍结构更趋优化

院党委把人才作为最大的资本资源和实力保障，持续强化人才强院战略，努力盘活人才资源，优化人才成长环境，加大中青年科技人才培养力度，全面推进引才、育才、用才各项工作，为全院事业发展提供强大人才动能。加强人才岗位培养，加大院列创新专项对博士及中青年科技人才的资助力度，投入经费500万元对遴选的34个项目给予支持；争取到省级重点人才项目等3项，总经费205万元；积极做好人才推荐选拔，1人入选省拔尖人才，1人入选省优专家；1名省领军人才考核优秀，2人进入省领军人才队伍；9人参加了省级专家服务团活动，5人参加了全省高层次专家国情研修班，一批优秀人才获得国家、部委及省主管部门的表彰。积极引进紧缺人才，先后完成2批次公开招聘，引进博士3名、硕士7名、本科生6人，为新引进博士给予50万元科研启动费，以成本价出租公租房各1套。大力激发创新创业活力，落实人才相关待遇，积极同省职改办联系沟通，为10人通过特殊人才通道评定了职称，其中正高级8名、副高级2名；正常评审晋升正高级2名、副高级15名、中级16名；为全院95名专家和高层次人才申请办理了“陇原人才服务卡”。

八、占领意识形态工作“主阵地”，着力加强宣传文化建设

院党委认真履行意识形态工作责任制主体

责任，牢牢掌握意识形态工作的领导权、管理权、话语权，自觉践行“举旗帜、聚民心、育新人、兴文化、展形象”的使命任务，加强对信息和网络安全工作的管理监督，大力推进宣传思想工作理念创新、内容创新、手段创新。严格落实意识形态工作责任制，始终突出重大理论与实践课题解读阐释、强化思想理论阵地和队伍管理，始终坚持正确学术导向、把全面从严治党不断引向深入，将意识形态工作与中心工作一起谋划、一起部署、一起落实、一起考核，确保意识形态主阵地、主战场作用得到有效发挥。严格院局域网和微信公众号消息发布审核程序，扎实开展移动互联网应用程序和网络工作群规范整治，强化对期刊、网站、专栏、橱窗、微信公众号的管理，抓好全院通讯报道员和网评员队伍管理，旗帜鲜明地坚持党管宣传、党管意识形态。开通甘肃省农业科学院微信公众号，发挥院局域网、宣传栏的宣传主渠道作用，精心组织党的十九届四中全会、五中全会等重大主题宣传，开辟专栏宣传疫情防控、“七五”普法、“全国宪法日”活动等重大工作。组织开展了“绽放新风采，魅力农科院”抖音短视频系列比赛，充分运用新媒体平台优势，宣传展示全院专家风采、院容院貌。全年在院部更换宣传橱窗 13 期共 164 幅，在局域网审核上传新闻信息 700 多条。先后组织了农业科技成果推介展示暨转移转化签约专题宣传、半年工作总结系列宣传、第二届农业科技成果推介会专题宣传等大型活动的宣传报道，特别是首次以省政府新闻办公室名义召开第二届甘肃省农业科技成果推介会新闻发布会，集中宣传推介新品种、新技术、新产品、新装备、新服务等科技成果 400 项，发布具有前沿性、标志性的重大农业科技成果 100 项，进一步提升了社会影响力。积极与中央在甘媒体和省内各大媒体沟通联系，加大对新品种、新技术的宣传，注重典型人物先进事迹的宣传，全年在人民网、新华网、《农民日报》、中国新闻网、甘肃卫视、《甘肃日报》《甘肃经济报》等新闻媒体刊登新闻报道 150 余篇。

九、筑牢从严管党治党“压舱石”，营造风清气正良好氛围

院党委认真落实全面从严管党治党主体责任，强化源头治理、规范制度保障，廉政建设成效良好，发展氛围风清气正。强化压力传导，年初召开 2020 年度全面从严治党和党风廉政建设工作会议，院党委和 28 个院属单位（部门）党政主要领导签订了《2020 年度全面从严治党和党风廉政建设责任书》。落实廉政约谈制度，院党政主要领导对院属各单位（部门）领导干部廉政提醒约谈达到全覆盖，警示效果明显。深化监督管理，综合运用监督执纪“四种形态”，本着“惩前毖后，治病救人”的原则，全年对 2 名党员给予党纪处分，对 2 个单位领导班子通报批评，诫勉谈话、批评教育，警示提醒约谈 20 多人次；对群众反映和驻厅纪检监察组转办的有关问题线索，认真开展核实和处置，全年核实问题线索 6 件，了结 6 件。强化日常监督，紧盯专项经济责任审计整改开展监督，针对审计整改不到位、不彻底的问题，结合省审计厅对院主要领导任中、任期经济责任审计决定，对院属 18 个法人单位提出纪检建议并约谈反馈，促进各单位财务管理更加规范；深入开展作风建设年活动，集中整治形式主义、官僚主义，2020 年党委发文较 2019 年减幅 26.7%，行政发文较 2019 年减幅 34.7%，精文简会效果明显，基层干部“轻装上阵”；深入帮扶村实地开展脱贫攻坚专项监督，检查驻村帮扶工作队作风、扶贫项目

资金使用及科技扶贫完成质量、扶贫政策落实等情况。充分利用党内巡视巡察利剑，大力推进科研政治生态建设，组建2个巡察组对院属党办人事、纪检监察、科研财务部门和2个研究所开展为期3个月的深化科技领域突出问题集中整治专项巡察，切实发现问题、形成震慑，推动突出问题有效解决。加强廉政教育，坚持在“元旦”“五一”“端午”“国庆”“中秋”等重要节点发送廉政信息，提醒引导广大党员干部坚持道德底线，守住纪律底线，筑牢拒腐防变的思想防线；督促院属单位认真贯彻中央和省委“过紧日子”的要求，严查“四风”隐形变异问题，教育引导党员干部和科技人员恪守廉洁纪律。

十、彰显统战群团组织“凝聚力”，广泛汇聚强大发展合力

院党委认真贯彻落实习近平新时代中国特色社会主义思想对统战、群团工作的新要求，不断强化教育引导，做好政治引领、政治吸纳工作，充分发挥统战、群团组织在营造和谐、凝心聚力中的独特作用，为全院各项事业发展奠定强有力的群众基础。强化对各民主党派和党外知识分子的政治引领，继续开展“不忘合作初心、继续携手前进”活动，深入开展民族团结进步宣传月活动，指导知联会发挥推动科技创新、促进科学民主决策、参与脱贫攻坚等方面的作用，知联会召开学习贯彻党的十九届五中全会精神座谈会，用党的创新理论凝聚起实现宏伟目标的最大共识；认真落实党委联系服务专家制度，将退出领导岗位人员纳入院领导班子成员联系服务专家名单，保障联系专家相关待遇、支持联系专家建言献策。充分发挥群团组织的生力军作用，成功举办第四届文化艺术节，在元旦、三八、五四和国庆期间组织开展各类研讨座谈、才艺比拼活动，引导广大干部职工弘扬农科精神、砥砺强国之志；选派职工参加“省直机关干部职工健身气功—八段锦”比赛，荣获团体三等奖；组织职工参加省直机关工委、妇工委举办的“最美家庭”活动，2名同志家庭荣获全省“最美家庭”荣誉称号；持续开展购买互助保险、金秋助学、发放生日蛋糕卡和春节慰问送温暖活动。在学雷锋日、国际环境日、保护母亲河日等节点，积极组织青年开展志愿服务活动，助力兰州市创建全国文明城市。一年来，1人荣获“全国先进工作者”、1人荣获“全国三八红旗手”、1人荣获甘肃省五一劳动奖，1个集体获创新型班组、1个集体示范性创新工作室。严格落实老干部“三项建设”和各项待遇，扎实推进老干部工作规范化、信息化、便捷化，新建开办门球场，办好老年大学农科院分校，支持老科协农科分校发挥作用，鼓励退休人员发挥余热。完成“平安甘肃”建设年终检查，认真开展民法典、国家宪法日等系列教育活动，顺利通过“七五”普法终期检查验收，扎实落实精神文明创建任务，积极配合兰州市创建全国文明城市工作。

党委成员党支部建设工作联系点

为认真贯彻习近平总书记关于加强基层党建工作的重要指示精神，严格执行《中国共产党支部工作条例（试行）》《党委（党组）落实全面从严治党主体责任规定》，全面落实省

委组织部《2020 年全省基层党建工作重点任务清单》及院党委《2020 年党的建设工作要点》任务，经 2020 年 6 月 3 日院党委会议研究，确定了院党委班子成员党支部建设工作联系点，院党委成员将定期了解联系点党支部工作情况，指导推进党支部建设标准化工作，参加并指导联系点党支部“三会一课”、主题党日等组织生活。具体党支部建设工作联系点如下：

党委书记魏胜文：联系小麦研究所春小麦研究室党支部、农业经济与信息研究所图书与信息党支部、张掖试验场机关党支部、院机关离退休人员党支部。

党委委员、副院长李敏权：联系马铃薯研究所研究室党支部、生物技术研究所研究室党支部、农产品贮藏加工研究所研究组党支部。

党委委员、副院长贺春贵：联系作物研究所小宗粮豆党支部、畜草与绿色农业研究所研究室党支部、农业质量标准与检测技术研究所检测中心党支部。

党委委员、副院长宗瑞谦：联系林果花卉研究所机关党支部、旱地农业研究所定西实验站党支部、后勤服务中心机关党支部。

党委委员、纪委书记陈静：联系植物保护研究所科研党支部、土壤肥料与节水农业研究所机关党支部、榆中园艺试验场生产党支部。

党委委员、党办主任汪建国：联系蔬菜研究所栽培组党支部、经济作物与啤酒原料研究所啤酒原料研究组党支部、黄羊试验场党支部。

院党委理论学习中心组 2020 年第一次学习（扩大）会议

1 月 10 日，甘肃省农业科学院召开党委理论学习中心组 2020 年第一次学习（扩大）会议。院党委书记魏胜文主持会议。会议专题学习习近平总书记发表的 2020 年新年贺词、习近平在“不忘初心、牢记使命”主题教育总结大会上的讲话、中宣部《党委理论中心组学习参考》重点文章。会议传达中共中央政治局“不忘初心、牢记使命”专题民主生活会精神、中央经济工作会议精神、中央财经委第六次会议精神、省委十三届十一次全会暨省委经济工作会议等精神。

会议指出，习近平总书记的新年贺词真诚质朴、饱含深情、催人奋进，全面总结了一年来我国经济社会发展取得的辉煌成就，科学分析了面临的机遇和挑战，是指导我们做好全年工作、决胜全面小康的行动指南和根本遵循。

会议指出，习近平总书记从新时代党和国家事业发展的全局和战略高度，总结主题教育取得的成效和成功经验，对巩固拓展主题教育成果，不断深化党的自我革命，持续推动全党不忘初心、牢记使命作出部署。习近平总书记的重要讲话立意高远、视野宏大、思想深邃、内涵丰富，体现了新时代中国共产党人恪守党的性质宗旨的高度自觉，表明了推进党的自我革命、牢记初心使命的鲜明态度，彰显了我们党永葆先进性和纯洁性的坚定决心，具有很强的政治性、思想性、理论性、指导性。

会议认为，中共中央政治局召开的“不忘初心、牢记使命”专题民主生活会，为全党树立了标杆、做出了表率、提供了示范。习近平总书记在会上发表的重要讲话，具有很强的政治性、思想性、针对性、指导性，是引领我们党坚守初心使命、走好新时代长征路的根本遵循，必须认真学习领会，切实抓好贯彻落实。

会议要求，全院各级党组织要把学习贯彻习近平总书记在“不忘初心、牢记使命”主题教育总结大会上的重要讲话精神作为当前的一项重要政治任务抓紧抓好。要安排专门时间集中学习讨论，组织广大党员、干部专题学习，全面领会讲话的精神实质和工作要求，自觉把思想和行动统一到讲话精神上来，不断增强“四个意识”、坚定“四个自信”、做到“两个维护”。

会议指出，习近平总书记在中央经济工作会议上的重要讲话，立足国内、放眼国际，立足当前、着眼长远，总结 2019 年经济工作，分析当前经济形势，部署 2020 年经济工作，具有极强的战略性、指导性和针对性，充分体现了以习近平同志为核心的党中央高瞻远瞩、审时度势的非凡智慧和战略远见，为做好当前和今后一段时期经济工作提供了科学指南，为进一步做好税收工作指明了方向、提供了遵循。李克强总理在讲话中总结了今年的经济工作，对明年经济工作做出了具体部署。我们要坚持把学习领会会议精神贯穿经济工作全过程，准确把握精髓，自觉把思想和行动统一到中央决策部署上来。

会议强调，省委十三届十一次全会暨省委经济工作会议是全省贯彻落实党的十九届四中全会和中央经济工作会议精神召开的一次重要会议。会议做出的《中共甘肃省委贯彻落实〈中共中央关于坚持和完善中国特色社会主义制度推进国家治理体系和治理能力现代化若干重大问题的决定〉的实施意见》是全省深入学习贯彻党的十九届四中全会精神，全面落实全会《决定》和习近平总书记重要讲话精神，紧密结合甘肃实际做出的具体安排。省委书记林铎代表省委常委会做的工作报告和重要讲话，对贯彻落实党的十九届四中全会精神、中央经济工作会议精神、做好明年各项工作提出明确要求，为推动全省经济高质量发展指明了方向、提供了遵循，对于坚定信心、凝聚共识，确保全面建成小康社会和“十三五”规划圆满收官，具有重大而深远的意义。省委副书记、省长唐仁健就《实施意见》做说明，对明年经济工作做出具体部署，为全院做好今年的工作指明了方向。

院党委理论学习中心组 2020 年第二次学习（扩大）会议

2 月 14 日，甘肃省农业科学院党委召开理论学习中心组 2020 年第二次学习（扩大）会议。会议专题传达学习习近平总书记 1 月 20 日对新型冠状病毒感染的肺炎疫情做出的重要指示精神，习近平总书记 1 月 25 日、2 月 3 日、2 月 12 日在主持中央政治局常务委员会上的重要讲话精神，习近平总书记 2 月 5 日在中央全面依法治国委员会第三次会议上的重要讲话精神以及中共中央印发《关于加强党的领导、为打赢疫情防控阻击战提供坚强政治保证的通知》精神。

会议指出，疫情发生以来，党中央高度重

视，习近平总书记亲自指挥、亲自部署。习近平总书记对新型冠状病毒感染的肺炎疫情做重要指示时强调，要把人民群众生命安全和身体健康放在第一位，坚决遏制疫情蔓延势头。习近平总书记三次主持召开中央政治局常委会会议，听取情况，分析形式，研究加强疫情防控工作，充分彰显了以习近平同志为核心的党中央对人民生命安全和身体健康高度负责的责任担当和为民情怀，为万众一心坚决打赢疫情防控阻击战注入了强大信心和动力。

会议指出，疫情就是命令，防控就是责任。新冠肺炎疫情发生以来，在党中央集中统一领导下，按照“坚定信心、同舟共济、科学防治、精准施策”的总要求，中央应对疫情工作领导小组及时研究部署工作，国务院联防联控机制加大政策协调和物资调配力度，各地区各部门积极履职尽责，广大医务人员冲锋在前、无私奉献，全国各族人民众志成城、团结奋战。当前，疫情防控工作到了最吃劲的关键阶段，要毫不放松做好疫情防控重点工作，加强疫情特别严重或风险较大的地区防控。

会议要求，全院上下要认真学习贯彻习近平总书记关于新冠肺炎疫情防控工作的一系列重要指示和讲话精神，切实提高政治站位，增强“四个意识”、坚定“四个自信”、做好“两个维护”。要把疫情防控作为当前最重要的工作任务，按照党中央决策部署，突出重点、统筹兼顾，切实把省农科院各项防控工作抓实、抓细、抓落地，为坚决打赢疫情防控的人民战争、总体战、阻击战做出应有的贡献。要把打赢疫情防控阻击战作为重大政治任务，把投身防控疫情第一线作为践行初心使命、体现责任担当的试金石和磨刀石。全院各级领导班子和领导干部要坚决扛起主体责任、第一责任，坚守岗位、靠前指挥，切实提升基层组织力、执行力、战斗力，发挥基层党组织的战斗堡垒作用和党员的先锋模范作用。全院各级党政领导干部要靠前指挥、强化担当；广大党员、干部要冲到一线，守土有责、守土担责、守土尽责，集中精力、心无旁骛把每一项工作、每一个环节都做到位。全院各部门、各单位和广大职工要抓住重点，统筹兼顾，坚持一手抓疫情防控、一手抓科研工作，努力把疫情影响降到最低，坚决取得疫情防控和实现今年全院各项改革发展目标的双胜利。

院党委理论学习中心组 2020 年第三次学习（扩大）会议

3 月 5 日，甘肃省农业科学院召开党委理论学习中心组 2020 年第三次学习（扩大）会议。院党委书记魏胜文主持会议。

会议专题学习习近平总书记在统筹推进新冠肺炎疫情防控和经济社会发展工作部署会议上的讲话精神、习近平总书记在中央政治局常务委员会 2 月 26 日、3 月 4 日会议上的讲话精神，传达学习了习近平总书记 3 月 2 日在北京视察新冠肺炎防控科研攻关工作时的重要讲话和对全国春季农业生产工作做出的重要指示。会议指出，新冠肺炎疫情发生后，习近平总书记时刻关注疫情发展变化，在抗击疫情的各个重要时刻，精准研判形势，发表重要讲话，做出重要指示，指引疫情防控工作取得阶段性成效。习近平总书记深刻分析了当前疫情形势和对经济社会发展的影响，明确提出了加强党的领导、统筹推进疫情防控和经济社会发展工作的重点任务和重大举措，具有很强的思想性、指导性、针对性。习近平总书记和中央政治局常委同志，带头响应党中央对广大党员的号召，为支持新冠肺炎疫情防控工作捐款，体现了党员的初心使命担当，体现了强烈的为民情怀，为全党树立了榜样。

会议要求，全院上下要把思想和行动进一步统一到习近平总书记的重要讲话精神上来，提高政治站位，强化责任担当，以实际工作增强“四个意识”、坚定“四个自信”、做到“两个维护”。全院各级党组织和广大党员干部要认真学习领会习近平总书记的讲话精神，切实用于指导疫情防控和科研、生产、春耕等各项工作；要深刻领会当前疫情形势依然严峻复杂、防控正处在最吃劲的关键阶段，把思想和行动统一到以习近平同志为核心的党中央决策部署上来，坚决做到疫情防控与科研工作“两手抓”，奋力夺取“双胜利”。

会议专题学习《中共中央　国务院关于抓好“三农”领域重点工作确保如期实现全面小康的意见》和《中共甘肃省委甘肃省人民政府关于抓好“三农”领域重点工作确保与全国一道实现全面小康的实施意见》。会议指出，2020年是全面建成小康社会目标实现之年，是全面打赢脱贫攻坚战收官之年，做好“三农”工作事关全局、意义重大，中央1号文件和省委省政府《实施意见》为我们抓好“三农”工作指明了方向，具有重大意义。

会议要求，全院各单位（部门）要认真学习领会文件精神，查找自我发展的短板；要深入学习贯彻中央1号文件和省委、省政府《实施意见》精神，加强党对“三农”工作的全面领导，对标对表全面建成小康社会的目标，坚持把“三农”工作与乡村振兴、巩固脱贫成果与省农科院重点工作结合起来；要配合省农业农村厅进一步发挥省农科院省级农业专家“智库”的作用，把更多科技成果推广到田间地头；要做好疫情防控，全面恢复科研、春耕春播工作；要精准施策，全力抓好脱贫攻坚工作；要加强沟通对接，补齐农业产业短板，积极推进项目落实；要靠实责任，抓好全院重点工作的贯彻落实；要深刻认识做好2020年“三农”工作的特殊重要性，明确目标任务，拿出过硬举措，狠抓工作落实，毫不松懈，持续加力，为坚决夺取第一个百年奋斗目标的全面胜利贡献“农科”力量。

会议传达学习《关于2019年贯彻中央八项规定情况的报告》《关于解决形式主义突出问题为基层减负工作情况的报告》的通知和中宣部《党委理论中心组学习参考》重点文章。会议指出，党的十八大以来，以习近平同志为核心的党中央，着眼全面从严治党，坚持以上率下，一以贯之带头严格执行八项规定，不断加强作风建设，有力推动了党风政风和社会风气明显好转。我们要旗帜鲜明讲政治，坚定不移把贯彻执行中央八项规定精神作为推进全面从严治党的重要举措，把坚决整治形式主义官僚主义问题为基层减负作为加强作风建设的重要内容，以永远在路上的定力和执着将作风建设不断引向深入。

会议还开展了廉政教育，通报了《关于詹顺舟严重违纪违法问题及教训警示的通报》。会议要求，全院各级领导干部要以詹顺舟严重违纪违法问题为镜鉴，把坚定理想信念作为终生必修课，不断增强“四个意识”、坚定“四个自信”、做到“两个维护”，筑牢信仰之基、补足精神之钙、把稳思想之舵；要把旗帜鲜明讲政治作为第一位要求，始终在思想上、政治上、行动上同以习近平同志为核心的党中央保持高度一致；要把廉洁从政作为立身之本，扛牢全面从严治党政治责任，推动党风廉政建设向纵深开展。

院党委理论学习中心组 2020 年第四次学习（扩大）会议

4 月 17 日，甘肃省农业科学院召开党委理论学习中心组 2020 年第四次学习（扩大）会议。院党委书记魏胜文主持会议。

会议专题传达学习习近平总书记在“不忘初心、牢记使命”主题教育总结会议上的讲话、中央办公厅《关于在全党开展“不忘初心、牢记使命”主题教育总结报告的通知》精神、全省“不忘初心、牢记使命”主题教育总结会议精神。

会议指出，习近平总书记的重要讲话从新时代党和国家事业发展全局和战略高度，充分肯定了“不忘初心、牢记使命”主题教育取得的重大成果，深刻阐述了主题教育进行的新探索、积累的新经验，对巩固拓展主题教育成果、不断深化党的自我革命、持续推动全党不忘初心和使命作出了全面部署，提出了明确要求。“不忘初心、牢记使命”主题教育是用习近平新时代中国特色社会主义思想武装全党的重大举措，是新时代深化党的自我革命、推动全面从严治党向纵深发展的生动实践，是保持党同人民群众血肉联系、夯实党的执政根基的有益探索。

会议指出，省委书记林铎在全省主题教育总结会议上的重要讲话，从“深入学习贯彻习近平总书记重要讲话精神、在新起点上不断把党的自我革命推向深入”战略高度出发，充分肯定了全省主题教育取得的成效，并就新时代不断推进党的自我革命、进一步巩固拓展主题教育成果、建立全省“不忘初心、牢记使命”制度等方面做出了安排部署。

会议要求，全院各级党组织和广大党员干部要把学习贯彻习近平总书记重要讲话精神作为当前的一项重要政治任务抓紧抓好，不忘初心、牢记使命，始终在思想上、政治上、行动上同以习近平同志为核心的党中央保持高度一致，扎扎实实推动党中央、省委决策部署落地见效；要安排专门时间集中学习讨论，组织广大党员干部专题学习，全面领会讲话的精神实质和工作要求，把思想和行动统一到习近平总书记重要讲话精神上来；要充分认识主题教育形成的有益经验，联系工作实际，把党性锻炼与自我砥砺结合起来，把从严管理与正向激励结合起来，把解决问题与建章立制结合起来，把基层党建与科研工作结合起来，始终不忘初心、牢记使命，为省农科院支撑引领全省现代农业发展、服务脱贫攻坚、乡村振兴、推动农业科技事业创新发展提供坚实思想基础；要认真对照习近平新时代中国特色社会主义思想和党中央决策部署、对照党章党规党纪、对照全院干部职工新期待、对照先进典型和身边榜样，认真开展批评和自我批评，以正视问题的自觉、刀刃向内的勇气，真刀真枪解决问题，坚持边查边改，立行立改，确保主题教育取得成效。

会议传达学习了习近平总书记在4月8日中央政治局常务委员会会议上的重要讲话精神。

会议指出，新冠肺炎疫情发生以来，习近平总书记亲自指挥、亲自部署，带领全党全军全国各族人民坚决科学有力有效打好疫情防控的人民战争、总体战、阻击战，全国疫情防控阶段性成效持续巩固，经济社会运行秩序稳步恢复。习近平总书记的重要讲话，充分肯定了我国疫情防控和复工复产取得的阶段性成效，深刻分析研判国内外新冠肺炎疫情防控和经济运行形势，并对加强常态化疫情防控、全面推进复工复产工作提出明确要求、做出重要部署，对全院做好当前和下一阶段工作具有重要指引作用。

会议要求，全院上下要深入学习贯彻习近平总书记重要讲话精神，坚持底线思维，提高安全生产和风险防范的意识，牢牢把握外防输入、内防反弹防控策略，做好较长时间应对外部环境变化的思想准备和工作准备。要把统筹做好疫情防控和全院科研、生产恢复正常的各项工作，作为检验广大党员、干部初心和使命的考场，有效组织党员干部挺身而出、扎实工作，不松懈、不麻痹、不厌战，慎终如始、善作善成，在常态化疫情防控中加快推进甘肃省农业科学院工作、生活秩序的全面恢复。

会议还开展了廉政警示教育，学习了《国家安全法》，进行了国家安全专题教育。

院党委理论学习中心组2020年第五次学习（扩大）会议

6月3日，甘肃省农业科学院召开党委理论学习中心组2020年第五次学习（扩大）会议。院党委书记魏胜文主持会议。

会议专题传达学习了十三届全国人大三次会议、全国政协十三届三次会议精神，习近平总书记在中央政治局第二十次集体学习时的讲话精神。

魏胜文指出，刚刚闭幕的全国“两会”是在全面建成小康社会和“十三五”规划收官之年，在全国新冠肺炎疫情防控阻击战取得重大战略成果、统筹推进疫情防控和经济社会发展工作取得积极成效的重要时刻召开的重要会议。在特殊时期召开十三届全国人大三次会议和全国政协十三届三次会议，表明了当前我国疫情防控向好态势进一步巩固，彰显全党全国人民按照党中央统一部署统筹推进疫情防控和经济社会发展各项工作的坚定决心和坚强意志，将为我们最终战胜疫情、全面实现脱贫攻坚任务和全面建成小康社会目标奠定更加坚实的思想基础和行动基础。

魏胜文就全院贯彻落实好习近平总书记重要讲话和全国“两会”精神提出具体要求。他指出，学习习近平总书记在全国“两会”时的重要讲话和全国“两会”精神是省农科院当前一项重大的政治任务。全院各级党组织和广大党员干部要进一步增强“四个意识”、坚定“四个自信”、做到“两个维护”，以全国“两会”召开为新起点，强化使命担当，积极主动作为，为努力实现经济社会发展主要目标任务拼搏奋斗。一要认真学习领会精神，统一思想和行动。全院各部门各单位要迅速掀起学习宣传贯彻全国“两会”精神热潮，认真学习全国

"两会"精神，特别是会议期间习近平总书记的四次重要讲话，要通过学习，深刻领会习近平总书记的讲话精神，准确把握《政府工作报告》确定的主要目标、政策措施和总体要求，切实把思想和行动统一到党中央、国务院决策部署上来；要准确把握党中央对当前形势任务的分析判断，在危机中育新机、于变局中开新局，有效落实扩大内需战略，加大"两新一重"建设力度；要在疫情防控常态化前提下，全面落实"六稳""六保"任务，突出抓好脱贫攻坚工作，努力完成今年经济社会发展目标任务。要深刻认识民法典颁布实施的重大意义，带头学习宣传、普及、遵守这部法律，支持授权全国人大涉港国家安全立法；要充分利用组织生活会、"三会一课"等加强学习。领导干部要认真研读原文，深入开展研讨，带头学深悟透，切实学懂弄通，当好宣讲员，帮助职工观大势、谋大事，做好当前的各项工作。二要切实做好全国"两会"精神的贯彻落实。要按照省委常委（扩大）会、省政府党组（扩大）会议精神，对号入座领任务，全力以赴抓落实，确保各项要求落地见效；要将全国"两会"精神贯穿到"三农"、科技等工作中，为促进农业丰收、农民增收做出应有贡献；要全力抓好常态化疫情防控工作，严格落实外防输入、内防反弹要求，绝不让来之不易的疫情防控成果前功尽弃；要坚持稳中求进工作总基调，贯彻"以保促稳"新要求，紧紧围绕完成决战决胜脱贫攻坚目标任务；要对标对表"十三五"规划目标任务，补短板、堵漏洞、强弱项，确保省农科院各项工作任务全面完成，不留欠账；全院 2020 年各项工作任务要对照工作要点、台账、清单，对标对表抓好落实，特别要做好科技创新、成果转化两项重点工作；要认真抓好党建、管理服务各项工作，抓好经济责任审计、内审、科技领域突出问题专项整治工作，主题教育"回头看"查找问题的整改工作，为全院发展保驾护航；全院上下要改进工作作风，抓好工作落实，强化责任担当，加强协同配合，牢固树立"过紧日子"的思想，进一步加强内控管理，开源节流，以实之又实、细之又细的工作作风推动各项工作落地见效。

会上，全国政协委员、院长马忠明传达全国"两会"精神，重点传达了全国政协十三届三次会议总体情况和人民政协作为专门协商机构在国家治理体系中的重要作用，分享了自己作为政协委员建言资政的切身体会。

马忠明指出，2020 年的全国"两会"，是在我国疫情防控阻击战取得重大战略成果的特殊背景下，在决战决胜全面建成小康社会的关键时期，召开的重要会议。学习好、宣传好、贯彻好总书记重要讲话精神和全国"两会"精神，是当前和今后一段时期一项重要的政治任务。就全院学习贯彻全国"两会"精神，他提出六点要求。一要加强创新与技术集成，深入落实"藏粮于地、藏粮于技"战略，科技支撑全省粮食安全；二要认真谋划、加强合作，做好黄河流域农业发展大文章。要加强科研院所合作，组织相关研究所与黄河流域科研院所联合申报项目，通过实施国家项目取得高质量、有影响的科技成果，解决关键技术难题；三要加强知识产权保护，推进成果转化工作；四要加强科研平台建设争取工作，跟进原有试验站建设；五要规范项目经费管理，做好过"紧日子"的准备，进一步做好科研绩效评价工作；六要做好半年工作总结的各项工作。各单位要提前做好工作安排，认真做好总结，组织好以实验站为主体的集体观摩检查工作，同步召开成果转化、财务工作等专题会议。

会议还传达学习了中共中央、国务院《关于新时代加快完善社会主义市场经济体制的意见》《关于加快推进社会治理现代化开创平安中国建设新局面的意见》精神，《中共甘肃省委办公厅关于严格执行向省委请示报告制度的通知》，省委常委（扩大）会、省政府党组（扩大）会议精神。

院党委理论学习中心组2020年第六次学习（扩大）会议

7月31日，甘肃省农业科学院召开党委理论学习中心组2020年第六次学习（扩大）会议，专题学习习近平总书记在中央政治局第二十一次集体学习时的讲话、习近平总书记对当前防汛救灾工作做出的重要批示指示精神，学习了中宣部党委中心组学习参考《力挽狂澜定乾坤——以习近平同志为核心的党中央领导抗疫斗争生动实践》和时代楷模——敦煌研究院文物保护利用群体的先进事迹，传达学习了省委第十三届十二次全体会议精神、省脱贫攻坚领导小组2020年第十一次会议精神等，安排部署了贯彻落实工作。同时，就学习《习近平谈治国理政》第三卷事宜进行安排，并进行了会前学法和党风党纪教育。院党委书记魏胜文主持会议。

会议指出，习近平总书记在中央政治局第二十一次集体学习时的重要讲话是马克思主义建党学说的又一篇光辉文献，高屋建瓴，思想深邃，内涵丰富，具有很强的思想性、针对性和指导性，为学习领会和贯彻落实新时代党的组织路线，加强党的组织建设，不断把党建设得更加坚强有力提供了根本遵循和行动指南。会议要求，全院各级党组织和广大党员干部要认真学习贯彻习近平总书记讲话要求，正确理解新时代党的组织路线的科学内涵和实践要求，坚持目标导向、问题导向、结果导向相统一，准确把握好贯彻落实的基本要求，认真加以落实。

会议指出，习近平总书记对当前防汛救灾工作做出的重要指示和批示，充分体现了以习近平同志为核心的党中央对灾区群众的深切关怀，要坚决把思想和行动统一到党中央部署要求上来，按照中组部《关于在防汛救灾中充分发挥基层党组织战斗堡垒作用和广大党员先锋模范作用的通知》及省委组织部《关于动员组织全省各级党组织和广大党员干部全力投入防汛救灾工作的通知》要求，坚决扛起黄河防汛的重任，确保黄河安全度汛，确保人民群众生命财产安全和社会稳定。

会议指出，《习近平谈治国理政》是全面系统反映习近平新时代中国特色社会主义思想的权威著作。全院各级党组织和广大党员干部要把学习宣传贯彻《习近平谈治国理政》第三卷作为当前和今后一个时期的重大政治任务，作为增强“四个意识”、坚定“四个自信”、做到“两个维护”的实际举措，聚焦学懂弄通做实要求，精心组织、周密安排，切实把其中蕴涵的新思想、新观点、新论断、新举措把握深、把握准。坚持读原著、学原文、悟原理，深刻领会核心要义，准确掌握立场、观点、方法，真正用习近平新时代中国特色社会主义思想武装头脑、指导实践、推动工作。

会议要求，全院各级党组织和广大党员干部要认真贯彻党中央决策部署和省委的工作安排，坚定信心，迎难而上，更好地统筹疫情防控和科技创新、成果转化工作，学习时代楷模，对标先进典型，自觉投身决战脱贫攻坚决胜全面小康伟大实践，负重前行，顽强拼搏，确保“十三五”圆满收官。

院党委理论学习中心组 2020 年第七次学习（扩大）会议

10 月 9 日，甘肃省农业科学院召开党委理论学习中心组 2020 年第七次学习（扩大）会议。院党委书记魏胜文主持会议。

会议专题学习习近平总书记在第七次西藏工作座谈会、在纪念中国人民抗日战争暨世界反法西斯战争胜利 75 周年座谈会、在全国抗击新冠肺炎疫情表彰大会、在湖南考察、在第三次中央新疆工作座谈会、在中央财经委员会第八次会议和 9 月 29 日中央政治局会议上的讲话精神。

会议指出，习近平总书记的系列重要讲话思想深邃、内涵丰富，饱含深情、振奋人心，在亿万中华儿女心中引起强烈共鸣，为我们做好当前各项工作指明了正确方向、注入了强大力量、坚定了必胜信心。

会议强调，全院上下要认真学习宣传贯彻习近平总书记在全国抗击新冠肺炎疫情表彰大会上的重要讲话精神，增强“四个意识”、坚定“四个自信”、做到“两个维护”，大力弘扬“生命至上、举国同心、舍生忘死、尊重科学、命运与共”的伟大抗疫精神，深刻理解我们党领导全国人民抗击新冠肺炎疫情斗争取得重大战略成果的重大意义，进一步树立完成好新时代使命任务的坚定信心和必胜信念。

会议传达学习习近平总书记在科学家座谈会上的讲话精神及省政府关于进一步激发创新活力，强化科技引领的意见，省市党政领导干部学习贯彻党的十九届四中全会精神轮训班、全省扶贫产业体系建设现场会议精神及中办《关于巩固“不忘初心、牢记使命”主题教育成果的意见》，全省组织系统贯彻落实新时代党的组织路线电视电话会议精神及中组部、省委组织部党费使用情况公示，安排部署贯彻落实工作。

会议强调，习近平总书记的重要讲话，全面总结了党的十八大以来我国科技事业取得的历史性成就、发生的历史性变革，深刻阐明了科技创新在全面建设社会主义现代化国家中的重大作用，对科技创新做出了重大战略部署，在我国发展新的历史关键点上给科技工作指明了方向、提供了理论指引和科学的方法论。

会议要求，院属各单位及广大科技工作者要深刻理解习近平总书记对科技工作提出的新要求，全面落实“四个面向”的要求，努力开创科技工作的新局面。一要营造创新环境，全方位改善科技创新生态；二要强化担当作为，敢于提出新理论、开辟新领域、探索新路径；三要善于大力营造和培育科学氛围，发展科学文化，推动科技创新，营造新的创新生态；四要建立科技创新人才队伍，加强科技创新及其人才队伍建设；五要构建全院创新平台体系，狠抓创新体系建设；六要高质量高标准做好

"十四五"规划编制的整体工作。

会议要求，全院各级党组织要认真学习贯彻《意见》精神，切实增强持续抓好主题教育的思想自觉和行动自觉，坚持把"不忘初心、牢记使命"作为永恒课题、终身课题，以自我革命精神加强党的基层组织建设，增强"四个意识"、坚定"四个自信"，做到"两个维护"。同时要将主题教育中的好经验、好做法上升为制度机制，转化为管理效能，推进"不忘初心、牢记使命"主题教育常态化、制度化。

会议还开展了廉政教育，宣读了《关于黄继宗严重违纪违法问题及其教训警示的通报》。

院党委理论学习中心组2020年第八次学习（扩大）会议

——专题传达学习党的十九届五中全会精神

11月11日上午，甘肃省农业科学院召开党委理论学习中心组2020年第八次学习（扩大）会议，专题传达学习党的十九届五中全会精神，安排部署学习宣传贯彻落实工作。党委书记魏胜文主持会议并就全院宣传贯彻落实全会精神作出安排，院长马忠明就贯彻落实工作提出具体要求。

会议传达学习了习近平总书记在党的十九届五中全会上的报告和讲话，《中国共产党第十九届中央委员会第五次全体会议公报》以及中共中央办公厅《关于做好党的十九届五中全会精神学习宣传的通知》、中共甘肃省委《关于认真学习宣传贯彻党的十九届五中全会精神的通知》。

魏胜文指出，党的十九届五中全会是我们党在全面建成小康社会胜利在望、全面建设社会主义现代化国家新征程即将开启的重要历史时刻召开的一次具有里程碑意义的会议。他要求，全院各级党组织和党员干部要充分认识全会重大意义，深刻领会精神实质，把学习宣传贯彻全会精神作为当前和今后一个时期的重要政治任务。一要突出以上率下抓学习。各级领导班子要发挥带头作用，先学一步、学深一层，组织开展全面深入的学习研讨，各级领导干部要切实发挥"头雁效应"，以身作则、率先垂范，读原文、悟原理、究原义，以"关键少数"带动"绝大多数"。各级党组织要通过"三会一课"、主题党日等组织生活形式，组织党员静下心来、安下身来开展学习，注重抓好离退休党员的学习。二要突出理论辅导抓宣讲。党委班子成员要结合落实党委成员党支部工作联系点制度，深入党支部工作联系点以及所在支部开展宣讲，把全会精神宣传阐释好，把群众关切解答回应好。各级领导干部要在自身学深悟透的基础上，结合支部专题党课开展宣讲，让全会精神深入人心。三要突出全员覆盖抓培训。各级党组织要紧密结合巩固深化"不忘初心、牢记使命"主题教育成果，把学习全会精神同学习《习近平谈治国理政》《习近平新时代中国特色社会主义思想学习纲要》等著作结合起来，同学习贯彻习近平总书记对甘肃重要讲话和指示精神结合起来，同学习贯彻习近平总书记关于脱贫攻坚、"三农"、科技、人才等重要论述结合起来，制定计划、周密组织，统筹抓好党员、干部的全覆盖培训，确保把全体党员、干部全部轮训一遍。四要突出舆论引导抓宣传。要对宣传报道作出具体安排，加强对院网站、微信公众号等媒体的统筹指导和组织协调，运用好宣传橱窗、网络宣传等多种形式和手段，大力宣传省农科院深入学习贯彻全会精神的具体举措，全面报道各级党组织开展学习、培训、宣讲的实际行动，及时反映基层干部群众学习贯彻的典型事迹和良好风貌。

马忠明指出，要充分认识这次全会的重大现实意义和深远历史意义，把思想和行动统一到习近平总书记重要讲话精神和党中央决策部署上来，切实增强学习宣传贯彻的思想自觉、政治自觉和行动自觉。要联系省农科院实际，结合岗位职责，认真学习《建议》中“坚持创新驱动发展，全面塑造发展新优势”“加快发展现代产业体系，推动经济体系优化升级”“优先发展农业农村，全面推进乡村振兴”等方面的内容，做到学深悟透、融会贯通，内化于心、外化于行。

马忠明强调，全院上下要做好“十三五”回顾总结，科学谋划布局“十四五”发展，做到远近结合、统筹兼顾。要增强紧迫感，聚焦重点、精准施策，抓紧完成“十三五”重点任务，做好“十三五”评估，确保“十三五”收好官；要坚持以全会精神为指引，在前期工作基础上，对标对表习近平总书记重要讲话和《建议》，加快全院“十四五”规划编制工作，继续开门问策、深入研究、集思广益，最大限度地凝聚共识、统一思想、汇聚力量，把全院未来 5 年发展谋深谋实，确保“十四五”开好局。要紧扣如期全面建成小康社会这个大局，紧紧围绕打赢脱贫攻坚战，做好“六稳”工作、落实“六保”任务，强化科技创新支撑能力，推动高质量发展等重点工作，全面梳理排查进展，倒排工期加以推进，圆满完成年度各项目标任务。

会议还传达学习了中央和省委、省政府重要文件会议精神，安排部署了贯彻落实工作。

院党委理论学习中心组 2020 年第九次学习（扩大）会议

12 月 7 日，甘肃省农业科学院召开党委理论学习中心组第九次学习（扩大）会议，专题学习党的十九届五中全会精神。会议传达学习了习近平总书记近期重要讲话及相关会议精神。院党委书记魏胜文主持会议。

会议收看了 2020 年 11 月 3 日《新闻联播》，传达学习习近平关于《中共中央关于制定国民经济和社会发展第十四个五年规划和二〇三五年远景目标的建议》的说明、中共中央关于制定国民经济和社会发展第十四个五年规划和二〇三五年远景目标的建议、习近平总书记在中央政治局第二十五次集体学习时的重要讲话、习近平总书记在中央全面依法治国工作会议上的讲话精神、习近平总书记在全国劳动模范和先进工作者表彰大会上的重要讲话。

会议认为，党的十九届五中全会审议通过的《建议》是开启全面建设社会主义现代化国家新征程、向第二个百年奋斗目标进军的纲领性文件，明确了未来 5 年经济社会发展的指导思想、基本原则、目标要求、主要任务和重大举措，描绘了到 2035 年基本实现社会主义现代化的远景目标，令人鼓舞，催人奋进，使我们坚定了贯彻新发展理念，构建新发展格局，推动高质量发展，向着社会主义现代化强国目标迈进的信心和决心。

会议强调，要深刻领会习近平总书记重要讲话精神，加强科技创新，注重知识产权保护；增强法制意识，推进法治农科院建设；大力弘扬劳模精神、劳动精神、工匠精神，支持工会在全院改革发展稳定工作中发挥作用。会议指出，即将过去的 5 年，在以习近平同志为核心的中共中央坚强领导下，全国上下沉着有力应对各种风险挑战，经济社会发展取得重大成就，脱贫攻坚即将如期实现，决胜全面建成小康社会取得决定性成就。

会议要求，在“两个一百年”奋斗目标的历史交汇期，全院各级领导干部要充分发挥带头表率作用，带领广大干部职工以习近平新时代中国特色社会主义思想为指导，认真落实党的十九届五中全会精神，贯彻新发展理念，推动高质量发展、构建新发展格局，在全面建设社会主义现代化国家的伟大实践中开启新征程、奋进新时代。

会议还传达学习了习近平总书记关于做好关心下一代工作的重要指示，习近平总书记在 12 月 3 日中央政治局常委会会议上的重要讲话，李克强总理在政协第十三届全国委员会常务委员会第十四次会议开幕会上的报告精神，党委理论学习中心组学习参考第 7 期“正确认识和科学把握新时代中国特色大国外交”精神。

纪检监察工作

2020年，在上级纪检监察部门和院党委的坚强领导下，在省纪委监委派驻省农业农村厅纪检监察组的指导下，甘肃省农业科学院纪委认真贯彻落实党中央和省委关于全面从严管党治党和党风廉政建设决策部署，按照中央纪律检查委员会、国家监察委员会和省纪委监委工作安排，聚焦主责主业，依规依纪依法监督执纪问责，勇于担当，狠抓落实，全面从严治党和党风廉政建设各项工作取得明显成效。

一、突出“两个维护”，切实履行全面从严治党政治责任

紧扣“两个维护”加强政治监督。督促院属各级党组织把“两个维护”作为最高政治原则和根本政治规矩，教育引导党员干部增强“四个意识”、坚定“四个自信”、做到“两个维护”。切实维护习近平总书记党中央的核心、全党的核心地位，维护党中央权威和集中统一领导。严守政治纪律和政治规矩，始终在政治立场、政治方向、政治原则、政治道路上同以习近平同志为核心的党中央保持高度一致。紧紧围绕全面建成小康社会目标、十九届中央纪委四次全会和十三届省纪委四次全会精神、院党委院行政工作安排，立足职能定位，坚持四个面向，统筹推进科技创新和成果转化，有效支撑全省脱贫攻坚和现代农业发展。

强化措施，靠实责任。召开全面从严治党和党风廉政工作会议，修订完善并与院属29个单位签订全面从严治党和党风廉政建设责任书，召开党风廉政建设专题会议4次，层层传导压力，级级靠实责任。督促院属各级党组织牢固树立抓好全面从严治党工作是本职、不抓是失职、抓不好是渎职的观念，自觉把从严治党政治责任记在心上、扛在肩上、落实在行动上。

加强督查，推动落实。认真执行《中共甘肃农业科学院委员会落实全面从严治党主体责任清单》，坚持把全面从严治党与业务工作同部署、同检查、同考核、同落实。把“两个责任”落实情况作为党风廉政建设检查考核重点内容，坚持日常检查与重点督查相结合，对不落实“两个责任”、不履行“一岗双责”的严肃问责，督促党政主要负责同志切实履行好第一责任人责任，班子成员认真履行“一岗双责”，推动党风廉政建设工作责任制落实落地。

二、强化监督基本职责，增强监督执纪问责实效

把监督作为纪检监察工作的第一职责、基本职责。建立监督责任清单39条，制定出台《甘肃省农业科学院院属法人事业单位领导人员经济责任审计暂行办法》。综合运用检查抽查、列席重要会议、受理信访举报、发出纪检监察建议等形式，抓实近距离常态化监督，强化主动监督、精准监督、创新监督，提升监督

的系统性、科学性、实效性。

加强对“关键少数”的监督。通过日常监督、专责监督、审计监督、巡察监督、专项检查督查等方式，强化对领导干部的监督。对院属 29 个单位 66 名县处级领导和新任转岗干部开展廉政提醒约谈。督促院属单位领导班子健全议事规则，落实“三重一大”“三不一末”决策机制，严格执行民主集中制。

加强对重点领域、重点工作的监督。紧盯管人管钱管物的重点领域，以及人员招聘、科研经费、基建工程、新冠肺炎疫情防控等重点工作，做实做细日常监督。紧盯专项经济责任审计发现的问题，督促整改落实，建立长效机制。对整改不到位、不彻底，内控不健全，资金管理使用存在风险的 18 个单位，发出纪检建议 18 份；对整改不扎实、工作漂浮的 1 个单位领导班子进行工作约谈；对整改工作没有动真碰硬的 3 个单位领导班子进行告诫约谈；对 4 个单位整改方面的 9 个问题进行了核查。

加强扶贫领域监督检查。紧紧围绕脱贫攻坚工作部署，全院先后组织 28 人次深入定点帮扶的镇原县方山乡和 16 个深度贫困县，实地了解帮扶干部工作作风、扶贫政策落实、项目资金使用、产业和科技扶贫完成质量等情况。

依纪依规监督执纪问责。严格落实《中国共产党纪律检查机关监督执纪工作规则》《甘肃省纪检监察机关执纪监督监察工作办法（试行）》，做好问题线索的集体研判、分析研究、分类处置，不断提高精准把握执纪规则和运用政策的能力。对上级纪检监察部门和院党委院行政转办、群众反映、审计和巡察发现的问题线索 10 多件全部核实并予以了结。坚持惩前毖后、治病救人，对 2 名党员给予党纪处分，对 2 个单位领导班子通报批评。接待群众来信来访 20 多人次，耐心细致地做好信访接待、政策解释，对反映的问题认真调查后给予答复。

三、净化党内政治生态，营造风清气正的工作氛围

加强教育引导。通过中心组学习、专题学习、“三会一课”、纪检监察建议、专题民主生活会、专项监督检查等方式，经常性开展纪律规矩教育和警示教育。为深入学习贯彻习近平法治思想，弘扬宪法精神，组织县处级以上领导干部赴省高级人民法院开展全国宪法日主题活动，进一步树牢法治意识，增强法治本领。全院开展警示教育大会、观看警示教育片、案件警示教育、廉政知识测试、廉政谈话、廉政党课等警示教育 50 多场次。教育引导党员干部职工进一步增强纪律规矩意识，自觉遵守党章党规党纪，筑牢思想防线，守住纪律底线，不踩红线，不碰高压线，不违规，不逾矩，着力营造正气充盈的工作氛围。

综合运用监督执纪“四种形态”。坚持把纪律规矩挺在前面，打好“四种形态”组合拳。对苗头性、倾向性问题早提醒、早告诫、早谈话，全年提醒谈话、警示谈话、限期整改、批评教育、通报批评、诫勉谈话等分级约谈2 000多人次。

严把选人用人政治关、廉洁关。协助党委严把选人政治关、廉洁关，对政治上有问题的一票否决、廉洁上有硬伤的坚决排除。严把“党风廉政意见回复”关，出具 117 人次党风廉政意见书。建立廉政信息 78 份，更新、补充、完善 78 名领导干部廉政档案，凭借可靠的信息支撑，为党风廉政意见回复、政治生态研判和日常监督提供有效参考。

四、坚持常抓长管，驰而不息整治“四风”

坚决整治形式主义、官僚主义等“四风”问题。重点查纠贯彻落实党中央重大决策部署表态多调门高、行动少落实差，调查研究搞形式、走过场，服务群众“推绕拖”“冷硬横”，“只求不出事、宁愿不做事”和不作为、假作为、乱作为、慢作为等问题。督促院属各单位做好“六稳”工作，落实“六保”任务，落实过紧日子要求，压减“三公”经费 74.55 万元，推动做好厉行节约粮食、制止餐饮浪费等工作。重点查纠公款吃喝、公款旅游、公款娱乐及违规发放津补贴、违规操办婚丧喜庆、挪用公款赌博等问题。

重点整治“四风”隐形变异。严肃查处违反中央八项规定精神的问题，严查超标准乘坐交通工具、超标准使用办公用房等常见问题，严查吃老板、收送电子红包等翻新问题，严查“一桌餐”、公车私用、私车公养、违规支出变通下账等隐形问题，严查领导干部利用名贵特产、特殊资源谋取私利等重点问题。

坚持抓日常与抓节点相结合加强监督。紧盯元旦、春节、中秋、国庆等重要节点，发布信息提醒，严明纪律要求，节后专项检查。

五、坚持问题导向，深入推进科技领域突出问题集中整治

制定工作计划，明确任务目标。在 2019 年科技领域突出问题集中整治工作基础上，制定了《甘肃省农业科学院 2020 年度深化科技领域突出问题集中整治工作计划》，明确了工作任务、牵头部门、责任单位。

开展自查自纠整改情况“回头看”。一方面看自查自纠问题整改落实情况，另一方面对照集中整治工作重点任务，再次查摆问题，完善问题清单。重点整治科研项目审批、科研经费管理使用中的形式主义和不担当、不作为、乱作为等问题。查纠学术造假、学术不端等科研作风问题。制定出台《甘肃省农业科学院科研诚信管理规定》，列出失信清单，惩处失信行为，推进科研诚信建设。

开展全院首次专项巡察。按照院党委安排，院纪委主动担当作为，制定专项巡察工作方案和巡察工作操作指引，组织人员参加巡察培训，从院机关职能部门抽调 12 名业务骨干组建 2 个巡察小组。紧盯院属单位党组织主体责任履行，政治纪律、政治规矩执行，围绕院列项目审批、科研管理、经费使用、科研作风等方面，对作物研究所、植物保护研究所、党委办公室、人事处、科研管理处、财务资产管理处（含基础设施建设办公室）、纪检监察部门进行了为期 2 个月的专项巡察。专项巡察期间，专项巡察工作领导小组定期召开工作例会，掌握工作进展，进行督促指导，安排下一步工作。巡察小组召开和参加会议 21 次，发放调查问卷 343 份，个别谈话 71 人次（占被巡察单位职工总数的 45.5%），查阅相关资料 400 余份，查找各类问题 118 条，收到问题线索 2 件。坚持直面问题，经专项巡察小组、专项巡察工作领导小组、巡察工作领导小组会议讨论修改形成《甘肃省农业科学院深化科技领域突出问题集中整治专项巡察情况报告》，经院党委会审议通过后报送省纪委监委第四监督检查室。形成巡查情况反馈意见，召开专题会议向被巡察单位（部门）反馈巡查意见，对抓好问题整改提出明确要求。

推动整改落实。坚持立行立改，督促对巡察过程中发现的 10 个问题完成边巡边改。结

合审计发现的问题，对自查自纠“回头看”和专项巡察发现的问题，督促院属各单位建立问题清单、查找问题根源、制定整改方案、推动整改落实。院纪委就抓好整改落实工作专门下发通知，督促被巡察单位进一步完善整改方案、细化工作安排、建立整改台账、切实抓好整改，督促未列入专项巡察的其他单位在自查自纠的基础上对照检查、同步整改。认真做好整改“后半篇文章”，督促院属各单位进一步规范科研项目管理和经费使用、改进科研作风，整章建制、建立长效机制。对巡察组移交的问题线索，按规定进行处置。

甘肃省农业科学院召开2020年度全面从严治党和党风廉政建设工作会议

3月25日，甘肃省农业科学院召开2020年度全面从严治党和党风廉政建设工作会议。会议传达学习了习近平总书记在十九届中纪委四次全会上的重要讲话和十九届中纪委四次全会精神、林铎书记在十三届省纪委四次全体会议上的讲话和十三届省纪委四次全会精神、中共中央办公厅印发《党委（党组）落实全面从严治党主体责任规定》，与院属29个单位签订了2020年全面从严治党和党风廉政建设工作责任书，院党委书记魏胜文主持会议并对全院全面从严治党和党风廉政建设工作提出要求，省农业农村厅党组成员、省纪委监委派驻省农业农村厅纪检监察组组长王宏斌到会指导并讲话，院党委委员、纪委书记陈静做纪检监察工作报告。院长马忠明，院党委委员、副院长李敏权，贺春贵、宗瑞谦，省纪委监委驻省农业农村厅纪检组副组长梁琛、二级主任科员王志博，全院副处级以上领导干部，院直属单位党委（总支、支部）书记、纪检委员，各所（场）办公室主任100余人参加会议。

魏胜文指出，院党委深入贯彻落实党中央和省委全面从严治党各项部署要求，认真履行管党治党政治责任，深入推进党风廉政建设，各项工作取得明显成效，管党治党责任进一步压实，作风建设成果进一步巩固，监督执纪力度进一步加大。全院各级党组织和党员干部要准确把握当前全面从严治党新形势，切实增强开展党风廉政建设的政治自觉、思想自觉和行动自觉。准确把握中央全面从严治党新要求，准确把握科研系统党风廉政建设新形势，准确把握全院党风廉政建设新形势。就下一步深入推进党风廉政建设工作，魏胜文强调，一要突出政治立身，驰而不息推进全面从严治党。二要强化政治监督，推动“两个维护”落到实处。三要突出重点工作任务，持续抓好党的建设全面工作。四要以作风建设为重点，持之以恒、从严从紧加强党的纪律建设。五要突出问题导向，聚焦工作重点，深化运用监督执纪“四种形态”。

王宏斌指出，甘肃省农业科学院全面从严治党和党风廉政建设工作成效显著，各级党组织履行管党治党政治责任的思想认识不断深化，主动担当作为的自觉性不断增强，为各项业务工作圆满完成提供了有力保障。结合十三届省纪委四次全会关于2020年工作的部署和派驻纪检监察组职责定位及重点任务，提出了压实管党治党政治责任，切实加强党的政治建设，以良好作风推进重点任务落实，加强对重点环节的监管，一体推进“三不”机制等五点意见。

陈静从加强政治建设，坚决做到“两个维护”；突出压力传导，压紧压实全面从严治党政治责任；聚焦主责主业，认真履行监督执纪问责职责；坚持常抓长管，持续深入推进作风建设；防范财务风险，跟踪督促专项经济责任审计整改工作；强化监督检查，扎实推进集中整治；注重队伍建设，提高纪检监察履职能力等 7 个方面全面系统回顾总结了全院 2019 年纪检监察工作。结合院纪检监察工作要点，从加强政治监督，靠实政治责任，做实做细日常监督，持续推动作风转变，一体推进“三不”机制，全面提升能力素质等 6 个方面安排部署了全院 2020 年的纪检监察重点工作。

会议要求，院属各单位（部门）要结合制定 2020 年院重点工作任务落实措施，把会议精神迅速传达到各级党组织和全体党员干部，要始终以高度的政治责任感和政治自觉性，严而又严的标准和实而又实的作风，确保全面从严治党和党风廉政建设工作任务全面落实，确保全面从严治党和党风廉政建设各项要求落实落地，确保全院 2020 年度各项工作任务顺利完成。

甘肃省农业科学院召开 2020 年度深化科技领域突出问题集中整治工作安排部署会

6 月 4 日，甘肃省农业科学院召开 2020 年度深化科技领域突出问题集中整治工作部署会，院党委书记魏胜文出席会议并讲话，院党委委员、纪委书记陈静主持会议，院职能部门负责同志、各研究所党政负责人及办公室主任 50 多人参加会议。

魏胜文指出，深化科技领域集中整治工作是贯彻习近平总书记提出的要求、中纪委的部署、省纪委监委安排的一项具体行动。集中整治工作是在院党委认真研究的基础上，院纪委牵头组织实施，紧盯各级党组织主体责任的履行、党员领导干部政治纪律政治规矩遵守执行开展监督检查，着力查处科研项目审批、科研经费管理使用中的形式主义、官僚主义、不担当、不作为和乱作为等突出问题，着重发现和监督学术造假、学术不端等行为。

就下一步深入推进集中整治工作，魏胜文强调，一要提高政治站位，高度重视集中整治工作。要从增强“四个意识”，坚定“四个自信”，做到“两个维护”的高度看待问题。全院各单位（部门）要把集中整治工作纳入 2020 年全面从严治党和党风廉政建设的重点工作中，认真抓好落实。二要切实加强领导，靠实责任。院属各级党组织要担负起主体责任，各单位的行政主要负责人，既要履行好“一岗双责”，还要和党组织书记共同担负好“第一责任人”的责任，承担集中整治工作的任务。党政主要负责人要全面领导，分工负责，狠抓责任落实，抓出成效。院纪委作为专责机构要统筹协调好集中整治工作，加强对全院集中整治的领导指导工作，各职能处室要担负好牵头抓总的任务和职责，切实抓好整改落实。三要强化任务落实，推进问题整改。各单位（部门）要善于发现问题，把握工作重点，在集中整治中抓住主要矛盾和矛盾的主要方面。要把集中整治工作与专项经济责任审计、院主要领导经济责任审计、2016年专项巡视、开展专项巡察、“不忘初心，牢记使命”主题教育“回头看”、集中整治自查自纠发现的问题整改和建章立制有机结合起来，通过集中整治和各项整改，推动全院内控制度优化，治理体系和治理能力现代化。

会上，党委委员、纪委书记陈静传达学习了省纪委监委《深化科技领域突出问题集中整治工作要点》精神，并对全院集中整治工作提出了提高站位，压实责任，聚焦问题，坚持问题导向，从严从实，抓好整改，加强监督，推动整改，把握时间节点，确保任务落实到位等五点意见。院纪委副书记、行政监察室主任程志斌介绍了集中整治工作前期的进展情况，结合2020年度深化科技领域突出问题集中整治工作计划，从工作目标、工作任务和有关要求等三个方面对集中整治工作进行了具体安排。

甘肃省农业科学院开展县处级干部集中约谈

为认真落实全面从严治党和党的建设主体责任，加强对党员领导干部的教育监督和管理，6月17—23日，甘肃省农业科学院党委书记魏胜文，院长马忠明，党委委员、纪委书记陈静对院机关处室、后勤服务中心、研究所、试验场和绿星公司共29个单位的66名县处级领导干部开展了集中约谈。这次约谈既是一次廉政提醒约谈，也是一次日常工作约谈。党委委员、副院长李敏权，贺春贵，宗瑞谦，党委委员、党办主任汪建国，纪委副书记、行政监察室主任程志斌一同参加约谈。

会上，魏胜文通报了2020年度各单位（部门）领导班子和领导干部科学发展业绩考核结果，反馈了职工群众评议意见，并从落实全面从严治党加强党的建设主体责任、重点工作及廉政风险点等方面，有针对性地指出了各单位（部门）全面从严治党和党风廉政建设方面存在的短板和弱项，提出了要求，寄予了希望。他指出，约谈既是落实监督执纪“四种形态”的具体措施，也是推进全面从严治党加强党风廉政建设工作的制度性安排。各单位（部门）对约谈中指出的问题要建立责任清单，班子成员带头，以上率下，狠抓落实，以实际行动扎实做好重点工作，推动全面从严治党向纵深发展。他要求，各单位（部门）全面从严治党和党的建设各项工作要有计划、有安排、有措施、抓落实，各项工作要有工作记录，能经得起检查考核。领导班子及其成员要自觉担负起全面从严治党和党的建设主体责任（包括党政主要负责人第一责任、班子成员管理责任和领导干部“一岗双责”）。院属各级党组织要扎实做好“不忘初心、牢记使命”主题教育相关工作，全面落实决战脱贫攻坚和决胜全面小康社会政治责任，深入开展作风建设年活动，集中整治形式主义、官僚主义，持续推进党支部建设标准化工作。对巡视、巡察、督查、专项审计报告反馈的问题，要主动认领、分条缕析，建立台账，逐项销号，举一反三，健全制度。

马忠明结合年度重点业务工作对院机关处

室及后勤服务中心、研究所及绿星公司领导班子进行约谈提醒。针对考核测评中职工反映比较突出的意见建议，对院机关处室及后勤服务中心提出了要切实履行好职责，提高学习能力，提高执行力，提高工作效率，做好全院的表率，提升服务能力等要求；对研究所提出要谋划申报大项目，凝练形成大成果，调整学科方向，加强科研作风建设，加强试验站科学定位和发展，规范财务管理等要求；对绿星公司提出要加强管理，抓好企业改制工作，加大自有知识产权成果的开发，调整产品结构。

陈静围绕专项经济责任审计整改和廉政风险点开展了提醒约谈，并强调各单位领导干部对提醒的廉政风险点在以后工作中要高度警醒，对专项经济责任审计整改工作要提高思想认识，落实落细抓整改，坚持问题导向，在“严、细、实”上持续用力，建立台账，制定整改方案，逐项提出整改措施，彻底整改。针对各单位（部门）廉政风险点和党风廉政建设方面存在的不足和问题，提出增强责任意识，认真履行职责；强化纪律观念，带头廉洁自律；自觉接受监督，树牢宗旨意识；深入整治四风，加强自身修养等四点建议。

七、咨询建议及管理服务

把甘肃建成全国道地中药材重要生态基地的建议

（《甘肃农业科技智库要报》2020 年第 1 期　作者：钱加绪　蔺海明）

中医药学是中华民族的伟大创造，是中国医药科学的瑰宝，为中华民族的繁衍生息和文明进步做出了巨大贡献。2019 年 10 月 20 日，中共中央、国务院发布实施了《关于促进中医药传承创新发展的意见》（以下简称《意见》）。《意见》是党中央、国务院印发的第一个关于中医药的文件，将中医药的地位提升到前所未有的高度，为中医药质量提升和产业高质量发展指明了方向、目标和重点任务，是指导新时代中医药工作的纲领性文件。《意见》的发布实施对于甘肃省推动“陇药产业”高质量发展提供了强大动力和难得的历史机遇。围绕全省如何落实好《意见》，我们在深入调研的基础上，形成如下建议：

一、落实《意见》是甘肃建立全国道地中药材生态种植基地的难得机遇

甘肃省委、省政府高度重视中医药产业发展，先后多次出台地方性政策，提出了打造中医药强省的目标，将中医药产业发展纳入社会经济发展规划。2009 年出台《甘肃省加快发展中药材产业扶持办法》，2018 年组建甘肃省现代中药材产业技术体系。中药材被列入全省脱贫攻坚六大特色优势产业之一，推动了全省中药材种植面积、产量、产值持续快速增长，并成为甘肃省脱贫攻坚的“新药方”。但我们必须清醒地认识到，“陇药产业”发展中还存在诸多问题，如何落实好《意见》精神，充分发挥甘肃省的自然资源优势、中医药大省优势、“一带一路”黄金段优势和科技人才优势，率先把甘肃省建成全国重要的中药材生态种植基地，加快实现从中医药大省向中医药强省跨越，拓展国际国内两个发展空间，急需抢抓机遇，从基础源头做起。

二、甘肃省建立全国道地中药材生态种植基地条件成熟

甘肃中药材栽培历史悠久，独特的地理位置和多样的地形地貌及生态环境条件，孕育了丰富的中药材资源。甘肃现有药用植物 1 270种，药用资源品种1 527个，大面积种植 60 余种，中药材种植面积每年稳定在 480 万亩以上，是全国重要的不可或缺的植物药源基地。在甘肃中药材产业扶持政策、国家中医药产业发展综合试验区建设与中药材产

业扶贫行动的推动下，全省中药材产业持续快速发展，在全国的优势地位凸显。甘肃省发展道地中药材产业研发力量雄厚，科技优势及潜力强劲。近年来，甘肃省农科院、甘肃中医药大学、甘肃农业大学、定西市农业科学院等科研教学单位，运用现代科技手段，先后选育出当归、党参、黄芪、甘草、秦艽等道地中药材新品种 20 多个，形成了一大批具有创新性的优秀科研成果。

甘肃省主产的中药材当归、党参、黄芪、大黄和甘草被誉为陇上“五朵金花”，单品种药材常年种植面积均在 25 万亩以上，产量份额依次占全国的 90%、85%、80%、60%和 40%，对全国药材市场供应具有举足轻重的作用。在现有中药材生产区划的基础上，总结完善道地中药材传统生产技术，结合优良新品种和生态种植技术，通过合理区划和布局，建设道地中药材生产基地，从源头抓起，严格控制生长环境以及农药、化肥投入，率先形成全国中药材生产的道地化，建立中药材可持续发展体系，是甘肃中药材产业发展的必由之路。

全国第四次中药材资源普查（甘肃片区）结果表明：甘肃省野生药材资源丰富，名贵中药材更是种类繁多，珍稀中药材资源贝母、秦艽、羌活、独一味、淫羊藿、白及、桃儿七、贯叶连翘、重楼等引种驯化、野生抚育工作成效显著，中药材野生植物资源得到了有效保护。

三、建立全国道地中药材生态种植基地的建议

（一）建立道地中药材大品种生态种植基地，争取获得国家级首批认定

鉴于甘肃省中药材当归、党参、黄芪、大黄和甘草在全国中药材生产中的重要地位，应以这 5 类大品种为重点，按照布局区域化、种植规模化、生产标准化、加工集群化、营销品牌化的发展方向，集新品种新技术示范、标准化绿色生产、高质量发展为一体，率先建设国内一流的生态种植基地。

生态种植基地建设的具体思路是：以岷县及周边县（区）为主要区域，建设当归生态种植基地；以渭源及周边县（区）为主要区域，建设党参生态种植基地；以陇西及周边县（区）为主要区域，建设黄芪生态种植基地；以礼县为主要区域建立大黄生态种植基地；以瓜州等河西绿洲灌区为主要区域，建设甘草生态种植基地。基地的建设规模视条件而定，可控制在 5 000～10 000 亩范围之内。各生态种植基地应加快中药材生产投入品的结构调整和优化，研发甘肃道地中药材长效专用肥；坚持绿色植保、公共植保和“预防为主，综合防控”理念，普及低毒、低残留精量施药、施肥技术，倡导“有机中药材”生产；加大精细化作业的中小型农机具研发力度，研发和推广适宜本地区中药材主产的精量播种机、种苗移栽机、药材收获机等，优化中药材机械装备结构，提高机械化水平，降低生产成本。

（二）建立全国重要的道地中药材良种繁育基地，形成完备的制种体系

生态种植基地建设中良种繁育基地不可或缺。鉴于目前市场上流通的种子，既无质量标准，也无相关部门的鉴定，甚至陈年种子、假种子充斥市场，导致种子种苗市场混乱，中药材产量提高和质量提升难以保证，急需建立全国重要的道地中药材良种繁育基地。建议将甘肃省种植面积在 25 万亩以上的当归、党参、黄芪、大黄、甘草 5 种道地中药材列为“陇

药”良种繁育基地予以重点支持。对已选育出的10个优良品种，设立新品种选育扩繁专项，鼓励科研机构、龙头企业进行优良品种繁育，并对已选育出的品种给予补助。由于当归、大黄和甘草种子繁育周期长，一般需3～5年才能产籽，因此不主张农户繁育。应鼓励农场、企业或实力较强的合作社建立稳定的繁育基地，使之连续化、常态化。经过连续5年的支持，建立稳定的良种扩繁基地，实现道地中药材生态种植和统一供种。

（三）建立重要野生资源保护抚育基地，有效保护道地中药材种质资源

甘肃省许多山区中药材资源极其丰富，是中医药事业传承发展的资源宝库。但长期以来，人们都以地大物博的思维看待资源，缺乏对自然资源应有的忧患意识和有效管理，导致中药材资源匮乏、流失。特别是伴随着对野生药用植物的掠夺式开发，进一步导致野生资源短缺，给生物多样性和品种选育带来巨大的挑战。

根据全省中药材资源分布现状，建议设立野生中药材资源保护抚育区。天水、定西南部及陇南山区应围绕当归、党参、黄芪、大黄、淫羊藿、岷贝母等布局；白银及河西地区应以甘草、锁阳、肉苁蓉、罗布麻、中麻黄等布局；甘南及祁连山区以独一味、红景天、冬虫夏草等布局。在上述不同生态区域，依托科研机构长期稳定的试验站（点），进行道地中药材野生资源及珍稀濒危资源保护抚育和搜集整理，创新研究思路，探索技术突破，促进资源可持续利用。

（四）创新模式机制，增强基地发展后劲

中药材生态种植基地建设要选择专业性较强的龙头企业带动发展。一是深化农村“三变”改革，创新发展模式，把农民利益和企业发展密切结合起来，把企业发展动力与农民参与积极性密切结合起来，形成利益共享、合作共赢的利益共同体。二是基地建设要加大科技创新和科技支撑力度，以中药材产业技术体系为依托，建立基地专家负责制，负责基地技术服务，解决基地发展中遇到的生产技术问题。三是健全中药材质量第三方监测体系，加强市场监管，建立质量安全追溯系统和道地药材生产技术标准体系、评价制度。

（五）争取政策支持，把基地建成产业发展的新亮点

建设全国重要道地中药材生态基地，要全面落实中央《意见》，并依据政策争取国家相关部门的支持。提高政治站位，紧盯国内中医药事业发展态势，放眼世界，学习和汲取国内外新成果、新经验，打造“陇药”精品，以订单或股份合作方式，进一步开拓国内外市场，实现甘肃中药材生态种植基地持续健康发展。

作　　者：钱加绪　蔺海明

作者单位：甘肃省老科协农业科学分会

（钱加绪系甘肃省农科院原党委书记、甘肃省老科协副会长、农业科学分会会长、研究员；蔺海明系原甘肃省中药材专家组组长、甘肃农业大学教授、博士生导师）

甘肃省农业科学院关于应对新冠肺炎疫情积极做好农业生产的对策建议

（《甘肃农业科技智库要报》 2020 年第 2 期）

一、科学贮运，保障果蔬供给

（一）蔬菜

甘肃省目前上市的新鲜蔬菜以日光温室栽培为主，因室内外温差大，应在贮运环节做好保温、保湿。菠菜、香菜、生菜、上海青、茼蒿、油麦菜、白菜、甘蓝等绿叶菜，适宜温度 0～2℃；青笋、芹菜、蒜薹、白菜花、西兰花等茎菜和花菜类蔬菜适宜温度 0～4℃；茄子、辣椒、黄瓜、番茄等果菜类蔬菜适宜温度 7～10℃；萝卜、胡萝卜、马铃薯、洋葱等直根、块茎（鳞茎）类蔬菜适宜温度 4～7℃。

（二）果品

根据北方水果耐寒、南方水果喜热的特性，苹果、梨等出库、转运、配送温度需 0℃以上，以保温防冻；柑橘、橙子等南方水果及瓜果应在 5℃以上。

二、多措并举，确保春耕备耕

（一）做好早春茬设施蔬菜定植

目前正值早春温室蔬菜的定植时期，要积极克服不利因素，确保定植。做好秧苗管理，浇透定植水和缓苗水（一般以晴天上午 10～12 时为宜），最好采用膜下滴灌；保温被应分段式开放，避免突然强光造成闪苗。同时，要及时补苗，不能补苗的改种其他蔬菜。

（二）加强果园管理

1. 做好果园生产前期准备

倡导农户以家庭为单元，做好果树修剪、检查病斑、清理枝条、清扫落叶、土壤耕翻、覆盖保墒、施肥打药、水肥管理等工作。鉴于修剪工作对种植企业、专业合作社、家庭农场及种植大户而言耗时较长，果业生产县（区）（乡镇）应在满足疫情防控要求的前提下，允许符合条件的专业修剪服务队入园工作。

2. 积极应对自然灾害

根据去冬今春气温明显高于往年的气象特点，加之近期气温变化无常，预计今年全省发生倒春寒（晚霜冻）危害风险的概率较大，应提前制订预案。各产区果业管理部门应会同农业、科技、气象等行业，制定综合性防控方案，并对果农做好培训及宣传工作。

（三）科学施用肥料

施用肥料的配方除考虑作物养分需求比例外，还应考虑种植区土壤养分含量。提倡化肥与有机肥配合施用，专用肥料与复合肥配合使用，取长补短，缓急相济，培肥土壤。

三、综合施策，做好当前农业生产

（一）设施蔬菜管理

1. 越冬棚室生产管理

（1）温光管理。春季气温回升较快，要

重视通风，调节温室内温度，温度升至30～32℃时应及时通风，并根据外部气温变化调整通风量。温度下降至25℃时应关闭风口，降至20℃左右时覆盖保温被。若温室温度能有效保障，保温被则尽可能早揭晚盖，延长光照时间。同时，经常清扫、清洗棚膜，可在温室内悬挂反光幕，增加蔬菜见光量，并及时整枝、绑蔓和摘除老叶、黄叶、病叶。

（2）水肥管理。茄果类蔬菜的空气相对湿度应控制在60%左右，瓜类控制在80%左右。早春期间，因外界气温低、温室内通风量小，应注意浇水的方式、时间和水量等。早春灌水不宜太勤，以防湿度过大导致病害发生。温室内采取地膜覆盖栽培的，前期可通过膜下渗灌或滴灌，降低空气湿度，减少病害发生；后期气温升高后，可明水勤灌。灌水时间宜在晴天上午进行，不宜在下午、傍晚或雨雪天浇水。3月中旬后，温度升高、生长加快，可适当加大灌水量和次数。一般在灌水后短时间内封闭大棚，促进升温；待地温上升后，再及时进行通风排湿。生长发育进入中后期后，植株需肥、需水量增大，应适当增加灌水和施肥，并注意平衡施肥，以提高植株的抗逆性。

（3）病虫害防控。做好温度上升后温室病虫害的防治工作。采用温室专用的空气净化杀菌消毒器杀灭空气中病原菌，降低农药用量。温室病虫害主要有霉病、疫病、细菌性病害。春分节气后，小型害虫开始大量发生，应提早发现、及时用药。具备条件的可使用滴灌进行水肥药菌剂一体化防控，或使用迷雾、烟雾等方式用药。

（4）及时采收。及时疏除小果、畸形果，避免赘秧。果实成熟后及时采收。对于规模化基地，蔬菜采摘后应采取现代气调、1-MCP保鲜剂等延长保质期。

2. 育苗基地生产管理

（1）培育壮苗。增加棚室外层覆盖、棚内加设小拱棚、地面全膜覆盖、加强热风供给，保温防寒，使苗床温度白天保持在25～28℃、夜间15～18℃。苗床湿度以保持见干见湿为宜，应在晴天上午灌水，水量以到达幼苗根部为度。灌水后，在中午前后气温较高时通风排湿。

（2）适时炼苗。移栽定植前7～10天炼苗，其中前5～7天控温、控水、适当通风，后3～4天继续降温、控水、全面通风，使幼苗完全适应移栽环境。炼苗期间的白天温度可以略高，夜间温度可略低。降温要逐步进行，控水要适当，通风要由小到大。

（3）及时出圃。做好定植田耕整合设施维护，及时移栽蔬菜秧苗。对于无法按时定植的幼苗，苗场可采取适当降低温度、湿度，控制灌水量，必要时还可结合遮光、喷施生长抑制剂及病虫害防治措施，延缓幼苗生长，防止秧苗老化，增强秧苗抗逆性。

（二）养殖场管理

1. 规范畜禽饲养管理

加强畜禽舍通风换气，保持舍内干燥卫生；调整饲料配方，适当增加饲料中维生素、蛋白质等营养配比，增强畜禽抵抗力；健全养殖档案记录制度，科学使用饲料、兽药，严禁添加来源不明的动物性制品。配套建设完善的粪污处理设施，积极开展粪污资源化利用。养殖场50米外设置醒目警示标识，严格落实出入车辆及人员管理。

2. 做好饲养场所消毒

养殖场门口应设置消毒池及高压喷雾消毒

设施，有条件的可设出入人员专用消毒室。每天清扫棚舍、清洗用具，清洗消毒饲料间、搅拌机、饲料车、栋舍内走廊等，并及时清除粪便。每周 1 次喷雾消毒动物体表、舍内设施、墙壁和地面。采用火焰消毒方式，每周 1～2 次对笼具/产箱等进行消毒。

3. 落实消毒保护措施

应做好动物在发情、配种、妊娠期、哺乳期间的消毒保护工作。操作时动作要轻，消毒剂刺激味要小，以减轻刺激或应激反应，确保繁殖任务顺利完成。

4. 妥善处置养殖废弃物

避免因粪污和动物死尸处置不当引发新的环境污染事故和动物疫情等次生灾害，防止给畜牧生产造成更大损失。

（三）冬油菜管理

甘肃省油菜种植区域属新冠肺炎疫情发生较重的疫区。雨水节气已过，气温回升，冬油菜生长加快，是冬油菜田间管理的关键时期。

1. 适时追肥，促进春发

春季冬油菜生长快，是需肥的重要时期。及时追施返青肥可缓解冬油菜生长旱情，促进早发快长，对后期产量形成及品质提升具有重要影响；追施化肥数量应根据基肥使用量和冬油菜生长情况而定。蕾薹期是油菜生殖生长与营养生长并进的“双旺”期，也是油菜需肥高峰期，营养条件对产量影响极大，应重视施肥。

2. 灌溉补水，抗旱促长

有灌溉条件的地区，一般返青后抽薹期、初花期、盛花一终花期各灌水 1 次较为适宜，以延长花期，提高油菜的结角数和结实率。浇水时应注意天气变化，以免倒伏。

3. 中耕锄草，增温保墒

返青后应防止杂草危害。结合锄草进行中耕，提高地温，促进根系生长，增加根系吸收养分和水分的能力，并起到保墒作用。化学除草剂应谨慎选用，一般应视油菜田的苗情、草情，通过技术咨询选择适宜的除草剂类型，并严格按农药使用说明书操作。

4. 防病治虫，综合管理

冬油菜病害主要为软腐病、菌核病、霜霉病，虫害主要为黑蜂叶甲、茎象甲、潜叶蝇、小菜蛾、蚜虫等，应及早做好预测预防，可通过有针对性地选用药剂喷施或无人机、大型机械喷雾防控。

（四）百合产业

兰州百合春季收获即将开始，鉴于市场减量收购造成种植户惜售或导致百合生长期延长一年，建议相关部门出台政策，鼓励百合加工企业积极收购、加工和销售百合产品，解决百合种植户的销售和收入问题，保证兰州百合种植面积稳定发展。同时，建议将真空包装鲜百合产品纳入鲜活农产品道路绿色通行范围。

四、创新方式，加强科技咨询服务

甘肃省农业科学院正在通过网络、微信、电话等方式，组织开展远程培训指导等技术服务，推介新品种、新技术、新产品，让农户足不出户学习科学种养技术，帮助他们解决生产中的关键技术问题。在做好疫情防控的前提下，将适时组织科技人员进村入户开展实地指导。

目前，甘肃省农业科学院已开通农科服务热线 0931-7615000，围绕甘肃六大特色产业，从果园管理、蔬菜种植、马铃薯种植、中药材种植、健康养殖、贮藏加工、水肥管理、病虫害防治等领域的28名专家，全天候接受农民朋友、经营主体和社会各界的电话咨询，及时解决农业生产技术问题，全力做好疫情防控期间的科技服务。

（本《建议》综合了甘肃省农业科学院各研究所相关行业专家的意见建议）

甘肃省蔬菜产业发展现状及对策措施

（《甘肃农业科技智库要报》　2020年第3期　作者：王晓巍）

甘肃省位于黄土高原、内蒙古高原和青藏高原交汇处，生态多样化的地理环境和自然条件，为发展蔬菜等经济作物提供了有利条件。特定的气候、地理、生产条件，决定了甘肃是优质无公害蔬菜的理想产地，蔬菜产业已成为全省种植业中最具竞争力的优势产业。通过分析甘肃省蔬菜产业发展现状和主要存在问题，提出了进一步打造绿色化、优质化、特色化、标准化生产基地，完善质量安全追溯体系和品牌管理评价体系，建立产销市场体系和营销推介机制，打造“甘味”知名品牌，推进甘肃省蔬菜产业转型发展的对策措施。

一、蔬菜产业发展现状

（一）种植面积逐步扩大，生产能力稳步提升

近年来，甘肃省蔬菜生产一直保持着快速发展的良好势头，种植面积逐年扩大，栽培模式更加多样，高原夏菜发展迅猛，设施蔬菜优势凸显。尤其是2017年以来，全省大力推动河西戈壁生态农业发展，新建成7.43万亩戈壁设施蔬菜生产基地，蔬菜生产正朝着区域化、规模化、专业化、产业化方向发展。2018年全省蔬菜种植面积528.9万亩，较2010年增加168.0万亩，增幅46.55%，年均增长5.82%；产量达到1 292.57万吨，较2010年增加539.86万吨，增幅71.72%，年均增长8.97%。

（二）气候类型多样，优势区域逐步形成

甘肃省地域狭长，气候类型多样，垂直型气候分布明显。东南部温暖湿润，适宜早春和秋季大小拱棚果菜、叶菜、葱蒜类蔬菜生产；中西部干旱少雨，光照充足，夏无酷暑，昼夜温差大，具有发展高原夏菜、加工型蔬菜和冬季日光温室反季节蔬菜生产独特的自然优势。全省种植蔬菜30多个种类、300多个品种。其中甘蓝、花椰菜、娃娃菜、韭菜、洋葱、百合、食用豌豆等在国内外市场具有较强竞争力。

（三）科技支撑不断加强，乡村振兴效果显著

全省已建立健全以科研院所、农业院校、科技企业为主体的农业科技创新体系。蔬菜产业在全省脱贫攻坚中发挥了重要作用，蔬菜亩均产值5 400元，亩均净利润约2 800元，菜农人均收入达到3 000元以上，蔬菜产业为农民脱贫致富奠定了坚实基础。

（四）绿色发展步伐加快，产品质量持续向好

大力推广应用了一批优质高效、资源节约、生态环保的绿色生产技术模式，化肥、农药、灌溉用水均减少30%以上，蔬菜产品质

量安全水平稳步提高。全省蔬菜良种利用率达95%以上，优质精细菜比重达30%以上，打造出一批优质、安全、健康的蔬菜产品，目前全省已注册无公害蔬菜农产品368个、绿色食品306个。

二、蔬菜产业发展存在问题

（一）田间基础设施脆弱，产业风险不断加大

一是菜田排灌设施标准不高，设施建造标准较低、性能较差、抗御灾害性天气能力不强。二是全国范围内蔬菜产需总量已达到相对平衡，阶段性“卖难”与“买贵”现象时有出现，市场风险越来越大。

（二）标准化生产水平较低，智能化发展严重滞后

生产设施不标准、栽培技术不规范、质量控制不到位的问题较为突出。许多蔬菜园区设施老化，棚室使用性能和安全水平较差的问题亟待解决；生产管理过程中，施肥、浇水、喷药凭经验靠感觉的问题还在一定范围内存在，机械化、智能化发展严重滞后。

（三）产业竞争能力较弱，龙头企业带动力不强

新型生产经营主体普遍规模小、带动力不强、品牌不响亮；冷链体系不健全，蔬菜预冷设施不足，不能满足保鲜贮运的需求，在采摘、运输、贮存等物流环节上的损失率高达20%～30%，而发达国家控制在5%以内。产品加工存在短板，全省蔬菜产品的年加工量仅占蔬菜总产量的3%左右，且大多是低水平的腌渍和脱水加工，精深加工比例低、叫得响的品牌产品不多。

（四）农民科技意识淡薄，产品质量提升压力增大

全省蔬菜生产大部分仍以小农户分散生产为主，规模小、技术落后，缺乏竞争能力和自我保护能力，生产经营带有极大的盲目性。此外，随着连作年限增加，特别是肥水管理不科学，土壤酸化和次生盐渍化，将导致蔬菜生理性病害加重，病虫危害种类增多。

（五）流通服务体系滞后，市场机制不够健全

全省加大力度发展了一批蔬菜专业批发市场，但还没有真正形成通畅的流通体系，绝大多数农村只有零星、分散的初级市场，没有或少有集中性、大规模、功能齐全、辐射力强的农产品专业市场。

三、蔬菜产业发展方向及对策建议

紧紧围绕绿色兴农、质量兴农、品牌强农目标，做好“牛羊菜果薯药”六大特色产业和“独一份”“特别特”“好中优”“错峰头”特色优势农产品，以两个“三品一标”为抓手，建设绿色化、优质化、特色化、标准化生产基地，完善质量安全追溯体系和品牌管理评价体系，建立产销市场体系和营销推介机制，打造“甘味”知名农产品品牌。

（一）加强蔬菜生产能力建设，完善集约化育苗体系

今后在保持总体规模稳步发展的同时，宜把工作重点转移到生产能力提升上来。在优势产区，着力打造专业化、规模化、特色化的生产基地，壮大地方品牌，形成区域优势。引导专业合作组织、龙头企业加强蔬菜集约化育苗

中心建设，着力推进穴盘育苗、漂浮育苗、潮汐育苗等集约化育苗技术创新应用，推动蔬菜种苗生产向专业化、商品化方向发展。

（二）加大基础设施投入，提升设施装备水平

对老旧设施进行改造升级，更新覆盖材料，配套水肥一体化、机械卷帘等必要装备，全面提高其使用性能和抗灾水平。河西走廊设置2～3个千亩园区，引导发展大跨度外保温大棚、智能温室等高标准设施，配套应用物联网、专用农机等技术装备，全面提升其机械化、自动化、智能化、水肥一体化应用水平。建立示范典型，促进设施蔬菜产业提档升级。

（三）提升科技支撑能力，全面推进蔬菜标准化生产

整合资源、集中力量，加快专用优质蔬菜新品种培育，深入开展设施建造、绿色生产、采后保鲜加工、物联网应用和自动化控制等关键技术攻关和新成果转化，建立健全不同生态区域蔬菜绿色栽培技术模式。组织省级专家服务团，深入生产一线，开展技术巡回指导，解决技术疑难问题，努力提高关键技术到位率。创建一批基础设施标准高、科技含量高、管理水平高、经济效益好、辐射作用强的设施蔬菜标准园区，推进设施结构标准化、生产规范化、产品品牌化、经营产业化、管理现代化，提升产业竞争力。

（四）建立信息监测发布平台，健全风险预警管理体系

建立由蔬菜生产信息监测重点县、市级数据处理中心组成的蔬菜生产信息监测体系，对全省蔬菜的种植面积、产量、上市期和产地价格信息进行采集、分析、预测和发布，提供及时、准确、全面的生产和预警信息，引导农民合理安排生产，保障蔬菜产品均衡供给。建立反应快速、跨区联动的蔬菜生产应急反应体系，及时开展突发事件情况调查、形势分析、影响评估，加强应急监测和管理，提高蔬菜生产安全风险防控和应急处置能力。

（五）提高产后处理水平，确保蔬菜产品质量

一是加强蔬菜产品产后处理，完善蔬菜产品产后分拣、包装、保鲜贮藏等商品化处理和配送、运输、产品销售等系列化冷链物流体系。在蔬菜优势产区建立现代配送中心，加大设施蔬菜产后贮运过程的冷链体系建设力度。鼓励科研院所与龙头企业协作攻关，建成一批有规模、有销路、有品牌、科技含量高的蔬菜加工企业。二是健全投入品管理、生产档案、产品检测、基地准出和质量安全追溯5项制度。充实检测技术人员，加强对产地蔬菜产品质量检测。

（六）培育大型批发市场，完善市场营销网络

构建区域性蔬菜市场主体框架，建设具有调控蔬菜区域供应能力的大型专业批发市场。密切联系相关加工企业、购销企业、经纪人，为生产经营主体搭建信息桥梁，努力实现订单生产。推广蔬菜生产大县与北京新发地批发市场、广州江南市场、上海江桥市场及一亩田电子商务平台实施战略合作的经验，充分运用电子商务等手段，推进订单生产，提高产销对接水平。

（作者系甘肃省农业科学院蔬菜研究所所长、研究员）

河西走廊酿酒葡萄产业持续健康发展建议

（《甘肃农业科技智库要报》 2020 年第 4 期 作者：郝 燕）

近年来，国内酿酒葡萄产区逐步西移，以新疆、宁夏贺兰山东麓及甘肃河西走廊为主的西部产区已成为全国酿酒葡萄发展重点产区。

一、河西走廊酿酒葡萄发展优势

河西走廊酿酒葡萄产区地处北纬 36°～40°，具有光照充足、气候干燥、温度日较差大的特点，生产优质、无公害及绿色有机葡萄的优势比较突出。河西走廊日照时数在3 000小时以上，有效积温大于 3 000℃，昼夜温差大于 15℃，有利于葡萄果实糖分积累，使糖酸比处于最佳状态。河西走廊气候非常干燥，葡萄病虫害发生轻，原料绿色生产基础好，适合生产有机葡萄与葡萄酒。土壤为灰钙土、荒漠土、灰棕土和棕漠土，矿质元素（包括微量元素）丰富，有利于葡萄根系生长及营养元素的吸收，使酿酒原料中单宁、酚类等物质含量丰富。河西走廊独特的自然资源优势得到了酿酒葡萄原料生产者的青睐，酿酒葡萄产业发展势头良好。

截至 2018 年，甘肃省酿酒葡萄种植总面积 31.13 万亩，占全国酿酒葡萄栽培总面积的 13.0％，现有葡萄酒企业 19 家，是我国九大酿酒葡萄生产优势区域之一。全国酿酒葡萄主栽品种中黑比诺、贵人香、蛇龙珠等品种在河西走廊产区表现突出，所酿葡萄酒果香浓郁、酒体丰满；新兴葡萄品种西拉、马瑟兰、马尔贝克等品种显现出了栽培区域优势。河西走廊酿酒葡萄产区主要集中在武威市、张掖市、嘉峪关市，“公司＋基地＋农户”和“庄园式开发”模式在酿酒葡萄产业中发挥着越来越重要的作用。

二、河西走廊酿酒葡萄生产中存在的主要问题

（一）冻害是制约河西走廊酿酒葡萄发展的重要因素

河西走廊酿酒葡萄产区处于冬季埋土防寒栽培区内，秋季埋土、春季去土需要花费成本 500 元/亩，按目前情况计算，产区每年埋土、去土费用达 1.5 亿元。且冬季埋土防寒对枝蔓造成损伤，影响葡萄的产量和品质，给各酿酒葡萄种植企业带来了较大经济损失。近年来突发性早霜，特别是春季晚霜频发对葡萄生产造成很大危害，致使葡萄产量严重受损，部分年份甚至绝产。

（二）酿酒葡萄抗性砧木嫁接苗应用问题

甘肃省每年新建、改建酿酒葡萄园对苗木需求量大，但苗木繁育严重滞后，脱毒苗、抗性嫁接苗木应用较少。生产用苗木大多依赖外调，苗木带毒、带菌，品种混杂，建园后产量不稳定，果品质量不高，严重影响产业发展。目前葡萄栽植基本上使用的是扦插苗，抗冻性较差，生产中应用较多的是贝达嫁接苗，不抗盐碱。而全省葡萄优质苗木研究与应用严重滞后于实际生产需求，急需通过抗性砧木的嫁接来提高葡萄抗性，提高酿酒葡萄原料基地管理的整体水平和质量。

（三）酿酒葡萄栽培标准化程度不高

河西走廊酿酒葡萄栽培中常用的是主蔓扇形和倾斜多蔓形，在实际生产中由于修剪复杂，枝蔓多，造成架面郁闭，病虫害发生加剧，枝蔓木质化程度低，致使枝条冬季抗寒性大大降低。随着栽培年限的延长，枝蔓结果部位上移，下部光秃，造成产量降低，品质下降，并给埋土防寒带来困难。同时由于架面太低，葡萄结果部位下降，下部葡萄果实光照不均，且导致葡萄病虫害滋生。

（四）基层专业技术人员生产栽培技能有待提高

目前基层种植酿酒葡萄专业技术人员相对缺乏，基地种植人员以农民为主力军，且企业种植技术人员长期在生产第一线，外出接受培训的机会相对较少，对于新品种、新技术的应用相对滞后。加强基层科技人员和果农的技术培训，转变生产观念、创新培训模式，是促进河西走廊酿酒葡萄产业向高品质、标准化方向发展中亟待解决的重要问题。

三、甘肃省酿酒葡萄产业发展对策和建议

（一）挖掘葡萄新品种，推动河西走廊酿酒葡萄品种区域化

河西走廊酿酒葡萄产业已有二三十年的发展历史，建园初期引进的葡萄品种基本上都是法国葡萄品种如赤霞珠、美乐、黑比诺等。近年生产实践证明，河西走廊除了目前种植的常规品种外，还有一系列品种也有非常大的生产潜力可以挖掘，比如马瑟兰、西拉、马尔贝克、维欧尼等品种在河西走廊小区域都有很好的表现，可进一步试验鉴定、示范推广，减少常规品种的种植面积，减少产区同质化产品的竞争，发展有特色的产品。

（二）进一步加强葡萄抗寒栽培研究，为产业发展奠定良好基础

河西走廊发展酿酒葡萄离不开抗寒栽培。通过引进抗性葡萄砧木，加强酿酒葡萄品种区域化布局与砧木选育和筛选，引导企业培育、推广嫁接苗建园，为产业持续、健康发展奠定良好基础。同时加强对早霜、晚霜及低温冻害的防范，研究提高葡萄树体抗冻性的栽培管理技术，以及霜冻预防技术和方法，加强葡萄树体管理，减缓冻害对于葡萄产业发展的制约。

（三）推广酿酒葡萄省工省力标准化基地建设及机械化配套栽培技术

建立酿酒葡萄新架形示范基地，以省工省力简化修剪的单臂篱架单蔓倾斜龙干形（“厂”字形）为主，通过简化修剪、高效肥水利用、产品质量控制、病虫害综合防控等配套栽培措施，严格按照通风带、结果带、营养带的“三带管理”进行整形修剪，生产着色一致、糖度一致的高档优质酿酒葡萄原料。配套增施有机肥、短梢修剪、病虫防控、土壤管理等农机农艺融合技术，提高果园综合生产能力和质量安全水平，提升原料品质，提高劳动效率，降低生产成本，达到省工省力、抗寒防冻、标准化栽培的目的，带动全省酿酒葡萄园整体管理水平和质量、效益的提高。

（四）加大酿酒葡萄产业补助政策力度

将酿酒葡萄种植机械纳入农机具购置补贴范围。建议将常规应用机械葡萄埋土机、出土机、中耕除草机、打药机、修剪机等机械纳入农机具补贴范围，提高葡萄园管理机械化程度。

（五）建议将葡萄种植纳入农业保险品种范围

河西走廊葡萄埋土防寒区，冬季低温冻害、晚霜冻害、早霜冻害及冰雹等自然灾害对葡萄生产影响较大，建议将葡萄种植扩充为农业保险新险种，有利于降低葡萄种植户生产风险，提高果农及企业种植葡萄积极性，促进酿酒葡萄产业健康发展。

（作者系甘肃省农业科学院林果花卉研究所研究员，国家葡萄产业技术体系兰州综合试验站站长，甘肃省葡萄酒产业协会副秘书长）

加强甘肃道地中药材资源保护利用的建议

（《甘肃农业科技智库要报》　2020 年第 5 期
作者：钱加绪　蔺海明　晋　玲）

中医药凝聚着中华民族传统文化的精华，是中华民族的伟大创造和中国古老科学的瑰宝，为中华民族的繁衍生息做出了巨大贡献。党和政府高度重视中医药工作，特别是党的十八大以来，以习近平同志为核心的党中央把中医药工作摆在更加突出的位置，从国家战略高度做出系统谋划和周密部署，提出一系列发展中医药的新思想、新论断、新要求，充分彰显了我国坚定发展中医药事业的信心和决心，促使中医药进入了全面发展的新时代。

甘肃省是全国中药材资源大省，拥有种植中药材得天独厚的自然资源条件和良好的中药材生产基础。但大量野生中药材资源分布于生态环境脆弱带，加之长期无序开发导致大量野生中药材资源趋于濒危甚至灭绝，从根本上破坏了自然生态环境及生物多样性。抢救性地保护和科学化地利用好珍稀濒危野生中药材资源，对于做大做强甘肃中药材产业、实现可持续发展、增强扶贫攻坚后劲和促进生态文明建设，均具有十分重要的现实意义。

一、甘肃省中药材资源保护利用存在的主要问题

（一）野生中药材资源保护未能提上议事日程

野生中药材资源大多生长在人烟稀少的偏远山区，生态环境脆弱。随着中药材产业的发展，无序采挖野生药材资源的现象十分严重，导致野生中药材资源，特别是珍稀品种资源濒临枯竭。如河西的甘草、肉苁蓉、麻黄、锁阳，甘南的秦艽、虫草、羌活、独一味和陇南的淫羊藿、重楼、九节菖蒲、厚朴等野生资源面临濒危灭绝。甘肃虽然现已设有 59 个自然保护区，但基本是对野生动物、内陆湿地和地质遗迹实施保护，没有专门针对野生中药材资源的自然保护区。如何对野生中药材资源实施有效保护与合理开发利用，是目前全省发展中药材产业亟待解决的问题之一。

（二）对濒危野生中药材资源驯化栽培尚未得到重视

濒危野生中药材资源驯化栽培及繁育工作，几乎没有项目和资金支撑，该领域科技力量相对薄弱，导致珍贵稀有野生中药材资源人工栽培驯化和开发利用工作滞后，成为中药材产业发展的短板。

（三）栽培品种选育及种子种苗繁育工作严重滞后

中药材育种工作至今未纳入农作物品种选育推广计划，导致良种补贴缺位，品种选育和良种繁育受到很大限制。科研单位选育出的中药材优良品种，如黄芪、党参、当归、甘草等也因经费不足、机制不全难以进行大规模繁育推广。目前中药材种植所用种子、种苗仍以农户自繁自育为主，组织化程度低下，缺乏市场预测和抵御风险能力，已成为中药材规范化栽培的技术瓶颈。

（四）标准化规模化生产水平有待提高

多年来，甘肃中药材生产仍以农户分散种植为主，种植方法和栽培技术沿袭传统做法，集中连片规模化种植比例较低，土壤连作障碍、农残超标、病虫害防治等问题日趋严重，无公害标准化生产技术推广普及率不高。同时，由于顶层缺乏单品种药材种植的长远规划，盲目种植造成“药贱伤农”时有发生。

二、甘肃省道地中药材资源保护利用的必要性及迫切性

（一）保护野生中药材资源是中医药产业可持续发展的必然要求

当前中药材规模化生产、集约化经营虽有了较好的发展，但部分野生中药材资源濒危、枯竭问题日益凸显，严重影响中医药事业稳定发展，保护道地中药材野生资源已成为维护中医药产业可持续发展的必然选择。

（二）保护野生中药材资源是满足中药资源刚性需求的必然趋势

甘肃省中药材资源丰富，但大多数品种必然长期需要依赖野生资源供应市场。由于野生药材不断涨价，市场供需矛盾日益突出，加之有序采挖或禁止采挖无法可依，药农采挖野生资源加剧，导致野生资源锐减，形成恶性循环。

（三）保护产地环境是保护中药材野生资源的必然抉择

中药材生长周期长、精细化程度高，对环境条件要求比较严格。随着土地资源减少、生态环境恶化，保护好中药材野生资源产地环境工作刻不容缓、势在必行。

三、道地中药材资源保护范围及目标

（一）保护大宗道地药材种质资源

以甘肃大宗地产道地中药材资源保护与可持续利用为目标，重点确定 30～40 个甘肃道地中药材品种进行种质资源收集、整理与评价，建立核心种质资源库及种质资源圃，为加强保护利用道地药材种质资源提供保障。

（二）保护濒危珍稀野生药材资源

随着中医药产业的发展，对野生中药材资源的需求急剧上升，导致濒危野生资源采挖过度，资源受到破坏，有的物种已濒临灭绝。必须有针对性地加强对濒危、高值野生中药材资

源如淫羊藿、桃儿七、红花绿绒蒿、独一味等进行科学有效资源保护。

（三）保护大宗人工种植药材遗传多样性

保护生物多样性最终是要保护其遗传多样性，因为一个物种的稳定性和进化潜力依赖其遗传多样性，而物种的经济和生态价值也依赖其特有的基因组成。通过对人工种植的中药材遗传多样性分析，明确亲缘关系，创制新种质，选育新品种，进而保护野生资源。

（四）保护已取得地理标志产品品种

加快对已取得地理标志认证、入选“甘味”农产品目录的道地中药材当归、党参、甘草、大黄、纹党、黄芪等品种进行深度保护，充分发挥地标和品牌的作用，增加品牌中药材的附加值，进而提高其经济效益。

四、加强道地中药材资源保护利用的措施及对策

（一）建立道地中药材资源保护区与抚育区

分别在全省四大自然药材生态区有针对性地建立道地中药材资源保护区与抚育区。设立专项经费，由省林业和草原局牵头在甘肃已建成的各级自然保护区内，增加珍稀濒危中药材资源的保护功能，进行针对性保护。建议在白水江国家级自然保护区，建立以保护东亚及华中区系成分（如七叶一枝花、红豆杉、天麻、厚朴等）为主的珍稀濒危药用植物保护区；在安西极干旱荒漠自然保护区，建立以保护中亚及蒙新荒漠区系成分（如黄芪、甘草、肉苁蓉等）为主的珍稀濒危药用植物保护区；在甘南藏族自治州尕海自然保护区，建立以保护青藏高原区系成分（如甘肃贝母、麻花秦艽、独一味、红花绿绒蒿等）为主的珍稀濒危药用植物保护区；在庆阳子午岭自然保护区，建立以黄土高原区系成分为主的珍稀濒危药用植物保护区。保护区内设立野生中药材资源监测站，监测珍稀品种资源动态变化，及时提供预警信息，以此形成完整的中药材种质资源动态监测和保护体系，有效保护药用植物生物多样性，为中医药产业可持续发展保存珍贵的基因资源。

在道地中药材野生资源分布聚集区建立单品种保护区；在高寒阴湿区建立当归野生资源保护区；在中部干旱半干旱区建立黄芪、党参野生资源保护区；在河西干旱区或陇东半干旱区建立板蓝根、甘草野生资源保护区；在甘南和陇南礼县分别建立唐古特大黄、掌叶大黄野生资源保护区。

（二）加强濒危药材的人工驯化繁育研究

保护道地濒危野生中药材资源除设立自然保护区外，可结合人工种植，扩大野生种群，恢复和发展资源。野生药材的人工繁育是实现濒危药材生产、满足市场药用的最重要途径。濒危药材的人工驯化是道地中药材资源保护利用的重中之重，是保护中药材珍稀资源、助推甘肃中药材产业创新发展的重要任务之一。加强对珍稀濒危野生药材资源保护及驯化研究，设立专项资金进行技术攻关，打造新品种的优势产区；对现有200多种道地野生药材进行针对性筛选，在保证药用质量优良的前提下，以用量大、前景广、特色明显、产区优势集中的品种进行培育，打造优势产区，形成具有甘肃区域特色的“十大”陇药品种，助推中药材产业持续发展。

（三）建立道地药材种质资源库及种质资源圃

依托甘肃省农业科学院农作物种质资源库

建立甘肃道地药材资源库，进行道地药材资源种子或离体种质保存；依托相关市（州）农科院（所）及甘肃中医药大学设立的中药材试验示范基地建立道地中药材种质资源保护圃，建成集种质资源保护、科学研究、科普培训、休闲观赏于一体的具有区域特色的道地药材种质资源圃。

（四）建立道地药材品种种植区划体系

对现有大面积种植的道地药材品种进行“产前资源、产中环境、产后销售”等科学评估与合理规划，提出一些限制性措施，构建道地中药材品种种植区划体系，精细规划，实现“一品一策”，稳定种植面积及产量，平衡供需矛盾，提高道地药材抗御市场风险能力和高质量发展后劲。

（五）建立道地药材新品种生产体系

将中药材育种工作纳入农作物品种选育计划，落实中药材良种补贴政策，建立健全中药材育种、制种、种苗繁育体系。加快良种繁育基地、种苗繁育基地建设，发挥基地建设在中药材种植中的示范带动作用。通过新品种引进筛选，优良种质资源提纯复壮，利用生物技术加速育种进程等方法，选育推广一批适合大田生产的优良品种。研究、制定甘肃道地药材种子、种苗繁育田的生态环境等产地标准，种子种苗采收、包装、运输、贮藏等技术规程及标准，加快新品种选育扩繁进程，加大新品种推广应用力度。构建并完善从种子、种苗到药材精深加工的“陇药”全产业链质量追溯体系，从根本上提升甘肃省中药材质量水平。

（六）建立稳定的技术研发团队

整合优势人才资源，建立精干稳定的科研创新团队，形成省、市、县三级中药材现代产业科技支撑体系。围绕不同中药材生产区域，组建相应的产业技术创新团队，在中药材产业应用基础、产业共性问题、关键技术等方面取得重大突破，增强成果转化与推广服务能力。依托甘肃省农业科学院、甘肃农业大学、甘肃中医药大学等科研、教学单位，开展道地中药材资源保护与利用专业技术培训，力争用5年时间，使全省80%以上的药农掌握道地中药材规范化、标准化种植技术，依靠科技推动中药材产业发展壮大。

（钱加绪系原甘肃省农业科学院党委书记、研究员，甘肃省老科协副会长、农业科学分会会长；蔺海明系原甘肃省中药材专家组组长，甘肃农业大学教授、博士生导师；晋玲系甘肃中医药大学教授、博士生导师）

关于打造陇东旱塬夏播（复种）马铃薯生产基地的建议

（《甘肃农业科技智库要报》　2020年第6期　作者：吕和平　张武　文国宏）

甘肃是全国马铃薯生产大省，马铃薯也是甘肃省农业主导产业，年种植规模1 000多万亩，总产达1 200多万吨。多年来，在省委、省政府及各级地方政府的大力推动下，全省形成了产业集聚度高、区域特色鲜明的商品薯、脱毒种薯和精深加工产品优势生产区，已成为国内最具影响的脱毒种薯繁育基地和优质商品薯生产加工基地，马铃薯产业的快速发展，为全省脱贫攻坚和乡村振兴奠定了良好的产业基础。但是按照省农业农村厅《关于进一步加强马铃薯生产保障粮食安全的通知》，“力争到2025 年，全省马铃薯种植面积达到1 500万亩”，仍存在着已有种植区域相对饱和、中部地区撂荒地利用困难以及河西走廊和沿黄灌区扩种价值不高等一系列问题。

因此，促进全省马铃薯产业全面转型升级，打造全国一流的马铃薯脱毒种薯繁育中心和商品薯生产与加工基地，就必须科学规划，打破传统栽培制度，合理调整种植结构，因地制宜创新栽培模式。针对甘肃省不同区域特征及气候资源优势，建议在陇东旱塬开展马铃薯夏播或冬油菜、冬小麦收获后复种马铃薯关键技术集成示范，建立陇东旱塬夏播（复种）马铃薯商品薯生产基地和脱毒种薯繁育基地，扩大马铃薯生产区域，全面提升甘肃省马铃薯产业核心竞争力。

一、建立陇东旱塬夏播（复种）马铃薯生产基地的必要性

（一）有利于全省马铃薯产业可持续发展，为把甘肃省打造成全国马铃薯产业强省奠定基础

多年来，甘肃省马铃薯产业发展取得了显著成效，但仍面临着品种结构单一、生产经营效能低下、农民增收困难等诸多问题。省委、省政府与时俱进，针对我国马铃薯产业发展趋势和全省马铃薯产业生产现状，贯彻落实乡村振兴战略，制定全省马铃薯发展目标，构建新型农业产业体系，实现由马铃薯生产大省向马铃薯产业强省跨越。因此，利用马铃薯生育期较短和播种期灵活多变的特点，在陇东旱塬建立夏播（复种）马铃薯商品薯生产与种薯扩繁基地，创新生产模式，扩大生产规模，对促进当地农业产业规模化发展具有重要作用。

（二）有利于巩固脱贫攻坚成效，促进新兴产业形成与发展

陇东旱塬属黄土高原沟壑区，土地面积较大，贫困人口较多，是甘肃省主要贫困区之一。农业生产主要以旱作栽培为主，粮食作物生产具有两熟不足、一熟有余的气候特点，耕作栽培技术粗放，产量低下，不利于规模化、集约化的现代农业发展。马铃薯是甘肃省经济效益比较高的优势作物，适宜陇东旱塬夏播或复种种植，通过政府引导、合作社带动、现代农业技术支撑，充分利用地域生态优势发展夏播（复种）马铃薯生产，发挥高产高效优势，对增加农民经济收入，巩固脱贫攻坚成果，培育壮大富民产业具有重要现实意义。

（三）有利于保障粮食供给和粮食安全，推进农业供给侧结构性改革

粮食安全始终是我国经济社会发展中的一个重大战略问题。受新冠肺炎疫情影响，全球经济下行比较严重，粮食价格波动较大，人们对粮食安全的担忧日益加重。马铃薯富含淀粉、蛋白质、氨基酸及多种维生素和矿物质元素，营养成分全面，是人们喜食乐见的粮菜兼用型作物，可以加工成淀粉、全粉、薯条薯片及多种快餐食品。因此，在甘肃省现有耕地面积难以扩大的条件下，在陇东旱塬发展夏播马铃薯生产，增加复种指数，提高土地利用率，增加单位面积产值，有利于促进全省粮食生产、保障粮食安全。

二、打造陇东旱塬夏播复种马铃薯生产基地的可行性

（一）陇东旱塬农作物种植现状

陇东地区年降水量500～650毫米，多集中在7、8、9月；年均气温9.5～10.7℃，无霜期140～180天。全区粮食作物播种面积900多万亩，其中冬小麦播种面积480万亩，杂粮播种面积278万亩，冬油菜播种面积30万亩，春播马铃薯面积92万亩。夏播复种作物以大豆、荞麦、糜子为主，面积仅有16万亩，占总播种面积的1.78%，提升复种马铃薯的潜力较大。

（二）陇东旱塬发展马铃薯产业的优势

陇东旱塬土壤肥沃松暄、有机质含量较高，生态环境优良，在6月中下旬冬油菜、冬小麦收获后，除小部分复种糜子、荞麦、大豆等作物外，大部分处于深耕休闲状态，而此期（7、8、9月）正是陇东地区降雨丰沛季节，其降水分布特点与夏播（复种）马铃薯生产季节非常吻合；同时，8—9月气温逐日下降，气候凉爽，病毒传播媒介——蚜虫较少，有利于优质马铃薯生产。因此，充分利用当地自然特点及气候资源，开展夏播（复种）马铃薯生产，建立夏播（复种）马铃薯商品薯生产基地与脱毒种薯繁育基地，有利于扩大马铃薯生产区域，为打造全国马铃薯产业强省奠定基础。

（三）陇东旱塬夏播复种马铃薯生产技术研究进展

近年来，甘肃省农业科学院马铃薯研究所结合对口帮扶县的气候特点和产业发展现状，在陇东地区的庆城县、镇原县开展了夏播（复种）马铃薯生产技术研究与示范，初步筛选出以陇薯系列为主的优质抗病耐旱品种，优化形成露地单行垄作、合理密植栽培模式，形成了旱作节水、精准施肥、病虫害绿色防控配套栽培技术，取得了显著经济、社会和生态效益，对巩固脱贫攻坚成效、助力乡村振兴发挥了积极作用。

三、建立陇东旱塬夏播（复种）马铃薯生产基地的建议

（一）优化品种结构，示范推广优质专用新品种

目前，虽然初步筛选出适宜陇东旱塬夏播（复种）的马铃薯品种，但随着马铃薯主食化战略的进一步实施及专用化、功能化品种的市场需求，必须结合地域特点，持续开展优质、耐病、抗逆、高产中早熟品种的引育筛选与推广应用，推动马铃薯生产标准化发展。

（二）优化夏播（复种）马铃薯丰产栽培技术，规范脱毒种薯繁育体系

陇东旱塬马铃薯传统种植方式多为小垄或坑种，种薯覆盖率低，栽培模式陈旧，配套技术落后，产量效益低下，因此建议充分发挥科研院所的技术、人才优势，在各级地方政府的引导资助下，联合当地新型农业经营主体组建马铃薯组培扩繁中心，建立种薯繁育基地，优化陇东旱塬夏播（复种）马铃薯节水栽培技术，推广脱毒种薯，强化测土配方施肥、种薯拌种处理、病虫害绿色防控技术，实施机械化生产及安全贮藏，促进该区马铃薯产业健康有序发展。

（三）组建马铃薯产业联合体，助推陇东地区马铃薯产业转型升级

目前，陇东地区马铃薯生产、加工、销售企业极少。种植方式滞后，机械化程度不高，

病虫害防控意识淡薄，田间管理技术粗放，单产水平低，产品质量良莠不齐，广大农民对种植马铃薯积极性不高，缺少产业联合体来拉动当地马铃薯产业快速发展。因此，要鼓励马铃薯生产和加工企业采取“企业＋专业合作社＋农民＋科研”的运作模式，组建马铃薯产业联合体，农民以土地入股并参与专业合作社马铃薯标准化生产，降低生产成本，提升市场竞争力，实现企业、专业合作社、农民等多方共赢，促进当地农民稳定脱贫致富。

（四）完善政策支持机制，保障马铃薯产业发展

建议省委、省政府及省农村农业厅等部门结合陇东旱塬生态特点和种植业结构现状，出台相应的优惠政策，设立技术研发专项资金，引导优化农业产业结构，合理调控马铃薯脱毒种薯和商品薯生产布局，加速适宜陇东旱塬夏播（复种）马铃薯新品种引育，建立陇东旱塬夏播（复种）马铃薯脱毒种薯繁育技术体系，完善储藏、加工和销售等产后服务体系，增强农户、专业合作社和企业生产马铃薯的积极性和主动性，保障马铃薯产业快速稳定发展。

（吕和平系甘肃省农业科学院马铃薯研究所所长、研究员，甘肃省马铃薯高产创建专家组组长，甘肃省马铃薯产业技术体系副首席、种薯生产与质量控制岗位专家；张武系甘肃省农业科学院马铃薯研究所研究员、马铃薯脱毒繁育研究室主任，甘肃省马铃薯产业技术体系种薯生产与质量控制岗位成员；文国宏系甘肃省农业科学院马铃薯研究所副所长、研究员，国家马铃薯产业技术体系育种岗位专家）

关于“十四五”时期甘肃省农业农村发展几个问题的思考与建议

（《甘肃农业科技智库要报》　2020 年第 7 期　作者：乔德华）

党的十九届五中全会全面描绘了“十四五”时期我国发展蓝图和 2035 年远景目标，强调要巩固拓展脱贫攻坚成果，全面推进乡村振兴战略，这是对十九届四中全会提出的“巩固脱贫攻坚成果，建立解决相对贫困长效机制”发展目标的进一步深化和拓展，标志着 2020 年我国贫困地区将由“生存型”跨入“发展型”的“后扶贫时代”，农村减贫战略将从彻底消除“绝对贫困”转向逐步解决“相对贫困”问题的新阶段。

全面建成小康社会后，我国反贫困战略及其目标瞄准靶向将发生历史性转变，解决相对贫困问题的战略定位将更加凸显。在进入“后扶贫时代”之际，我国农村还面临一些亟须解决的问题，包括部分贫困群众内生动力激发不够、自我发展能力不足、稳定脱贫机制尚未完全形成等；由于甘肃省自然条件严酷、生态环境脆弱、经济发展滞后，很多地区在较长时期内可能仍然处于相对贫困状态。提高脱贫质量、坚决防止返贫、实现持续健康发展是后扶贫时代的新任务和新要求，后扶贫时代反贫困战略必须由长期以来的“扶贫战略”转向全面提升发展能力、发展水平、发展质量的“发展战略”，从“求生存”转向“求发展”。我们必

须将可持续、高质量发展作为第一要务和解决相对贫困问题的关键措施，全面推进农业农村优先发展、城乡统筹融合发展、区域经济均衡发展、社会经济协调发展、生态环境高质量发展，用绿色发展、高质量发展的理念、方法，努力促进乡村振兴战略实施，弥补甘肃省农村发展不充分短板、缩小城乡发展不平衡矛盾，不断提高城乡低收入人群的生活品质。

一、市（州）、县（区）是乡村振兴战略的实施主体，应加强规划引领，循序渐进，久久为功

在国家乡村振兴战略指引下，各省（自治区、直辖市）陆续发布了乡村振兴战略实施意见，出台了乡村振兴规划，但乡村振兴战略的具体落实应以市、县为实施责任主体，实行“省市协调、整县推进”机制，因此，加强市、县级乡村振兴规划编研及规划引领工作尤为重要。甘肃省各市（州）、县（区）乡村振兴规划应加强整体谋划、优化设计，因地制宜、突出重点，统筹兼顾、全面推进，特别是将乡村振兴与解决相对贫困问题的长效机制有机融合，促使相对贫困地区在乡村振兴战略实施过程中得到充分发展，逐步缩小与相对发达地区的差距。同时应考虑对山区或半山区人口密度较小、生态保护意义较大的行政村或“空心村”按照科学合理规划，尊重农民意愿的原则，进行适当撤并、搬迁。

二、产业振兴是乡村振兴的首要任务，推进乡村振兴战略实施必须首先抓好乡村产业振兴

产业振兴是乡村振兴战略实施的切入点和突破口，是人才振兴、组织振兴、文化振兴、生态振兴的载体和平台，必须将产业振兴放在乡村振兴的突出位置，按照产业生态化与生态产业化相结合的原则，既要以农业特色优势产业为主要抓手，又要突破小农经济旧格局，有效拓展农业新功能、着力发展新业态，树立农村产业高质量发展新理念，用农村一二三产业融合发展的大视野、区域产业集群发展的大格局，精心谋划产业振兴的大文章。

三、农村公共基础设施建设是乡村振兴的重要基础工程，应继续加大建设力度，逐步推进城乡公共基础服务均等化

随着脱贫攻坚战略的大力实施，贫困地区公共基础设施建设得到长足发展。但总体而言，甘肃省农村公共基础设施还相对落后，城乡公共基础服务均等化的差距依然明显存在，农村公共基础设施建设仍需持续加强。同时应建立健全农村基础设施运营维护制度，特别是要建立健全人畜饮水工程应急管理机制。当然，农村公共基础设施建设还应考虑经济性、科学性，对居住比较分散、远离村社中心，以及生态环境脆弱地区、人居环境条件较差的少数农户，若继续优化道路、饮水、电力等工程建设的成本较高、必要性不大，则应以集中搬迁安置为主。

四、部分地区农民老龄化问题凸显，建立健全农村居民养老的长效机制势在必行

甘肃省部分地区农村居民老龄化问题日益突出，应将建立健全农村居民养老的长效机制提上重要议事日程，并切实付诸实施。建议以乡（镇）为单元，每乡（镇）设立一个全托式

的公益性老年公寓，对失去劳动力的农村留守老人或鳏寡孤独者实行集中养老，不但可以满足农民“离村不离乡”的乡土情怀，还便于老年公寓的运行管理，同时也可使部分家有老人需要照顾的青壮年劳动力得到释放，让其安心外出务工，增加家庭经济收入。

五、农村殡葬制度改革已成为急需解决的重要问题，必须逐步向城市殡葬制度看齐

目前，我国多数县、乡尚未建立完善的农村殡葬制度，甘肃省农村殡葬制度的建立基本处于空缺状态，农村去世老人几乎全部土葬在自家承包地里，不但碍于农业机械化生产作业，还占用了不少基本农田；更有甚者，少数地区年龄较大的部分农民已提前为自己选好了“风水宝地”、修建了“豪华坟墓”。建议以行政村或乡（镇）为单元，设立农村公墓区，逐步推行集中殡葬及火化制度。

六、农村儿童基础教育相对较弱，彻底阻断贫困的代际传递是有效解决相对贫困问题的重要措施

甘肃省农村儿童学前教育和义务教育整体较弱，有些贫困地区特别是少数民族地区，行政村幼儿园不健全，儿童学前教育缺失；乡村中小学师资力量不强，义务教育质量不高，甚至有些少数民族地区还将“控辍保学”作为主要工作来抓。建议以行政村为单元建立健全日托式或全托式幼儿园，以乡（镇）为单元建立健全寄宿制中小学；加强幼儿园、中小学师资力量配备，逐步弥补农村学前教育缺失短板、补强农村义务教育质量弱项，使农村儿童受到良好基础教育；同时还可有效解决农村“留守儿童”的教育质量提升问题，以及学生家长接送孩子与田间劳作或外出务工的矛盾。另外，可考虑在贫困地区率先试行农村幼儿园及高中阶段义务教育制度。

七、持续提升农民自我发展能力是贫困地区农民逐步摆脱相对贫困束缚的根本措施

在精准脱贫攻坚战役中，贫困地区农民自我发展能力整体上得到了有效提升，但许多贫困地区目前仍将工作重点放在“两不愁、三保障”方面，对农民自我发展能力提升重视不够、效果不佳。全面建成小康社会后，农民自我发展能力不足将成为后扶贫时代解决相对贫困问题的重要任务，必须对农民“扶智”问题给予高度重视，全面实施农民“扶智工程”，并逐步建立农民职业教育、终身教育、素质提升、能力提升等长效机制。

八、加强职业技术教育是有效提升农民自我发展能力的主要抓手，必须以“扶智”为目标，切实做到“授人以渔”

高度重视农民职业技术教育，强化农民职业教育扶持政策，加强农民职业教育体系建设。目前许多县、市职业中学存在“不职业”的问题，更多地承担着弥补部分初中毕业生高中阶段教育缺失职能。建议继续加大职业院校招生范围，职业院校、职业中学应打破年龄界限，采取职业技术教育与短期技术培训相结合的方式面向社会办学；支持本科院校开办职教专业，鼓励社会力量兴办农民职业技术教育；强化各级广播电视学校的职能发挥，加强多媒体远程教育及实时技术服务体系建设。实施因材施教、分类管理措施，对“两后生”以职业院校和职业中学集中教育为主，使其能力素质

得到整体提升；加强对村社干部、农村党员以及新型农业经营主体负责人的针对性职业教育，促其成为乡村振兴的带头人；对青壮年劳动力采用短期培训、技术指导、现场观摩为主，同时灵活运用多媒体远程实时教育手段，使其真正学到致富技能；高度重视农村妇女特别是"留守妇女"的职业教育，让她们更好地承担起农业生产和子女教育的职责和义务。

九、精神扶贫是促进部分农民提升内生发展动力的重要措施，必须以"扶志"为目标，强化"精神扶贫工程"实施

脱贫攻坚战役中，有些地区"输血式"扶贫使部分群众产生了依赖思想，特别是对农村部分内生发展动力不足者，必须实施"精神扶贫工程"，让驻村干部、村社领导、农村党员、"新乡贤""能人"、致富典型以及新型农业经营主体负责人与其结成"一对一"或"一对多"的帮扶对子，促其树立摆脱贫困的信心和决心，提振勤劳致富的"精气神"；同时大力弘扬传统文化，积极推行农户"道德积分制"管理，用身边事教育引导身边人，汇聚起每一位村民的正能量，让他们主动参与到乡村振兴实践中来，使每个村民从旁观者变为参与者，共同为乡村振兴、美丽乡村、生态宜居做出自己的一份努力。

十、"谁来种地"是乡村产业振兴的根本问题，必须持续强化高素质农民培养力度

人才振兴是强农兴农、乡村振兴的根本，高素质农民是未来"种地人"的主要依托力量。应加大高素质农民培养力度，持续扶持新型农业经营主体特别是家庭农场发展壮大；鼓励支持返乡农民工及农村青壮年劳动力创业；进一步放活农村土地流转经营权，同时对农民自愿退出的承包地实行政府回购制度，对易地扶贫搬迁、生态宜居搬迁的农户原有承包地重新确定土地使用权；加强农事作业、生产经营托管服务体系和产业发展利益联结机制建设，让高素质职业农民成为农村产业振兴的"领头羊"、乡村全面振兴的主力军。

（作者系甘肃省农业科学院农业经济与信息研究所所长、研究员、国家注册咨询工程师）

办公室工作

2020 年，甘肃省农业科学院办公室紧紧围绕全院中心工作，认真贯彻落实院党委、院行政的决策部署，积极履行参谋助手、督查督办、综合协调、服务保障等职能，较好地完成了各项工作任务。

一、强化理论武装，提高思想建设的自觉性和主动性

按照院党委统一安排，结合工作特点，院办公室坚持以习近平新时代中国特色社会主义思想为指导，全面贯彻落实党的十九大及十九届三中、四中、五中全会精神和习近平总书记对甘肃重要讲话和指示精神，增强“四个意识”、坚定“四个自信”、做到“两个维护”，提升理论素养和政治站位，指导工作实践。

二、强化统筹协调，提高工作的前瞻性和系统性

一年来，全面贯彻院领导指示，统筹工作安排，按照时间服从质量的要求，将省委、省政府的工作要求与全院工作部署相结合，细分责任，建立台账，有序推进；统筹领导日程，在工作的协调落实中提高工作效率，全年协调落实院领导日程 321 项次；统筹公务用车，安排 4 辆公务用车用于机关办公，提高了公务用车的运行效率，保障了疫情期间工作人员的出行安全，同时为各处室节省了公务支出。

三、强化管理服务，提高工作的科学性和务实性

强化制度建设，制定出台合同管理办法，同时，与各处室对接，促进制度的“废、改、立”，并对 2019 年以来新建立的规章制度集中上传协同办公平台，方便职工查阅，促进制度落实。规范流程管理，优化了信函出具、来电处理的流程，创新了院长办公会议议题征求意见环节的流程，做到关口前移，以会前的充分研究与思考、意见建议的分析与采纳，促进决策的科学性。彰显农科文化，重新设计定制体现农科院特色的便签稿纸、文化笔等，提升对外形象。规范公务接待，在落实中央八项规定精神的前提下，确保接待规范有序。加强保密工作，全面落实习近平国家安全观，加强密级文件的管理、政务内网建设和涉密人员的警示教育，全年无失秘泄密事件发生，1 人被评为全省保密工作先进个人。推进档案建设，强化双套进馆，规范电子文件管理，催收了多年来应交未交档案，全年收集整理归档3 713件，在全省档案考核中，继续名列省直单位前列，保持了省特级称号。优化《年鉴》栏目并交付出版，使史料保存更完整，可读性更强，使其成为多维度宣传甘肃省农业科学院的专著。加强服务保障，做好公务用车管理、创新大厦电梯安全运行及会议室的管理服务，全年协调服务各单位会议室 531 场次。做好应急值班，按

照省政府要求，落实好节假日的24小时值班工作，确保应急管理措施落实到位。开通农科热线，使农科热线成为甘肃省农业科学院与农民朋友的联心线、科技服务农业农村的解忧线、科技成果推广转化的致富线。

四、强化政务运转，提高工作的规范性和时效性

提高办文效率，做到急事急办、特事特办，全年呈转来文来电1 613份。积极为基层减负，控制发文数量，压缩会议数量、时长及规模，全年共组织召开院长办公会10次，比去年下降16%，院发文122件，比去年下降31%。推进“智慧农科院”（一期）建设项目，积极为全院网上办公、智慧管理构建工作平台。落实院领导接待日制度，通畅了职工反映社情民意的渠道，和谐院所建设进一步得到加强。发挥法律顾问作用，让合法性审查成为保障院决策科学性的重要环节。

五、强化督查督办，提高工作的及时性和精准性

围绕全院任务台账、办公会议纪要和院领导指示批示三个方面，每月采取到期提醒的方式，确保各处室在繁忙的业务工作中事项不遗漏、工作不迟滞、标准不降低。全年督办各类事项457项次，使机关工作一盘棋的格局得到巩固和加强，省农科院的影响力进一步提升。

财务工作

2020年，甘肃省农业科学院财务资产管理处紧紧围绕全院中心工作，根据本部门的实际情况和年度工作重点，精心安排，通力合作，不断夯实会计工作基础，提升财务保障能力和工作水平，较好地完成了各项工作任务。

一、提高站位，加强政治理论学习

按照院党委的统一安排，结合财务处工作实际，制定支部学习计划，坚持党建工作与业务工作同谋划、同部署、同推进。按照党支部标准化建设要求，严肃党内政治生活，定期开展“三会一课”、主题党日等活动，持续深入学习贯彻习近平新时代中国特色社会主义思想，全面贯彻落实党的十九大，十九届二中、三中、四中、五中全会精神及习近平总书记对甘肃工作重要讲话和指示精神，增强“四个意识”、坚定“四个自信”、做到“两个维护”，以党的政治建设为统领，全面加强党的建设，发挥党组织的政治引领作用，巩固和深化“不忘初心、牢记使命”主题教育成果，为全处事业发展提供坚强保障。

二、突出重点，资金争取工作成效显著

本年度人员综合定额标准是“十三五”期间增幅最多的一年，缓解了基本工资不足的问题。首次争取到在职职工公务员医疗补助经费，从源头上理顺并保障了医保经费缺口较大的问题。

三、围绕中心，预算管理工作再上新台阶

按照“服务基层保民生、全力保证职工待遇，服务大局保运转、全力保障和谐稳定，服务中心保科研、全力支撑科研工作”的原则，2020年院内预算早测算、早下达，确保了职工工资发放、社保支出需求，安排了后勤保障、公用事业支出，合理安排了农村试验基地基本运转费用及研究所公务费等。

通过在立项环节加强绩效评价、执行期间加强监控等措施，着力加强项目预算绩效管理。启动项目全流程绩效管理工作。配合完成2019年度《科研条件建设及成果转化项目》整体支出绩效评价工作，工作质量较高，获得省财政厅肯定。组织完成2019年省级财政拨付的引导科技创新发展专项、科普单位科研条件改善及能力建设项目等5个项目的绩效考评工作。推动了全院预算绩效管理工作，加强了对各项目执行单位的支付进度和绩效目标双监控工作。

四、加强管理，国有资产管理持续规范

按照资产管理与预算管理、资产管理与财

务管理、实物管理与价值相结合的原则，积极与财政部门沟通，在保障机构运行、项目执行的前提下，编制了2020年省级行政事业单位资产配置预算，完成了预算追加调整，有效保障了机构运行及项目预算经费的支出进度。按照简化程序、加快进度的原则，配合各建设单位、相关部门，协调完成甘肃省寒旱农作物种质资源保存评价及品种选育创新平台项目、植物多元化加工与贮藏保鲜急需仪器设备购置、消防系统维修改造工程、网络提升改造工程等项目的政府采购工作。

五、积极稳妥，内控体系建设工作持续推进

持续推进内控体系建设工作，在前期已经完成工作的基础上，制定缺陷清单，完成缺陷整改，梳理经济业务，编制业务流程，健全内控体系，持续提升管理水平。严格按照财政部《行政事业单位内部控制规范（试行）》要求，建立涵盖单位和业务两个层面，贯穿预算、收支、资产、政府采购、合同和建设项目6个重点业务，集风险评估、完善、监督于一体的内部控制规范体系，目前内控手册初稿编制工作已经完成。

六、严格要求，认真推进审计及专项巡察反馈问题整改工作

一是牵头推进主要领导经济责任审计反馈问题整改工作。根据省审计委员会办公室、省审计厅下达的审计报告和审计决定书指出的问题，召开了审计整改工作对接会，与各责任部门和单位进行逐一对接，提出了审计整改的基本思路和要求，并提出了具体整改要求。按照时间节点，及时督促各责任部门和单位推进工作，确保各项整改任务落到实处。二是积极做好专项巡察和整改工作。积极配合院纪委开展了院深化科技领域突出问题集中整治专项巡察，针对巡察的问题主动认领、立行立改，认真制定整改措施，成立整改领导小组，制定整改工作台账，明确时间节点、责任领导、责任科室和责任人，切实做到件件有回音，事事有着落。

七、强化培训，提高财务人员履职能力

组织财务人员完成继续教育网上学习培训工作。积极争取培训名额，推荐9人参加省财政厅在上海国家会计学院举办的财务培训班。4人参加全国农科院财务管理研讨会。经单位推荐、笔试、面试考核，1人入选甘肃省第四批会计高端人才库。

经费收支情况

2020 年度院属各单位经费收入情况一览表

单位：万元

单位名称	合计	财政拨款收入							事业收入		
		小计	机构运行经费	离退休费	社保经费	抚恤金	改制政策性补贴	财政拨款科研专项	小计	非财政拨款项目收入	其他事业收入
院本级	7 401.69	6 725.55	1 560.41	39.20	406.63	35.21	1 553.60	3 130.50	676.14	615.33	60.81
作物所	3 564.86	2 669.80	669.55	5.79	192.75	7.41		1 794.30	895.06	670.63	224.43
土肥所	2 746.92	1 977.98	500.91	3.90	152.55	8.12		1 312.50	768.94	626.61	142.33
马铃薯所	2 702.27	2 043.79	328.10	1.90	91.14			1 622.65	658.48	397.36	261.12
植保所	1 782.31	942.24	503.08	15.04	145.76	6.66		271.70	840.07	488.96	351.11
旱农所	4 137.00	3 407.75	513.77	2.10	138.98			2 752.90	729.25	448.94	280.31
林果所	1 407.28	878.49	457.12	2.99	142.73			275.65	528.79	441.89	86.90
农经所	1 009.76	716.06	361.68	1.90	104.63			247.85	293.70	51.55	242.15
蔬菜所	1 291.31	901.28	556.84	3.40	155.05	6.34		179.65	390.03	291.55	98.48
生技所	810.45	606.24	316.38	0.80	88.71			200.35	204.21	171.00	33.21
加工所	1 226.26	1 017.31	413.91	2.00	127.31	12.09		462.00	208.95	208.95	0.00
畜草所 质标所	1 715.83	1 165.81	399.11	1.60	115.53	6.22		643.35	550.02	361.05	188.97
经啤所	839.47	617.52	346.78	2.10	97.95	5.09		165.60	221.95	169.64	52.31
小麦所	785.54	576.65	288.75	0.70	70.45			216.75	208.89	172.13	36.76
后勤中心	1 118.88	968.74	192.45	1.80	64.64			709.85	150.14		150.14
合　计	32 539.83	25 215.21	7 408.84	85.22	2 094.81	87.14	1 553.60	13 985.60	7 324.62	5 115.59	2 209.03

说明：院本级包括院财务处、试验站。

2020 年度院属各单位经费支出情况一览表

单位：万元

单位名称	合计	工资福利支出	商品和服务支出	对个人和家庭的补助支出	资本性支出（基本建设）	资本性支出	对企业补助
院本级	7 352.97	1 512.97	1 922.90	332.51	619.92	1 411.07	1 553.60
作物所	2 457.12	751.76	1 379.19	109.87		216.30	
土肥所	1 833.72	665.29	1 039.96	93.15		35.32	
马铃薯所	1 902.53	625.97	807.34	50.25		418.97	
植保所	2 231.16	845.72	1 103.96	124.15		157.33	
旱农所	1 933.56	739.38	1 006.46	74.39		113.33	
林果所	1 331.95	601.39	622.68	74.26		33.62	
农经所	1 088.00	407.91	518.62	55.15		106.32	
蔬菜所	1 373.90	692.66	574.35	84.00		22.89	
生技所	704.97	352.80	296.33	54.56		1.28	
加工所	1 256.11	472.75	706.56	73.62		3.18	
畜草所 质标所	1 637.57	576.61	944.43	98.88		17.65	
经啤所	885.45	387.13	436.42	59.75		2.15	
小麦所	989.40	318.23	628.90	38.20		4.07	
后勤中心	954.17	222.20	681.77	49.67		0.53	
合　计	27 932.58	9 172.77	12 669.87	1 372.41	619.92	2 544.01	1 553.60

说明：院本级包括院财务处、试验站。

2020 年度试验场（站）经费收支情况表

单位：万元

单位名称	收　入			支　出						
	小计	财政补助收入	经营收入	小计	工资福利支出	商品和服务支出	对个人和家庭的补助支出	资本性支出	对企事业单位的补贴	经营支出
张掖试验场	1 943.60	1 739.77	203.83	3 661.94	404.10	75.62	74.43	1 880.51	1 056.77	170.51
榆中试验场	1 022.34	949.87	72.47	769.40	157.40	9.01	24.40	244.00	315.70	18.89
黄羊试验场	325.79	250.05	75.74	426.81	76.21	63.37	12.10		153.12	122.01
合　计	3 291.73	2 939.69	352.04	4 858.15	637.71	148.00	110.93	2 124.51	1 525.59	311.41

基础设施建设工作

2020年，在院党委、院行政的正确领导下，甘肃省农业科学院基础设施建设办公室坚持统筹兼顾、突出重点、突破难点，圆满完成了西北种质资源保存与创新利用中心建设等重点工作。

一、有序推进西北种质资源保存与创新利用中心建设

为充分保护和利用甘肃省丰富的种质资源，提升种质资源对重大品种和特色品种培育的支撑能力，甘肃省农业科学院立项建设西北种质资源保存与创新利用中心，完成了项目方案设计、初步设计和施工图设计，办理了建设工程规划许可证、施工许可证、质量备案和安全备案等建设手续后，于9月16日举行了开工仪式。该项目总建筑面积10 903.74平方米，地下一层、地上八层，主要设计有种质资源库和实验室等，是甘肃省农业科学院围绕种质资源保存利用创新研究专项投资最大的一项工程，建成后能为甘肃省乃至西北地区今后50年作物育种、种质创新、粮食安全和农业优质发展等提供有力支撑。项目开工后，组织了图纸会审、地基验槽，完成了基坑开挖、基础防水施工，开展了地基承载力静载试验。

二、完成17～20号楼决算工作编制和决算审计

充分调研后并通过竞争性谈判，确定工程竣工财务决算审计单位为甘肃广合会计师事务有限公司。按照工程财务决算流程，会计事务所现场审核工程项目实施过程中的所有资料，梳理了项目实施过程已经发生的投资，形成初步待摊投资分配方案。在此基础上，编制完成工程财务决算报告并通过审定。

三、完成旧楼加装电梯1部

争取到旧楼加装电梯政府补贴指标1部。召开住户会议，选定了电梯品牌，确定了费用筹资方案和运行维修保养方案等，形成电梯加装初步方案。根据井道实际，确定了电梯的加装尺寸。签订了电梯加装合同，完成了电梯井道土建施工和电梯设备安装施工，通过了甘肃省特种设备检验检测研究院的检验，取得了《曳引与强制驱动电梯监督检验报告》和安宁区市场监督管理局核发的电梯使用证，交付住户投入使用。

四、完成了其他管理服务工作

制定出台了《甘肃省农业科学院基本建设项目管理办法》，进一步规范了基本建设管理程序和建设行为，加强了基本建设项目管理。办理取得了院西区建设用地规划许可证，总用地面积约237 293.4平方米，为全院基建项目长远发展奠定了基础。维修解决了15～16号

楼地下车库漏水、17～20号楼质保期内住户反映的问题等。完成了创新大厦室外消防水泵房及消防系统维修改造工程施工招标，并签订了施工合同，完成了消防器材安装和消防施工前期准备工作。加强榆中试验场综合实验楼后续工程的监管，完成了招标范围内的一楼职工食堂大厅、二楼公共卫生间、五楼培训室及会议厅墙体拆除，1～5层水电暖和消防管线及负压排风、网络配线等改造，二楼专家公寓室内卫生间新建大部分工程，完成总工程量的60%。

老干部工作

2020年，在院党委、院行政的正确领导下，甘肃省农业科学院老干部处认真组织学习习近平新时代中国特色社会主义思想，深入宣传贯彻落实党的十九届五中全会精神，积极引导广大离退休干部职工，增强“四个意识”，坚定“四个自信”，做到“两个维护”，珍惜光荣历史，不忘革命初心，永葆政治本色，自觉做全面从严治党的坚定支持者和模范践行者，有序推进离退休党支部建设标准化工作，全面提高信息化、精细化服务水平，推动中心工作落实，为新农村建设和乡村振兴献计出力贡献余热。全院老干部工作得到了省委老干部局赞同，1名同志获得全省老干部工作先进个人称号。

一、重点工作任务落实到位

积极参与院疫情防控工作，配合院党委、社区做好思想工作，达到统一思想，服从指挥，全院离退休职工主动作为，主动请战捐款捐物，为战胜疫情做出了应有贡献。认真贯彻落实上级指示精神，积极参加各类活动，按老干局要求完成“夕阳风采”App和两个微信公众号关注安装工作。老专家农业科技“四技”服务有效开展，激发老同志参与院“全省助力脱贫攻坚省农科院专家团队”，为全省脱贫攻坚奉献智慧和热情。

二、“两项待遇”和关心关怀落实到人

严格落实老干部政策，老干部“两项待遇”得到全面落实。时时关注老同志生活情况，对长期病重的老同志做到及时探望，在生活上帮助他们，使老同志在物质生活上有依靠。两节慰问由院领导带队，对6名退休地级领导、4名离休干部、2名遗属进行了看望慰问，同时慰问了院机关14名和全院67名病重及困难退休职工。坚持每月到市区老干部家中至少走访看望1次，对异地安置离休干部和异地居住退休职工保持经常的电话联系，坚持对住院的离退休职工进行看望慰问，看望100多人次。节日期间，对居住在外地和市内的离退休老干部打电话问候。认真落实离退休职工的生活待遇和医疗待遇。及时为4名离休干部申报并发放了每年增发的基本离休费和门诊医疗费，为3名离休干部申报并发放了超定额门诊医疗费，为1名离休干部申报并发放了1 000元健康奖励费。老干部政治生活两项待遇得到了全面落实。

三、思想政治工作有力推进

积极组织每月一次的离退休支部党员组织生活会制度，向他们传达学习上级和院里的有关会议文件精神，注重把离退休支部集体学习

讨论和平常的个人自学相结合。对居住较远、行动不便的党员采取送学上门的方式，通过学习，切实把广大离退休党员干部的思想和行动统一到党的十九大精神上来，把智慧和力量凝聚到实现全院确定的各项目标任务上来，进一步增强了责任感、紧迫感和使命感，使广大离退休党员干部紧跟时代步伐，做到政治坚定、思想常新、理想永存。注重做好政策宣传、正面引导工作，积极化解矛盾，促进了离退休职工队伍的和谐稳定。全年接待来信来访 60 多人次，对反映的问题都进行了认真核查和政策宣传解释，没有激化矛盾。

四、精神文化生活不断提升

结合疫情期间活动场所关闭的实际，电话咨询关心关怀全体离退休职工的身体健康情况，并适时通报疫情动态变化情况，让老同志做到心中知晓，全院没有任何因疫情防控不好而产生负面影响的情况。注重把经常性活动和集体活动结合起来，组织 70 多名离退休职工参加了全院迎新春环院越野赛，组织院机关离退休支部全体党员赴榆中瞻仰先烈纪念馆。参观考察榆中场和各实验站点的新变化。组织全院离退休职工庆重阳趣味运动会，邀请省委老干局信息中心网站负责人指导全院老干部信息化服务管理工作，对“夕阳风采”App 管理后台基本功能和操作方法、“甘肃离退休干部之家”网络互动平台版块设置及发帖跟帖方法和“离退休干部工作”及“甘肃老干部”两个微信公众号的关注浏览方法等进行了系统讲解和培训，组织全院离退休职工开展“庆元旦，迎新年”有奖猜谜活动。丰富了离退休职工的精神文化生活，营造了健康向上的文化生活氛围。

五、服务管理更加精准

根据上级有关文件精神并结合实际，在工作中经常了解掌握离退休职工情况，有针对性地搞好亲情服务、特殊服务和精细化服务工作。比如长期坚持办理门诊医疗费及报刊费报销，为退休职工和家属办理了老年人优待证，为异地居住和外出突发性疾病的离退休干部办理住院备案、费用申报，为老干部开会、学习、看病及住院派车等服务性工作。为正高职称人员办理保健证等。激发老干部老专家的作用发挥，配合协助老科协农科分会开展工作，在为全省助力脱贫攻坚行动方面建言献策、科技咨询和科普宣传等积极开展工作。5 月，农科专家团队分赴陇南、定西进行道地中药材发展调研，形成了高质量的调研报告，得到了上级有关部门的高度重视。

六、自身建设取得实效

坚持以习近平新时代中国特色社会主义思想为指导，围绕中心，服务大局，以政治建设为统领，更加突出服务管理，真抓实干，推动全院老干部工作更好地融入全院发展稳定大局，不断提升新时代老干部工作的高质量。深刻领会十九届五中全会精神，认真学习习近平总书记关于老干部工作和老龄工作的重要讲话精神。教育大家要切实增强从事老干部工作的荣誉感、自豪感，自觉站在讲政治的高度，用习近平总书记关于老干部工作的重要论述武装头脑，将讲话精神和全国老干部局长会议精神贯彻落实到年度各项工作的统筹安排中，切实把学习成果体现到思想认知上、本领提升上、使命担当上、工作成效上。

后勤服务工作

2020年，在院党委、院行政的正确领导下，在院属各单位和各部门的支持、配合下，甘肃省农业科学院后勤服务中心在做好新冠肺炎疫情防控的同时，较好地完成了全年工作任务。

一、勇于担当作为，全力做好新冠肺炎疫情防控

面对突如其来的新冠肺炎疫情，后勤服务中心干部职工认真落实各级疫情防控部署要求，积极牵头，攻坚克难，坚决打赢疫情防控阻击战，并在抓好疫情防控的同时，有序推进复工复研。一是加强门卫管理，由中心领导轮流带班，院属各单位各部门紧密配合，实行24小时门卫执勤，严格控制外来人员和车辆进出。二是加强消毒防护，对电梯、楼道、门厅等公共区域和垃圾投放点进行定时喷洒消毒。三是加强外地回院人员隔离管理和宣传引导，向职工群众宣传正确的疫情防控知识。四是建立疫情防控领导小组微信群，启用疫情防控二维码信息管理系统，及时发布疫情动态，做好疫情报告。五是配合刘家堡街道，完成全院新冠疫情疫苗接种摸底工作。

二、坚持以人为本，着力解决关系民生的突出问题

按照院重点工作安排，引进了安宁居仁堂诊所，为全院广大职工及家属提供了便利。为2020年新进博士分配住房4套。完成公共房产资源优化利用和15～20号楼地下车库启用工作，对院内广告宣传乱贴乱画、线缆乱拉乱装等现象进行了整治，协助做好西北种质资源与创新利用中心项目建设水电供应。院内辅助设施维修改造工程项目开工建设，道路维修及环境整治项目基本完工。

三、狠抓工作落实，加强消防安全及综合治理

确定专人负责消防安全管理工作，明确其为消防直接责任人。认真落实综合治理责任制，与院属兰州片各单位签订了目标任务书，按照规范完善了消防管理制度、消防责任信息公示、相关档案及巡查记录。委托甘肃惠安消防检测有限公司，定期对消防设施设备进行维修保养，加强和规范机动车辆停放管理。加大日常安全巡逻管理力度，有效保障院区安全。完成新建门禁人脸识别信息采集，共采集信息2 300多条。

四、健全管理制度，推进内控体系建设

制定出台了《甘肃省农业科学院后勤服务中心党总支会议议事规则》《甘肃省农业科学院后勤服务中心主任办公会议议事规则》《甘肃省

农业科学院后勤服务中心经费支出管理办法》和《甘肃省农业科学院后勤服务中心公用物资采购管理办法》，进一步规范了内部管理的程序和要求，有效堵塞了漏洞，防范了风险。

五、坚持深入一线，落实帮扶工作责任

根据全院脱贫攻坚工作统一安排，积极配合项目主持单位实施深度贫困县重点帮扶项目。积极参与制发《关于落实职工福利助推消费扶贫促进经济发展的通知》，从镇原县方山乡扶贫点为职工采购面粉、胡麻油等生活必需品，消费扶贫总额12 690元。

六、落实全面从严治党主体责任，着力加强党建和精神文明建设

以习近平新时代中国特色社会主义思想为指导，按照院党委总体工作部署，对标《中共甘肃省农业科学院委员会全面从严治党和党风廉政建设工作责任书》，认真履行党建和全面从严治党主体责任。突出以上率下，深化学习教育。按照读原著、学原文、悟原理的要求，认真开展党的十九届五中全会精神专题教育。扎实开展“不忘初心，牢记使命”主题教育“回头看”。加强职工队伍建设和党员队伍建设，从严监督教育管理职工和党员干部。增强国家安全意识，切实抓好安全生产。传承良好家风，促精神文明建设，1名职工荣获甘肃省“最美家庭”荣誉称号。为深入贯彻落实习近平总书记“坚决制止餐饮浪费行为”的重要指示精神，创建餐桌文明，在职工食堂制作摆放文明用餐提示牌50多件（张），指定文明用餐监督员。

疫情防控工作

甘肃省农业科学院紧急部署新型冠状病毒感染的肺炎疫情防控工作

1 月 26 日，甘肃省农业科学院召开党委扩大会议，传达学习习近平总书记对新型冠状病毒感染的肺炎疫情作出的重要指示精神和李克强总理批示精神，传达省委常委会会议和省政府常务会议精神，专题研究部署春节期间全院疫情防控工作。党委书记魏胜文主持会议，院长马忠明，党委委员、副院长李敏权、贺春贵及院属各部门负责人出席会议。

魏胜文指出，新型冠状病毒感染的肺炎疫情发生后，党中央、国务院高度重视，及时作出防控部署，为做好下一步疫情防控工作指明方向。甘肃省农业科学院各部门、各单位主要负责同志要高度重视疫情防控和应急管理工作，思想上不能大意，措施上不能松懈，要把疫情防控作为当前的一项重要工作抓紧、抓实、抓好，切忌掉以轻心、在疫情防控和应急管理工作中出现疏漏。就做好疫情防控工作，他要求：一是立即成立院疫情防控工作领导小组，统一安排部署全院相关工作。二是进一步强化防控意识，层层落实防控责任，严防新型冠状病毒感染的肺炎疫情传入院内。三是加大培训中心、职工食堂等重点区域的监控，主动接受安宁区疾病预防控制部门的指导。四是切实做好保安、值班等工作人员的防护工作，结合防控工作的实际需要，做好公共场所尤其是办公区域的保洁、消毒工作。五是加强春节期间在岗值守，落实带班值班制度、每日“零报告”制度。六是加强宣传，做好有关政策措施的解读工作，各单位要教育职工听从政府权威发布信息，不信谣、不传谣。

马忠明强调，全院各部门、各单位要严格贯彻落实相关会议精神，高度重视疫情防控工作，靠实责任，加强检查，及时报告相关情况。就做好疫情防控工作，他要求：一是立即启动全院应急预案，切实做好疫情防控工作。二是严格带班值班制度和疫情报告制度。值班人员要在岗值守，带班领导要保证同城、保证清醒。院属各单位要明确负责人，对疫情要及时报告，落实每日“零报告”制度。三是院保卫科要认真负起责任，加强外来车辆和外来人员的检查登记，坚决杜绝疫情传入院内。四是进一步加强培训中心、职工食堂、招待所等重点场所的管理，严禁组织聚餐、聚会等活动。

甘肃省农业科学院再次研究部署新型冠状病毒感染的肺炎疫情防控工作

1月31日，甘肃省农业科学院召开新型冠状病毒感染的肺炎疫情防控工作领导小组第二次会议，听取全院疫情防控工作和外地返院人员摸排情况，研究解决防控工作中存在的问题，对下一步防控工作再动员、再部署、再要求。院长马忠明主持会议，院党委书记魏胜文，党委委员、副院长李敏权、贺春贵、宗瑞谦及防控工作领导小组全体成员参加会议。

马忠明对下一步防控工作提出要求：一是各部门、各单位要高度重视疫情防控工作，认真落实党中央、国务院、省委、省政府的安排部署。二是各部门、各单位要切实负起责任，管好自己的人，做好职工的思想工作，继续做好外地返院职工的排摸登记工作。三是严格带班值班制度，完善交接班手续，完善值班报告制度。四是后勤服务中心要进一步完善应急预案，全力做好物资储备、办公区域消毒测温等防控工作。五是要进一步加强出入人员登记，做到可追溯、可排查。严禁外来车辆进入院区。六是进一步加强消防管理。

魏胜文对下一步防控工作提出要求：一是各部门、各单位要落实责任制，管好自己的人，看好自己的门。二是严格落实“日报告”和“零报告”制度，切实做到正常情况零报告，异常情况及时报告。三是做好办公区域消毒测温工作。四是后勤服务中心统筹做好门禁、值守工作，进一步加强出入人员登记工作。五是以研究所、部门为主，号召党员、团员、志愿者为留观人员提供帮助。六是要做好一线工作人员的后勤保障。

抗击疫情——农科人在行动

2020年的春节，被一场突如其来的新冠肺炎疫情打乱。面对疫情的严峻挑战，甘肃省农业科学院切实把思想和行动统一到习近平总书记重要指示精神上来，按照中央和省委的安排部署，加强组织领导，层层落实防控措施，疫情防控与科研工作两不误，各项工作有序、有力、有效开展。

强化组织领导　筑牢防控堡垒

甘肃省农业科学院以“疫情就是命令、防控就是责任”的政治高度，迅速把思想和行动统一到党中央关于疫情防控的科学判断和决策部署上来，切实增强做好疫情防控工作的责任感和使命感，充分发挥党组织的战斗堡垒作用和共产党员的先锋模范作用，推动各项工作落实落细，全力以赴参与到这场没有硝烟的战斗中。

正值农历春节大年初二，甘肃省农业科学院紧急召开党委会议和党政联席会议，学习传达习近平总书记对新型冠状病毒感染的肺炎疫情作出的重要指示精神和李克强总理批示精神，传达省委常委会议和省政府常务会议精神，专题研究部署全院新冠肺炎疫情防控工作。启动甘肃省农业科学院突发公共卫生事件应急预案，成立了以院党政主要领导担任双组长、班子成员为副组长（分管领导为常务副组长）、各单位主要负责同志为成员的院新冠肺炎疫情防控工作领导小组，主管部门承担办公室日常工作，层层落实防控责任。修订完善《甘肃省农业科学院突发公共卫生事件应急预案》，制定《关于做好返岗上班后全院疫情防控工作的安排》《关于抓好近期有关工作的通知》等一系列文件通知，为疫情防控提供了制度保障。

全面拉网排查　做实联防联控

按照“高度重视，迅速行动、全面部署”的工作要求，院属各部门、各单位第一时间对本单位在职职工、离退休职工及其亲属的流动情况、健康状况等疫情情况进行了全面排查。严格落实疫情日报告和零报告制度，要求外地返兰职工和家属自行居家隔离，按时上报身体情况。对培训基地、职工食堂等重点场所关键部位加强监控，主动接受安宁区疾病预防控制部门的指导，积极配合刘家堡社区进行排摸登记。

按照有关要求，对农科院小区实行了封闭管理，选派职工轮流值班把守，为院内职工家属办理出入证，对出入院区的人员进行登记和体温检测，严格控制外来人员和车辆进入院区，坚决杜绝疫情传入院内。开通疫情防控信息系统，采用手机扫描二维码加强出入人员登记管理，同时在防疫期间加强考勤管理，严防死守，确保防控措施落实落细。

在防控物资十分紧缺的情况下，后勤服务中心组织多方力量，通过线上线下采购口罩、消毒液、体温枪等，集中力量对工作区和集中住宅区等重点区域和密集区域进行消毒杀菌，加班加点对垃圾桶、绿化带、卫生间、电梯内外等开展地毯式消杀，建立了防控疫情的牢固防线。

疫情防控领导小组动员全院广大党员干部、职工、青年志愿者采取轮班制，分别在院区东门，家属区东区，办公楼、实验楼设立疫情防控党员先锋岗、志愿者服务岗、青年服务岗，对出入人员进行登记、测温。志愿者还为值班人员送去防护用品和消毒用品，为居家隔离人员送菜上门、处理垃圾，保证职工生活，体现人文关怀。

统筹安排部署　防控科研两不误

疫情还没有散去，可是农时不等人。甘肃省农业科学院在做好疫情防控工作的同时，认真研究部署近期重点工作，尤其是上题立项及春耕备耕工作，确保防控科研两不误。

院脱贫攻坚帮扶工作领导小组召开会议，传达学习《关于在打赢新型冠状病毒感染的肺炎疫情防控工作阻击战中充分发挥驻村帮扶工作队作用的通知》《关于做好新型冠状病毒感染的肺炎疫情防控和脱贫攻坚有关工作的通知》《甘肃省脱贫攻坚挂牌督战实施方案》及《甘肃省 2020 年脱贫攻坚工作要点》等文件精神，安排部署了帮扶村新冠肺炎疫情防控及近期驻村帮扶工作的重点任务和具体举措。

院科研处针对目前疫情防控的特殊情况，对当前科研重点任务的开展做出了具体安排，对近期急需上报的数据资料、项目申报书等都是通过内部网络传送，尽量减少人员流动和聚集；安排科技人员在各自办公室、隔离人员居家撰写项目申请书，全力做好国家自然基金等重点项目的申报，提前做好在研项目试验方案设计，充分准备春耕备耕工作；和院图书馆对接，开放了中国知网外网查询权限，方便科技人员查询检索相关研究资料，做到全院科研工作有序开展，不受当前疫情影响。

加强宣传引导　依法科学防控

为引导全院干部职工充分认识疫情防控工作的重要性和紧迫性，在院局域网开设疫情防控宣传专栏，设立了要闻、农科院在行动、院内新闻、相关知识等栏目，第一时间转载党中央、国务院和省委、省政府的决策部署，报道省农科院贯彻落实举措，宣传新冠肺炎防控知识。同时，利用微信群、QQ群及时发布权威声音，宣传疫情防控知识，进行疫情防控法治宣传教育。充分发挥通讯报道员作用，挖掘新闻素材，宣传全院干部职工在防控一线所做的努力，报道感人事迹，分享暖心故事。在院办公楼一楼大厅电子屏滚动播放新冠肺炎疫情防控宣传标语，多措并举，加大宣传和舆论引导力度，为确保打赢疫情防控阻击战提供舆论保障。

甘肃省农业科学院召开新冠肺炎疫情防控工作领导小组第三次（扩大）会议

2月14日，甘肃省农业科学院召开新冠肺炎疫情防控工作领导小组第三次（扩大）会议，研究部署近期主要工作。院长马忠明主持会议，院新冠肺炎疫情防控工作领导小组成员、院机关全体干部参加会议。

会上，党委书记魏胜文就习近平总书记关于新冠肺炎疫情防控工作重要讲话精神及中央和省委、省政府疫情防控工作有关会议精神做了传达学习。他要求院属各单位、各部门要进一步提高政治站位，切实把思想和行动统一到习近平总书记重要指示精神上来，按照中央和省委的安排部署，切实增强疫情防控的责任感和使命感，各级领导干部要靠前指挥、强化担当，守土有责、守土担责、守土尽责，集中精力、心无旁骛地把每一项工作、每一个环节都做到位，做到疫情防控与科研工作两不误，两促进。

院长马忠明就近期重点工作做了安排部署。他要求，一要提高政治站位，认真学习习近平总书记重要讲话精神。以更坚定的信心、更顽强的意志、更果断的措施，紧紧依靠人民群众，坚决把疫情扩散蔓延势头遏制住，坚决打赢疫情防控的人民战争、总体战、阻击战。二要严格把关，全力做好全院疫情防控工作。要严格网格化管理，严把输入关、排查关、信息关和防护关，杜绝形式主义、官僚主义。三要统筹安排部署，推进重点工作落实。要尽快动员部署脱贫攻坚帮扶工作；分解落实全院工作会议确定的重点工作任务，制定年度工作计划；要做好近期项目的申报验收工作；要谋划好、实施好全院成果转化工作；早着手，早落实，做好财务预算工作；要做好科研平台和基础建设工作；进一步完善管理制度建设，抓好地下车库租赁、地上停车管理、内控制度建设以及考核等工作；要做好田间试验方案设计、土地平整、相关仪器购置等春耕春播准备工作。四要加强宣传，正面引导疫情防控和全院重点工作，积极宣传防控工作中涌现出的感人事迹、典型人物及经验做法。

马忠明强调，作为省政府直属事业单位，在紧要关头，甘肃省农业科学院要挺身而出，为全省农业发展担当作为，发挥才智，在落实中央 1 号文件精神中要有新举措，要落实好省委、省政府的总体部署，特别是在“一带五区”农业产业发展中有所作为。要积极发挥专家智库优势，多渠道开展调研，围绕近期疫情对全省农业生产造成的影响和问题提出意见建议，为省委、省政府决策提供依据。

会议还听取了院疫情防控工作领导小组常务副组长宗瑞谦关于近期全院新冠肺炎疫情防控工作进展情况的汇报和下一步疫情防控工作具体安排。

疫情未止　帮扶不断

正当新冠肺炎疫情防控进入关键阶段，甘肃省农业科学院全面贯彻落实党中央、国务院和省委、省政府关于疫情防控的安排部署，守土尽责，扎实开展疫情防控工作。在紧张的疫情防控工作同时，农科人也牵挂着联系帮扶的庆阳市镇原县方山乡 4 个村的疫情防控和脱贫攻坚情况。农时不等人，春耕生产即将开始，助力联系帮扶村做好疫情防控和春耕备耕工作，将疫情导致的不良影响降到最低，成为当前帮扶工作的重点，也是保障 4 个村年内全面完成脱贫任务的关键。

院脱贫攻坚帮扶工作领导小组科学调度，及时安排部署相关工作，动员全院各级帮扶责任主体在疫情防控要求的特殊情况下，想方设法将帮扶力量输送到一线，确保帮扶村疫情防控和脱贫攻坚两项工作两手抓、两不误、两促进。

全院上下积极行动。帮扶责任人通过电话、微信等通信手段联系帮扶户，详细了解疫情对其生产生活的影响，并针对突出问题调整完善“一户一策”方案，尽量消除和减少疫情影响，做到了联系到位、计划到位、措施到位。4 支驻村帮扶工作队与帮扶村所在地方党委、政府和帮扶村积极沟通联系，询问了解疫情防控情况，围绕各村产业培育计划和单位自身实际，着手制定详细的帮扶工作计划，并撰写各类帮扶项目申请书，确保疫情防控与春耕生产两不误。选派到村的第一书记和党员工作队员还交纳了特殊党费，购买物资支持地方疫情防控工作。

疫情防控形势严峻，脱贫攻坚也不能断线。甘肃省农业科学院牢牢扛起帮扶责任大旗，在特殊时期积极应对，以有效的措施在抗击疫情和贫困的斗争中贡献着自己的一份力量。

八、 媒体报道

深化院地合作　共谋乡村振兴

——省农科院助力民勤人参果产业高质量发展侧记

（来源：《甘肃科技报》　2020年1月13日）

2020年1月1日一大早，民勤县东坝镇东一村的人参果种植户们早早吃过早点，就匆忙地赶往村里的蔬菜种植基地。听说省农科院的专家们要来，村民们甭提多高兴了。上午9时，记者随同甘肃省农业科学院院长马忠明带领的省农科院土壤肥料研究所、蔬菜研究所、生物技术研究所、林果研究所的专家们来到武威市民勤县举办的甘肃省人参果脱毒种苗高效栽培技术观摩会现场。在蔬菜基地，该镇人参果种植户魏育斌说："今天是个好日子，我们来观摩学习棚栽人参果脱毒种苗高效栽培技术，这项由省农科院推广的技术不仅操作简单，效果十分明显，我们的种植效益比以往更可观。"民勤县是我国人参果设施栽培的主产区，日光温室里面生长出的人参果因色泽亮丽、个头匀称、口感醇美、低糖低脂、高钙富硒等特质深受消费者青睐，终端市场供不应求。因此，民勤县也被誉为"中国设施人参果之乡"。记者了解到，目前该县人参果栽培面积达到1万亩，年产人参果近2.5万吨，产值接近2亿元。人参果种植已成为当地群众致富的"铁杆庄稼"。

品种退化　"金果"变"僵果"

民勤县双茨科镇红东村谢淑英家已有6年大棚蔬菜种植经验。3年前，谢淑英和老公决定将自家的大棚种植人参果。就在过去的2019年，谢淑英的心里七上八下，特别不是滋味。在谢淑英家的人参果大棚里，她指着棚里低矮的人参果树对省城来的农业专家诉起了苦："往年俏销的'金果'这两年变成'僵果'，根本不好卖。邻居家的人参果每个棚子一年能卖3茬，可去年我家100米的大棚才卖了不到3万元。看着果子不好好长，每隔七八天我们就得打一次药。""我们来就是要从源头上解决问题，不然以后别人说咱们民勤的人参果是'药果'，就更卖不上价钱了。"省农科院蔬菜研究所副研究员杜少平说。"棚里生病的植株，花器瘦小上举，花柄颜色变紫；植株茎秆较硬，叶片变脆，根系枯黄，毛根脱落；发病严重的植株叶片皱缩、植株矮化；果实手感坚硬，果面粗糙、发暗、色泽较白，紫色条斑分布紊乱、多点状分布且颜色深入果肉。"这是典型的僵果症状。对此，专家们看在眼里，急在心上。"我们民勤县从2007年就引进人参果种植，目前，全县人参果温室规模达到4 898座，面积近万亩。仅双茨科镇红东村就有50座大棚，要是僵果占比按这样的趋势发展下去，我们民勤人参果的口碑就全完了。"民勤县农业农村局局长刘爱国说。在田间棚头，省农科院生物技术研究所副研究员裴怀弟分析起了增产不增收的原因："产量和品质出现问题，主要是因为品种特性退化，纯度下降。由于人参果苗木采用无性繁殖，在育苗过程中多采用嫩苗扦插技术，长期进行多代繁殖后纯度难以保证，品种逐渐退化。再加上苗木带病移栽，土壤质量下降等原因，人参果出现整株生长受阻，成活率、结果率下降，僵果率增大等现象，产量和品质严重降低不说，肥药成本也在逐年递增，收益连年下降。”“人参果栽培技术相对简单。以往，很多种植户水肥药管理仅凭经验操作，导致灌溉量大、施肥量多，用药无序混乱。尤其是在移栽带病株的棚内，发病后连续大量喷药，增加肥料施用量，不但未能对症下药，反而出现了药害。”谈起民勤县人参果栽培，省农科院土肥所副研究员冯守疆如是说。现场，种植户们哗啦啦地一下都涌进大棚，认真地听着专家的讲解，互相交流经验，为今年人参果的丰收学习取经。

“把脉问诊” 脱毒种苗进了棚

近年来，随着种植面积不断扩大，民勤县设施人参果栽培遭遇了僵果占比大、病毒感染严重等技术瓶颈，影响了农民收入和人参果产业的健康发展。在脱贫攻坚的关键时期，民勤县人参果种植产业受到重创。如何解决这一产业发展瓶颈，民勤县委、县政府领导不约而同地把目光投向省农科院。2018年，甘肃省农业科学院和民勤县政府共同签署了“院地共建”协议，开启了科技种田、强农惠民的新路子。把省里专家请到了田间地头，为乡村振兴产业“把脉问诊”。从2019年起，省农科院科研团队通过多次调查采样，分析研究，提出了以“种苗脱毒”技术为核心的“设施人参果高效栽培技术”，解决了人参果僵果发病率高、结果率低、水肥药成本高的问题。裴怀弟作为省农科院生物技术研究所的“老人”，参与过马铃薯、百合等无性繁殖种苗培育。接到院里的“任务”后，她主动请缨，跟同事开始了“人参果脱毒种苗”的组培工作。“了解了情况以后，我们就开始了试管苗的组织培养，希望无毒种苗早日走进农户的田间棚头。现在看着它们，就像看着自己的孩子。”裴怀弟告诉记者。2019年10月，民勤县东坝镇东一村的雷建民成为第一批“吃螃蟹”的人参果脱毒种苗进棚户。对雷建民来说，多少有些试验的成分。他心里明白“省农科院的专家那是一流的，肯定不忽悠我们下苦人”。于是，他在园区基地荒地里开垦出一亩四分地，搭起一个日光温棚，壮着胆子栽下了省农科院专家们送来的第一批人参果脱毒种苗。在雷建民家的温室大棚里，记者看到他移栽的人参果脱毒苗长势旺盛，叶片浓绿、平展，头茬坐果率基本达到100%，没有任何病虫害发生的症状。现场，这项集成技术得到专家和农户的一致认同。“这是我家2019年10月25日移栽的苗子，现在马上要挂果了。因为对苗子有信心，前期我投入了13万元。”雷建民说。“脱毒种苗再加上土肥技术、规范化管理的助攻，您就放心收果子吧。”甘肃艾科思农业科技有限公司技术总负责李玉斌打趣道。几年前，李玉斌还是甘肃农业大学的一名研究生。大学毕业后，他结缘“三农”，决定返乡回家创业。“我们公司在省农科院的大力支持下，参与了甘肃设施人参果主产区民勤进行的人参果脱毒育苗和高效栽培技术集成与示范点的建设。现在，公司推广的人参果脱毒种苗得到当地政府及农户的充分肯定和青睐。‘万企帮万村’的精准扶贫行动已深入每一位农民企业家的心里。”乡村振兴，产业兴旺是关键，人才振兴是保障。在民勤县就有像李玉斌这样的一批“土专家”，他们种植人参果经验丰富，技术过硬，通过发展设施农业逐步踏上了致富奔小康的阳光大道。在东坝镇东一村，几乎看不到有人散步闲聊，家家户户都在大棚中劳作，争着抢着学技术、想创意。人参果种植户们已经熟练掌握了施肥、浇水、病虫害防治等关键技术，可以说，现在个个都成了种植人参果的“土专家”。寒冬时节，走进村民潘从忠的人参果种植大棚里，一派欣欣向荣，暖意融融。“今年，在李玉斌的动员推荐下，我们移栽了省农科院的脱毒人参果种苗，头茬坐果率让人精神振奋，一株苗子上已经挂了沉甸甸的9个人参果，起码要挂3茬。按这样下去，收益不言而喻。”一边在田间劳作，一边和记者交谈的潘从忠顺手摘下几个已经成熟的人参果，分给大家品尝。“味道甘甜，强心补肾，生津止渴，补脾健胃，调经活血。能治神经衰弱，失眠头昏，烦躁口渴，不思饮食。你说吃了好不好?”省农科院的薛亮不失时机地向大家介绍起了人参果的好处。“我们家大棚里的部分苗子第二排挂不上果，让人很是心急。看到别人家的苗子长得这么好，明年我家也要移栽脱毒种苗，大家一起赚钱。”村民胡年桂告诉记者。

“院地共建”　产业兴旺谋振兴

“自从‘院地共建’以来，马忠明院长和薛亮、杜少平等专家多次来到民勤产业园区、日光温室和田间地头，进行现代农业技术培训和现场指导，向农户详细讲解设施人参果种植的关键技术，为我们发展丝路戈壁农业提供了强有力的技术和人才支撑。通过对比试验和农户现场观摩，进一步提升了农户对人参果种苗脱毒、高效栽培重要性的认识。”民勤县副县长刘光前表示。“我们正在推广的人参果水肥高效管理技术采用了垄作沟灌、半膜覆盖、水分高效调控、人参果套餐肥施用方案，可使灌水量减少11%～15%、施肥量减少17%～25%。病虫害绿色防控技术则通过采用种苗脱毒、轮作倒茬等措施，使病虫害发生率减少了30%～35%，用药量平均减少50%。技术集成后，可使人参果单株结果数达到15～18个，亩产提高10.4%～15.2%，亩均效益增加近8 000元。”冯守疆告诉记者。省农科院院长马忠明不仅是民勤人，更是这个项目的负责人。在他看来，“设施人参果高效栽培技术”是因地制宜的一项好技术。主要包括人参果种苗脱毒技术、水肥高效管理技术和病虫害绿色防控技术。种苗脱毒技术采用植物茎尖脱毒、病毒检测和组织培养扩繁技术，实现了无病毒优质种苗快速繁殖。为产地培育种苗，是强化农业科技的实际应用与推广，是提升精准扶贫的动力基础。2019年8月9日，甘肃省农业科学院民勤综合实验站在民勤县成立，实验站下设蜜瓜、土壤肥料、农田节水等5个研究所，为民勤农业发展提供科学支撑。省农科院下派的13名专业研究人员与民勤县14名技术干部、镇15名农机干部组成科技服务团队，指导人参果育苗、栽培等产业发展，促进蔬果高效关键技术的集成与优化。记者了解到，该项目是省农科院与民勤县达成技术服务协议中的一项重要内容。近年来，省农科院持续深化院地合作，优化布局科研力量，针对包括人参果在内的果蔬产业，进一步注入技术手段，解决生产关键问题，打造了一批规范化、标准化的高效栽培技术，促进果蔬产业健康发展。“‘院地合作’不仅是国家的政策，也是把精准脱贫和乡村振兴落在实处的有效方式。以后，省农科院在民勤县委、县政府的大力支持下，将继续注入技术手段，打造规范化、标准化的技术栽培模式，加强民勤农业试验站科研力量，保障民勤蔬果产业高质量发展。”马忠明说。

（记者：武文宣　栗金枝）

甘肃省农科院农科新成果亮相

（来源：《兰州晚报》 2020 年 1 月 15 日）

1 月 15 日，省农科院在宁卧庄宾馆举行农业科技成果推荐展示暨转移转化签约活动。此次活动由中共甘肃省委农村工作领导小组办公室、省农业农村厅指导，省农科院承办。省农科院院长马忠明介绍了农业科技成果推介展示暨转移转化签约活动的主要情况。院党委书记魏胜文主持活动时表示，2020 年是全面建成小康社会的收官之年。加速农业科技成果转化，对于支撑扶贫产业发展和乡村振兴具有不可替代的重要作用。长期以来，省农科院坚持把推动农业科技成果转化作为科技工作的一项重要任务，按照省委、省政府安排部署，针对农业产业发展和新型经营主体的需求，不断创新科技服务的载体和形式，使科技成果快速转化为现实生产力，为全省脱贫攻坚和现代农业发展做出了积极贡献。

在省委农村工作会议期间举办农业科技成果推介展示暨转移转化推介活动，既体现了省委、省政府对农业科技工作的高度重视，也体现了社会各界对加强科技创新和成果转化的新期待、新要求。省农科院一定不负众望，以这次推介签约活动为契机，体现新时代省级科研院所的担当和作为。

会上，11 家单位与省农科院及院属研究所成功签约。

（记者：何　燕）

甘肃创新科技服务载体与形式　百项农业科研成果转移转化

（来源：中国新闻网 2020 年 1 月 15 日）

冬小麦、马铃薯、辣椒、白黄瓜、冬油菜……一排排采用新技术生产的农产品整齐排放在展销台，甘肃省农科院的工作人员正热情地为民众介绍每种产品的特性。15 日，农业科技成果推介展示暨转移转化签约活动在兰州举行。此次推介活动，面向甘肃省农业战线主推的 100 项技术，以展示甘肃省农科院近年来自主研发的新品种、新技术、新服务、新产品等科技成果为主。

“农业科研单位普遍存在科技成果转化渠道不畅的问题，科技成果服务现代农业和乡村振兴的巨大潜力尚未充分发挥，科研院所在科技成果商业性转化方面仍是短板。”甘肃省农科院院长马忠明说。以此次推介活动为契机，坚持科技创新和成果转化统筹推进。

甘肃省农科院党委书记魏胜文表示，成果推介会可改变科研人员的惯性思维，使其与农业产业下游人员面对面进行交流，有助达到供需平衡。同时，针对农业产业发展和新型经营主体的需求，不断创新科技服务的载体和形式，使科技成果快速转化为现实生产力。

在推介会现场，甘肃某马铃薯种业有限责任公司负责人重点关注新品马铃薯。他认为，农业成果转化拥有巨大市场，只是科技应用与农户田间缺乏“桥梁”，导致新成果转化周期长，效果不明显。“往常，为了解新品种需奔跑多地，汇总资料进行对比再选择购入种类，此次推介会汇集了甘肃各地农业科技成果，以便于了解和对比。”

据了解，自甘肃省农科院建院以来，共承担各类科研项目3 000多项，取得各类成果1 300多项。这些科研成果的取得和应用，为保障甘肃省粮食安全、农民增收、农业增效和农村经济的发展提供了科技支撑。

当天签约仪式上，甘肃金昌市永昌县人民政府以及10家企业分别与甘肃省农科院及下属相关研究所签订成果转化协议，签约金额超过1 000万元，这些成果推广应用后产生的经济效益将超过1亿元。

（记者：高　展　闫　姣）

“农业科技成果推介展示暨转移转化签约活动”在兰州举行

——甘肃省农科院百项新成果签约资金逾千万

（来源：《兰州晚报》　2020年1月15日）

为进一步落实省委、省政府关于推进科技成果转移转化的有关文件精神，为全省乡村振兴和脱贫攻坚提供强有力的科技成果保障，1月15日，由省农科院承办的“农业科技成果推介展示暨转移转化签约活动”在兰州举行。

加速农业科技成果转化，对于支撑扶贫产业发展和乡村振兴具有不可替代的重要作用。此次推介活动，以省农科院近年来自主研发形成的新品种、新技术、新服务、新产品等科技成果为主要内容，以实物展示、图片和多媒体演示为形式，面向全省农业战线主推100项技术。展示包括粮食及油料作物、蔬菜瓜类、果树、中药材、饲草等50余种新品种；现代设施农业、水肥一体化、环境调控、作物优质高产种植等40余项新技术；缓释肥、生物农药、设施农业设备等10余种新产品；农作物质量标准检测、农业资源环境检测、工程咨询等科技服务。

永昌县人民政府以及10家企业分别与省农科院及其下属相关研究所签订成果转化协议，签约金额超过1 000万元，这些成果推广应用后产生的经济效益将超过1亿元。

（记者：何　燕）

“农业＋科技”，这个成果推介展示有看头

（来源：每日甘肃网　2020年1月15日）

1月15日，由省农科院承办的“农业科技成果推介展示暨转移转化签约活动”在兰州举

行。在活动现场，省农科院以近年来自主研发形成的新品种、新技术、新装备等科技成果为主要展示内容，以实物和图片展示及多媒体演示等，面向全省农业战线推介展示主要 100 项最新农业科技成果，路演 20 项重大科技成果。展示主要包括粮油、瓜菜、果树、中药材、饲草等 50 余种新品种；现代设施农业、农艺农机融合等 40 余项新技术；缓施肥、生物农药、设施农业设备等 10 余种新产品。

（记者：孟　捷）

甘肃省农业科技成果转化签下 1 000 万元大单

（来源：《甘肃农民报》　2020 年 1 月 16 日）

1 月 15 日上午，由省委农村工作领导小组办公室、省农业农村厅指导，省农业科学院承办的甘肃省“农业科技成果推介展示暨转移转化签约活动”在兰州宁卧庄宾馆举行。作为此次展会的重头戏，永昌县人民政府以及省内外 11 家企业分别与省农科院及下属相关研究所签订成果转化协议，签约金额超过 1 000 万元。预计这些成果推广应用后产生的经济效益将超过 1 亿元。

此次展会不仅签下了大单，还面向全省农业战线主推 100 项科研成果。其中包括粮食及油料作物、蔬菜瓜类、果树、中药材、饲草等 50 余种新品种，包括陇薯系列马铃薯、陇亚系列胡麻、陇椒系列辣椒、陇糜陇谷系列杂粮以及陇鉴、陇春及兰天小麦等。也有涉及现代设施农业、水肥一体化、环境调控、作物优质高产种植等 40 余项新技术；还展示了马铃薯抑芽防腐剂及配套设备、苹果白兰地，以及缓释肥、生物农药、设施农业设备等 10 余种新产品。

据省农科院院长马忠明介绍，省农科院自 1958 年建院以来，共承担各类科研项目 3 000 多项，取得各类成果 1 300 多项。这次展出的科研成果，为保障全省粮食安全、农民增收、农业增效和农村经济的发展提供了科技支撑。今天签订的科技成果转化协议，更是为甘肃省农科院统筹推进科技创新和成果转化，开启全省农业科技大联合、大协作开了好头。

（记者：郭胜军）

晒成果　促转化
甘肃百项农业新技术新品种集中亮相

（来源：新甘肃　2020 年 1 月 16 日）

“农业科技成果推介展示暨转移转化签约活动”今天在兰州举行，甘肃省农科院百项农业新技术、新品种、新产品集中亮相，展示了近年来甘肃省农业科技创新取得的新成果。活动现场，省农科院以展示近年来自主研发形成的新品种、新技术、新服务、新产品等科技成果为主要内容，通过实物展示、图片和多媒体演示等形式，面向全省农业战线主推了100项技术。展示包括粮食及油料作物、蔬菜瓜类、果树、中药材、饲草等50余种新品种；现代设施农业、水肥一体化、环境调控、作物优质高产种植等40余项新技术；缓释肥、生物农药、设施农业设备等10余种新产品。此外，现场还展示了农作物质量标准检测、农业资源环境检测、工程咨询等科技服务。

推介会上，省农科院畜牧与绿色农业研究所与天津市畜牧兽医研究所签订了合同，将合作研发适宜甘肃省及西部地区家畜的矿物质预混合饲料加工工艺及产品配方，比如畜牧盐等牛羊专用舔砖等。“这是一个全新的领域，通过这样的交流对接，让我们有机会和更多专业院所开展合作，提升我们的创新和服务能力。”甘肃省农科院研究员杨发荣介绍。

当天，省农科院及下属相关研究所分别与永昌县政府以及10家企业签订了成果转化协议，签约金额超过1 000万元，这些成果推广应用后产生的经济效益将超过1亿元。

在省农科院农产品贮藏加工研究所展台，苹果醋、苹果脆片、马铃薯休闲产品等新产品受到参观者的普遍欢迎。该所副研究员张霁红说，通过成果集中展示，一方面让更多机构、企业了解了我们的技术；另一方面，让科研人员更接近市场，了解市场需求，有助于科研人员更好地进行成果转化。

近年来，针对全省农业发展需求，省农科院发挥自身优势，整合科技资源，形成了以各类项目为纽带、以农村基点为载体、以科技人员为智力支撑的成果转化和服务机制。一系列新产品、新技术已广泛应用于生产实践，为全省现代农业发展和脱贫攻坚发挥了重要作用。

省农科院院长马忠明研究员表示，将坚持科技创新和成果转化统筹推进，多出高水平成果，以“农”字号的新品种支撑“甘味”品牌特色产品发展，以“农”字号的新技术支撑现代丝路寒旱农业的发展。

（记者：秦　娜）

新闻特写：加大农业科技创新　推进成果转化落实

（来源：甘肃电视新闻　　2020年1月15日）

加大农业科技创新，加速农业科技成果转化，对于支撑扶贫产业发展和乡村振兴具有不可替代的重要作用。在1月15日举行的甘肃省农业科技成果推介展示活动中，一大批新品种、新技术、新产品的集中亮相，让我们对未来甘肃省更好地通过农业科技有力推动产业发展和农民增收充满期待。

在本次推介活动中，省农科院以实物展示、图片和多媒体演示等形式，集中展示了近年来自主研发形成的新品种、新技术、新服务、新产品等科技成果，以及面向全省农业战线主推了100项新的农业技术。马铃薯产业是甘肃省部分贫困地区的主导产业，通过选育的新品种，马铃薯已经成为农民的“脱贫薯”和“致富薯”。

结合特色优势产业，农业科技人员不断创新积极推广，针对农业产业发展和新型经营主体的需求，使科技成果快速转化为现实生产力，为全省脱贫攻坚和现代农业发展做出了积极贡献。

以此次推介活动为契机，甘肃省农业科研部门将坚持科技创新和成果转化统筹推进，多出高水平成果，为全省脱贫攻坚和乡村振兴提供强有力的科技成果保障。

（记者：贾明华　赵宏杰）

甘肃戈壁农业“轻简栽培”待转型：酿“技术包”智能耕作

（来源：中国新闻网　2020 年 1 月 16 日）

“目前，甘肃戈壁农业亟待解决的一个问题便是智能控制技术，若能建成两到三个集成智能化、控制化技术的示范区，将会大大减少劳动成本和管理成本。”甘肃省农业科学院蔬菜研究所所长王晓巍日前接受中新网记者采访时如是说。

甘肃自然条件严酷，水资源长期短缺，山地多、平原少，旱地多、水浇地少，是典型的旱热农业省份。近年来，甘肃“因地制宜”，利用河西走廊光热资源充沛、昼夜温差大、病虫害少，戈壁荒漠远离城市污染源，生产的农产品品质好等特点，大力推进“戈壁农业”。

甘肃官方曾公开披露，河西走廊土地连片，利于大规模开发。与传统耕地农业相比，戈壁农业具有资源节约、环境友好、产出高效等明显优势。同时，还能显著增加农民收入。

基于以上优势，戈壁农业在河西走廊快速推进。王晓巍举例介绍说，十多年前，酒泉市发展戈壁农业的仅有 5～7 个大棚，数量甚微。而今，该市戈壁农业面积累计达到 6.7 万亩，建设了肃州区、玉门市 2 个万亩戈壁农业蔬菜生产基地，成为全国最大的戈壁生态农业示范基地。

戈壁缺水，农业大量需水如何破解？王晓巍解释说，目前浇灌技术已由大水漫灌改为节水滴灌，限量供给，能刚好满足作物需求，是传统浇灌方式用水的 2/3，“同一块地，以前周年栽培用水 1 200 立方米，现在只需 400 立方米。这些都不用农户操心，都由企业统一技术控制”。

王晓巍还说，针对河西走廊的砂石地区、沙区、荒漠区三大主要发展戈壁农业区域，已研究出了比之前节约近一半成本的 3 种不同日光温室建造技术。不仅如此，还研发出就地取材的栽培基质，“目前甘肃已有几家工厂化生产栽培基质的企业，形成了各自的研发体系。”

王晓巍表示，戈壁农业以企业投资为主体，合作社经营为纽带，农户参与为主要发展方式。将来要形成一个集成“技术包”，统一培训企业、农户。“现在基本形成了轻简化栽培技术，半自动化智能控制，但还做不到按光照、温度、作物需求等的自动管理温室。”他建议，政府应引导企业建立智能化控制技术示范区进行研发，既减少成本，又便民利民。

（记者：闫　姣　高　展）

农业科技成果推介展示暨转移转化签约活动在兰州举行

（来源：中国甘肃网 《甘肃日报》 每日甘肃网 2020 年 1 月 16 日）

今天上午，“农业科技成果推介展示暨转移转化签约活动”在兰州举行。由省农科院自主研发的 100 项最新农业科技成果、20 项重大科技成果等，面向全省农业战线进行了推介展示。

省委副书记孙伟、省人大常委会副主任马青林、副省长常正国等领导出席活动和签约仪式。

此次活动是在省委农村工作会议期间举办的，活动以省农科院近年来自主研发形成的新品种、新技术、新产品、新装备等科技成果为主要内容，包括粮油、瓜菜、果树、中药材、饲草等 50 余种新品种；现代设施农业、水肥一体化、农艺农机融合、作物优质高产种植等 40 余项新技术；缓释肥、生物农药、设施农业设备等 10 余种新产品。据介绍，省农科院始终高度重视科技成果转移转化工作，建院以来，共承担各类科研项目3 000多项，取得各类成果1 300多项。这些科研成果的推广应用，为保障全省粮食安全、农民增收、农业增效和农村经济的发展提供了科技支撑。

永昌县人民政府和甘肃同德农业科技集团有限公司等 10 家单位分别与省农科院及下属相关研究所签订了成果转化协议，签约金额超过1 000万元，这些成果推广应用后，预计产生的经济效益将超过 1 亿元。

（记者：朱 婕）

战疫情丨甘肃省农科院驻村帮扶工作队扎实开展疫情期间帮扶工作

（来源：《农民日报》 2020 年 2 月 20 日）

在当前疫情防控的关键时期，甘肃省农业科学院驻庆阳市贾山村的帮扶工作队切实扛牢责任，积极加强与地方联系沟通，提早制定帮扶计划，谋划帮扶项目。在疫情防控最吃紧的时候，帮扶队队员缴纳特殊党费捐赠物资，并奔赴一线参与地方工作，助力帮扶村抗击疫情和春耕备耕，以实际行动诠释了驻村帮扶工作队的责任和担当。

贾山村第一书记及全体驻村帮扶工作队队员更是感觉到责任重大，使命在肩。2 月 16 日，贾山村驻村工作队全体成员在疫情依然很严峻的情况下，率先奔赴帮扶村。他们一进村就立即投入到工作中。一方面，积极参与疫情防控工作，宣传防疫政策和知识，疏通群众情绪，摸底返甘来甘人员，登记并跟踪管理进村人员，安排卡口值班，先后两次给地方值班人员送去方便面、饮料、苹果等慰问品，既温暖了地方干部和村民的心，又充分发挥了驻村帮扶工作队在疫情防控中的作用。另一方面，积极谋划帮扶措施，多次与乡村干部共同商议全村产业发展、危房改造、饮水安全、基础设施建设等工作计划，电话联系贫困户完善“一户一策”方案，充分体现了越是艰难越向前的精神。甘肃省农科院驻村帮扶工作队负责人表示，“疫情无情，人有情。疫情防控隔离的是病毒，却拉近了工作队与帮扶村父老乡亲的距离，在地方和省农科院的共同努力下，帮扶村一定会打赢疫情防控和脱贫攻坚两大战役。”

（记者：吴晓燕　鲁　明）

“疫情防控　甘肃在行动”抗击疫情　服务“三农”

——甘肃省农科院农科热线“0931-7615000”开通

（来源：新甘肃·《甘肃日报》　2020 年 2 月 21 日）

为抗击新冠肺炎疫情，发挥农业科技智力优势，支撑农业产业发展和乡村振兴，省农科院和中国农业银行甘肃分行积极合作，于 2 月 20 日开通农科热线咨询电话，为农业经营主体、合作社及广大农民搭建信息咨询的平台，无偿免费提供现代农业生产的科技知识和咨询服务。农科热线由省农科院 28 名科技专家组成服务团队，以在线沟通解答的方式，重点围绕全省六大特色产业，从果园管理、蔬菜种植、马铃薯种植、中药材种植、健康养殖、贮藏加工、水肥管理、病虫害防治及其他作物种植等方面开展农业科技知识的咨询、生产问题的在线诊断、综合解决方案的制定与建议等服务。

农科热线是省农科院与农民朋友的联心线，是科技服务农业农村的解忧线，是科技成果推广转化的致富线，将引导农业经营主体、合作社及广大农民提高农业产业水平，也是甘肃省农科院为全省农业生产发挥才智，落实好省委、省政府总体部署的具体措施和手段。

（记者：王朝霞　杨唯伟）

“疫情防控　甘肃在行动”不负农时不负春

——甘肃省农科院深入田间帮春耕

（来源：《甘肃日报》　2020 年 2 月 21 日）

甘肃省农科院参与到村里的疫情防控工作，宣传防疫政策和知识，疏通群众情绪，摸底返甘来甘人员，登记并跟踪管理进村人员，安排卡口值班，并给村里值班人员送去方便面、饮料、苹果等慰问品。

春耕在即，田该管了，种该备了。陈文杰与乡、村干部、贫困户等，一起筹划商讨今年的春种事宜。

“今年种啥收成好？去年村里种小麦、玉米、胡麻、洋芋、万寿菊，多而杂，没有主导优势产业。”

“黑山羊市场价格好，但缺乏饲料，我家只养了五六只，没法扩大养殖。”

“去年你们农科院发给我邻家的玉米种子，

种出的玉米棒子有胳膊那么粗！今年能不能给我些好种子？”

“……”

听大家你一言、我一语地说完，陈文杰说：“今年我们扩大粮饲兼用玉米、饲用甜高粱种植面积，饲用玉米、甜高粱青贮、黄贮后，可用来饲喂羊，再发展黑山羊产业……今年农科院继续支持咱们村，提供1 000亩的优质玉米种子、500亩的高粱种子，大伙一起努力，种好粮、养好羊，争取今年能脱贫，好不好？”

一番话，点燃了贫困户的脱贫希望，增强了群众的致富信心。

“春耕人在野，农具已山立”，防疫不能松懈，春耕同样不容耽搁。甘肃省农科院的农科人牵挂着联系帮扶的镇原县方山乡4个村的疫情防控和脱贫攻坚情况，动员全院各级帮扶责任主体，农业科技工作者勇担使命，扎根基层，深入田间地头，就地帮扶春耕。

方山乡贾山村，脱贫任务艰巨。2019年年底贫困率为11.9%，是庆阳市唯一一个贫困发生率在10%以上的村，也是全省挂牌督战的重点村。甘肃省农科院经济信息所副所长、驻贾山村第一书记兼队长陈文杰，深感责任重大，他与驻村帮扶队队员率先奔赴帮扶村。

甘肃省农科院充分发挥自身优势，为帮扶村带来院内多年来培育的优质良种，也带来了脱贫致富的新点子、新思路。

在方山乡王湾村，省农科院派出5名科研人员在此驻村帮扶。“王湾村2019年刚刚验收脱贫，今年还需巩固提升。”马铃薯研究所副所长文国宏研究员告诉记者。文国宏任王湾村第一书记兼队长，计划今年继续在村里示范推广种植马铃薯。

文国宏去年在6个山区自然村试着复种马铃薯，6月收割完小麦，再复种一茬马铃薯，10月收获，亩产1 500多公斤。由于当地土壤环境纯净，收获的马铃薯可作种薯，种薯比商品薯价格高出几倍。新品种加上良种栽培技术，有的亩产最高可达2 900公斤，村民们今年种植马铃薯的积极性高涨。

同时，帮扶队在蒲河沿岸的自然村试种早熟马铃薯，3月种植，7月中旬收获，亩产达2 000公斤，每千克售价2.4元，亩收入4 000多元。这让几位先前还心存疑虑的贫困户信服了，并表示今年要扩大种植面积。“以前每家就种0.5亩洋芋，自家种、自家吃，吃饸饹面、臊子汤里必放洋芋。没想到洋芋产量这么高、卖价也好！”村民马岁富说。

村民们最近忙着整地耙地，等着春播马铃薯。帮扶队队员在做好防疫的前提下，积极调运马铃薯种子，送到村民手中。

农时不等人。4支驻村帮扶工作队与帮扶村所在地方党委、政府和帮扶村积极沟通联系，围绕各村产业培育计划和单位自身实际，着手制定详细的帮扶工作计划，并撰写各类帮扶项目申请书，确保疫情防控与春耕生产两不误。

（记者：王朝霞　杨唯伟）

甘肃省农科院首次开通农科热线服务“三农”

（来源：甘肃经济网　2020年2月24日）

2月20日，在新冠肺炎疫情期间为方便服务“三农”，做好全省春耕工作，甘肃省农科院和中国农业银行甘肃分行积极配合，开通农科热线 0931-7615000，为农民搭建科技咨询服务平台。

在新冠肺炎疫情蔓延之际，省农科院急农民之所急，发挥农业科技智力优势，支撑全省农业产业发展和乡村振兴。2 月 20 日，省农科院和中国农业银行甘肃分行积极合作，开通农科热线 0931-7615000 咨询电话，为农业经营主体、合作社及广大农民搭建科技信息咨询平台，为春播农民提供农业科技知识。

据了解，农科热线由省农科院 28 名科技专家组成热线服务团队，以在线沟通解答的方式，重点围绕全省六大特色产业，从果园管理、蔬菜种植、马铃薯种植、中药材种植、健康养殖、贮藏加工、水肥管理、病虫害防治及其他作物种植等方面开展农业科技知识的咨询，以及生产难题在线诊断、综合解决方案的制定和建议等服务。农科热线是省农科院首次面向农民，开通的联心线、科技解忧线，更是科技成果推广转化的致富线。

（记者：俞树红）

【短视频】甘肃省农科院：开通农业科技服务热线　支持春耕有力开展

（来源：甘肃广电总台、电视新闻中心　2020 年 2 月 27 日）

为进一步发挥农业科技智力优势，支撑农业产业发展和乡村振兴，甘肃省农科院和中国农业银行甘肃分行积极合作，于近日开通农科热线咨询电话 0931-7615000，为新冠肺炎疫情期间全省农业经营主体、合作社及广大农民搭建信息咨询的平台，提供现代农业生产的科技知识和咨询服务。据了解，农科热线由省农科院 28 名科技专家组成服务团队，以在线沟通解答的方式，重点围绕全省六大特色产业，从春耕期间果园管理、蔬菜种植、马铃薯种植等方面开展农业科技知识的咨询、生产问题的在线诊断及服务。依托热线，在疫情和春耕期间，农行甘肃分行还将积极开展信贷资金支持、在线农户金融服务，助力农业恢复生产，有力推动全省扶贫产业和农业产业化发展。

（记者：贾明华）

全国政协委员马忠明：有序推进产业帮扶　发展绿色劳务输出

（来源：《人民政协报》　2020 年 2 月 29 日）

人误地一时，地误人一年。当前，在新冠肺炎疫情防控的紧要关头，也是春耕生产的关键时期，更是全面落实脱贫攻坚任务、全面实现小康社会的决战时期。“我们要认真学习习近平总书记‘2・23’重要讲话精神，采取切实有效的措施，保证疫情防控和脱贫攻坚两手抓、两手硬、两不误、两促进。”全国政协委员、甘肃省农业科学院院长马忠明在接受记者采访时认为，当前应实时调整扶贫计划，增强扶贫工作的针对性。

“疫情对贫困人口增收造成较大影响，部分扶贫车间停工停产，农业生产资料调运困难，农业产业发展受阻，一些扶贫产业不能如期按计划实施，这些不同程度地影响了脱贫攻坚工作进度。各级部门应研判疫情对脱贫攻坚工作的影响程度，实时调整产业帮扶计划，精准制定‘一户一策’，有序推进产业帮扶计划。”马忠明说，地方相关部门应采取非常措施，千方百计抓好产业化项目落地，进一步发挥专业合作社和龙头企业的带动作用，发挥科技对扶贫产业的支撑作用，保障扶贫产业化项目的实施。“特别在农资保障、冷链物流、收储装备等方面加强协调，推动实施。同时，要加强农业保险投入和畜禽疫情防控工作，确保扶贫产业项目发挥应有的作用。”

马忠明建议，应多措并举支持企业，想方设法创造就业岗位。积极推进培训就业一体化，加大公益性岗位开发，支持扶贫龙头企业复工复产，为贫困农民提供更多岗位，帮助贫困劳动力有序返岗；加快扶贫车间尽快复工，吸纳当地就业；精准对接劳务输出地和输入地，积极应用农民健康码，积极发展绿色劳务输出。

针对疫情期间农业生产用工难、销售难、进村难等问题，马忠明提出，应分类梳理当前产业发展中迫切需要解决的技术问题，通过开通农科热线、开设网上技术讲堂和播放技术普及音像等多种现代信息手段，围绕贫困村和贫困户主要产业，解决产业发展的技术问题，进一步降低脱贫户返贫的可能性。

（记者：崔吕萍）

战疫情丨科技特派员风采：甘肃省农科院林果所抗疫科研两手抓两不误

（来源：《农民日报》 2020年3月2日）

当下是新冠肺炎疫情防控的特殊时期，同时也是春耕备耕的重要时节。农谚云：一年之计在于春。农业生产更是注重时节，如果错过农时，就会耽误一年。甘肃省农业科学院林果花卉所的科技特派员们按照甘肃省部署安排和农科院工作总体要求，一手紧抓疫情防控工作，一手紧抓科学研究工作。在开展技术指导的同时，省农科院积极动员农户在疫情期间不忘生产，做到抗疫科研两手抓、两不误。果树新品种选育是林果所的一项长期创新性工作。当前，正是草莓新品种选育的关键时期，需要摘除老叶、防病虫、施肥、浇水、品质测定。科研人员虽处在疫情的特殊时期，但在通风、消毒的前提下，各项工作仍在井然有序地开展。为确保当年试验数据的正确性和完整性，实验室和试验田的各项研究工作也在按照计划实施。科技特派员结合农技实际需求，认真研究果树生理生化实验室测定处理下果苗的根系长度、叶面积、土壤酶活性等要素。同时，按照兰州安宁桃种质资源圃的树形优化及高光效整形修剪试验要求，针对“Y”字、主干、开心形的不同修剪方式、留枝量等，科学布置试验，为农民群众提高果品产量和果品质量提供科学依据。面对新冠肺炎疫情的严峻形势，甘肃省农科院林果所注重发挥科技特派员在疫情防控中的服务作用，主动担当作为，结合实际情况，组织科研人员认真迅速编写了《新冠肺炎疫情对我省果树产业的影响与政策建议》，同时利用远程视频、微信等科技手段，时刻关注当前疫情下全省果农在生产中的实际需求，及时为农户提供技术咨询和指导，切实为打赢疫情防控阻击战贡献科技力量。

（记者：吴晓燕　鲁　明）

甘肃省农科院专家田间地头指导春季农业生产

（来源：《兰州晚报》　2020年3月17日）

截至4月中上旬农业生产需要注意哪些事项？记者于3月16日就此采访了连续在一线指导春季农业生产的省农科院有关专家。

“我省冬小麦种植面积约为780万～800万亩。从我们调查的情况看，疫情对我省春季小麦生产影响不大，均按每年的春季田间管理正常进行。”甘肃省农科院小麦所鲁清林研究员说，已接连两周分别前往省内庆阳市庆城县、平凉市泾川县和天水市清水县等省内试验基地做调查和指导。他告诉记者，最近农户主要在做田间除草和追施化肥。陇东（包括庆阳市和平凉市）今年小麦苗情和土壤墒情好于往年，返青期较往年提前一周；天水、陇南稍差。通过电话联系，鲁清林了解到陇南徽县今年降水量少于往年，且入春以后遭遇两次轻微的低温冻害，部分晚播小麦受冻、受旱。

“每年此时，我们都要去试验基地做调查，根据越冬情况和土壤墒情，提出田间管理措施。受疫情影响，以往每年在示范县的现场培训，今年改为在网上发布全省冬小麦春季田间管理建议。”鲁清林提醒农户要密切关注红蜘蛛、条锈病和白粉病的发生情况，早发现、早防治。按照往年经验，干旱会引起虫害，并进而引起小麦的黄矮病等病害。同时，4月要注意冻害，还需密切关注天气变化，预防倒春寒和晚霜冻，如果发生，要及时采取补救措施，把损失降到最低限度。

根据省农科院作物所提供的数据，甘肃省约种植玉米1 400多万亩、胡麻130多万亩、油菜230万亩、向日葵110万亩、谷子60万亩、糜子80万亩、豌豆100万亩、大豆130万亩。据该所所长杨天育介绍，近期省农科院各团队已分赴全省一些深度贫困县进行帮扶，提出了新品种全覆盖、新技术全配套的目标。杨天育告诉记者，今年省内高寒阴湿片区（主要包括临夏、甘南等地）土壤墒情不错，中药材及油菜等春播作物的播种已经开始。

（记者：何　燕）

甘肃省农科院专家“进村授课”解农户之难保春耕

（来源：中国新闻网·甘肃　2020 年 3 月 27 日）

近期，甘肃省农业科学院生物技术研究所所长罗俊杰带领永靖县新寺乡科技帮扶小分队成员及“永靖县干旱区抗旱作物新品种引进与旱作栽培技术示范”“三区”人才服务团成员先后来到永靖县新寺乡、坪沟乡开展良种发放及科技培训工作。本次活动甘肃省农科院共计向新寺乡、坪沟乡发放玉米良种“陇单 339”300 千克，马铃薯优良品种“陇薯 7 号”原种15 000千克，胡麻良种“陇亚 14 号”1 200千克，优质牧草甜高粱“陇草 1 号”和苜蓿良种“中兰 2 号”各 100 千克，马铃薯拌种剂 200 袋。

同时，罗俊杰、王红梅、陈子萱等农科院工作人员对农户进行了栽培技术要点的技术培训。

“原来的马铃薯一直产量不高，一亩地产量也就是1 500千克左右，而且病虫害严重，尤其是窖藏后特别容易腐烂。”永靖县新寺乡王年沟村村民马黑麦说，甘肃省农科院发的马铃薯种子，普遍亩产达到了2 000千克以上。

永靖县新寺乡乡长鲁永华表示，自从甘肃省农科院生物技术研究所在该乡开展农业科技帮扶工作以来，针对自然条件和农业发展的短板弱项，入村入户制定精准帮扶政策，大批量引进、发放农作物优良品种，多次开展实用技术培训，为促进当地农业增产、农民增收做出了积极的贡献，在脱贫攻坚工作中发挥了有效的助推作用。

自 2018 年在永靖县西部干旱山区开展科技帮扶示范工作以来，甘肃农业科学院生物技术研究所除在新寺乡、坪沟乡发放良种外，还举办了现场培训会 20 余场次，培训人员达 600 余人次。各类新品种新技术示范面积合计约1 500亩，辐射带动面积累计约5 000亩。

（通讯员：李忠旺）

甘肃省农科院与窑煤集团开展战略合作对接交流

（来源：新甘肃·《甘肃经济日报》　2020 年 4 月 13 日）

4 月 8 日，窑街煤电集团与甘肃省农业科学院战略合作对接交流会在窑街煤电集团召开，双方就“油页岩半焦基生物炭对作物生长及土壤影响研究”技术开发项目达成战略合作。

在座谈会上，窑街煤电集团负责人就合作开展“油页岩半焦基生物炭对作物生长及土壤影响研究”技术开发项目做了介绍；省农科院项目负责人对项目协议具体内容进行了汇报，与会双方围绕项目实施开展了深入的交流，并提出了完善合作协议的具体意见。据了解，基于窑街煤电集团对油页岩半焦资源化利用技术突破和生物炭产品在农业领域的应用与推广的迫切需求，以项目为纽带，与企业建立产学研深度融合的技术创新体系，开展科技创新和技术服务，既是支撑企业挖掘资源优势、增加效益的有力举措，也是省农科院通过技术服务促进院内发展的有力举措。省农科院与窑街煤电集团的战略合作是农科院贯彻新发展理念、打破常规、加强院企合作、加快成果转化的具体行动，迈出了跨行业、跨领域、跨专业合作的新步伐。

（记者：俞树红）

甘肃省农科院携手中石化　助推东乡脱贫攻坚

（来源：中国新闻网·甘肃　2020 年 4 月 14 日）

4 月中旬，甘肃省农科院畜草所研究员杨发荣带领团队赴东乡族自治县开展藜麦栽培技术培训，对 2020 年中国石化公司在东乡县布塄沟流域推广种植的 24 个村进行了藜麦栽培技术培训和现场指导。

农科院专家团队先后在龙泉镇何汪村，沿岭乡新星村、红崖村，锁南镇马场村、白家村，大树乡杨家村、关卜村、米家村、郑家村开展了藜麦高产高效栽培技术培训和现场示范指导。

本次培训先后组织开展培训会 9 个场次，培训藜麦种植人员 500 余人，发放科技培训材料 800 余份（册）。

据了解，甘肃省农科院为落实好与中国石化公司签订的《东乡县布塄沟流域农业科技扶贫合作协议》，协助在东乡县布塄沟流域推广种植藜麦，进一步推动深度贫困县科技帮扶工作，2020 年，省农科院计划在东乡县 4 个乡镇 157 个社种植藜麦10 289亩。

（通讯员：黄　杰）

临夏县玉米“粮改饲”科技扶贫

（来源：中国新闻网·甘肃　2020 年 4 月 22 日）

“发展玉米粮改饲和发展奶牛产业是临夏县脱贫攻坚的基础。”近日，国家玉米产业技术体系兰州综合试验站站长、甘肃省农科院研究员樊廷录在“三区三州”临夏县玉米粮改饲科技扶贫示范基地介绍说，在示范基地，集成应用以控释肥一次基施、生物降解膜替代统聚乙烯膜、弘原农业复合微生物菌肥土壤改良修复技术、机械收获等为主的玉米绿色增效技术，预计青贮玉米鲜草产量增加 10%～20% 和化肥减量 20%，可大幅度减少地膜残留污染，实现玉米绿色增效和种-养-有机肥生态循环。目前，在位于临夏县安家坡乡的“三区三州”临夏县玉米粮改饲科技扶贫示范基地，随着 8 台双幅施肥覆膜播种一体机同时作业，拉开了新一轮青贮玉米绿色增效全程机械化的春耕播种大幕。

樊廷录说，根据临夏县种养产业和经营主体发展需求，在安家坡乡引进 20 个青贮玉米新品种开展适应性评价，建立百亩示范基地，集成应用以控释肥一次基施、生物降解膜替代统聚乙烯膜、弘原农业复合微生物菌肥土壤改良修复技术、机械收获等为主的玉米绿色增效技术，其中弘原农业复合微生物菌肥具有重构健康土壤、激发土壤活力、抑制土壤病虫害，以及明显提高产量等功效。同时，甘肃省农科院科研处与临夏回族自治州农业科学院和临夏回族自治州农业科技推广站，在临夏县土桥镇曹家村土豆种植基地进行机械种肥一体化播种，同时进行土壤改良。

从 2019 年开始，依托国家玉米产业技术体系和甘肃省引导科技创新项目，甘肃省农科院联合临夏州农科院在临夏县实施“三区三州”玉米粮改饲科技扶贫示范项目。该项目创新了科研、推广、经营主体大协作、大联合的合作机制，加快玉米生产方式转变和提质增效，将显著提升奶牛养殖场经营主体带动草畜产业发展和引领脱贫致富的能力，为“三区三州”脱贫攻坚与乡村产业振兴提供科技支撑。

项目探索出了一种产业科技扶贫新模式。依托经营主体，推进机械化作业，在解决农村劳动力短缺问题的同时，实现提质增效和产业扶贫，提升了经营主体带动草畜产业发展和引领脱贫致富的能力。通过加强产学研结合，创新科研、推广、经营主体合作机制，为“三区三州”脱贫攻坚和乡村振兴提供科技支撑。

临夏县是国家“三区三州”重点地区之一，打赢脱贫攻坚战，发展以玉米粮改饲和推动奶牛产业发展是实现产业兴旺与乡村振兴的关键。正值疫情防控的关键时期，为落实农业农村部临夏县科技扶贫任务，推进春耕生产和稳粮保供，甘肃省农业科学院依托国家玉米产业技术体系，与临夏农科院联合发挥甘肃省科技创新联盟的协同作用，依托甘肃润源农牧科技发展有限公司、甘肃弘原农业科技有限公司、临夏县农业技术推广中心，组织临夏县农业科技扶贫现场推进会，加快玉米粮改饲科技扶贫工程的实施。

（记者：艾庆龙）

甘肃农科院“牵手”兰州安宁区共促城市基层党建

（来源：中国新闻网·甘肃　2020 年 4 月 29 日）

4 月 28 日，城市基层党建联盟成立大会暨第一次联席会议在安宁区委召开。甘肃省农科院党委书记魏胜文与兰州安宁区委签订了《城市基层党建联盟共建协议》。

兰州市安宁区城市基层党建联盟是由安宁区委牵头组织，驻区单位党组织共同参与，将条块单位党建工作有机结合起来的一种基层党建工作组织。

甘肃省农科院作为辖区单位，参与城市基层党建联盟共建，通过为联席会议建言献策，实现以党建为统领服务地方经济发展。

会上通报了《兰州市安宁区城市基层党建联盟联席会议制度》，安宁区委书记郭海泉代表区委发出了“全域党建聚合力，携手共建谋发展”的倡议。

（编辑：史静静）

省农科院马铃薯品种选育和技术研制结硕果

（来源：新甘肃　《甘肃日报》　2020 年 5 月 10 日）

记者从甘肃省农科院获悉，经过十余年的试验与建设，在国家马铃薯产业技术体系等支持下，省农科院陇中寒旱区（榆中）马铃薯试验站在马铃薯品种选育和技术研制方面，取得累累硕果——成功筛选出陇薯 17 号、19 号和 20 号 3 个马铃薯品种，研制出种薯休眠解除技术、新型实用幼龄果园马铃薯间套作技术等。

马铃薯是甘肃省第三大粮食作物，每年种植面积1 000万亩左右。随着消费市场变化，人们对中早熟菜用型、加工型专用型，富锌、彩色等功能性品种需求增多。为适应生产区域及营养需求，省农科院在榆中设立了马铃薯试验站，开展马铃薯耐寒、抗旱（水分高效利用）、富营养种质创制和中早熟新品种选育，以及各类品种养分积累规律与调控技术研究。

该试验站建成甘肃农科院抗旱高淀粉马铃薯育种研究创新基地、西北旱作马铃薯科学观测实验站、甘肃省马铃薯种质种苗协同创新中心，建立了完整的中早熟品种选育试验谱系、方法体系。通过实施兰白区域多样化项目，筛选出中早熟菜用型品种陇薯 19 号、20 号，晚熟高淀粉主食化新品种陇薯 17 号。探索出提高花青素与锌、铁等矿质营养的技术措施。筛选出进行富锌、铁等品质育种的骨干亲本、新品系。研制出种薯休眠解除技术，为开展陇粤合作育种，缩短选育进程奠定基础。

该试验站积极实施主食化品种筛选、幼龄果园、省马铃薯产业体系、富锌马铃薯种质引进与筛选等项目，示范陇薯系列多样化品种，使之逐渐成为该区域的主栽品种，年种植面积达 40 万亩以上。试验站年用陇薯系列原种达1 000多吨；一级种1 000余吨，种薯直接收入500 万元，每亩增加收入 400 元以上。站内科研人员参与省内三区人才培训、扶贫帮扶，总计培训农民2 000人次以上。

占地 60 亩的试验站设置有种质创制区、提质增效集成区、水肥药一体化绿色调控集成 3 个技术创新区。试验站内实验室、智能连栋温室、杂交温室、抗旱棚、网棚、恒温库、贮藏库、种薯分拣场等一应俱全，具备了技术创新、中试熟化、集成展示、成果转化、培训服务等多项功能，以此可持续推动全省马铃薯产业转型升级。

（记者：杨唯伟）

甘肃省农科院公开招聘博士：给予超 50 万元科研启动费

（来源：中国新闻网·甘肃　2020 年 5 月 11 日）

据甘肃省农科院 11 日官网显示，即日起，面向社会公开招聘博士研究生 6 名，公招引进的博士研究生给予不低于 50 万元的科研启动费，并以成本价提供住房一套。

据该院官网显示，本次招聘工作岗位为科研岗位，涉及土壤学、植物营养学、环境科学与工程、采后病理学、生物学及相关专业，采取结构化面试方式进行，面试考核采取网络视频或现场面试的形式。报名截止时间为2020年12月30日。

报名者需在官网下载并填写《报名登记表》，同时提交外语合格证书复印件、发表论文复印件、博士研究生成绩单复印件或扫描件发送至254499345@qq.com或者QQ号254499345。

拟应聘人员在甘肃人社厅备案后，由甘肃农科院按照岗位设置管理有关规定确定岗位等级、签订聘用合同、兑现相应待遇，按规定办理档案、户籍迁转等相关手续。

（记者：艾庆龙）

马忠明委员：让现代农业迈出新步伐

（来源：《甘肃日报》 2020年5月17日）

如何更好地保护生态环境、如何促进特色农产品发展、如何助力农民增收致富……一个个问题的答案在哪里？

全国政协委员、甘肃省农科院院长马忠明觉得，答案就在田间地头，就在一次次深入调研走访中。

从陇东到河西，从草原到戈壁，一年多的时间，马忠明忙于下乡、推广农业科学技术。与此同时，他也在认真地履行政协委员职责，实现生态保护、现代农业发展、农民增收的有机统一。

在去年全国两会上，马忠明在提案中建议，建立民勤国家生态特区，希望在民勤找出一条让生态绿起来、农民富起来、生态产业强起来的生态文明之路，并探索出一种可复制、可推广的生态文明发展模式。

提案受到了国家有关部门的关注，省发改委专门进行研究并细化了方案规划。在马忠明的努力推动下，省农科院在民勤县先后设立了甘肃省农业科学院民勤综合实验站、民勤县现代丝路寒旱农业研究中心、农田节水研究所等，农业专家团队深入民勤多个镇村实地考察调研，并针对特色产业区域的农户、专业合作社成员及县农业技术推广中心技术干部开展了现场培训。用科技动力助推民勤县生态建设和现代农业产业发展。

科技力量很快得到显现。其中，由马忠明主导研发的人参果脱毒种苗高效栽培技术，使人参果增收40%，亩效益平均可增加近8 000元。产量上去了，品质更好了，种苗在当地种植农户中大受欢迎。

“我们的目标就是在生态优先的前提下，做大做强戈壁农业、旱作农业、移民区农业、黄河农业，让甘肃的现代农业不断迈向新台阶。”对于未来，马忠明满怀信心。

（记者：朱 婕）

【短视频】马忠明：用有质量的提案推动生态农业快速发展

（来源：甘肃广电总台　甘肃电视新闻　2020 年 5 月 18 日）

作为长期从事农业科研的工作者，全国政协委员马忠明深知生态环境对于包括农业在内的很多产业可持续性发展的重要性。如何在有效保护和改善生态环境的同时，为我们这样一个经济欠发达省份的产业发展出谋划策，提供高质量有价值的提案和建议，是他一年来履职的重要内容。

去年马忠明委员围绕生态环境建设提出了有关黑河湿地国家自然保护区生态补偿机制和关于建设民勤生态特区的提案。这两个提案都得到了国家相关部委的回复，并受到了全国政协的充分肯定。今年全国两会召开在即，如何把自己近一年的调研和收集的材料，汇集成扎实的提案和建议，是马忠明重要的工作内容。按照习近平总书记提出的以生态优先、绿色发展为导向的农业高质量发展的路子，这一年来，通过深入调研河西戈壁农业，生态移民区特色产业发展，以及石羊河下游生态特区的建设，马忠明获得了大量的第一手材料，这也为今年的提案打下了扎实的基础。

（记者：贾明华　刘　凯）

【短视频】两会快讯丨驻甘全国政协委员抵达北京参加全国政协十三届三次会议

（来源：甘肃广电总台　视听甘肃　2020 年 5 月 19 日）

5 月 19 日下午，31 位甘肃省全国政协委员抵达北京，参加全国政协十三届三次会议。

今年是决战决胜脱贫攻坚和全面建成小康社会的关键之年，也是坚决打赢疫情防控阻击战、夺取“双胜利”的大考之年。这次全国两会，在疫情防控常态化的大背景下，对国家改革发展稳定各项任务、保障改善民生各项工作做出部署安排，承载着独特的历史使命，具有特殊的时代意义。委员们纷纷表示，将坚持以习近平新时代中国特色社会主义思想为指导，以高度的政治自觉和饱满的政治热情，认真参加大会各项活动，积极履行好委员职责，把建言资政和凝聚共识贯穿于会议的全过程，真诚协商、务实监督、深入议政，努力交出一份让人民满意的履职答卷。

会议期间，委员们将听取和审议全国政协常委会工作报告和提案工作情况报告，列席十三届全国人大三次会议，听取并讨论政府工作报告及其他有关报告、民法典草案等。

（记者：杨柱周　王海鹏　杨海芸　赵　彬）

【两会声音】全国政协委员马忠明：发展黄河流域农业生产　做好黄河农业大文章

（来源：甘肃广电总台 视听甘肃　2020 年 5 月 23 日）

2020 年 5 月 23 日，甘肃广电总台——两会声音短视频播报了全国政协委员、甘肃省农业科学院院长马忠明在参加全国两会期间的采访报道。就如何发展黄河流域农业生产，做好黄河农业大文章，马忠明建议国家应建立科学合理的生态保护补偿机制，加大对黄河上游地区生态补偿力度；他还建议国家设立黄河流域生态修复和高质量发展专项资金，加大对黄河流域上游省份的支持力度，并将此纳入黄河流域生态保护和高质量发展规划纲要。

【两会声音】全国政协委员马忠明建议：支持黑河流域生态保护与修复治理

（来源：甘肃广播新闻　2020 年 5 月 26 日）

参加全国两会的政协委员马忠明建议：将甘肃省黑河流域生态保护与修复治理项目纳入国家黄河流域生态保护和高质量发展规划，并在政策和资金方面予以大力支持。发源于祁连山北麓的黑河，是我国第二大内陆河，2011 年国务院批准建立张掖黑河湿地国家级自然保护区。为全面贯彻落实习近平总书记对甘肃省重要讲话和指示精神，以及总书记在黄河流域生态保护和高质量发展座谈会上的重要讲话精神，张掖市谋划了黑河流域综合治理保护修复项目。目前这一项目已经纳入甘肃省项目库。黑河流域生态保护与修复治理项目总投资 193 亿元，包含 22 个专项工程。重点包括上游生态保护规划实施草场禁牧封育，生态移民，退耕还林还草；实施水源地工程建设、解决 36 万多人的饮水工程；发展高效节水农业；实施黑河流域生态环境保护研究及信息化管理体系建设，建设黑河流域（张掖段）湿地生态走廊；依托北斗卫星系统构建“空天地”一体化智慧环保生态圈。

为此马忠明委员建议将这一项目纳入国家黄河流域生态保护和高质量发展规划，在政策和资金方面予以大力支持，并且呼吁高度重视黑河中游日益紧缺的水资源问题和生态问题，从保障中游经济社会可持续发展的角度出发，科学调整优化黑河分水方案，给中游生态保护和产业发展留出一定的用水空间，促进流域经济社会协调发展。

【两会声音】全国政协委员马忠明：抓好产业扶贫　保证从脱贫攻坚到乡村振兴有机衔接

（来源：甘肃广电总台　2020 年 5 月 23 日）

2020 年 5 月 23 日，甘肃广电总台——两会声音短视频播报了全国政协委员、甘肃省农业科学院院长马忠明在参加全国两会期间的采访报道。马忠明告诉记者："出招实、措施强，处处为人民着想，这是听完今年政府工作报告后最大的感受，是一个增信心、暖人心的报告。"他认为，产业是带动贫困群众持续稳定脱贫的根本之策，产业兴旺更是实现乡村振兴的关键基础。实现脱贫攻坚与乡村振兴有效衔接，必须牢牢抓住产业发展这个"牛鼻子"。

就如何抓好产业扶贫，保证从脱贫攻坚到乡村振兴的有机衔接，马忠明建议：建设甘肃道地中药材国家生态基地，助力甘肃中医药产业高质量发展。他还表示，将建议国家支持甘肃成立道地中药材国家生态基地，发展规范化种植，建立与国际接轨的中药材质量标准，加强精深加工技术研发，健全完善甘肃道地中药材全产业链体系，保护道地中药材种质资源，推动甘肃实现中药材产业高质量发展。

全国政协委员、甘肃省农业科学院院长马忠明在小组会上发言

（来源：新甘肃　每日甘肃网　2020 年 5 月 27 日）

在今年的全国两会上，全国政协委员、甘肃省农业科学院院长马忠明非常关注甘肃道地中药材国家生态基地的建设。他建议，建设甘肃道地中药材国家生态基地，充分地发挥了甘肃省的自然资源优势、中医药大省优势、"一带一路"黄金段优势和科技人才优势，率先把甘肃省建成全国重要的中药材生态种植基地，加快实现从中医药大省向中医药强省的跨越，拓展国际国内两个发展空间。

据马忠明介绍，甘肃省发展道地中药材产业研发力量雄厚，科技优势及潜力强劲，现有药用植物1 270种，药用资源品种1 527个，大面积种植 60 余种，中药材种植面积每年稳定在 480 万亩以上，是全国重要的不可或缺的植物药源基地。近年来，甘肃省农科院、甘肃省中医药大学、甘肃省农业大学、定西市农科院等科研教学单位，运用现代科技手段，先后选育出当归、党参、黄芪、甘草、秦艽等道地中药材新品种 20 多种，形成了一大批具有创新性的优秀科研成果。主产的中药材当归、党参、黄芪、大黄和甘草被誉为陇上"五朵金花"，单品种药材常年种植面积均在 25 万亩以上，对全国的药材市场供应具有举足轻重的影响。

马忠明建议，在现有中药材生产区划的基础上，总结完善道地中药材的传统生产技术，结合优良新品种和生态种植技术，通过合理区划和布局，建设道地中药材生产基地，从源头抓起，严格控制生长环境以及农药、化肥投入，率先形成全国中药材生产的道地化，建立中药材可持续发展体系，这是甘肃中药材产业发展的必由之路。

此外，马忠明还建议，建立全国重要的道地中药材良种繁育基地、重要野生资源保护抚育基地，有效保护道地中药材种质资源，打造"陇药"精品，以订单或股份的合作方式，进一步开拓国内外市场，实现甘肃中药材生态种植基地的持续健康发展。

（记者：韦德占　王占东）

马忠明：保障良好生态　守住民生福祉

（来源：新华社　新华网　2020年6月1日）

记者：去年您重点关注民勤县的生态恢复，为什么民勤的生态恢复如此重要？

马忠明：民勤县位于甘肃省河西走廊东段，处在腾格里和巴丹吉林两大沙漠的夹缝地带。曾经由于石羊河上游来水减少，流域水资源过度开发，下游生态急剧恶化，民勤县一度风沙肆虐，曾是我国北方重要沙尘暴策源地。如果这块区域生态恢复不好，国家生态屏障体系就会受到影响，所以我特别关注民勤绿洲。

记者：民勤县的生态恢复已经取得了显著成效，继续保持还需要做哪些方面的工作？

马忠明：首先，这块区域具有特殊性，生态治理必须摸索出一条特殊的路子，实行特殊的政策、特殊的机制、特殊的资本投入，实现多领域、多部门、多学科、多群体共同合作建设民勤的生态文明。近年来，石羊河流域实行最严格的水资源管理制度，大力调整生态产业结构，生态环境明显改善。其次，要转换理念，树立“生态优先，绿色发展”的观念。最后，发展生态产业，把生态恢复和生态产业有机结合，推动经济高质量发展，让生态绿起来，产业强起来，农民富起来。

记者：2020年全国两会即将召开，今年您主要关注哪些方面？

马忠明：今年，我一方面关注中药材，甘肃省中药材种类多、面积广、品质好，我们呼吁将甘肃打造成国家级中药材种植基地，实行规模化种植，进而带动脱贫；另一方面关注黄河流域生态保护和高质量发展，甘肃省处于黄河上游，上游的生态状况对下游的发展起着非常关键的作用，我们要积极主动作为，做好黄河生态大文章。

国内前列！甘肃省农科院莴笋育种取得新突破

（来源：新甘肃客户端　2020年6月2日）

5月30日上午，在甘肃省农科院举行的一场新品种田间测试中，甘肃农业大学颉建明教授、省种子管理局局长常宏、省农科院植物保护研究所刘永刚研究员等专家对该院蔬菜所新选育出的红竹2号、红竹3号、绿竹2号、绿竹3号4个莴笋新品种进行了田间测试。专家一致认为，与生产上现有品种相比，选育出的莴笋新品种在熟性、耐抽薹性及产量等方面取得了重大突破。

据了解，省农业科学院蔬菜研究所特色蔬菜育种团队于2013年开始莴笋种质资源创制和新品种选育工作。7年来，根据甘肃莴笋生产状况和发展趋势，通过对莴笋科研、生产、推广及市场等方面的调研，针对紫叶莴笋育种和生产过程中存在的关键问题，借鉴国内外先进经验，结合消费和种植习惯，育种团队确定了育种方向和目标。经过多年的不懈努力，团队莴笋创新育种及新品种选育取得了重大突破，位于国内莴笋育种水平前列。利用杂交聚合育种技术，团队共创制莴笋种质资源800余份，核心种质100余份，选育出了“红竹”系列紫叶莴笋和“绿竹”系列绿叶莴笋品种6个，极早熟品种1个，早熟品种3个，中熟品种2个。育种团队负责人陶兴林博士介绍，新选育出的4个品种均比生产上的主栽品种早熟10～12天，为甘肃高原夏菜种植茬口和模式调整提供了适宜的新品种。同时，选育出的紫叶莴笋品种红竹2号和红竹3号的耐抽薹性比生产上的主栽品种晚10天以上，解决了紫叶莴笋只有抽薹后才能销售的现状，提高了莴笋的商品性。此外，此次新选育出的4个莴笋新品种在产量上均表现优秀，亩产量均超过4吨，较对照品种增产5%～16%。据悉，目前，这些新品种已在甘肃省武山县、榆中县、兰州新区、永昌县、天祝县、临潭县等县区及宁夏固原县、青海互助县等高原夏菜生产基地进行了示范推广，并取得了较好的效果。

（记者：秦　娜）

甘肃省农科院专家组赴通渭开展农作物冰雹灾后科技服务

（来源：中国新闻网·甘肃　2020年6月4日）

6月4日，甘肃农科院官方对外发布，在通渭县发生风雹灾害天气，造成平襄、襄南等15个乡镇严重受灾后，该院立即安排副院长贺春贵带领10名相关农业专家赶赴灾区实地查看，并帮助当地完善农业技术救灾方案。

早在6月2日上午，专家组与保险公司分别到第三铺乡、襄南乡、马营镇、陇阳镇开展现场调查，实地察看了玉米、马铃薯、胡麻、小麦、金银花、黄芪、苹果、蚕豆等作物的受灾情况。

6月2日下午，在当地冰雹受灾农作物补救技术措施座谈会上，省农科院专家与县农业技术人员一起对受灾情况进行了分析，建议在做好农业保险理赔的同时，按照不同地块不同作物受灾程度分别采取补种、重种、增施肥料、喷施农药或改作青贮饲料等措施，将灾害损失降到最低。

（记者：艾庆龙）

诚邀专家来把脉！国家绿肥产业技术体系甘肃绿肥现场观摩会在武威召开

（来源：新甘肃客户端　　2020年6月7日）

60多位来自省内外的农业专家、技术骨干，昨天在武威市凉州区永昌镇参加了国家绿肥产业技术体系甘肃绿肥现场观摩会。

为倡导国家绿色发展理念，提高耕地质量，减少化肥用量，大力发展绿肥产业，确保粮食安全和农产品质量安全，国家绿肥产业技术体系武威综合试验站联合旱地绿肥栽培岗位、病害防控岗位、旱地综合防控岗位，举办了此次现场观摩会。

绿肥是我国传统农业的精华，它可以提供作物养分，提高耕地质量，防止水土流失，改善生态环境，实现农业节本增效，增加农民收入。可以说，绿肥是传统农业与现代农业的有机结合，对发展现代农业和可持续性农业具有重要意义。从20世纪50年代初，甘肃省农业科学院就开始绿肥新品种的引进、选育和栽培利用等技术研究，如今已筛选出适宜甘肃不同区域生长的箭筈豌豆、毛叶苕子、草木樨、豌豆、香豆子、二月兰、香芥、沙打旺、红豆草等许多优良绿肥品种；在种植方式上研究出玉米前期间作绿肥高效节水型、马铃薯前期间（轮）作绿肥抗连作障碍保育型、小麦玉米带田套种绿肥轻简作业型、冬绿肥/轮作覆盖防沙生态型、麦田套复种绿肥农牧结合型、果园间作绿肥提升增效型等绿肥种植新模式。据该院专家介绍，通过绿肥“间、套、复”等种植模式可提高主作物产量10%以上，减少化肥投入20%左右，每亩增加经济收益800元，对当地绿色农业发展起到积极作用。当日，与会专家、技术骨干参观了凉州区永昌镇白云村绿肥间套作核心试验示范区、羊桐村二月兰示范区、校东村2 000亩玉米间作绿肥示范区、和寨村1 000亩果树间作绿肥示范区、黄羊镇武威绿洲农业试验站，并对当地绿肥产业现状和技术模式会诊把脉。

（记者：李满福）

【短视频】甘肃省选育小麦品种为夏粮稳产提供有力保障

（来源：甘肃广电总台 视听甘肃　2020年6月7日）

陇南市是我国小麦条锈病的主要策源地，是甘肃省冬小麦的主要产区。近年来甘肃省农科院通过引进国外先进种质资源，选育兰天系列抗锈性强、产量高的小麦品种，为全省防治小麦条锈病和夏粮稳产提供了有力保障。

在陇南市徽县庆寿村，种粮大户刘杰正在和农技人员查看小麦的生长情况。根据长势，刘杰今年的小麦亩产预计能够达到400千克左右。他告诉记者，小麦条锈病一直是他多年没敢扩大种植面积的主要原因，去年试种兰天36号、兰天39号、兰天43号小麦品种的表现不错，今年他种植小麦的面积也扩大到了60多亩。

小麦条锈病是我国小麦最主要的病害之一，而作为全国小麦条锈病策源地的陇南小麦种植区，如何“抗锈增产”就成了农业科技人员的努力方向。兰天系列小麦品种是由全省首位科技功臣周祥椿教授首先选育成功，近年来经过甘肃省农科院小麦所农业科技人员的不断努力，现在已经发展到了40多个品种。

据了解，目前兰天系列小麦品种种植面积已经达到200多万亩，占全省冬小麦种植面积的1/4，在全省夏粮生产中占有重要地位。不仅如此，陇南市目前通过种植抗锈的小麦品种，减轻条锈病发生程度，也有效地阻隔了条锈病向我国北方小麦主产区的传播。

（记者：贾明华）

甘肃省农科院：科技助推旱作农业区乡村振兴

（来源：《农民日报》　2020 年 6 月 8 日）

近两年，在甘肃省庆阳市镇原县上肖镇路岭村，种养大户苟满红对通过种植饲用玉米实现增收致富的信心越来越足了。“在甘肃省农科院的帮助下，我种的玉米用上新技术，效益提高了，去年出栏育肥牛 15 头，纯收入在 10 万元以上。”苟满红说。

苟满红所说的“新技术”，指的是甘肃省农业科学院推广应用的“甜高粱/饲用玉米种植＋青贮＋养牛＋粪污还田”生态循环农业技术。事实上，从 1972 年开始，甘肃省农科院就在镇原县上肖镇建立了试验站，致力于作物新品种选育、旱作农业资源高效利用、农林牧综合发展等理论与技术的研究和示范推广。目前，该项目的生态循环农业技术成果，通过试验站的研发和组装熟化，已进入推广应用阶段。

“我们在庆阳市镇原县、庆城县和平凉市泾川县打造‘生态循环农业’核心示范基地，重点示范以天然降雨高效利用技术及绿色高效农机农艺结合技术为核心的现代饲草生产技术体系；以作物秸秆和粪污资源化处理与高效利用为纽带，示范饲草种植—加工—牛羊养殖—粪污还田（果园、蔬菜、农田等）‘四位一体’的循环农业技术体系。”甘肃省农科院旱地农业研究所研究员李尚中说，在甘肃省现代农业科技支撑体系区域创新中心项目“中东部旱作区现代循环农牧业协同创新中心”、科技成果转化项目“乡村振兴示范村建设”、国家玉米产业技术体系兰州综合试验站和国家重点研发计划等项目的支持下，甘肃省农科院旱地农业研究所联合平凉市农科院和庆阳市农科院，依托泾川县首燕牧业养殖有限公司、庆城县国瑞草业综合开发农民专业合作社、庆阳辰基种植养殖专业合作社和镇原县上肖镇种养结合大户，按照“种养结合、以养定种、循环发展”的思路，组建“科研单位＋龙头企业（合作社）＋基地＋农户”的推广模式，探索实施该项目。项目实施后，农户种养综合效益提高了 10％～15％，这为加快甘肃粮改饲步伐，助推旱作农业区的产业脱贫和乡村振兴提供了有力的技术支撑和示范样板。

“在项目实施过程中，我们在饲用小黑麦收获后复种玉米，两茬作物鲜草产量每公顷达到了 97 吨。此种植模式的特点在于充分利用秋闲田多生产一茬饲草，同时增加了冬春季地表覆盖度，具有重要的生态价值。”平凉市农科院草畜研究所所长杨晓说。

“随着科技攻关的不断深入，甘肃省农业科学院原试验站 2012 年入选了农业部旱作营养与施肥科学观测试验站，2015 年被遴选为国家农业科研创新团队，2018 年成为国家农业科学实验站。”李尚中说。下一步，他们希望通过院地合作方式，以点带面把科技成果转化做好，充分发挥基地科技引领示范作用，更好地助力甘肃旱作农业区的乡村产业振兴。

十余年试验结硕果！甘肃省农科院陇中寒旱区（榆中）马铃薯试验站筛选出3个马铃薯品种研制出多项技术

（来源：新甘肃客户端　2020年6月8日）

记者从甘肃省农业科学院获悉，经过十余年的试验与建设，甘肃省农科院陇中寒旱区（榆中）马铃薯试验站在马铃薯品种选育和技术研制方面硕果累累——成功筛选出陇薯17号、19号和20号三个马铃薯品种，研制出种薯休眠解除技术、新型实用幼龄果园马铃薯间套作技术等。

目前，该试验站建成甘肃农科院抗旱高淀粉马铃薯育种研究创新基地、农业农村部西北旱作马铃薯科学观测实验站、甘肃省马铃薯种质种苗协同创新中心，持续推进全省农业优势特色产业转型升级及可持续发展。

马铃薯是甘肃省第三大粮食作物，年种植面积1 000万亩左右，主要分布在陇中的干旱半干旱区域。随着消费市场变化，人们对中早熟菜用型、加工型、专用型，富锌、彩色等功能性品种需求增多。为适应生产区域及营养需求，甘肃省农业科学院在榆中设立马铃薯试验站，开展马铃薯耐寒、抗旱（水分高效利用）、富营养种质创制和中早熟新品种选育，以及各类品种养分积累规律与调控技术研究。

经过十多年试验与建设，该试验站建立了完整的中早熟品种选育试验谱系、方法体系，通过实施兰白区域多样化项目，筛选出中早熟菜用型品种陇薯19号、20号，晚熟高淀粉主食化新品种陇薯17号。探索出提高花青素与锌、铁等矿质营养的技术措施。筛选出进行富锌、铁等品质育种的骨干亲本、新品系。研制出种薯休眠解除技术，为开展陇粤合作育种，缩短选育进程奠定基础。研制出新型实用幼龄果园马铃薯间套作技术。

在促进科技成果转化方面，试验站积极实施主食化品种筛选、幼龄果园、省马铃薯产业体系、富锌马铃薯种质引进与筛选等项目，示范陇薯系列多样化品种，使之逐渐成为区域主栽品种，年种植面积达40万亩以上。试验站年用陇薯系列原种达1 000多吨，一级种1 000余吨，种薯直接收入500万元，亩增加收入400元以上，增加收入800万元。站内科研人员积极参与省内三区人才培训、扶贫帮扶，总计培训农民2 000人次以上，发放培训资料、微型薯、农药2000份以上。占地60亩的试验站设置种质创制区、提质增效集成区、水肥药一体化绿色调控集成3个技术创新区。试验站内实验室、智能连栋温室、杂交温室、抗旱棚、网棚、恒温库、贮藏库、种薯分拣场等一应俱全，还配置物联网、自供电自动气象站、蒸发蒸腾测量系统、野外植物生理生态监控系统、多通道TDR土壤监测系统等各类仪器。经过十余年的建设，试验站已具备了技术创新、中试熟化、集成展示、成果转化、培训服务等多项功能，在持续推进全省农业优势特色产业转型升级及可持续发展中发挥着重要的作用。

（记者：杨唯伟）

陇上农学杰出人物系列报道之十八（农大校友篇）
怀揣梦想破难题 苦心孤诣育良种

——记甘肃省农科院二级研究员、国家胡麻产业首席科学家党占海

（来源：每日甘肃 2020 年 6 月 10 日）

党占海，1955 年生，甘肃会宁人，甘肃省农科院作物研究所原所长、二级研究员、博士生导师，国家胡麻产业技术体系首席科学家、中国农业技术推广协会油料作物技术分会副会长、农业农村部油料专家指导组成员、“新世纪百千万人才工程”国家级人选、国家中青年有突出贡献专家、“甘肃省千名领军人才”和甘肃省“333 科技人才工程”第一层次人才，享受国务院政府特殊津贴专家、全国先进工作者、“‘感动甘肃·2009’十大陇人骄子”“甘肃省优秀共产党员”“兰州市道德模范”。2011 年和 2013 年两度被提名为中国工程院院士候选人，2013 年和 2015 年被推荐为甘肃省科技功臣候选人。

求学甘肃农大　圆梦胡麻育种

1974 年 1 月，党占海高中毕业，回党岘乡参加劳动，他当了生产队的青年突击队副队长兼记工员，后又被推荐到村（当时为生产大队）小学当了民办老师。

在党占海的少年记忆里，胡麻油是很珍贵的食用油，一年四季吃油的次数屈指可数，只有逢年过节，招待亲朋时，才能见到一点胡麻油。

党岘山大沟深，十年九旱，种植胡麻是当地人解决食用油的唯一途径。

党占海所在的村小学有几亩地，在一位乡镇干部的推荐下，党占海到县农科所去引小麦品种，引了一个叫“会宁 10 号”的品种，种植后，长势突出，引起过路赶集农民的关注。就在快收获前的一个晚上，一些麦穗被人折走了，但就是这样，“会宁 10 号”产量出来时仍比当地老品种还高一倍多。这让党占海对小麦的品种有了深刻的认识。

1977 年，国家恢复了高考，党占海报考了甘肃农业大学农学系，后被顺利录取。学农，并用农业新技术改变乡亲们的农业发展现状，是党占海青年时期的第一个理想。后来，他把一生都奉献给了这个理想。

在大学期间，党占海如饥似渴地学习知识。在所有学科中，他偏爱遗传育种学，成绩也很好，曾获得全年级第一。大二时，他主动参与了遗传学教授、马铃薯育种家戴朝曦老师的课题研究。

1982 年，党占海大学毕业，被分配到甘肃省农科院经济作物研究所胡麻育种组。他想到老家干旱贫瘠土地上产量不高的胡麻，打算在胡麻育种上做出成绩。在李秉衡先生的指导下，党占海开始了胡麻的育种生涯。

攻克胡麻病害　品种耀眼神州

1982 年，党占海赴甘肃省胡麻研究基地——定西旱农所油料站参观学习。在试验田里，他发现了一些干枯的胡麻枝条，出于专业的敏感，他钻研起了胡麻的枯萎。经过研究，党占海判断，试验田里胡麻的枯枝，是由于感染了胡麻枯萎病。

枯萎病是一种土传病害，在土壤里能存活多年，会导致胡麻大面积的死亡。当时国内还没有有效的药剂防治，更没有解决的办法。

“能不能通过遗传育种的办法，培育出一个新的品种抗御这种病?”党占海想。

想到就做。党占海尝试起抗病育种的试验。1985 年，枯萎病在我国胡麻主产区开始大面积蔓延流行，轻则减产，重则绝收。针对这个严重的问题，《山西日报》专门刊登了《救救胡麻》的文章。同年，党占海选育出的胡麻新品系 7544-4-2。经过病田试验，抗枯萎病性能优良。

1986 年，胡麻新品系 7544-4-2 被推荐引入河北省张家口市张北县进行试验，结果抗枯萎病效果良好。1987 年，河北省农科院植保所在全国征集引进胡麻品种进行抗病筛选，党占海培育的新品系 7544-4-2 脱颖而出。

从 1987 年开始，胡麻新品系 7544-4-2 在甘肃、河北、山西、内蒙古等胡麻种植主产区进行生产试验、示范及推广，先后通过国家品种审定和甘肃、河北、山西和内蒙古 4 个省份审（认）定，命名为“陇亚 7 号”。

1992 年，“陇亚 7 号”种植面积已经推广到 240 多万亩，占全国胡麻种植面积的 1/4，该技术挽救了病害灭顶的胡麻产业。该技术后获得甘肃省科技进步奖一等奖、国家科技进步奖三等奖。

此后，党占海研究团队将高抗枯萎病列为胡麻育种的首要目标，在保持高抗病特性的同时，他们又兼顾了其他特性，相继选育出抗病又抗旱的“陇亚 8 号”，矮秆抗倒伏高产的“陇亚 9 号”，以及综合性能优良的“陇亚 10 号”等 9 个胡麻新品种。

“陇亚 10 号”在国家区试验对照增产中名列第一，因其抗病性好、高产、抗倒伏、亚麻酸含量高、种植适应性广泛，赢得广大农民的喜爱。自 2005 年“陇亚 10 号”大面积推广以来，到现在一直是胡麻种植面积最大的品种，累计推广超过了 2 000 多万亩。该技术还获得 2010 年甘肃省科技进步奖一等奖。

党占海是幸运的，他的辛勤付出得到了丰厚的回报。“陇亚 7 号”的选育成功，把甘肃胡麻育种提高到了全国领先水平，相继育成的 9 个胡麻新品种，在我国胡麻产区也得到了广泛应用。

自 20 世纪 90 年代以来，党占海研制的陇亚系列品种占全国胡麻种植面积的 1/3 和甘肃胡麻种植面积一半以上。陇亚系列 5 个品种获省级以上奖项，3 个品种获一等奖，陇亚系列品种被选为国家胡麻品种区域试验统一对照品种。

怀揣杂交梦想　破解世界难题

1921 年，美国科学家 Bateson 和 Cairnder 首次发现雄性不育胡麻，此后世界上很多科学家一直在寻找胡麻的雄性不育资源，以期实现胡麻的杂种优势利用，但半个多世纪过去了，胡麻杂交种选育却无人成功。

越是难题，越需要攻克。党占海想到了被誉为世界杂交水稻之父的袁隆平在发现野生型水稻不育系后，攻克了水稻杂交种选育难题的事迹。

党占海有了一个新的梦想，他想尝试攻克这个世界难题!

“对一个搞科研的人来说，就是要不断挑战自己，攻坚克难!”党占海自己对自己说。

于是，党占海开始了寻找胡麻不育株的漫漫征程。日复一日，年复一年，他在试验地里发现过几例天然的雄性不育株，但因其“后代”无法保持遗传性，都失败了。

科学的攀登从来就没有平坦的道路，党占海面对失败却没有气馁。他在寻找天然不育胡麻未果之后，把目光转移到了诱变育种上。他尝试了钴 60γ 射线、快中子、重离子等多种物理诱变，并进行了多次试验，但都没取得理想的效果。

1998 年，他突然地想到了抗生素诱变，结果奇迹出现了，他在胡麻地里发现了一株他梦想中的雄性不育株。

党占海像爱护自己的孩子一样，呵护着这株不育株。到花季的时候，他选择了国内外的优质胡麻品种，每天小心翼翼地给这株不育株授粉。苦心人，天不负！在党占海的精心照料下，这株不育株胡麻结了果实，产下了种子。

新的一年来临，党占海重新进行了抗生素诱导试验，试验又产生了不育株。通过人工诱变，党占海成功地选育出世界上首例温敏型亚麻雄性不育系，该技术对作物遗传育种学发展具有重要的科学意义，为亚麻杂种优势的利用开辟出了新的途径，属世界领先水平。2004 年，该技术获甘肃省科技进步奖一等奖。

党占海和他的团队对几株不育系进行培育，经历了上千次的失败和试验，最终成功了。他们终于选育出了胡麻杂交种——陇亚杂 1 号、陇亚杂 2 号，并于 2010 年 3 月 5 日正式通过甘肃省品种审定委员会审定定名。世界首例胡麻杂交种在甘肃省诞生。

胡麻杂交种增产效果非常突出，“陇亚杂 1 号”，试验平均亩产达 130.40 千克，较对照组陇亚 8 号增产 10.27%，亩产最高达 260 千克；“陇亚杂 2 号”，试验平均亩产 126.44 千克。这两个品种含油率均在 40%以上，其抗病、抗倒伏、综合性状等都表现优良。

陇亚杂 1 号、2 号的选育成功，填补了世界胡麻杂交育种的空白，中国成为了世界胡麻育种的引领者。

推动产业发展　福泽万千农民

2008 年国家启动建设现代农业产业技术体系，党占海被遴选为国家胡麻产业技术体系的首席科学家。他先后在胡麻生产的各个环节尽心尽力服务，普惠亿万农民，帮助他们增收数十亿元。推动了我国胡麻产业的发展，提高了我国胡麻产业技术在国际上的竞争力。

党占海也一直在为家乡的胡麻产业发展，并贡献着自己的力量。他每育成一个新品种都要送到家乡试验示范和推广。他在担任胡麻产业技术体系首席科学家期间，他在会宁被列为胡麻体系综合示范重点基地，会宁建伟食用油有限责任公司被列为体系加工岗位合作示范企业。

这就是党占海，一个有责任感，埋头苦干的人，一个不畏艰险，在科学的道路上勇攀高峰的科学家，一个屹立于世界胡麻之林的中华民族的脊梁！

（记者：马英东　冉旭东）

建立“桃体系”！甘肃省重点桃产业科研项目成效显著

（来源：每日甘肃 新甘肃客户端　2020 年 6 月 11 日）

记者从甘肃省农业科学院了解到，甘肃省加快了桃产业培育。随着多个国家级和省级桃产业科研项目的落地实施，甘肃省桃品种结构不断优化，一批提质增效的关键技术在生产中应用推广，优质桃产量和效益大幅增长。今年，在“桃体系”的支持下，秦安县入选农业农村部“一县一业”科技引领样板示范县，为打赢脱贫攻坚战、实施乡村振兴战略奠定了良好的产业基础。

6月10日，甘肃省农科院技术人员在项目区查看桃生长情况，并进行技术指导。

秦安县位于落叶果树最适栽培的黄金纬度区，是甘肃省重要的优质桃栽培区域。目前桃栽培面积10.2万亩左右，年产值4.6亿元以上，被中国经济林协会等命名为“中国名特优经济林桃之乡”“中国桃之乡”。2010年，甘肃省农科院在秦安县设立试验站，秦安试验站目前承担国家桃产业技术体系兰州综合试验站、甘肃省现代农业科技支撑体系区域创新中心重点科技项目“陇南山地优质桃绿色增效关键技术集成应用”、甘肃省农业科学院科技成果转化项目“桃优良品种及提质增效关键技术集成应用”等多项国家级和省级科研课题及任务。

秦安县是国家桃产业技术体系兰州综合试验站重点示范县。自“十二五”以来，项目区试验筛选出适宜发展普通桃、油桃、蟠桃、油蟠桃、黄桃等优良新品种16个；在生产上推广了旱地桃园垄膜保墒集雨技术、长梢修剪技术、梨小食心虫综合防治技术、山坡地桃园省力化施肥技术等一批提升增效关键技术。在项目带动下，2019年甘肃省桃栽培面积32万亩，较2018年增加1.3万亩，产量27万吨，产值10.8亿元。

“陇南山地优质桃绿色增效关键技术集成应用”项目依托秦安县大地家园果蔬专业合作社、秦安润田种植农民专业合作社、甘肃省农科院秦安试验站，在秦安县五营镇张源村、刘坪镇邓坪村、兴国镇高坪村建立示范基地260亩，通过桃优质绿色增效关键技术集成应用提升果品优质安全水平，从而提升产业效益。桃优质果率达到83%以上，平均提高了12个百分点，亩增加效益800元以上。

（记者：薛　砚）

甘肃省兰天系列小麦新品种选育取得突破性进展

（来源：新甘肃　《甘肃日报》　2020年6月12日）

记者近日从甘肃省农业科学院获悉，经过近30年的不懈努力，甘肃省兰天系列小麦新品种选育团队在小麦新品种选育上取得了突破性进展：成功组建了国内一流的抗条锈基因库，选育了一批携带不同抗锈基因、分属不同抗锈类型的冬小麦新品种，有效遏制了小麦条锈病的蔓延，降低了小麦条锈病对我国广大东部麦区的危害，取得了较大的经济、社会和生态效益。

依托国家小麦产业技术体系天水综合试验站、国家重点研发计划、国家自然基金等项目，该项目团队累计引进抗条锈种质资源1万余份，从中选育出兰天15号、兰天25号、兰天36号、兰天131、兰天538等一批携带不同抗锈基因、分属不同抗锈类型的抗病品种，部分品种除高抗条锈病外，还兼抗其他多种病害，如兰天18号、兰天20号、兰天22号母本不但高抗条锈病，而且兼抗白粉、赤霉（抗侵入），是国内少有的“三抗”品种。

目前，该团队共选育审定兰天系列新品种33个。据甘肃省种子总站统计，2019年兰天系列小麦品种推广面积占全省小麦总推广面积的38%。

（记者：薛　砚）

甘肃省农科院：创新项目管理方式
推动农业科技工作再上新台阶

（来源：《农民日报》 甘肃新闻 2020 年 6 月 14 日）

为推动农业科技工作再上新台阶，加强院地院企科技合作，总结凝练一批支撑甘肃区域特色农业发展的重大科研成果与技术模式，对接地方科技需求，6 月 8—12 日，甘肃省农业科学院专门举行了陇南、中部片区科研工作现场观摩交流会。

甘肃省农科院院长马忠明说，举办此次观摩交流会，旨在进一步加强相互学习交流，发现和寻找产业问题，对接区域农业科技需求，明确下一阶段的工作任务。此次观摩交流会充分展示了全院科研工作取得的主要成果和新进展：全院试验站建设上了新台阶，建成了具有区域特色的农村野外实验站和综合试验基地，支撑农业科研创新和集成示范；创制了一批抗逆优质种质资源，育成了抗锈抗逆高产冬小麦、富营马铃薯、优质桃等新品种；以化肥减量和有机肥替代、生物防治、深旋耕和膜上微垄沟等为代表的绿色提质增效技术集成应用取得了明显效果；智慧农业和生物技术研究迈出了新步伐；院地院企合作探索出了新模式；科研作风展现出了新典型、新风采，涌现出了中青年创新人才。下一步，甘肃省农科院要再定位科研方向、再精准发展目标，要做到解决科学问题与解决生产问题同步抓，科技创新与成果转化同步抓，人才培养与团队建设同步抓，坚持开放、融合、共享，推动农业科技工作再上新台阶。

据了解，此次观摩交流会期间，为加强项目管理，甘肃省农科院把现场观摩与查看材料相结合、科技创新与条件改善相结合、科研创新与产业支撑相结合、科研作风建设与财务绩效监督相结合。通过现场观摩、检查、交流执行的 18 个国家与地方科研项目，梳理了创新内容与重大产出，并与当地政府部门座谈交流，掌握了科技创新与应用对甘肃特色农业发展的需求，进一步确定了重大需求、提升了科研项目执行质量。

甘肃省农科院有关处室负责人、各研究所主要负责人及相关项目负责人参加了此次观摩交流会。

（记者：吴晓燕 鲁 明）

甘肃：藏粮于技！甘肃省农业科学院甘谷试验站
小麦条锈病防控研究应用结硕果

（来源：《贵州日报》 天眼新闻 2020 年 6 月 15 日）

今年以来，针对去冬今春气温偏高小麦条锈病发病早的情况，甘肃省农科院植保所甘谷试验站开展小麦条锈病综合防治，实施病菌群体毒性监测、绿色品种筛选、植保无人机高效施药、天敌生态控制试验示范等防控技术研究及应用，有效控制甘肃省及我国小麦条锈病的发生流行，为保障粮食安全生产提供技术支撑。

自20世纪60年代以来，甘肃省农科院小麦条锈病研究团队以甘谷试验站为基点，通过国家重点研发计划、国家自然科学基金、甘肃省产业技术体系等项目支持，系统开展了条锈病监测预警、条锈菌生理小种监测、病菌-寄主互作、品种抗病性评价与基因布局、新药剂筛选、高效技术利用等措施的集成应用，为全省及我国小麦条锈病的持续控制、保障国家粮食的“十六连增”做出了贡献。

甘肃省农科院小麦条锈病研究团队先后与国家及省内育种、植保等单位密切合作，研发的技术在省内累计示范推广10亿亩，增收节支超过100亿元。他们先后作为主要参加人和参加单位，获得国家科技一等奖1项，国家自然科学奖三等奖1项，国家科技进步奖一等奖1项、三等奖1项，神农中华农业科技奖一等奖1项。作为主持单位，获得省部级科技进步奖二等奖4项，3等奖1项。协作获得省部级科技成果奖励10项，其中，完成“中国小麦条锈病的流行体系”研究，明确了陇南在我国小麦条锈病流行中的重要作用（即菌源基地），相应研究成果“中国小麦条锈病菌源基地综合治理技术体系的构建与应用”获2012年度国家科学技术进步奖一等奖。发表相关研究论文200余篇。选育出具有自主知识产权的小麦新品种4个。

随着全球温度的升高和种植业结构的调整，小麦条锈病出现新的变化，如随着条锈菌有性生殖的发现，条锈菌病菌群体毒性变异有了新特点；条锈菌耐温菌系的出现，使得越冬高限和越夏底线也随之发生了新的变化等。近年来甘谷试验站通过病害监测预警，为当地政府及时、准确地提供相关信息，为精准、高效防治条锈病提供了超前信息；每年开展1 000份材料抗病性评价，筛选抗病性优异材料，分发省内外育种单位利用；研发高效、绿色、安全新技术，进行农药减施，降低了甘肃省越夏区向我国东部麦区提供的菌源量。

通过综合防控技术集成应用，2018—2020年，在项目区累计示范推广30万亩，技术辐射60万亩。降低了化学农药的使用次数，由原来的2～4次减少到1～2次；通过助剂“激健”的应用，农药减量30%以上；通过增施有机肥和绿肥复种技术等，氮肥、磷肥施用量亩均分别降低16.67%和33.33%；植保无人机的应用，提高了防治效率；项目的集成应用提高了单位种植效益，平均每亩节本增效超过30元。

（记者：王朝霞）

省农科院以项目带动推进陇东旱塬草畜循环农业发展

（来源：新甘肃、《甘肃日报》 2020年6月15日）

记者从甘肃省农科院获悉，得益于“甜高粱/饲用玉米种植＋青贮＋养牛＋粪污还田”庭院循环农业技术模式的应用，庆阳市镇原县上肖镇种养结合示范户苟满红种植30亩甜高粱和玉米，养殖32头牛，去年收入达12万元，今年他还将扩大规模。

苟满红所应用的这一庭院循环农业技术模式正是“陇东旱塬草畜循环农业关键技术研究

与模式应用”区域创新中心项目的一种模式。目前，甘肃省农科院联合平凉市农科院、庆阳市农科院，分别在平凉和庆阳举行项目现场推进会，旨在进一步破解陇东旱塬优质饲草供给不足和草畜循环链短的瓶颈。推进会期间，与会人员在崇信县等地，观摩了小黑麦新品种筛选及示范、机械化收割打捆、接茬复种饲用玉米和甜高粱等技术效果，考察了镇原种养结合小农户和泾川首燕肉牛育肥场项目执行效果。

据介绍，该项目的核心是通过实施“小黑麦—饲用玉米”轮作调整优质饲草种植结构和推进粮改饲工程、推广适度规模种养结合小农户和大型养殖企业产业科技扶贫模式，实现草畜（牛羊）生态循环和绿色发展。项目实施以来，先后引进饲用小黑麦、饲用玉米、饲用甜高粱、燕麦草和多功能油菜等优质饲草新品种 30 多个，在镇原县、庆城县、崆峒区、泾川县和崇信县开展试验示范，累计示范推广 2.1 万亩。

目前，该项目已探索出了一个解决陇东牛羊优质饲草短缺难题的方法，对农业增效、农民增收和乡村振兴提供了科技支撑和示范带动效果。

（记者：秦　娜）

把科研成果用到农民最需要的地方

——甘肃省农科院研究员王一航扎根定西38年的“洋芋人生”

（来源：《光明日报》　2020 年 6 月 14 日）

“远看像个要饭的，近看像个卖炭的，一问原来是农科院的。”这是当地农民为甘肃省农业科学院马铃薯研究所研究员王一航编的顺口溜。这句朴实的话道出了这个“洋芋专家”38 年来“两耳不闻窗外事，一心研究马铃薯”的“洋芋人生”。

定西是“三西”扶贫的肇始之地，也是甘肃脱贫攻坚主战场之一。从 1982 年起，王一航便扎根在定西市高寒阴湿的贫困山区——渭源县会川镇农村一线，将全部精力放在马铃薯研究上，先后选育出陇薯系列马铃薯新品种 12 个，在西北地区推广面积5 000余万亩，累计新增产值 50 多亿元。

一粒种子，一个朴素梦想

作为甘肃省三大农作物之一的马铃薯，主要分布在中部干旱地区和高寒阴湿地区，而这些地区恰恰也是全省乃至全国最贫困的地方，被称为“马铃薯之乡”的定西就处在这个地区，这也是王一航的老家。

“小时候饿肚子，是洋芋蛋（马铃薯）救了我和乡亲们的命。”生活贫困、食不果腹的岁月让王一航早早就体会到了农民的艰辛与不易，也让他在内心深处埋下了“育出好种，让乡亲们种马铃薯脱贫致富”的朴素梦想。作为农村走出的大学生，他从甘肃农业大学毕业之后，毅然选择回报那片贫瘠的土地。

育种研究初期，王一航没有选择当时国内大热的马铃薯高产量与抗病性育种，而是以独到的眼光把研究突破点放在了加工型马铃薯品种的选育上，确定了高淀粉马铃薯育种的目标。

春天，他盯着试验田，忙着记录马铃薯出苗情况；夏天，他顶着烈日，给马铃薯授粉、套袋、编号、挂牌；秋天，他挖出成熟的马铃薯，带领团队测量维生素、干物质、粗蛋白等指标；冬天，他还要定期监测窖藏马铃薯的发芽、发病及休眠情况。

每当播种马铃薯进行育种试验时，为了保证科学的行株距，王一航亲自扶犁耕种，从白天一直忙到傍晚，经常累得浑身如同散架一般，但是第二天还必须爬起来继续耕种，以确保试验的准确性。

一分耕耘一分收获，陇薯3号——国内第一个淀粉含量超过20%的马铃薯新品种在会川试验田诞生，“以前7吨鲜薯才能加工出1吨淀粉，但用陇薯3号6吨甚至5吨就能加工出1吨淀粉”，达到了国外高淀粉育种的先进水平，该品种直接催生了多家淀粉加工企业在定西落地。随后，淀粉含量在22%～27%的陇薯8号也选育成功，陇薯系列现已成为甘肃省马铃薯主栽品种和淀粉加工专用品种。此外，陇薯7号和LK99也成为油炸食品及全粉加工专用的新品种，填补了西北地区该类专用品种的空白。

谁都没有想到，曾经只是用来解决温饱的“洋芋蛋”，变成了受市场欢迎的薯片、薯条、薯泥等快餐食品及精深加工的淀粉、全粉等产业原料。目前甘肃全省马铃薯商品率达60%，马铃薯产业的迅速崛起，让定西成为蜚声中外的“中国薯都”，在走出甘肃奔向全国的同时，远销东南亚、欧洲，成为定西人脱贫致富的主导产业。

一块洋芋，一条小康之路

家住渭河源村的张林，祖辈都过着“面朝黄土背朝天，一年收成靠老天”的生活，多年前，刚从地里回来的他，听了王一航针对马铃薯种植的培训后眼前一亮，“原来马铃薯还能这样种”，从此成为王一航的忠实粉丝。如今，张林家里20多亩地有2/3都种了陇薯系列，产量比之前至少高出30%，光马铃薯一年的收入就有5万元左右，他家住了二层楼，买了小汽车，生活节节高。张林的经历只是因马铃薯致富的农民的缩影。

国家提出“精准扶贫”之后，甘肃省将马铃薯定为六大特色扶贫产业之一，着力构建了扶贫产业体系，定西市也把马铃薯作为当地的优势产业来抓，王一航及其团队肩上的担子更重了。定西曾以左宗棠“苦瘠甲于天下”的描述而“穷名”远扬，再加上丘陵起伏、沟壑纵横的地形和高寒阴冷、极度缺水的气候，极大地制约了定西的经济发展。

“好在这里非常适合种植马铃薯。”经过王一航及其团队的不懈努力，近年来，马铃薯产业为农民增收致富铺就了一条小康之路，当地种植马铃薯的收入约占总收入的1/4，极大地改善了农民的生活水平。目前，全省马铃薯种植面积由20世纪90年代的400余万亩增加到1 000万亩，位列全国第二；马铃薯总产量由20世纪90年代的300多万吨增加到1 100万吨，位列全国第一。“我把农民当作自家人，把他们种好马铃薯、靠马铃薯增收致富当成自己应尽的一份职责。”王一航说。

科研工作之余，王一航还承担起了“推销员”的职责，每年经他介绍经销的马铃薯良种多达数百万公斤，为种薯打开了销路，树立起甘肃马铃薯特色品牌，极大地提高了农民收入。如今，曾经用来填饱肚子的“温饱芋”，已经变成脱贫致富的“小康薯”。

“作为从事农业科学研究的工作者，我明白只有科学技术才能改变农村贫穷落后的面貌，我们把科研成果用到农民最需要的地方，就是对农民脱贫致富最大的贡献，这也是我把一生奉献给甘肃马铃薯事业的原动力。”王一航说。

一襟胸怀，一份学者担当

甘肃省农业科学院马铃薯研究所设在渭源县会川镇的马铃薯育种站，贯穿了王一航“洋芋人生”的始终。种了38年马铃薯的王一航，已然和当地的农民融为一体，头戴草帽、脚穿球鞋、裤脚挽起，他辛勤耕耘在马铃薯试验田里。

“我是吃马铃薯长大的农民的儿子，我最了解农民对马铃薯的感情和期望。”王一航在选育新品种、研究开发新技术时，总是将农民的评价作为品种评价的重要标准，除了考虑技术的先进性和实用性外，还要千方百计降低开发成本。“农业科研成果再多再好，农民用不上，也是白搭。”

在攻克马铃薯种薯组培脱毒快繁技术时，为了让农民买得起繁育出的脱毒种薯，在保证质量的前提下，他在国内率先研发出试管苗全日光培养高效低成本快繁技术，使种薯繁育成本降低40%以上，开创了甘肃省马铃薯脱毒繁种产业新局面。“成本低了，种子就便宜了，老百姓才能种得起。”王一航说。

王一航深知农民种得起还不够，还必须要科学种植才能提高产量、增加效益。为了让农民尽快掌握新品种的繁育知识和栽培技术，王一航经常在各村镇免费举办农民培训班。除了搞科研，他大部分时间都奔走在甘肃马铃薯主产区的田间地头，把广阔天地变成传授马铃薯栽培技术的大课堂，他走到哪儿，就把培训班办到哪儿、把农业科学技术讲到哪儿。

近几年，王一航已经走遍全省马铃薯主产区的20多个县（区），累计组织举办农民培训班300多次，培训农民超过3万人次，印发技术资料10万多份。乡亲们亲切地称他为“王洋芋”“王科学”，甚至传唱着“王一航，洋芋王；要想洋芋好，就找王一航”这样的顺口溜。

王一航是“甘肃省科技功臣”，从风华正茂到满头银发，他用自己毕生的智慧和汗水，让农民靠马铃薯富了起来，践行了一个农业科学家情暖民心的使命。如今，王一航主持的甘肃省农科院会川马铃薯育种站已成全省及西北地区马铃薯新品种与新技术的辐射扩散中心，所在地渭源县也成为闻名全国的“中国马铃薯良种之乡”。

（记者：宋喜群）

甘肃研发免疫条锈病小麦品种：从源头保障东部麦区产量

（来源：中国新闻网　2020年6月16日）

6月16日，甘肃省农科院小麦研究所研究员鲁清林接受中新网记者专访时表示，由该所选育的新品种“兰天36号”，在今年小麦倒春寒、干旱和小麦条锈病重发的情况下，田间表现对小麦条锈病免疫，矮秆抗倒伏，成穗率高，更是在陇南市徽县小麦高产高效创建示范田创造了平均亩产 620.88 千克的好成绩。

鲁清林认为，兰天 36 号的成功培育，从源头阻断了条锈病的气流传播渠道，对减轻条锈病对东部麦区的危害程度有重大作用。

小麦条锈病，也叫黄疸病。患病后的小麦在叶片、叶鞘、茎秆等部位产生铁锈色的疱状病症，便将其命名为锈病。作为一种寄生性病菌，小麦锈病会大量掠夺小麦植株的养分，阻碍小麦生长。

中国农业科学院植物保护研究所和西北农林科技大学植保学院对中国小麦条锈菌小种变异的跟踪调查证实，多年来危害较大的小种中约90%是在甘肃陇南首先发现并聚集的，之后广泛蔓延。

“在我国小麦条锈病治理中，甘肃陇南具有特殊地位。”鲁清林坦言，陇南小麦分布在海拔 800～2 000米，夏季高海拔地区的晚熟冬麦自生苗与早播冬麦交叉重叠，为条锈病提供了终年不间断危害的有利条件，并使条锈菌在小范围内就可完成周年循环。因此，对陇南进行源头治理，是实现我国小麦条锈病持续控制的关键点。

6 月中旬，专家组成员在陇南市徽县小麦高产高效创建示范田，对兰天 36 号进行了现场实产测定，经过丈量面积、机械收获、称重、水分测定、杂质测定等环节，平均亩产 620.88 千克。

据悉，兰天 36 号是以周麦 17 为母本，兰天 23 号为父本选育而成的。在抗条锈性方面，经分小种接种鉴定，苗期对混合菌表现感病，成株期对供试菌系表现免疫。

“实践证明，利用抗病品种是防治该病最经济有效的措施。”鲁清林表示，近年来，甘肃省农科院小麦研究所育成了一批矮秆株型“兰天系列”品种，该品种不仅提高了小麦产量水平，而且有效抑制了条锈病，减轻了条锈病对东部麦区的危害程度，为国家粮食安全做出了一定贡献。

（记者：艾庆龙）

重建“陇东粮仓”的重要科技力量！陇鉴系列冬小麦品种保障了陇东口粮安全

（来源：每日甘肃　2020 年 6 月 16 日）

为加速实施农作物种子工程，甘肃省开展抗逆丰产优质种质资源创制与新品种选育，推广和转化一批抗旱优质冬小麦新品种，支撑全省口粮安全。6 月 13—15 日，甘肃省在镇原县召开“旱地抗逆丰产优质冬小麦新品种选育与示范”暨种子认证试点观摩交流会。

陇鉴系列冬小麦品种是重建“陇东粮仓”的重要支撑品种。

来自甘肃省农科院、省种子总站、兰州大学、省农技推广总站以及庆阳市和平凉市种子管理部门、种子和面粉加工企业的专家和技术人员 70 余人，在镇原县观摩了陇鉴 110、陇鉴 111、陇鉴 117 和陇紫麦 1 新品种示范田，考察了镇原试验站冬小麦育种基地。其间，旱地农业研究所分别与镇原沐禾种子繁育公司、平凉云翔面粉加工企业签订了陇鉴系列品种转化、优质面粉产品开发成果转化合作协议。

在座谈会上，专家、技术人员建言献策。与会专家、技术人员一致认为陇鉴系列冬小麦品种是重建“陇东粮仓”的重要支撑品种，正在成为陇东小麦的主推品种和优质特色品种。陇鉴系列品种抵御了今年严重的寒旱叠加灾害，亩产 334 千克，增产 9.5%，正在成为陇东老区小麦的主推品种和优质特色品种。

（记者：李满福）

甘肃：深化院企合作 促进科技成果转化

（来源：甘肃广电总台 视听甘肃　2020 年 6 月 19 日）

6 月 19 日上午，甘肃省农科院与兰州科技大市场共同举办的农业领域技术专项推介会在兰州召开。甘肃省农科院现场向来自省内多地的科技工作者及几十家涉农龙头企业推介展示了 11 项科研成果。多位专家学者还通过兰州科技大市场搭建的网络平台推广了他们研究的新成果，藜麦新品种、薄皮甜瓜等科研成果通过网络逐一亮相。这些新技术转化落地后，各地农户就能种上新品种、增加自己的收入，城市居民也能吃上新品种的农特产品、丰富自己的餐桌。对于推介会的成效，专家和企业都信心满满。

近年来，兰州科技大市场充分发挥科技成果转移转化直通机制主平台的优势，不断破解制约科技创新发展的障碍，加强与高校、科研院所、企业的交流协作，有力支撑了科技成果转移转化，有效降低了科研成本，激发了创新主体的活力和潜力。

（记者：李一中　贯双龙　杜　伶）

体系十年，给了我们创新的平台和创业的激情

——国家谷子高粱产业技术体系粳型糜子育种岗位专家、甘肃省农业科学院作物研究所所长杨天育自述

（来源：《农民日报》　甘肃新闻　2020 年 6 月 24 日）

从 2009 年启动国家谷子产业技术体系，2011 年组建国家谷子糜子产业技术体系，2017 年整合成立国家谷子高粱产业技术体系，弹指一挥间，至今已满 10 年。这 10 年，我作为这个科技创新和产业技术支撑体系的一名岗位专家，见证了体系的稳定发展，见证了产业的提升壮大，也经历了创新创业的风雨历程。

促进区域谷子糜子特色产业取得明显进步

2008 年产业体系启动前，由于谷子糜子是甘肃省的小作物，虽有特色但产业规模小而分散，水、肥、药、机械的利用效率低，产量低而不稳，产品商品化率低，很难形成市场竞争力。在品种方面，长期追求产量育种，优质品种缺乏，品种结构不优，供不应求，产不适需，无法满足不同地区、不同用途的生产和市场需求；在技术方面，种植技术落后，机械化程度不高，适宜轻简化生产的技术集成配套差，农机农艺融合栽培技术支撑不足。2009

年国家实施谷子糜子产业技术体系建设项目，让我们得以针对产业问题，引进和培育适合产区种植的优良品种，集成示范旱作农业区高效种植技术，引领专业合作社、加工企业和种植大户参与示范县、示范村品种优、技术优、管理优、产品优的“四优”产业化示范基地建设，从而带动新品种和新技术示范推广，促进谷子糜子的提质增效。

10年来，我们先后推广了陇谷11号、陇谷13号、豫谷18、长农35号、陇谷2129、张杂谷5号、陇糜9号、陇糜10号、陇糜11号和固糜21号等10余个谷子糜子新品种；推广了旱地谷子糜子一膜两年用留膜免耕穴播栽培技术、谷子糜子精量播种免间苗技术和机械化收获等5项技术模式；在陇东环县和华池县，陇中会宁县和陇西县，河西走廊民乐县等地建立了100亩连片、辐射1 000亩的示范区20多个，示范新品种累计面积15万亩以上，谷子糜子主产区良种覆盖率达到85%以上，平均单产水平提高了12%以上，亩均节支增收效益超过300元，不仅带动和促进了产业的快速发展，谷子糜子产业也成为了干旱贫困区农民脱贫致富的特色富民产业。

有效激发岗位专家团队创新创业激情

2008年产业体系启动前，小作物没有人重视，科研平台基础条件较差，团队人员少、人心涣散，缺乏凝聚力，只能维持基本的育种工作，根本谈不上开展更多前瞻性的研究。同时由于很少有研究经费支持，无法走出去参加国内外专业学术会议进行广泛的合作交流，也不能筑巢引凤引进优秀人才，这大大削弱了大家从事科研工作的积极性，也限制了大家的创造力。2009年国家实施现代农业产业技术体系建设项目，由于有了稳定的经费支持，短期研究思路能够有效落实，长期研究计划得以实现；团队成员能够走出去参加体系内部的创新论坛和国内外专业学术研讨会，聆听各行专家的精彩报告，汲取最先进的技术成果和研究思路；团队也能与国内同行开展广泛的合作，交流材料，引进技术，分享信息，共建基地。

正是产业体系的实施，激发了团队成员创新创业的激情，也推动团队不断壮大发展。10年来，由于产业体系支持，研究团队凝聚力和影响力不断增强，团队固定成员从原来的3人增加到现在的6人。通过在岗学习、继续深造等，学历和职称结构也有了明显改善，团队成员有2人入选甘肃省“555”创新人才工程和领军人才工程，1人被推荐遴选为省级特色作物产业技术体系副首席，1人被授予“全国三八红旗手”；由于体系支持，团队研究规模有了快速扩张，从原来的1个科研基地扩大到现在的3个研发基地，从原来的10亩试验地扩大到现在的100亩试验地，试验示范基地从5个增加到现在的12个；由于体系支持，团队创新能力也得到明显提升，团队聚焦谷子糜子种质资源抗逆性鉴定、糜子谷子优质专用品种选育与育种技术、干旱半干旱农业区谷子糜子资源高效种植技术等方向开展研究。10年来团队育成谷子糜子新品种8个（国家鉴定品种3个），制定地方标准15项，获得授权发明专利1项，发表学术论文30余篇，有2项成果获得甘肃省科技进步奖二等奖。

让科研、技术推广和企业的关系更为密切

2008年产业体系启动前，由于科研工作的组织、实施与市场需求存在脱节现象，科研与市场脱节和科研与生产脱节的现象比较严重，科研单位与企业和专业合作组织的结合不紧密，科研单位成果的实用性、先进性和成熟性等认可度不高，科技对产业的引领作用不强，市场缺乏转化科研成果的积极性，不愿意转化成果，科技优势向现实生产力转化的效果不明显。

2009 年国家实施现代农业产业技术体系建设项目，由于体系创新科技管理模式，设计了从田间到餐桌的全产业链一揽子解决重大关键技术问题思路，所以进入体系后不得不转变观念，重新认识科研与市场、科研与生产的关系。尤其是谷子糜子这些市场特色明显的小作物，不和技术推广和专业合作组织加强联系，不紧密结合生产和市场，创新就成了空中楼阁。

基于这种思想，10 年来我们加强了与企业合作，密切研企关系，促进成果转化。先后与甘肃西北大磨坊食品工业有限公司、宁夏固原宁鑫米业公司、甘肃万佳小杂粮工贸有限公司等 7 家加工企业，会宁黍丰小杂粮专业合作社、甘谷秀金山小杂粮专业合作社、山丹县金谷子种植合作社等 6 家专业合作社紧密联合，为他们原料生产提供优质专用谷子糜子品种和技术指导，实现了科研和企业互相促进、共同进步的目标。10 年来我们加强了与技术推广部门的合作，推广先进适用技术，提升了服务“三农”的能力。

我们先后与甘肃会宁县农技中心、陇西县种子站、镇原县农技中心、环县农技中心、华池县农技中心等 10 余家技术推广单位提供新品种和新技术进行示范推广，使我们的新品种和新技术在农业农村部谷子糜子 1 万亩高产创建活动中发挥了显著的增产增收效果，整体提升了产区谷子糜子的生产水平，也显著提升了农户种植效益。体系在这 10 年间，政府管理、科技研发、技术推广、生产农户和加工企业之间的互动增多了，联系加强了；科研与生产脱节、生产与加工脱节的产业发展弊端基本理顺了，产业发展目标也更加明确了。

回首这 10 年，10 年豪情满怀，10 年兢兢业业，10 年不断超越，10 年累累硕果，这 10 年也为未来产业技术体系的发展和产业技术的进步积累了丰富的经验。百尺竿头更进一步，站在新的起点上，在全面贯彻党的十八大精神和“自主创新、重点跨越、支撑发展、引领未来”的科技方针指导下，我们体系人会不断进取，奋发图强，在新的征程中展现出更加卓越的风姿，创造出更加辉煌的明天。

《今日聚焦》——科技带动兴产业 助农增收奔小康

（来源：甘肃广电总台 视听甘肃　2020 年 6 月 26 日）

“台前”是农民努力在发展扶贫产业，“幕后”是专业科技队伍提供技术、管理支撑。

培育富民产业，推动农业高质量发展。科技创新是实现农业现代化的核心驱动力。当前，甘肃省经济处于转方式、调结构和培育新动能的攻关期，农业作为全省经济发展、粮食安全和乡村振兴的基础支撑，必须依靠科技创新突破资源环境约束，依靠科技创新拓展农业发展空间，依靠科技创新提高农业发展质量和效益。近年来，甘肃省农科院围绕六大特色农业产业加快农业科技创新，通过新品种选育和新技术推广普及，为全省助农增收、精准脱贫提供了强有力的技术支撑。

仲夏时节，定西市安定区香泉镇马铃薯种植基地郁郁葱葱，长势喜人。香泉村村民石凤兰把家里的 11 亩土地流转到基地，农闲时就在这里打工，1 天能有 100 元的收入。靠着勤劳能干，她家顺利脱了贫。

近年来，在定西市安定区，当地政府扶持种薯企业通过土地流转，建成了万亩高标准原种生产示范基地，集成黑膜覆盖、配方施肥、机械化作业和病虫害绿色防控等技术，探索建立了“种植大户＋政府＋技术员”模式的技术指导服务机制，推动绿色、标准化生产，提高了企业和基地的生产能力。

74 岁的马明见证了马铃薯从过去农民用来糊口的“救命薯”，变为如今助农增收的“致富薯”。老人家里种了 2 亩马铃薯，他把去年地窖里留着自家吃的马铃薯拿给我们看。

“致富薯”助农增收，关键在于薯种品质优良，具备市场竞争实力。而这离不开甘肃省农业科学院马铃薯研究所的科技人员扎根基层，长期从事马铃薯栽培技术研究与适宜新品种、新技术的推广工作。

马铃薯是甘肃省三大粮食作物之一，也是极具生产潜力、市场优势和开发前景的特色农产品。近年来，全省马铃薯产业步入科学化布局、集约化种植、标准化生产、精深化加工、品牌化营销的新阶段，马铃薯产业已成为带动农业农村经济发展、促进农业增效、农民脱贫增收的主导产业。

西和县是甘肃省 8 个未摘帽的贫困县之一，当地把发展产业作为实现脱贫的根本之策。作为全县中药材的核心示范区，西和县兴隆镇王家大梁以半夏为主的中药材种植基地，占地5 000多亩，基地由甘肃省农科院科技人员现场指导、培训，40 多个合作社按标准化模式种植管理。

牟江文是合作社半夏种植大户，去年他种了 15 亩半夏，收入达到 40 多万元。

甘肃半夏总产量占全国 60％的市场份额，其中 80％以上产自西和县，西和县也被誉为中国半夏之乡。半夏种植要求技术含量高，从选种、播种、管理到收获，都直接影响产品质量和产量。针对当地技术力量薄弱、技术普及率不高、种茎缺乏、倒茬周期长等问题，甘肃省农科院中药材研究所在西和县兴隆镇王家梁建立了1 800亩项目示范基地，通过优良种茎筛选、繁育应用、配方施肥、精细化管理等核心技术的示范应用，切实推动了半夏种植提质增效，为农业增效、农民增收和产业扶贫提供了强有力的技术保障。

2019 年，西和县半夏种植面积达到了 2 万多亩，产值 7 亿多元，以半夏为主的中药材产业共带动贫困户 1.1 万户，贫困户年均增收1 500多元。“小半夏”成了西和县助推脱贫攻坚名副其实的“大引擎”。

在秦安县刘坪镇邓坪村邓青林家的桃园里，甘肃省农科院林果花卉研究所所长王发林正在给果农示范桃树长枝修剪的技术。

在刘坪镇邓坪村，甘肃省农科院结合老桃园改造，以陇蜜 9 号、北京 48 号为主，配套一系列先进农业技术，打造出了这样一个集秦安蜜桃新品种和配套栽培技术为一体的示范园。

“台前”是农民努力在发展扶贫产业，“幕后”都有专业科技队伍提供技术、管理支撑。作为一名农业科技工作者，王发林在当地培养了一批掌握果树管理技术的“土专家”。

秦安县是国家蜜桃产业技术体系兰州综合试验站重点示范县。随着多个国家级和省级桃产业科研项目的落地实施，全省桃品种结构不断优化，一批提质增效的关键技术在生产中应用推广，优质桃产量和效益大幅增长。今年，在“桃体系”的支持下，秦安县入选农业农村部“一县一业”科技引领样板示范县，为打赢脱贫攻坚战、实施乡村振兴战略奠定了良好的产业基础。

脱贫攻坚，需要农业转型升级，需要提升产业发展质量，也需要培育乡村振兴新动能。甘肃省农科院面向现代农业建设主战场，围绕全省农业增效、农民增收、农村增绿的主课题，不断加强科技创新，优化农业科技创新方向和重点，着力增强科技供给，促进科技和经济相结合，为全省农业高质量发展提供了强有力的科技支撑。

（记者：杨　晨）

旱地抗逆丰产优质冬小麦新品种选育与示范暨种子认证试点观摩交流会在镇原县召开

（来源：甘肃三农在线　2020 年 6 月 28 日）

6 月 13—15 日，由甘肃省农科院和省种子管理总站主办，甘肃省农科院旱农所承办的甘肃省重大科技专项“旱地抗逆丰产优质冬小麦新品种选育与示范”暨种子认证试点观摩交流会在庆阳市镇原县举行。甘肃省农科院副院长贺春贵，甘肃省种子管理站站长常宏、副站长吕小瑞，小麦所所长杨文雄等专家出席会议。甘肃省农科院科研处处长樊廷录主持会议。

为加速实施农作物种子工程，开展抗逆丰产优质种质资源创制与新品种选育，推广和转化一批抗旱优质冬小麦新品种，支撑全省口粮安全召开了这次会议。与会代表在镇原县观摩了陇鉴 110、陇鉴 111、陇鉴 117 和陇紫麦 1 示范田及种子认证基地，考察了旱农所镇原试验站冬小麦育种基地，并举办了座谈会。旱农所党支部书记乔小林分别与镇原沐禾种子繁育公司、平凉云翔面粉加工企业签订了陇鉴系列品种转化、优质面粉产品开发成果转化合作协议。与会领导和专家一致认为陇鉴系列冬小麦品种是重建“陇东粮仓”的重要支撑品种，同时也正在成为陇东小麦的主推品种和优质特色品种。陇鉴系列品种抵御了今年严重的寒旱叠加灾害，亩产 334 千克，增产 9.5%，正在成为陇东老区小麦的主推品种和优质特色品种。

甘肃省种子管理站站长常宏，解读了国家种子生产认证政策，对做好陇鉴系列种子繁育提出了要求，并将继续支持陇鉴系列冬小麦种子生产认证与良种繁育工作。副院长贺春贵要求，镇原试验站要继续保持抗逆丰产优质小麦育种的优势，从品种选育、种子质量、优质面粉全产业链布局科研工作，加快选育符合市场和企业需求的品种，加快建立科研合作机制，推动品种转化。

省种子管理站，庆阳、平凉种子管理部门人员，种子和面粉加工企业的专家及技术人员，旱农所领导和镇原试验站全体人员共 70 余人参加现场观摩交流会。

（记者：庄继龙）

甘肃研究形成西北旱作马铃薯绿色增产技术模式

（来源：每日甘肃　2020 年 7 月 1 日）

马铃薯是甘肃省众多干旱贫困地区脱贫攻坚和经济发展的支柱产业之一。为解决马铃薯生产耕作技术落后的难题，促进马铃薯增产、农民增收，甘肃省农业科学院旱地农业研究所技术创新团队历时 6 年，研究形成西北旱作马铃薯绿色增产技术模式——在长期大田试验和技术示范的基础上，提出马铃薯立式深旋耕作技术，结合全膜覆盖垄上微沟栽培技术规范，配合减氮增钾追施深施肥的养分管理技术。

据了解，该技术模式在黑色地膜覆盖沟种的基础上，结合马铃薯生长特性改进为黑色地膜覆盖垄作技术，可实现增产 20%；以水分高效利用为目的，创造性地提出垄上微沟核心技术，并集成减氮增钾追施等关键技术、立式深旋耕作技术，每亩产量达到 2.4 吨，接近世界旱作马铃薯高产水平的每亩 2.8 吨。

甘肃中东部黄土高原丘陵沟壑区土层深厚，气候冷凉，光照充分，海拔高、温差大，是全国乃至世界优质马铃薯产区之一。然而季节性干旱常驻，以及马铃薯生产耕作技术的落后，制约着当地马铃薯产业的发展。

对此，甘肃省农科院组建科研队伍、搭建科研基地和平台，积极研究并推广西北旱作马铃薯绿色增产技术模式，持续提高农民的科技水平，有力推动了黄土丘陵区旱作马铃薯产业的快速健康发展。研发的垄上微沟机具已由定西市三牛农机制造有限公司、定西山石农业科技开发公司销售 1 200 余台，对马铃薯增产增效起到了关键作用。

同时，实施的“马铃薯主产区地膜污染防治技术模式示范”项目，筛选应用马铃薯专用加厚地膜，采取农机农艺一体化播种技术，改进了残膜回收机具，初步构建了马铃薯地膜污染防治技术模式。

此外，借助科研项目和国家“三区人才”计划，在甘肃榆中县、会宁县、安定区、渭源县、康乐县、积石山县，以及青海省民乐县等国家级贫困县推广应用该技术模式，显著提高了各地马铃薯产量和生产效益，为脱贫攻坚和乡村振兴战略实施提供了坚实的科技支撑。

（记者：杨唯伟）

甘肃省农科院组织老专家赴武威开展科技服务

（来源：甘肃老干部　2020 年 7 月 6 日）

近日，甘肃省农科院组织部分老专家赴武威市凉州区永昌镇白云村和甘肃省农科院武威综合试验站、黄羊试验场等地开展科技服务。

在永昌镇白云村召开的“科技服务美丽乡村建设座谈会”上，甘肃省农科院原党委书记钱加绪，结合自己对全省多地农村实地调研情况，重点就建设美丽乡村、振兴农村经济的内涵、目标任务、主要措施和量化指标进行了宣讲。白云村村民代表就当下农村发展的难点、热点和焦点问题讲了自己的意见。老专家们同村组干部、村民就白云村未来的发展方向、目标和措施进行了深入讨论和互动交流。植保专家孟铁男对“玉米常见病虫害的防治”作了专题讲解；设施园艺专家邱仲华讲解了“塑料大棚的建造与种植技术”；蔬菜育种与栽培专家宋远佞讲解了“高原夏菜种植技术和增产措施”。老专家们针对武威农业生产中遇到的实际问题，利用多媒体课件进行了生动讲解和互动解疑，受到了在场农民的热烈欢迎和一致好评。在甘肃省农科院武威白云综合试验站和黄羊试验场，大家观摩了土壤检测、耕地保育、绿肥研究示范、节水高效研究等一批重要创新项目和小麦、大豆、啤酒大麦等各类农作物育种、繁育试验。

通过实地参观学习，大家切身感受到了甘肃省农科院科研设施条件建设取得的可喜变化，目睹了创新成果的示范推广为地方经济服务所取得的成效，进一步激发了为全省经济社会发展多做贡献的积极性。

走进省农科院培育油菜新品种基地

（来源：新甘肃　《甘肃经济日报》　2020 年 7 月 7 日）

夏日的和政县，最不缺的就是次第花开。又到了油菜花海频上热搜的日子，你是否想起那一片片，一层层，一簇簇，热热闹闹、洋洋洒洒、风风火火、层层叠叠，铺满山麓河畔，田畴陌上，村落屋旁，风吹荡漾的黄澄澄金灿灿的绚烂花田？

7 月 7 日，记者来到和政县城关镇三谷村，映入眼帘的一片彩色的油菜花田格外引人注目。耀眼的中国红，淡淡的粉色，纯净的白，附和着微风，在油菜地里随风轻轻摆动。其实这里不仅仅是油菜花田那么简单，还是甘肃省农科院的油菜新品种培育实验、示范基地。该院培育出的新品种陇油杂 1 号、陇油杂 2 号就诞生于该基地。

（记者：俞树红）

【短视频】甘肃省农科院：加快科技创新　推动产业脱贫

（来源：甘肃广电总台 视听甘肃　2020 年 7 月 13 日）

甘肃省农业科学院围绕六大特色农业产业加快农业科技创新，通过新品种选育，新技术的推广普及，为全省精准脱贫提供了强有力的农业生产技术支撑。

近年来，甘肃省农科院在科研成果转化应用中注重接地气，根据省内贫困地区有针对性地进行科技攻关，依托各试验站建立了 10 多个产业扶贫与乡村振兴相结合的科技引领示范基地，按照“一村一品”“一县一业”的要求，选派上百名科技人员、服务百家种养加经营主体和大型企业，推广百项优质特色品种及绿色增效技术，支撑产业扶贫。甘肃省农科院的科研成果应用在接地气的同时，一大批农业科研领域的高新技术也正在品种选育、生物防治以及智慧农业等领域被广泛运用。仅 2019 年甘肃省农科院就示范推广新品种、新技术和新模式就有1 300万亩，增产粮食 1.8 亿千克，经济效益 12 亿元。

（记者：贾明华　刘　凯）

西甜瓜“甜蜜”“高产”的秘诀

——甘肃省农科院潜心研究西甜瓜优质高效管理技术结出累累硕果

（来源：新甘肃 《甘肃日报》2020 年 7 月 23 日；甘肃学习平台 2020 年 8 月 4 日）

“单果重 1.62 千克、1.90 千克、2.42 千克……”

“可溶性固形物含量 14%、15.2%、15.3%……”

7 月 20 日下午，河西大地晴空万里，民勤县收成镇村民田间地头摘瓜忙，空气中充溢着丰收的甜蜜。位于兴盛村的甘肃省农科院民勤示范基地里，热闹非凡，一场灌区甜瓜水肥高效利用技术示范现场观摩与评议会在这里举行。

由国家重点研发计划项目首席专家、中国农业科学院植保所研究员赵廷昌担任组长的 5 人专家团队在现场对基地种植的甜瓜进行了测评。

采摘、测量、计算……炎炎烈日之下，测评有序进行。专家组在采用灌区甜瓜水肥高效利用技术的甜瓜地取样，后与常规种植的甜瓜样品进行对比。

结果令人欣喜：采用西甜瓜长效复合专用肥配套施用技术，及灌区甜瓜垄膜沟灌水肥高效利用技术种植的甜瓜，亩产超过了2 400千克，较常规种植下的产量提升了 5.87%～7.12%，可溶性固形物含量提升了 0.14～0.67 个百分点。

更可喜的是，在今年的示范样地中，肥料减施量达到 32%，灌水量降低了 17.3%以上，两项加起来每亩节本超过 135 元，这在水贵如油的民勤县弥足珍贵！

西瓜、甜瓜不仅要大要甜，在生产中提质增效才能让农民的辛劳有所回报。然而，一直以来，在西瓜、甜瓜生产中水肥资源成本较大，生产效益低下是一直困扰着种植户的问题。

农户的需求在哪里，农业专家的研究方向就在哪里。为了助推西瓜、甜瓜产业可持续发展，为农民增收提供合理有效的科学方案，自 2008 年开始，在国家西甜瓜产业技术体系的支持下，土壤与养分管理岗位科学家、甘肃省农科院研究员马忠明带领团队，积极进行西甜瓜节本提质增效生产体系构建与集成示范，以及西甜瓜精准水肥一体化技术体系的集成及示范。

经过十多年潜心试验与研究，专家团队集成提出旱砂田西瓜全膜覆盖水肥高效利用技术、旱区西瓜垄上沟播集雨高效栽培技术、灌区甜瓜垄膜沟灌水肥高效利用技术、西甜瓜长效复合专用肥配套施用技术等。研制出肥料产品 2 种，出版专著 2 部，申报国家专利 3 项，制定地方标准 9 项，发表论文 30 余篇。

该项目示范推广成效显著，各项技术显著提高了水肥利用率，缓解了西甜瓜生产和水肥紧缺的矛盾，推进了产业稳定持续发展。截至目前，累计在全国示范推广面积 6.91 万公顷，增产 3.27 亿千克，累积节水1 474.28万立方米，累计节肥1 600.72万千克，新增产值 3.33 亿元。

测评组专家一致表示，该项目在甘肃示范效果显著，水肥高效利用效果明显，促进了全省乃至全国西瓜、甜瓜产业的健康发展，建议进一步加大示范和推广。

为破解西瓜、甜瓜施肥施药效率低、单一化等难题，2018 年，甘肃省农科院在国家重点研发计划项目的支持下，与地方农技示范推广单位携手攻关，开展西甜瓜化肥农药减施增效关键技术集成与优化项目，持续解锁西瓜、甜瓜产业节本增效的秘诀。

7 月 21 日，天朗气清。靖远县五合镇白塔村的砂田西瓜化肥农药减施增效关键技术核心示范田里，蓝天白云之下，绿油油的砂田结满硕果，一望无垠，蔚为壮观。

专家测评后，再次传来喜讯：通过化肥有机替代技术与水肥一体化技术的融合，化肥减施 32%。通过种子消毒处理和无人机喷药技术的融合，农药减施 35%。

化肥农药减施增效，产量和含糖量却只增不减——西瓜产量较常规种植提升了 10% 以上，可溶性固形物含量提升了 2 个百分点。

“通过这些技术模式的示范和应用，有效解决了当地西瓜生产中肥料利用率不高、病虫害发生严重等问题，减轻了环境污染，对于改善土壤环境发挥了重要作用。”课题主持人马忠明说，下一步将持续在旱砂田推广这一系列技术，推动种植地区取得更好的生态效益、社会效益和经济效益。

（记者：杨唯伟）

跟着专家科技致富！甘肃省农科院发挥科研力量助力脱贫攻坚

（来源：每日甘肃　2020 年 8 月 5 日）

8 月，镇原县方山乡早熟马铃薯迎来丰收的季节。得益于近年来甘肃省农科院的科技帮扶，当地马铃薯产业一改过去品种老化、种薯混杂、退化严重、生产技术落后的情况，向着品种新、质量高、栽培技术先进的发展方向不断前进。今年，方山乡中早熟马铃薯种植面积近 1 000 亩，亩均收益达 2 000 元以上。

授人以鱼不如授人以渔。自 2017 年帮扶镇原县方山乡 4 个贫困村以来，甘肃省农科院充分发挥自身业务特长和科技优势，聚焦产业扶贫、智力扶贫，开展科技帮扶工作，帮助贫困村培育富民产业和集体经济，提升农户科技素质和致富能力。

根据贫困村自然条件和产业发展规划，甘肃省农科院设立了专门项目开展科技成果示范，通过引进新品种，配发良种、农资，建立示范基地，配套技术应用，调整贫困村种植结构，提升农业生产水平，引导培育富民产业。

几年来，共实施科技帮扶项目 14 个，投入项目资金 382 万元。引进示范小麦、玉米、马铃薯、花椒、胡麻、糜谷、饲用高粱、蔬菜等作物品种 20 余个，示范应用种植、养殖、农产品加工等技术 30 余项，示范面积累计 3.5 万余亩，培训农民4 500余人次。捐赠发放良种价值 119 万余元、设施设备价值 133 万余元、农资价值 71 万余元。

通过共同努力，贫困村种植结构趋于合理，良种覆盖率显著提升，牛羊存栏量成倍增长，农业生产效率有了较大提升，旱作农业、种草养畜、大棚蔬菜、经济作物和黄花菜种植加工等富民产业逐步成型，部分村集体经济实现了零的突破。在科技帮扶的有力支撑下，当地产业快速发展，贫困群众致富有道。3 年来，4 个贫困村共减贫 1 771人，贫困发生率由 2016 年年底的 32.05%降至 2019 年年底的 3.81%，其中 3 个村实现整村脱贫。

（记者：杨唯伟）

方山乡的“薯”光

（来源：《甘肃经济日报》　2020 年 8 月 6 日）

平地不到三丈，望远不过五里，邻里遥望不相知，陌客初到难寻人家。一直以来，由于受环境、交通的限制，让庆阳市镇原县部分地区老百姓的生活非常艰苦。得益于省级部门对口帮扶政策，甘肃省农科院在镇原县方山乡下派了驻村干部和第一书记，因地制宜、因村施策，方山乡在土地里做“文章”，走出了一条独特的脱贫之路。

如今的方山乡，农业是有奔头的产业，村民们在土地里看到了新的希望，通过生态种植养殖，搭上了脱贫致富奔小康的“快车”。

贾山村的改变

夏秋交季的陇东大地到处绿意盎然，这也正是收获的季节。8 月 2 日，镇原县方山乡贾山村举办的“早熟马铃薯全程机械化种植技术”收获日观摩活动，吸引了周边乡村许多群众前来围观。

当天观摩的早熟马铃薯冀张薯 12 号，是甘肃省农科院依托合作社，在贾山村试验示范的一个新作物、新品种。2019 年该品种引进试种了 20 亩，在 7 月底、8 月初上市，比晚熟品种早上市 50 天左右。

在贾山村杨山组川地区马铃薯地里，20 几名村民正忙着捡拾马铃薯，金灿灿的马铃薯伴随着甩秧机的轰鸣声从地里冒出了头。贾山村党支部书记杨明金指着眼前的马铃薯说道：“今年春季雨水少，对马铃薯多少有些影响，在甘肃省农科院的帮扶指导下，今年引进了新品种，就眼前这片地，亩产能有2 000多千克，按照目前市场行情是一斤一元钱，亩产能达到4 000元，比去年要增收一半效益。”

马铃薯全程机械化种植既节省了人力物力，还提高了土地产出率，增加了农民收入。以前 4 个人两天才能挖一亩马铃薯，现在通过机械化半天就能挖 50 亩。杨明金告诉记者，“马铃薯种植在播种、施肥、铺膜、田间管理、收获等整个过程全部实现了机械化，这在我们这片山区还是头一次。”

贾山村属山地雨养农业区，传统大宗种植作物是玉米和小麦，结构单一，抗风险能力低，效益不高。自 2017 年甘肃省农科院开展帮扶以来，充分发挥科技、人才优势，通过品种引进、栽培技术、饲草料加工技术的示范推广，大大提高了铁杆庄稼的种植效益，壮大了草畜产业。

一方水土养一方人，如今在贾山村老百姓的心中，这一串串“土豆豆”就是“金豆豆”。据方山乡党委书记高亚丽介绍，方山乡政府将早熟马铃薯确定为今年全乡重点发展的一项产业，并种植了1 000亩，贾山村还在去年的基础上，今年示范种植了 200 亩。

良种良法全覆盖

按照科技支持产业发展、产业带动经济增长和农民增收的思路，在甘肃省农科院帮扶的方山乡关山村、贾山村、王湾村和张大湾村 4 个行政村，一改过去“自给自足”的农业经营模式，先后发展起了大棚蔬菜、种草养畜、黄花菜和小杂粮种植加工等特色产业。同时，还免费为当地村民提供优良马铃薯、小麦、玉米、高粱等种子以及生产必需的农机农资。帮扶干部带头深入田间进行技术示范和指导，如今这 4 个村基本实现了良种良法全覆盖，推动了农业产业结构调整，激发了当地群众的种植热情。

“以前王湾村每家每户种植马铃薯一、二分地，品种比较单一，自从甘肃省农科院到我们村之后，通过试种引进了陇薯 7 号和冀张薯 12 号，效果非常好。”王湾村党支部书记马志广说。

“去年新品种马铃薯是冀张 12 号，发给我 7 袋种子，一共种了一亩四分地，7 月中旬上市后一共卖了7 000元钱，今年我扩大了种植面积，6 亩马铃薯按照现在市场价每千克 1.6 元算，一亩地能卖3 000多元钱。”王湾村柳树湾组马铃薯种植大户赵维会告诉记者。

马志广说，“这两年王湾村变化非常大，以前我们种植小麦、玉米时，都是随手一把撒到地里，产量低、收益也低，影响了群众种植的积极性。今年我们村选种了优良品种玉米 1 400多亩，甜高粱 600 多亩，尤其甜高粱草的产量特别高，每亩青草产量达到 6.9 吨，有效解决了养殖难题，牛羊数量也翻了番。”

记者在关山村了解到，现在大部分村民转变了生产观念，农作物种植从传统种植马铃薯、玉米向种植新品种过渡。该村第一书记王勇告诉记者：“为了提高农户的种养技能，依托甘肃省农科院种草养畜产业项目，关山村连续开展了‘农作物新品种种植技术’‘山旱地马铃薯栽培及田间管理技术’‘饲草种植和畜牧养殖技术’等科技培训，通过试验田展示，面对面解惑，手把手学教，提高农户的种植养殖技术和管理能力，引导村民通过种植养殖增收致富。”

土地里孕育致富新希望

“今年群众看到了收益，也看到了种植马铃薯的希望和前景，柳湾组村民把传统种植玉米的面积都挤出来种了马铃薯，发展起了两个马铃薯种植大户，同时和县上超市签订协议，超市到地头来拉货，每千克 1.4 元，亩均 4 200元，解除了外销之忧。”马志广说。

“今年我种了 2.6 亩马铃薯，一共卖了 10 400元，没想到能卖这么多钱，这真是发家致富的好门路。”柳湾组村民姚永良高兴地说。

“看得见的收入，摸得着的效益，让种植马铃薯的人越来越多。”甘肃省农科院马铃薯研究所副所长、国家马铃薯产业技术体系岗位专家文国宏谈到，“我们把马铃薯产业作为重点培育的新型扶贫产业，种植面积从原来的户均不到半亩，全村不足百亩，发展到现在的全村 350 亩。我们推广最新最好的马铃薯品种，还有一些新的栽培模式。目前早熟品种这一块已进入收获季节，亩产一般在2 000千克左右，高的达到3 000千克，一亩地产值应该在3 000元左右，有的达4 000元，效果非常不错。”

方山乡党委书记高亚丽介绍，今年方山乡种植马铃薯1 000亩，依靠甘肃省农科院技术支撑，从选种、播种、田间管理，到市场上市，产前产中产后全程跟踪服务。在销售方面，方山乡还探索实行订单生产、订单销售模式，降低了群众投资风险，保证了种植户收益。截至目前，我们有近 200 亩的马铃薯已经售出，亩产在2 500千克左右，按最保守的价格2 000元算，1 000亩地就是200万元，明年群众的种植积极性也会更高。

“今后，方山乡将围绕打造‘马铃薯品牌乡’来进行培育，种植面积初步扩展到5 000亩左右，然后从技术上再完善、再规范，从市场培育上先行一步，提前进行市场对接和拓展，实现种产销一体化，确保群众持续稳定增收。”高亚丽信心满满地说。

（记者：蒋文艳）

甘肃省农科院开通智慧芽全球专利检索数据库使用权限

（来源：《甘肃经济日报》 2020年8月7日）

日前，甘肃省农科院为了便于科研人员了解世界技术专利，经向苏州工业园区百纳谱信息科技有限公司申请，面向科技人员开通智慧芽（PatSnap）全球专利检索数据库的使用权限。

为了做好农业科技专利，更好地服务“三农”，甘肃省农科院积极为科研人员创造便利条件，经过多方努力，最终与苏州工业园区百纳谱信息科技有限公司达成协议，院内科研人员可检索全球116个国家，1.4亿份以上专利数据，及时了解全球专利中文翻译，轻松获悉国外技术，通过高级分析，实现信息去重去噪，一键生成专利分析报告，了解行业发展及公司技术布局。智慧芽的开通，将帮助科研人员引用分析，了解技术的发展脉络，提高研发起点，缩短研发周期。

（记者：俞树红）

甘肃省农科院秦王川综合试验站“科技开放周”活动启幕

（来源：新甘肃 《甘肃经济日报》 2020年8月15日）

8月15日，来自甘肃省内外150多名农业专家、农技人员、企业代表、合作社种植大户，齐聚甘肃省农业科学院秦王川现代农业综合试验站，观摩新品种，共享科技大餐，拉开了为期一周的“科技开放周”活动。

8月15—21日，试验站将全天开放。科技开放活动以“携手推进农业科技进步，助推产业发展和乡村振兴”为主题，旨在充分展示、交流和推介最新科技成果，搭建科技服务平台，助推新区特色现代丝路寒旱农业科技创新发展。在启动会上，甘肃省农科院分别与甘肃汇丰种业有限责任公司、甘肃绿能农业科技股份有限公司、兰州市金桥种业有限公司签订科技转化成果协议。与会代表还观摩了试验站作物育种试验新品种陇亚14号、陇葵杂6号、胡麻陇油19号、蚕豆甘蚕2号、饲料玉米等示范田，并参观了兰州新区现代农业示范园和新希望六和兰州新区200万头生猪生态种养循环全产业链项目基地施工现场，专家们就兰州新区都市智慧农业的发展进行了研讨。

（记者：俞树红）

良种产出健康油　打造品牌“好中优”

——甘肃省加快推进胡麻产业产学研销一体化发展侧记

（来源：每日甘肃　2020 年 8 月 16 日；新甘肃《甘肃日报》　2020 年 8 月 17 日）

7 月 25 日，一场透雨过后，会宁县浸润在清新凉爽之中。在会宁县柴门镇田野里，一群人正围着一片颗粒饱满、长势喜人的胡麻“评头论足”。

这群人里，既有从事胡麻育种研究近 40 年的国家胡麻产业技术体系首席科学家党占海，又有国家特色油料产业技术体系育种岗位科学家张建平，还有胡麻产业病虫草害防控、栽培与土肥研究、遗传改良研究、机械化研究等领域的科学家，以及甘肃省农科院在白银、兰州、定西、平凉等地胡麻综合试验站的负责人。可以说，这是一场甘肃省胡麻研究体系“大牛”齐聚的学术盛会。

专家们相聚在这里的契机，便是参与今年甘肃省实施甘肃特色优势农产品“会宁胡麻油”评价项目启动，共同为甘肃省胡麻产业发展“把脉问诊”，建言献策。

优势品种　引领产业升级

胡麻，又称亚麻，胡麻油是从胡麻籽榨取的油脂，因其富含 α-亚麻酸，又被称作“脑黄金”“黄金液体”，是公认的健康食用油。醇厚浓香、略带淡淡苦味的胡麻油，一直是很多人童年记忆中难忘的味道。

甘肃省胡麻种植历史悠久，胡麻育种研究处于全国领先水平，目前在全国胡麻产业岗位科学家的 10 个席位中，甘肃省科学家就占其中 5 个。

好品种才能榨出健康油。作为此次“会宁胡麻油”评价项目的负责人，甘肃省农科院作物研究所副所长、国家特色油料产业技术体系育种岗位科学家张建平介绍，当前甘肃省胡麻育种研究处于全国领先水平，甘肃省先后育成陇亚系列胡麻新品种 15 个，国际上首创了两系法胡麻杂种优势利用技术体系，育成陇亚杂系列胡麻杂交种 4 个，成功把我国胡麻杂交种优势利用推到了世界领先水平。

“此次‘会宁胡麻油’项目评价，我们可以真正挖掘出‘会宁胡麻油’的特色优势，推动胡麻产业标准化、规模化发展，推介‘好中优’的‘会宁胡麻油’品牌，切实助推群众增产增收，促进胡麻产业高质量发展。”张建平说。

会宁县每年胡麻播种面积约 15 万亩，是甘肃省重要的胡麻种植基地，产出的胡麻籽含油率高、品质优良，被中国特产协会命名为“中国亚麻籽之乡”。依托国家特色油料产业技术体系，会宁县“十三五”以来在甘肃省农科院作物研究所技术支撑下，加快推进新品种选育试验和高产高效栽培技术示范，胡麻新品种的应用为产业发展奠定了坚实基础。“会宁胡麻油”已被认定为国家地理标志保护产品。

今年，甘肃省开展一系列特色优势农产品评价工作，项目由甘肃省农业农村厅牵头，邀请甘肃省农科院行业专家科学分析和评价甘肃省现代丝路寒旱农业良好的生态环境和产品品质，支持“甘味”品牌信誉度。“会宁胡麻油”是“甘味”品牌目录中 26 个“好中优”品牌之一，评价项目由甘肃省农科院作物研究所和会宁县农业技术推广中心组成专业团队，从产地环境、生产过程、质量安全、营养品质4个方面开展“会宁胡麻油”评价工作。

“这次‘会宁胡麻油’项目评价，应该始终以科技数据评价为支撑。”国家胡麻产业技术体系首席科学家、甘肃省农科院作物研究所原所长党占海认为，“只有好的品种才能产出好油，会宁种植的‘陇亚’‘定亚’系列亚麻籽中的α-亚麻酸含量高于其他品种，这就是核心优势。同时我们要围绕会宁的气候环境、生产轮作方式等展开深入的科学分析，彰显‘好中优’品牌的真正实力。”

推广良法　力促高产高效

微风浮动，成片的胡麻正逐步迈入黄熟期，结出串串饱满的果实，预示着今年即将迎来的可喜丰收。专家们来到不同的试验田里，观察胡麻长势，了解不同区域的环境特性及高效栽培技术应用后的成效。

“这里我们采用机械穴播胡麻，种子集中，顶土力强，加深播种，种子在出苗前始终处在湿土层中，保墒效果好，这要比密植浅种的普通露地胡麻更省种子、更高产。”胡麻白银综合试验站高级农艺师杨继忠站在“陇亚10号”试验田里介绍道。

据介绍，会宁县不同的气候特点使其成为甘肃全省胡麻育种的最佳示范种植地之一，胡麻种植主要分布在沿黄灌区、库井灌区、旱作区三大栽培区域。全县28个乡镇均有种植，9个乡镇种植面积超过4 000亩。

“在甘肃省农科院作物所技术支持下，我们根据地域环境特点，种植不同品种的胡麻，取得了良好实效。近几年，我们加快推广旱地穴播胡麻节本增效栽培技术、灌区胡麻立体高效栽培技术、水肥高效利用技术及病虫草害绿色防控等技术示范，胡麻种植呈现出高产高效抗性好的特点。”会宁县农业技术推广中心主任齐向辉说道。

做强产业　叫响“甘味”品牌

选料、去壳、炒籽、磨胚、蒸胚、包饼再到木榨取油……在会宁县建伟亚麻油文化艺术馆里，大炒锅、石磨、木质榨油机重现了古法榨油的道道工序。如今，在会宁县有200多家榨油小作坊依旧采用传统工艺榨取胡麻油。随着人们生活水平的提高，对膳食营养健康需求的增加，古法榨油工艺日渐暴露出其不足之处。

会宁县建伟食用油有限责任公司总经理贾尚军介绍，近几年在甘肃省农科院和当地农业技术推广部门专家的指导下，公司建立优质胡麻原料生产基地，培育推广优质胡麻品种，2020年基地规模达到1.07万亩。同时引入了低温冷榨生产线，这种技术可以更好地保护胡麻籽中的α-亚麻酸不受热炒的破坏，另外，生产线增添了杂质过滤等多道工序用来把控产品质量，产出的油品既保留了更高的营养价值，也更符合大众的饮食习惯，颇受消费者青睐。

胡麻产业如今成为会宁小杂粮产业以外另一大助农致富的增收产业。农户种植胡麻平均每亩纯收入500元左右，加工后纯收入在600元以上。

虽然会宁县已经建成建伟、创佳等胡麻加工企业，但产品仍以初榨食用油为主，缺乏精深加工，产业链条短，产品附加值低，品牌效益和特色优势没有完全发挥出来。

借助此次“会宁胡麻油”项目评价，甘肃省农科院作物研究所胡麻兰州综合试验站站长罗俊杰认为，“应该深入挖掘会宁胡麻油品牌的科技底蕴和文化底蕴，侧重挖掘现代丝路寒旱农业的地域优势、文化优势等‘软指标’，丰富的产品内涵，才能增强品牌影响力，真正提升胡麻产业效益。”

产学研销一体化，叫响“甘味”好品牌，甘肃省胡麻油产业正在向高质量发展稳步迈进。

（记者：薛　砚）

西北旱区马铃薯主粮化品种筛选和高效生产技术研究与示范项目通过验收

（来源：新甘肃　《甘肃经济日报》　2020 年 8 月 23 日）

8 月 23 日下午，西北旱区马铃薯主粮化品种筛选和高效生产技术研究与示范项目验收会在甘肃省农科院举行，由甘肃省农业农村厅组织的评审专家一致通过验收。

西北旱区马铃薯主粮化品种筛选和高效生产技术研究与示范项目是国家公益性行业（农业）科研专项“马铃薯主粮化关键技术体系研究与示范”的任务之一，总项目由农业农村部食物与营养发展研究所主持，该项目由甘肃省农科院马铃薯研究所承担实施。从 2015 年 1 月开始项目启动，到 2019 年 12 月项目执行期 5 年。

该项目以提高马铃薯干物质含量，降低还原糖、多酚氧化酶活性为目的，开展马铃薯主粮化品种选育，筛选出田间综合性状态表现好，干物质含量较高的主粮化品种陇薯 15 号。研究出了甘肃省不同区域马铃薯主粮化适宜品种和相应的配套栽培技术，确定了中部干旱区以陇薯 9 号、陇薯 14 号等为主的 7 个品种；河西绿洲灌溉区以陇薯 14 号、陇薯 9 号等为主的 5 个品种；陇东半干旱区以陇薯 7 号为主；高寒阴湿区以陇薯 14 号、陇薯 10 号等品种为主。从评审会上获悉，通过几年的实验，科研人员研制出了主粮化马铃薯刀削面、饼子加工技术，并与定西伊口香清真食品有限公司和兰州麦粒香食品有限公司合作，进行了主食产品的中试转化。同时，研制出了用鲜马铃薯制成的拉面、拉条子的技术工艺，并申报了“一种马铃薯拉面及其制作方法”发明专利。与会专家普遍认为，马铃薯耐旱耐瘠、高产稳产，增产潜力大，营养丰富，是全球公认的全营养食物。

该项目的验收，为进一步推进马铃薯主粮化，保障国家粮食安全、顺应膳食改善需求、实现农业可持续发展战略开辟了新途径。

（记者：俞树红）

第二届甘肃省农业科技成果推介会将于 9 月 23 日在兰州举办

（来源：每日甘肃网　2020 年 9 月 16 日）

为全面落实省委、省政府《关于建立科技成果转移转化直通机制的实施意见》文件要求，解决农业科技成果转化中存在的问题，提升农业科技成果转化率，推动农业科技成果转移转化快速发展，经甘肃省农业科技创新联盟研究决定，于2020年9月22—26日，在甘肃省农业科学院举办第二届甘肃省农业科技成果推介会。

第二届甘肃省农业科技成果推介会由甘肃省农业科技创新联盟主办，甘肃省农业科学院承办，甘肃省农学会、甘肃省植物保护学会、甘肃省作物学会、甘肃省土壤肥料学会、甘肃省种子协会、人寿财产保险股份有限公司甘肃省分公司、中国农业银行股份有限公司甘肃省分行和甘肃银行股份有限公司协办。会议以“加强科技创新，服务地方经济，支撑特色产业，助力脱贫攻坚”为主题，会议期间将举行新品种、新技术、新产品及服务类等农业科技成果发布、展示、路演、合作签约、供需对接座谈等活动。

本次推介会的举办相较以往科技成果推介会，具有以下一些创新和特色。一是以线上和线下相结合的方式进行。这也是将战“疫”与科技创新转化有机结合，充分发挥媒体和网络在农业科技成果转移转化中的重要作用。线上包括云展馆、云直播、云论坛、电子成果名录等内容；线下则是传统的会场展板、实物展示推介。其中线上云展馆为长久不落幕的农业科技成果展馆，公众可随时通过微信小程序，在手机端和电脑端参观，也可参加会议和论坛直播。二是搭建了长效运行的科研院所与科技企业合作开展科技成果转化的平台。此次推介会上将对“甘肃省农业科学院农业科技成果孵化中心”进行揭牌，标志着该中心的正式启动运行。目前，孵化中心入驻了9家省内农业领域科技企业，与甘肃省农科院合作开展科技成果转化工作。三是密切与金融机构合作，促进科技成果转化“跨界”融合。今年以来，甘肃省农科院加强与金融机构合作，充分发挥各自优势，将科技和资本资源有效融合，开展了一系列成果转化和科技服务方面的合作，为促进科技成果转化和服务“三农”发挥了积极作用。本次推介会的举办，得到了中国人寿财产保险股份有限公司甘肃省分公司、中国农业银行股份有限公司甘肃省分行和甘肃银行股份有限公司的大力支持，是各方良好合作的具体体现和重要成果之一。

近年来，甘肃省农科院围绕支撑服务全省特色现代农业发展主题，紧扣打造甘肃省特色的现代丝路寒旱农业科技成果目标，按照“产业＋企业＋平台”的发展模式，坚持“把论文写在大地上、把成果留在千家万户中”，聚焦优势特色产业，选育高产优质品种，研发绿色高效技术，开展精准监测检测，增强科技对甘肃农业绿色发展的支撑引领，主动为全省“绿色食品”打造并提供强劲科技支撑。

新闻发布厅｜第二届甘肃省农业科技成果推介会即将开幕

（来源：甘肃广播新闻　2020年9月16日）

记者从甘肃省政府新闻办今天上午召开的新闻发布会上了解到，第二届甘肃省农业科技成果推介会将于9月22—26日在兰州召开。

本届推介会主题是“加强科技创新，服务

地方经济，支撑特色产业，助力脱贫攻坚”。会议主要包括开幕式、成果发布、路演推介、项目洽谈签约、成果展示、专题论坛等。相较以往的科技成果推介会，本次推介以线上和线下相结合的方式进行。线上包括云展馆、云直播、云论坛、电子成果名录等内容；线下则开展传统的会场展板、实物展示推介。其中线上云展馆为长久不落幕的农业科技成果展馆，公众可随时通过微信小程序，在手机端和电脑端参观，也可参加会议和论坛直播。

哭和笑之间，系着一位扶贫干部的所有牵挂

（来源：《科技日报》 2020 年 9 月 21 日）

陈文杰哽咽了好几次。

看一个高大结实的男人这样，在场的人也都难过起来。

陈文杰是甘肃省农业科学院农业经济与信息研究所党总支副书记，庆阳市镇原县方山乡贾山村第一书记、驻村工作队队长。

之所以哭，源于一个问题。

有人问他，第一书记两年任期已到，现在脱贫还没通过验收，换人的可能性应该不大。如果时间延长，你是想继续待在这里还是回兰州？

“贾山村的老百姓很热情，我挺留恋这个地方的。但我也有家，有孩子，我也想让他有个美好的未来……”陈文杰张了张嘴，话没说完，眼圈却红了。

他又嘿嘿笑起来：“不好意思，刚才丢人了。你问的这是个两难的问题，我不好回答。”

哭和笑之间，系着一位扶贫干部的所有牵挂。

庆阳市镇原县是国家扶贫困县、革命老区县，山大沟深、梁峁纵横，境内没有铁路，亦无高速公路。这里，贫困村占了行政村总数的 55.8%。

全市唯一贫困发生率在 10%以上的未脱贫村，就是贾山。

两年前，陈文杰来到贾山村开展驻村帮扶工作，他对这里的第一印象是自然条件太差。他把村里的地形总结为四句话：“平地不到三丈，望远不过五里，邻里遥望不相知，陌客初到难寻人家。”

产业发展由此受到严重影响。

到处都是山旱地，农业机械化实现不了，只能人背、马驮、驴驮，并且产业结构单一，基础非常薄弱。“这是村子致贫的一个突出原因。”陈文杰说。

2017 年年底，贾山村在河滩地上建起 15 个塑料大棚，并成立了蒲河缘果蔬专业合作社，主要种植辣椒、西红柿、茄子等，大力培育增收主导产业。去年 6—7 月，镇原的雨水特别多，连着下了五六天，辣椒长得非常旺盛，村干部联系了多个渠道进行促销。

“当时超市着急要辣椒，天天给我们打电话，快把你们的辣椒送来！而我们的辣椒长在大棚里，因为都是 60°倾角的烂泥路，一时间运不出去。等天好了再往出送，价钱已经降半了。”

陈文杰至今想起还一个劲地摇头：“基础设施对我们的影响太大了！”

更让他忧心的是当地百姓的精神面貌。老乡文化水平都不高，大山限制了他们的视野，

更限制了他们的思维。大多数人满足现状，乐在当下。

陈文杰觉得肩上的担子很重。

要想富，先修路。驻村工作队和村委会一道加快补齐基础设施短板。

实施危房改造 11 户，更换老旧自来水供水管线 10.1 公里，新建配电变压器 5 台，综合整治农村环境；最让乡亲们犯愁的路，也得到了根治，硬化村主干道 13.8 公里、沙化 3.5 公里，6 个自然村 264 户群众今年告别了“出行难”。

陈文杰和甘肃省农科院另两名扶贫队员吕军峰、刘明军，牢记初心。这两年，他们主要发挥自身科技优势，帮助贾山村发展产业。

首先是围绕“铁杆庄稼”，解决吃的问题。陈文杰和队友先后引进农科院研制的小麦、玉米、胡麻、马铃薯等新品种，同时推广先进栽培技术。以前，村里小麦平均亩产 150 多千克，引进新品种后小麦亩产一般能达到 230 千克，高的甚至超过了 250 千克。

吃的问题一解决，剩下的就是增加收入。驻村工作队重点培育壮大养殖业。

贾山村素有养羊传统，但是比较粗放，在封山禁牧后，饲料成了难题。背靠甘肃省农科院这棵“大树”，陈文杰给老乡引进了粮饲兼用玉米、饲用甜高粱等饲草品种，培训颗粒饲料加工和秸秆青贮等技术，并修建羊圈、购置设备。

“这样一来，我们把种植业和养殖业衔接起来了，以种促养，以养带种。产业链一延长，农业综合效益就提高了。”陈文杰说。

老百姓想种什么，帮他们种，想养什么，帮他们养，工作队最怕的就是好东西卖不出去。好在天津市静海区对贾山村进行消费扶贫，今年“消化”了一半的马铃薯。

“这就圆满了！”陈文杰笑道。

思想意识改变，最难。

陈文杰拿安置房搬迁举例。

有位叫巫正喜的老人，儿子入赘他乡，家里只剩下他一人。两年前，村里就给他把安置房建好了，可他说自己住习惯了窑洞，一直不搬。催得紧了，他撂下一句话：“我哪怕死在窑洞里，那是我自己的事，和你们没关系！”

一次开会，陈文杰很生气：“我们党把房子修起来，为的啥？为的就是你们的安全！但是你们不搬，这是没有把党的情义领会到心里。你们如果真正领悟这份恩情了，就应该搬到新房去住！”

前两天村干部入户走访，巫正喜主动告诉陈文杰，说新房的窗户漏风。陈文杰心头一喜：“老大哥，那我们把这个问题解决了你就搬，行不行？”巫正喜同意了。

陈文杰和同事带上发泡胶上门的时候，记者也跟着去了。新房离窑洞不太远，宽敞明亮又干净。不一会，陈文杰就熟练地将缝子修补利索。

巫正喜开心地笑了。他连声说：“我下午就收拾东西，马上搬！再不搬就太对不起陈书记了！”

陈文杰也笑了，拍拍巫正喜的肩膀：“是对不起党！我们小小的付出能让你把党的政策享受好，再苦再累心里也愿意。”

正是怀揣着这样的“愿意”，家在兰州的他，两年来基本都是一个多月回一次家。今年脱贫任务较重，他将回家频次改为两个多月一次。“记得刚来的时候，老百姓对我感情没这么深。但现在，一入户他们就拉着我，喊着让吃点喝点。”陈文杰又有些哽咽，“接下来我会继续按照党的要求，把扶贫工作干好。”

（记者：张景阳　崔　爽）

【短视频】第二届甘肃省农业科技成果推介会在兰州开幕

（来源：甘肃广电总台 视听甘肃　2020 年 9 月 23 日）

9 月 23 日，以“加强科技创新，服务地方经济，支撑特色产业，助力脱贫攻坚”为主题的“第二届甘肃省农业科技成果推介会”在兰州开幕。甘肃省政协副主席郝远，中国工程院院士赵春江出席活动。

此次推介会是全省各农业科研院所共同推进农业供给侧结构改革的一项重要举措，是推动政、产、学、研、用紧密结合的成功尝试。现场集中展示了农业新技术、新产品、新服务等百余项成果。

开幕式后，窑街煤电集团有限公司等 9 家龙头企业分别与甘肃省农科院相关研究所签署合作协议，“甘肃省农业科学院科技成果孵化中心”正式揭牌。

（记者：魏　平　贾明华）

从“看不到希望”到“日子有奔头”

——山沟沟里的产业扶贫路

（来源：《中国妇女报》　2020 年 9 月 29 日）

“今年我建了个新羊棚，打算扩大养殖规模。去年我养了 60 多只羊，今年计划养 200 多只羊！要想发展得好，还是要在产业发展上下功夫！”9 月 8 日，说起自己最新的打算，杨光耀毫不掩饰心里的喜悦。

杨光耀是甘肃省庆阳市镇原县方山乡贾山村人，曾经是村里的建档立卡贫困户，目前他和妻子贺银平在家里从事养殖、种植业，全家已经脱贫。但是仅仅在几年前，守在这个小山村的杨光耀、贺银平夫妇还曾为一家 7 口人的生计一筹莫展。

曾经的落后村

2018 年，甘肃省农科院下派镇原县贾山村驻村第一书记陈文杰刚来到村里时，贾山村在他眼里是个偏僻、信息闭塞、自然环境恶劣的村子。“生产结构单一，群众的综合素质较差、文化低，由于常年生活在山里，不知道外面什么样子，缺乏发展动力。另外，自然条件的恶劣也严重限制了发展。”这是初到贾山村子时陈文杰给出的结论。

而在方山乡党委书记高亚丽的印象里，贾山村则是在全乡各个方面指标都最落后的村子。“贾山村的穷还是思想的问题，群众对日子怎么往前过没有想法，这样的情况很可怕。”高亚丽告诉记者。

贾山村的发展方向究竟在哪里？群众究竟需要什么？贾山村党支部书记杨明金就说了一句话：“群众的兜里要有钱！”

脱贫攻坚带来希望

“那些年也想努力把日子过好，但没办法，有劲儿使不上！路不行，两米宽的土路只能走个架子车；没有电，买个铡草机都没法带起来，啥也干不成，路、电，这些问题不是我个人努力能解决的!”说起几年前村里的状况，杨光耀直摇头，当年的贾山村是个让人看不到希望的地方。

杨光耀今年48岁，妻子贺银平46岁。家里两个女儿上了大学，小女儿和小儿子在读高中，还有年迈的母亲。杨光耀自己读书读到初中，作为村里有文化的人，年轻时的他曾经外出打过工。随着父母亲年岁增大，家里缺劳力，他不得不回家务农。

国家脱贫攻坚战略让杨光耀一家看到了希望。

针对贾山村落后的现状，上级党委、政府及帮扶干部们为贾山村制定出了培育种植万寿菊、粮饲兼用玉米、中药材及养殖等增收主导产业和补齐基础设施短板的帮扶思路。

2018年来到贾山村后，陈文杰和其他帮扶干部们做的第一件事是帮村民们引进了抗寒抗旱的冬小麦新品种陇鉴108。陈文杰他们的想法很明确，就是通过种庄稼让农民收入有保障，并结合贾山村过去有养羊的传统，通过改种粮饲兼用玉米、饲用甜高粱等饲草品种，改变过去单纯种植粮食作物的传统，提高饲草品质，从而提高羊的品质，以种促养，以养带种，把种植养殖结合起来。

杨光耀是村里第一批种植新品种小麦和粮饲兼用玉米、饲用甜高粱的村民之一，对于渴望改变生活现状的杨光耀而言，他认准了这是改变自己家境的好路子。

“老品种的玉米亩产也就800～900斤，新品种玉米亩产650～700千克，2018年第一年种玉米我就收入2万多元，甜玉米秸秆还是非常好的饲料!”第一年种植，杨光耀就尝到了甜头。

“种植后尝到甜头的农民们说，有甘肃省农科院的帮扶，我们沾光了，种的饲用甜高粱喂羊好得很。”陈文杰说。

“日子有奔头了”

“以前家里用钱，就靠地里种的那点粮食换钱，有吃的就没有卖的，有卖的就没有吃的。现在不一样了，我家现在搞起了养殖，啥时需要用钱，随便拉出个羊卖了就是钱!”说起目前自家的生活状况，杨光耀充满信心。

杨光耀给记者算了一笔账，去年他家种了25亩玉米，5亩甜高粱，29亩小麦。玉米收获后，卖掉15亩地的籽粒，收入1.2万元；10亩地的籽粒用来做精饲料，一年能养60只羊，收入3.2万元。多余的草料还能卖个四五千元，仅种草和养羊这两项收入就近5万元，这还不算他家种植小麦、高粱、养蜂、养兔子等的收入。

杨光耀夫妇还告诉记者，“现在村里电的问题解决了，以前只能走架子车的土路都硬化了，拓宽到了6米多，再也不愁田里的东西拉不出去了。”

据了解，自脱贫攻坚以来，贾山村为174户农户修建了安全住房，为181户接通了自来水，为121户打了小电井，安装动力电变压器19台，6个自然村全部通上了动力电，解决了302户的生产用电问题。同时，村中硬化主干道13.8公里，沙化其他道路3.5公里，解决了6个自然村村民出行难的问题。在硬件基础设施得到改造的基础上，贾山村还广泛开展了环境卫生整治行动，村民精神面貌焕然一新。

“贾山村如今旧貌换新颜，到处都充满了勃勃生机。经过几年努力，村里现在发展起了牛、羊、肉兔、饲草玉米、万寿菊、早熟马铃薯等种植养殖产业，加上外出务工，村民们的收入得到了大幅度的提高，今年人均收入都能达到了4 000元以上。群众的日子一天比一天好，变化真是太大了!”高亚丽对记者说。

“过去农村条件太差了，现在国家政策好了，条件改善了，日子也有奔头了!”杨光耀、贺银平夫妇发自内心地告诉记者。

（作者：袁　鹏　张园园　刘丽君）

【短视频】新闻特写：科技成果转化助推甘肃省农业转型升级

（来源：甘肃广电总台 视听甘肃　2020 年 10 月 3 日）

在近日举行的第二届甘肃省农业科技成果推介会上，全省近年来培育的 150 余种农业新品种及 60 余项农业新技术集中亮相。

近年来，甘肃省农科院通过院地合作，不断加大农业科技成果转化力度。目前，已与甘肃省 14 个市（州）80 余个县（区）建立合作关系，促进地方农业产业高效发展。近 3 年以来，甘肃省农科院推广百万亩以上新品种超过 10 个，应用面积达 574.5 万公顷，成果效益达到 10 亿元以上。

（记者：贾明华　苏　磊）

给旱作马铃薯插上科技的"翅膀"！

（来源：每日甘肃　2020 年 10 月 13 日）

又到了马铃薯的收获季。10 月 11 日，由科研院所、高校相关专家组成的测产小组，在定西市鲁家沟镇太平村、小岔口村马铃薯示范基地，对甘肃省农业科学院旱地农业研究所课题组研发的马铃薯立式深旋耕作和养分高效管理综合技术模式示范田进行现场测产。

测产小组选择的两处示范田，是当地 1 100亩集中连片马铃薯种植田的一部分，具有科学测产的代表性。课题组在同一片示范田中，根据不同耕作、种植模式，不同配方、施肥技术，标记了 13 种试验区，供测产小组随机测产。之后，根据现场录入的数据，产生最终的测产报告。

西北干旱、半干旱区是我国马铃薯优势产区，而马铃薯是此次测产区域脱贫攻坚和经济发展的支柱产业之一。受区域特殊的地形、气候及耕作方式的影响，当地的马铃薯生产存在犁地浅、水分利用率低、施肥方式单一且浪费严重等问题。针对马铃薯生产中存在的耕作技术落后问题，甘肃省农业科学院旱地农业研究所技术创新团队历时 6 年，在长期大田试验和技术示范的基础上提出了马铃薯立式深旋耕作技术，结合全膜覆盖垄上微沟栽培技术，配合减氮增钾追施深施肥的养分管理技术，形成了旱作马铃薯绿色增产技术模式。无论是产量，还是品相，面前的马铃薯让种植户笑开了花。

据课题组张绪成研究员介绍，新采用的立式深旋耕作技术，已申请国家发明专利，配套机械也已获得国家实用新型专利。从示范田种植情况看，此项技术优势明显。另外，马铃薯垄上微沟水分高效利用技术，以及马铃薯减氮增钾追施水肥调控技术的使用，为同类型旱作农业区马铃薯种植技术的革新提供了借鉴。

当日的测产结果表明，“立式深旋＋配方施肥＋有机肥处理”马铃薯，平均亩产4 425千克，商品率为81%，较“传统耕作＋农户施肥”增产36.9%，商品率提高2%；“立式深旋＋配方施肥＋高量有机肥处理”马铃薯平均亩产4 279.9千克，商品率为82.5%，较“传统耕作＋农户施肥”增产32.4%，商品率提高3.9%。

（记者：李满福）

研制中草药制剂防治黄瓜白粉病 开辟中药材种植增效新途径

（来源：中国新闻网　2020年10月22日）

记者10月22日从甘肃省农业科学院获悉，该院植保所研究员胡冠芳及其团队，在准确识别病害和适期节点用药的基础上，用团队研制的11种中草药制剂防治黄瓜白粉病。试验结果表明，其中5种对黄瓜白粉病具有优异的防效，可达95%～100%，且对黄瓜安全；2种尚可兼防黄瓜霜霉病，防效可达80%～95%，凸显良好的开发应用前景。

据胡冠芳介绍，中草药制剂的成功研制，为黄瓜白粉病的绿色防控提供了新思路，同时为提升中药材种植效益提供了新途径。

白粉病是在许多农作物上发生普遍、危害严重，且较难防治的一种病害。在多雨年份，白粉病极易暴发流行，生产上需多次防治，已成为农业生产上亟待解决的重大问题。

目前，用于防治白粉病的杀菌剂有三唑类、吗啉类等化学药剂，其中由于三唑类长期连续被农户使用，病害已产生抗药性，并且如使用不当极易对农作物造成药害，抑制作物正常生长。

早在2020年年初，胡冠芳团队在甘肃省农科院农药毒理与杂草防控创新团队、甘肃省财政厅条件建设项目、甘肃省农科院成果转化项目以及重点研发项目的资助下，开展了中医理论及中草药产品防治黄瓜白粉病试验。

在观摩了试验效果后，甘肃省农科院院长马忠明说，希望研发团队加快研发进度，实现成果转化，充分利用中草药废弃物及副产品，扩大筛选范围，探索对马铃薯晚疫病的防效研究。

（记者：艾庆龙）

走向田间地头“读”农作物 兰州市举办少年儿童生态道德实践活动

（来源：甘肃学习平台　2020年10月27日）

日前，来自兰州市不同学校的近40名孩子参加了“我为兰州添一抹绿”——兰州市少年儿童第十一届生态道德实践活动。孩子们走进张掖农业试验场，通过学习了解农作物的生长、培育等知识，上了一堂丰富多彩、形象生动的生态文明课。

由兰州市委宣传部、兰州市文明办、教育局、生态环境局、团市委、校外教育办联合举办的“我为兰州添一抹绿”——兰州市少年儿童第十一届生态道德实践活动在黄河之滨，母亲河畔举行了开营仪式，随后，在老师们的带领下，驱车赶往张掖农业试验场。一路上，孩子们欢声笑语，沿途参观了武威雷台公园的马踏飞燕、高台烈士陵园等，最后来到这次活动的目的地张掖农业试验场。试验场的工作人员特意为孩子们带来了果木烤土豆欢迎他们的到来。

来到张掖农业试验场，孩子们首先被眼前各式各样的农业机械所吸引，拿出手中的笔记本，一边认真听专家讲解现代智慧农业的知识，一边还不断询问专家如何操作。在实操环节中，孩子们纷纷撸起袖子踊跃参与基质的稀释、穴盘的装盘等。在专家的指导下，孩子们一个个看起来都像农业小能手。孩子们走近田间地头，走进广阔的天地间，观看农作物的收获，感受“春种一粒粟，秋收万颗子”的喜悦，同时发出每一颗粮食来之不易的感慨，更加能够理解“粒粒皆辛苦”。为期三天的活动行程尽管很累，但是却收获满满，孩子们收获了知识、收获了友谊。

据了解，兰州市少儿活动中心接下来还将举办一期生态道德实践活动，让更多的孩子们走近科研院所感受大自然的美好，懂得保护环境、热爱自然，同时开阔视野、丰富知识、增长才干、分享快乐，增强团队合作精神和社会实践能力。

（作者：肖　洁）

甘肃省农科院研制中草药制剂防治黄瓜白粉病取得成功

（来源：甘肃经济网　2020 年 10 月 29 日）

10 月 27 日，记者从甘肃省农科院获悉，甘肃省农科院植保所胡冠芳研究员及其团队研究中医理论及中草药产品防治黄瓜白粉病试验取得成功。这是甘肃省首次使用中草药制剂防治黄瓜白粉病。

据胡冠芳介绍，今年在甘肃省农科院农药毒理与杂草防控创新团队、甘肃省财政厅条件建设项目、甘肃省农科院成果转化项目以及重点研发项目的资助下，甘肃省农科院植保所胡冠芳研究员及其团队，从年初开始，开展了中医理论及中草药产品防治黄瓜白粉病试验。经过一年的研究、实验，借鉴中医理论，在准确识别病害和适期节点用药的基础上，用研制的 11 种中草药制剂防治黄瓜白粉病获得成功。从试验结果来看，其中 5 种制剂对黄瓜白粉病具有优异的防效，可达 95%～100%，且对黄瓜安全；2 种制剂尚可兼防黄瓜霜霉病，防效可达 80%～95%，凸显良好的开发应用前景。与化学农药比较，中草药制剂可促进植物健康生长，病原菌不易产生抗药性，且对生态环境和非靶标生物安全，施用后无毒、无害、无残留，是生产绿色、有机农产品的最佳选择，其推广应用可确保农产品质量安全。中草药制剂的成功研制，将为黄瓜白粉病的绿色防控提供新思路，同时为中草药副产品的综合利用、提升中药材种植效益提供新途径。

（记者：俞树红）

二十多位国内知名设施农业专家齐聚甘肃，为产业发展出谋划策

（来源：新甘肃　2020 年 12 月 2 日）

“甘肃大型智能温室走在全国前列，现代设施农业发展蒸蒸日上!”11 月 26—29 日，来自全国的 20 多位国内知名设施农业专家齐聚甘肃，深入陇原多地考察调研，召开设施农业产业发展研讨会，为甘肃产业发展出谋划策。

这次“设施农业专家甘肃行”由甘肃省农学会、酒泉市人民政府主办，甘肃省农业科学院蔬菜研究所承办。据了解，为更好地总结回顾全省“十三五”时期设施农业的发展成效，提出“十四五”时期设施农业发展的意见建议，甘肃省农科院蔬菜研究所邀请中国农业工程学会设施园艺工程专业委员会的 26 位专家，甘肃省农业科技人员、企业代表等共计 50 余人，开展了此次“设施农业专家甘肃行”活动。

11 月 26—29 日，考察团专家深入靖远县、兰州新区、古浪县、民乐县、甘州区、临泽县和肃州区等 10 余个设施农业生产基地调研指导。29 日下午，考察团一行在肃州区召开研讨会，专家们结合考察情况，对甘肃设施农业取得的成果、存在问题和发展建议深入研讨。考察团认为，甘肃大型智能温室走在了全国前列，现代设施农业发展蒸蒸日上，温室类型和结构区域特点明显。结合各位专家的意见，考察团对甘肃设施农业下一步发展提出了一些建议：适度发展大型温室，走自主产权的温室结构之路；利用信息技术，走智慧农业之路；发展戈壁农业的无土栽培技术，防止土壤盐渍化；大力推动轻简化装配式日光温室建造技术，发展适宜戈壁农业日光温室优化结构；大力发展机械化生产方式，降低人工成本；提高设施蔬菜管理水平；利用保温技术和开发利用清洁能源，实现节能目的；完善技术服务体系，保障规范化设施蔬菜生产；做好品牌宣传和开放力度，做好产业顶层设计与规划，走高效农业之路。

（记者：杨唯伟）

中以同心·智创同行！“中以绿色农业交流项目”在甘肃省农科院启动

（来源：新甘肃　《甘肃日报》　2020 年 12 月 14 日）

今天下午，由甘肃省农科院与以色列驻华大使馆联合筹备的“中以绿色农业交流项目”启动仪式在甘肃省农科院举行。

活动现场，双方代表签署了“中以友好现

代农业合作项目”合作协议，并为“中以友好创新绿色农业交流示范基地”揭牌。依托该项目，甘肃省农科院将与以色列驻华大使馆建立合作，引进以色列水肥一体化和日光温室环境调控等先进现代农业技术及装备。同时，依托该项目打造中以农业科技合作交流科研基地、中以农业科技人员国际化联合培养基地、中以现代农业技术综合展示基地，使其成为新时期甘肃中以外事交流和农业科技合作的示范样板。

以色列滴灌节水、精准施肥、农业信息化、高产种养、设施栽培和特种肥料生产等农业技术均处于世界前列。近年来，甘肃省农科院高度重视对外交流合作和智力引进工作，曾先后组织多批次培训团赴以色列学习考察，并取得了积极成效。近日，在甘肃省外事办的协调帮助下，甘肃省农科院与以色列驻华大使馆就“中以友好现代农业合作项目”达成合作意向。双方代表签署“中以友好现代农业合作项目”，这标志着该项目正式落地实施，也意味着甘肃省农科院在加强智力引进、扩大国际合作交流、加强创新平台建设方面迈出了新的步伐。甘肃省农科院将充分利用好这个平台，全方位、深层次地开展与以色列及相关单位的科技合作，为甘肃农业的高质量发展和乡村振兴注入新的活力。

（记者：杨唯伟）

中国-以色列友好创新绿色农业交流示范基地在兰州揭牌

（来源：每日甘肃网　2020 年 12 月 14 日）

今天下午，由甘肃省农业科学院与以色列驻华大使馆联合筹备的“中以绿色农业交流示范项目”签字暨揭牌仪式在甘肃省农业科学院举行。据介绍，“中以友好创新绿色农业交流示范基地”的揭牌、成立，是在甘肃省农科院与以色列驻华大使馆、省外事办多次沟通、衔接、协调和积极筹备下取得的结果。基地将通过与以色列驻华大使馆的合作，引进以色列先进的现代农业技术及其装备。在中以双方共同的努力下，依托该项目综合展示以色列先进的现代农业技术，打造中以农业科技合作交流科研基地、中以农业科技人员国际化联合培养基地、中以现代农业技术综合展示基地，使其成为新时期甘肃中以外事交流和农业科技合作的示范样板。

（记者：王占东）

中以绿色农业交流项目在甘肃省农科院启动

（来源：新甘肃　《甘肃日报》　2020 年 12 月 14 日）

今天下午，由甘肃省农科院与以色列驻华大使馆联合筹备的“中以绿色农业交流示范项目”启动仪式在甘肃省农科院举行。

活动现场，双方代表签署了“中以友好现

代农业合作项目”合作协议，并为“中以友好创新绿色农业交流示范基地”揭牌。依托该项目，甘肃省农科院将与以色列驻华大使馆建立合作，引进以色列水肥一体化和日光温室环境调控等先进现代农业技术及装备。同时，依托该项目打造中以农业科技合作交流科研基地、中以农业科技人员国际化联合培养基地、中以现代农业技术综合展示基地，使其成为新时期甘肃中以外事交流和农业科技合作的示范样板。

以色列滴灌节水、精准施肥、农业信息化、高产种养、设施栽培和特种肥料生产等农业技术均处于世界前列。近年来，甘肃省农科院高度重视对外交流合作和智力引进工作，曾先后组织多批次培训团赴以色列学习考察，并取得了积极成效。近日，在省外事办的协调帮助下，甘肃省农科院与以色列驻华大使馆就“中以友好现代农业合作项目”达成合作意向。

“中以友好现代农业合作项目”的签署，标志着该项目正式落地实施，也意味着甘肃省农科院在加强智力引进、扩大国际合作交流、加强创新平台建设方面迈出了新的步伐。甘肃省农科院将充分利用好这个平台，全方位、深层次地开展与以色列及相关单位的科技合作，为甘肃省农业高质量发展和乡村振兴注入新的活力。

（记者：杨唯伟）

【短视频】“中以绿色农业交流示范项目”在兰州签约

（来源：甘肃广电总台 视听甘肃　2020 年 12 月 15 日）

12 月 14 日，由甘肃省农科院与以色列驻华大使馆联合筹备的“中以绿色农业交流示范项目”签约仪式在甘肃省农业科学院举行。“中以友好创新绿色农业交流示范基地”将通过与以色列驻华大使馆的合作，引进以色列先进的现代农业技术及其装备。在双方共同的努力下，依托该项目综合展示以色列先进的现代农业技术，打造中以农业科技合作交流科研基地、中以农业科技人员国际化联合培养基地、中以现代农业技术综合展示基地，使其成为新时期甘肃中以外事交流和农业科技合作的示范样板。

（记者：王云海）

展现新作为 体现新担当

——甘肃省农科院深入学习贯彻党的十九届五中全会精神

（来源：新甘肃　《甘肃经济日报》　2020 年 12 月 16 日）

为深入学习贯彻党的十九届五中全会精神，切实做好全会精神的宣讲工作。日前，甘肃省农科院党委书记魏胜文为全院职工作了党的十九届五中全会精神宣讲报告。

报告会上，魏胜文以“学习贯彻党的十九届五中全会精神”为主线，从“新发展成就、新发展背景、新发展阶段、新发展目标、新发展指南、新发展理念、新发展格局、新发展基石、新发展任务、新发展保证”10 个方面对党的十九届五中全会精神进行了全面宣讲和深入阐释。他认为，作为新时代的基层党员干部，要紧跟时代步伐，将个人规划融入到“十四五”规划之中，奋力投身到甘肃省农科院科研事业高质量发展中来，推动“十四五”开好局、起好步，努力交出一份无愧于时代、无愧于职工群众的满意答卷。

学习后，全院党员一致认为，宣讲主题鲜明、深入浅出、旁征博引，使大家深受教育和启发，进一步增强了对党的十九届五中全会精神的理解。大家纷纷表示，在具体工作中，力争做到“强化理论学习、练就过硬本领、坚持创新思维”，进一步深入学习贯彻党的十九届五中全会精神，把思想和行动统一到党中央、省委的决策部署及院党委的要求上来，展现新作为，体现新担当，以实际行动确保“十四五”高点起步、良好开局。

（记者：俞树红）

九、 院属各单位概况

作物研究所

一、基本情况

甘肃省农业科学院作物研究所成立于2007年，是在粮食作物研究所的基础上，整合原经济作物研究所育种力量成立，主要从事作物种质资源收集保存、创新利用研究，遗传改良技术与应用基础研究，新品种选育与配套栽培技术研究，开展成果转化、科技服务、人才培养及科技培训。设有玉米、胡麻、油菜、向日葵、棉花、杂粮、豆类、高粱和品种资源等9个专业研究室和1个作物遗传育种实验室，作物研究所还拥有1个国家油料作物改良中心胡麻分中心、2个农业农村部学科群野外科学观测站、1个国家胡麻产业技术体系研发中心、1个省级胡麻工程中心等5个国家和省级科研平台，1个省级农作物品种资源库和4个院级专业试验站。全所现有在职职工65人，科研人员58人，其中高级职称33人，硕士以上30人，国家有突出贡献中青年专家1人，入选国家“百千万人才工程”1人，甘肃省领军人才6人。

二、科技创新及学科建设

2020年，共承担各类科研项目78项，在景泰、敦煌、会宁、张掖、永登和兰州等地落实种质资源、品种选育和栽培技术研究等各项试验192项，试验用地836.5亩，参试材料52 186份。“抗病抗盐高产向日葵品种选育与应用”获得省科技进步奖二等奖，“陇葵杂系列向日葵新品种选育与应用”获得省农牧渔业丰收奖二等奖。新育成的陇单703、陇单803、陇甜2号（玉米）、陇油18号、陇油19号、陇油20号、陇油21号、陇甜1号（高粱）、陇谷16号、陇谷18号等10个作物新品种通过审定、登记；申报的2项植物新品种权、4项实用新型专利获得授权；《豌豆品种 陇豌6号》和《大豆品种陇中黄602》2项省地方标准颁布实施；申报国家专利15项、省地方标准10项，申请计算机著作权2项，12项科研项目按期结题验收，6项成果通过省科技厅成果登记；SCI期刊发表论文6篇。

2020年，新品种选育继续保持稳定良好势头，陇单802、陇单701、陇亚16号、陇亚17号、陇中黄605等5个作物新品种完成育种程序，申报了品种审定与登记。育成了玉米、胡麻、谷糜、油菜、大豆、油葵、棉花、高粱等一批优质、抗逆、广适、适合机收和适宜青贮做饲草的作物育种新材料。

三、科技服务与脱贫攻坚

2020年，通过参加第二届甘肃省农业科技成果推介会和全省科技成果转移转化现场会，举办科技周暨作物所科技成果转化推介会等活动，加强了对“陇字号”作物新品种的宣传。同时把新品种推向市场接受用户检验，加大了新品种示范推广力度。全年依托种业企业、专业合作社、种植大户等共同示范陇字号新品种5.64万亩，辐射推广30多万亩以上。与甘肃福成农业科技有限公司、上海禾而众农业科技发展、甘肃宜思源农业科技有限公司等签订油菜、棉花、玉米、高粱、胡麻新品种合作开发、品种转让协议8个，新品种品种权和经营权转让经费116.75万元；积极对接政府、新型经营主体、科研院所和大专院校，购买政府服务、开展有偿技术咨询服务、承担委托试验等，获得技术服务费95.65万元，全年新品种转让和技术服务到位总经费212.4万元。

2020年，以承担的科技项目为载体，以建基地推品种搞培训为抓手，推行“科研机构＋合作社＋农户”科技扶贫模式，在定点帮扶县和深度贫困县镇原、积石山、临潭、会宁、永靖等地发放自育陇字号新品种6 950多千克，提供各种肥料、农药等新产品2 480袋（瓶），建立产业扶贫新品种示范基地8个，推广铁杆扶贫庄稼5 240亩，线上线下开展科技培训40场次，发放技术资料3 800多册，培训农民4 860人次，为贫困县（区）特色富民产业培育提供科技支撑，带动了特色产业开发，实现了经济、社会和扶贫效益的兼顾。

四、人才队伍与团队建设

2020年，按照学科领域-方向-团队-平台一体化布局的思路，为学科发展和人才培养营造良好氛围，在引才的基础上，鼓励科技人员在岗培训和继续深造，提高学历水平。全年新引进硕士研究生1名，持续支持3名同志在职攻读学位，送2名同志赴中国农业科学院参加急需人才培养，选2人赴陕西杨凌杂交油菜研究中心学习。全所共39人次参加了国内各种学术会议和学术交流活动，中国科学院、中国农业大学、中国农业科学院、华中农业大学等科研机构67名科研人员来所开展学术交流合作，全年举办专题学术研讨会6期，为人才成长创造了良好氛围。本年度有5名专业技术人员晋升高一级专业技术职务，1名同志被评为甘肃省优秀专家，1名同志被评为甘肃省科技工作先进个人。

五、科研条件和平台建设

加速推进国家油料改良中心胡麻分中心建设暨秦王川试验站建设工程全部竣工验收，完成了胡麻分中心项目初验，督办项目销号，田间育种基地投入使用。西北特色油料观测站项目完成初设及评审，建设项目正式启动。中央引导地方科技发展专项中张掖种质资源鉴定圃和会宁小杂粮资源圃建设任务全部完成，采购仪器设备15台（套）。承担的两项院列条件建设项目“会宁试验站田间试验灌溉贮水及灌溉配套设施建设”和“敦煌试验站维修项目”竣工验收并投入使用。海南农科院南繁中心提供18亩土地开展南繁工作，南繁科研基地获得保障。

六、党建与精神文明建设

借助落实审计问题的整改和深化科技领域突出问题集中整治专项巡察回头看，以整顿作风为契机，紧扣加强党支部标准化建设这条主线，夯实基层党建根基，全面提升党建水平和管理水平。认真落实“三会一课”制度，组织学习党的十九届四中、五中全会精神，累计集中学习36次，专题讨论36次，讲党课9次，开展内容丰富的主题党日活动32次，营造良好的学习氛围。全面落实党风廉政建设责任制的各项任务和要求，以提高问题整改率和群众满意度为目标，明晰责任，上下联动，通过专题学习研讨等方式，寻找差距、凝聚共识，持续转变工作作风，扎实推进专项整改。班子成员坚决执行党的决议，服从党的领导，认真落实民主集中制议事原则，坚持“三重一大”事项民主协商。全年先后召开所领导办公会23

次，“三重一大”议事会议 13 次。持续开展精神文明创建，提高职工凝聚力。

小麦研究所

一、基本情况

甘肃省农业科学院小麦研究所成立于 2009 年，是集小麦新品种选育、杂交小麦研究、小麦条锈病遗传多样性控制、小麦水分高效利用及相关生产技术研发和科技咨询于一体的专业性科研机构。现有职工 23 人，其中正高 10 人、副高 7 人、博士 7 人、硕士 6 人，甘肃省科技领军人才 3 人、甘肃省优秀专家 2 人。

研究所下设冬小麦研究室、春小麦研究室、栽培生理研究室，清水试验站和黄羊试验站以及定西旱地小麦试验点。拥有国家小麦产业技术体系——天水综合试验站、国家小麦改良中心——甘肃小麦种质资源创新利用联合实验室、国家引进国外智力成果示范推广基地——小麦条锈病基因控制、甘肃省小麦工程技术研究中心、甘肃省小麦种质创新与品种改良工程实验室、甘肃省小麦产业技术体系研发中心、甘肃省小麦良种繁育行业技术中心 7 个科研平台。

研究所成立以来，先后选育出小麦新品种 42 个，其中陇春系列春小麦新品种 13 个，兰天系列冬小麦新品种 29 个。发布地方标准 3 项，获植物新品种保护权 1 项。获得各类科技成果奖励 18 项，其中国家及省部级奖励 12 项。主持完成的“陇春系列小麦品种选育与示范推广”获 2016—2018 年全国农牧渔业丰收奖一等奖，“抗旱丰产广适春小麦新品种陇春 27 号选育与应用”获 2015 年度省科技进步奖一等奖。

二、科技创新及学科建设

2020 年共申报各类项目 48 项，立项 7 项。开展品种抗逆性评价、种质资源创新及新品种选育、新品种试验示范等 46 项，建立试验示范基地 6 个，种植面积 300 亩，种植各类试验材料14 390份。通过省级审定小麦新品种 6 个，19 个品种（系）参加省级区试。建立了突破瓶颈的小麦幼胚一步成苗培养和冬小麦 3～4 代/年、春小麦 4～5 代/年的快繁技术体系，其培养技术也适用于青稞、小黑麦、燕麦等作物的快速繁殖。完成省级科技成果登记 6 项，获植物新品种保护权 1 项，获甘肃省农牧渔业丰收奖一等奖 1 项。申报国家发明专利 1 项，授权实用新型专利 1 项。发表学术论文 6 篇，其中 SCI（JCR1 区）论文 1 篇，CSCD 论文 3 篇。

三、科技服务与脱贫攻坚

全年转让新品种使用权 2 项，示范推广新品种 250 万亩，扶持新型农业生产经营主体 5 个，在促进产业发展、推动成果转化和新品种推广应用方面发挥了重要作用。举办“兰天系列小麦新品种观摩会”，国家、省、市、县相关部门负责人及种植大户 100 多人参加。针对小麦倒春寒、晚霜冻及持续干旱现状，提出了补救措施。为定点帮扶村集体购置玉米双垄沟全覆膜旋耕精量穴播联合作业机 1 台，为贫困户提供专用肥 300 袋，协助村组订单交售马铃薯 200 吨，慰问贫困户面粉等 14 袋。帮扶干部 14 人次到帮扶户家中开展政策宣讲、慰问等工作。无偿开展产品基地建设及产品监制，当地 213 户农户入社参与“粮食银行”，构建了“新品种基地＋农科院技术支撑＋合作社＋粮食银行”的新型扶贫模式。“三区”科技人才开展各种形式的科技帮扶，共进行技术培训 20 场次，受训人数超过2 000人，发放农作物种子及农资5 000千克。

四、人才培养和合作交流

1 人被聘为省政府参事，2 人晋升副研究员。28 人次参加国内学习与交流；邀请中国农业科学院、西北农林科技大学，华中农业大学及四川、贵州、绵阳、云南、重庆等地农科院的相关专家 50 余人到清水、黄羊试验站检查指导工作。与中国农科院作物所、华中农业大学植物科学技术学院相关专家教授深度合作，开展小麦条锈病抗病基因的挖掘、基因克隆等研究。

五、科研平台和条件建设

申请到院列条件建设项目“小麦面粉加工中试实验室建设”后续资金 60 万元，项目建设的相关手续正在办理中。

六、党的建设和精神文明创建

以党支部标准化建设为统领，发挥党建引领作用和党员先锋模范作用。全年累计开展集中专题讨论 16 次，讲党课 5 次，开展形式多样的主题党日活动 5 场次。全面推进党风廉政建设。班子成员认真履行“一岗双责”责任，把党建工作与科研业务工作同安排、同落实。坚持民主集中制原则，严格落实“三重一大”制度。积极参加院第四届文化艺术节、省直机关干部职工健身运动比赛等活动，增强集体荣誉感。积极开展爱心募捐、义务劳动、志愿服务、疫情防控等活动。

马铃薯研究所

一、基本情况

甘肃省农业科学院马铃薯研究所成立于 2006 年，是集马铃薯种质资源保存与评价利用、育种技术与品种选育、栽培生理与栽培技术、种薯脱毒与组培快繁、无土栽培与种薯繁育、病虫害防控与水肥高效利用等研究和成果转化与科技服务为一体的专业化科研机构。现有在职职工 30 人，其中研究员 7 名，副研究员 9 名，博士 5 名，硕士 10 名。享受国务院政府特殊津贴 1 人，国家现代农业产业技术体系岗位科学家 1 人，省领军人才 2 人，省现代农业产业体系副首席 1 人、岗位专家 2 人，1 人入选省“333 科技人才工程”，2 人入选省“555 科技人才工程”。退休职工 19 人，其中研究员 2 人，享受国务院政府特殊津贴 1 人，省科技功臣 1 人，省先进科技工作者 1 人。

下设遗传育种、栽培技术、种质资源与生物技术和种薯繁育技术 4 个研究室，会川和榆中 2 个试验站，以及甘肃一航薯业科技发展有限责任公司，拥有“国家农业科学种质资源渭源观测实验站”“农业农村部西北旱作马铃薯科学观测实验站”“抗旱高淀粉马铃薯育种研究创新基地”“马铃薯脱毒种薯繁育技术集成创新与示范星创天地”“甘肃省马铃薯种质资源创新工程实验室”“甘肃省马铃薯脱毒种薯（种苗）病毒检测及安全评价工程技术研究中心”“马铃薯种质资源创新利用与脱毒种薯繁育技术国际科技合作基地”“甘肃省农业科学院马铃薯研究所会川试验站科普示范基地”“马铃薯种质创新利用及脱毒种薯繁育技术示范推广基地”“中俄马铃薯种质创新与品种选育联合实验室”“丝绸之路中俄技术转移中心”“甘肃省示范性劳模创新工作室”12 个科研平台。

建所以来，共获成果 21 项，其中省部级奖励 11 项，国家专利 2 项，国际专利 1 项，国家实用新型专利 3 项，地方标准（规程）4 项。选育马铃薯新品种 12 个，其中国审品种 1 个，省审品种 8 个，品种登记 3 个，获植物新品种权 4 个。

二、科技创新及学科建设

2020 年共组织申报各类项目 55 项，新上项目 12 项，合同经费1 655.75万元。布设各类试验 57 项，占地 131.6 亩，展示示范4 460 亩。组织结题验收项目 15 项、登记科研成果 3 项、申报专利 7 项，其中 4 项获得授权。发表论文 19 篇，其中 SCI3 篇；《关于建立陇东旱塬夏播（复种）马铃薯生产基地的建议》被省委办公厅刊载于内部资料《甘肃信息—决策参考》。

三、科技服务与脱贫攻坚

文国宏研究员挂任镇原县方山乡王湾村第一书记兼驻村帮扶工作队队长，利用两年半时间把马铃薯产业培育成该村新兴扶贫产业。帮扶责任人先后 26 人次通过进村入户、电话回访等方式，落实“一户一策”，明确了家庭增收项目；制定种养植计划，免费提供良种，发放慰问品等。在渭源县大安乡示范马铃薯新品种 250 亩，亩产2 595.4千克，建档户人均增收2 875元，培训农民1 430人，发放教材1 400册。为 20 户建档立卡户提供种薯 22.5 吨，马铃薯拌种农药 150 亩地的用量。接听农科热线咨询电话共 44 人次。

“三区”人才科技服务项目共开展培训 41 期，培训农民2 140人。发放原原种48 500粒，原种 1 800 千克，农药 10 124 袋，培训资料 1 117册。开展乡村振兴示范村建设，建立了“科研单位＋企业＋农户”的订单农业模式，在本庙村繁育脱毒种薯 330 亩，平均亩产达到 2 500千克，亩增收 1 800元，全村人均增收 231.5 元/人。培训农民 279 人，发放农药 386 袋，发放资料 90 份。

四、人才培养和团队建设

1 人获全国三八红旗手荣誉称号、1 人深造攻读博士学位、3 名青年科技人员外出学习。引进硕士 1 名，2 人晋升副高级职称，2 人晋升中级职称，1 人晋升初级职称，1 人晋升高级工。选拔聘任 2 名青年科技骨干为研究室主任。2 人被兰州理工大学聘任为硕士生导师，1 人享受高层次专业技术人才津贴。现有“马铃薯种质资源创新与新品种选育”“马铃薯脱毒与高效繁育体系”“马铃薯高效优质栽培”3 个学科团队。

五、科技交流与国际合作

全年共有 38 人次参加各类学术交流会议 13 次。举办国家重点研发计划项目座谈交流会 1 次。马铃薯脱毒中心、会川试验站以及一航公司在会川基地先后接待参观访问1 009人次。与国际马铃薯中心签署了《机构间科技合作的框架合作协议》和《标准材料转让协议》，与广东农科院作物所展开联合育种，与云南迪庆金江源农业科技开发有限公司签订引种试验合作协议，与碧桂园扶贫办签订《关于东乡县马铃薯全程机械化示范及种植技术培训实施方案》。

六、科研条件与平台建设

取得会川 24 亩土地产权，“国家种质资源渭源观测实验站建设项目”获批立项。在榆中试验站建设连栋智能温室2 265.6平方米、离地苗床2 590平方米、水肥一体化首部、网棚与智能温室喷淋系统及增项内容，已经完成设施建造与设备安装，进入试运行阶段。依托“渭源县马铃薯良种制种大县奖励项目”，会川成果转化平台完成投资 327.4 万元，建成马铃薯种薯繁育基地2 000亩，购置马铃薯种薯贮藏架及设备1 030台（套），投资 380.7 万元建设的可移动离地苗床及喷淋等设备、8 000平方米的原原种生产网棚正在组织招标并办理相关施工手续。

七、党建和精神文明建设

严格落实院党委的决策部署，做到年初有部署、年中有检查、年末有总结；明确党总支负责人为党建工作第一责任人，有效抓好班子成员“一岗双责”，推进党建工作与业务工作融合；严格执行民主集中制，落实“三重一大”事项决策制度。全年开展集中学习 25 次，专题党课 14 次。在抗疫一线值班 30 人次，抗疫捐款3 100元，慰问困难职工及亲属 9 人、住院职工及亲属 7 人。积极组织职工参加第四届文化艺术节，获得了 2 个二等奖和 2 个三等奖以及优秀组织奖；在《光明日报》《甘肃日报》等媒体宣传报道 3 次，院局域网报道 28 次。1 人被评为优秀党务工作者，1 人被评为优秀共产党员。

旱地农业研究所

一、基本情况

甘肃省农业科学院旱地农业研究所成立于 1987 年，主要从事干旱半干旱、半湿润偏旱区以及高寒阴湿区的雨水高效利用、作物品种改良、作物抗旱生理、耕作栽培与农作制设计等领域的理论及技术研究。现有在职职工 44 人，其中研究员 12 名、副研究员 17 名、博士 8 名、硕士 14 名，入选全国优秀专家 1 人、国家“百千万人才”1 人、省优秀专家 3 人、省领军人才 5 人、省属科研院所学科带头人 1 人，甘肃省“333”科技人才工程 4 人，甘肃省“555”科技人才工程 2 人，享受国务院政府特殊津贴 5 人，全国先进工作者 3 人。

下设旱区农业生态研究室、旱地农业资源研究室、冬小麦育种室、高寒阴湿区农业持续发展研究室、区域发展与信息农业研究室、大豆研究室和作物生理研究室等 7 个研究室，1 个省重点实验室，镇原、定西和庄浪 3 个试验站。拥有“农业农村部西北黄土高原地区作物栽培科学观测实验站”“农业农村部西北旱作营养与施肥科学观测实验站”“国家土壤质量安定观测实验站”“国家土壤质量镇原观测实验站”“国家农业环境安定观测实验站”“国家糜子改良中心甘肃分中心”“国家陇东旱源农作物品种区域综合试验站”“甘肃省旱作区水资源高效利用重点实验室”“甘肃省半干旱区旱作农业环境试验野外科学观测研究站（定西安定）”及“定西市旱作集雨农业技术创新中心”等10个科研平台。建所以来，共承担科研项目190余项，取得成果100项，获奖78项，审定作物新品种18个，发表论文943余篇，出版专著12部。成果与技术累计推广10亿亩，新增收益52亿元以上。

二、科技创新及学科建设

2019年共申报各类科研项目50余项，其中国家自然基金17项，获得立项25项，合同经费1 121万元，到位经费1 200万元。获省科技进步奖二等奖2项，农业科技进步奖二等奖1项、三等奖1项，发表论文39篇，其中SCI论文3篇；完成科技成果登记5项、授权软件著作权8项，实用新型专利5项，颁布甘肃省地方标准4项，省级审定品种1个，结题验收项目18项。

2020年共申报各类项目46项，获得立项37项，合同经费3 743万元，到位经费3 322万元。获各级科技奖励7项，其中国家科技进步奖二等奖1项（协作第三），省部级二等奖1项、三等奖2项（其中1项为省专利奖），地厅级奖励3项（2项协作）；发表论文46篇，其中SCI收录7篇，一区2篇，CSCD影响因子大于1.0的19篇；获授权专利13件，其中发明专利1件；获批软件著作权7项；成果登记9项。

三、科技服务与脱贫攻坚

全年签订各项科技成果转化和技术服务合同405万元，到位经费360余万元，纯收入175万元，接近前4年的总和。选派1名科技干部到方山乡贾山村驻村帮扶，就定点帮扶工作开展需求调研，提交了《镇原县农业产业发展指导意见》咨询报告1份。在贫困村建立胡麻、马铃薯、万寿菊等农业科技成果转化基地300亩。发放马铃薯、万寿菊专用配方复合肥8吨，玉米、冬小麦、马铃薯、胡麻等良种2吨，马铃薯专用覆膜播种和收获机械各1台。举办培训会5场次，培训农民420人次，发放资料1 000余份，对口帮扶的16户贫困户全部脱贫。

在临夏县安家坡村建立百亩青贮玉米全程机械化示范展示基地，组织召开了玉米产业技术体系临夏县产业科技扶贫现场观摩及竞争力提升交流会，发布了玉米产业体系39项科技扶贫成果、制作展板40块、完成玉米产业体系科技扶贫报告。在通渭县榜罗镇发放马铃薯原种10吨、玉米良种2 000袋、藜麦良种50千克、冬小麦2 000千克、缓释肥20吨。开展培训15次，培训人员1 800余人次。通过良种良法结合，亩增收100元以上。针对通渭县马铃薯产业发展现状和存在问题，提出了通渭县马铃薯产业发展建议报告，得到通渭县扶贫办批示和采纳。分别在庆阳、平凉、定西、临夏等地开展科技培训与示范基地建设工作，各类技术应用面积225万亩，新增经济效益2亿元以上，经济效益显著。

四、人才培养和团队建设

2020年晋升研究员2人、副研究员1人，1人入选省领军人才、10人入选省陇原人才。1名科技人员攻读博士学位。新引进硕士研究生1人。持续建设农业资源环境学科—旱地集雨高效用水团队、植物营养与土壤—旱地中低产田改良与养分管理、耕作栽培学—旱地资源高效利用与绿色增产农作制和作物遗传育种—抗旱种质创新与品种选育为主、作物生理学—生物抗旱节水机理及调控 5 个学科团队，其中 3 个获资助，1 个团队获农业农村部人才项目资助。

五、科技交流与国际合作

全年共选派 26 人次参加国内学术研讨与交流，完成学术报告 11 场次。主办或承办现场观摩会、学术交流会 10 次。与甘肃农业大学、西北农林科技大学、香港中文大学等展开实质性合作研究。邀请 10 余名国内知名专家来所讲学。与平凉农科院、临夏州农科院和洮河拖拉机制造有限公司联合开展了玉米新品种展示及全程机械化现场观摩会。

六、科研条件与平台建设

“国家土壤质量镇原观测实验站建设项目”“国家土壤质量安定观测实验站建设项目”“甘肃省半干旱区旱作农业环境试验野外科学观测研究站（定西安定）”“定西试验站科研辅助设施建设项目”获批建设。农业农村部“西北寒旱区特色作物耕作与栽培重点实验室”通过省农业农村厅评审，已上报农业农村部。“国家糜子改良中心甘肃分中心”通过初步验收。

七、党建和精神文明建设

认真履行全面从严治党主体责任，不断巩固“不忘初心、牢记使命”主题教育成果，按照“围绕科研抓党建、抓好党建促科研”的思路，强化政治学习，组织全所党员和职工集体学习 6 次，班子成员讲党课 4 次。狠抓专项整治，着力改进作风，为科技创新、科技服务、成果转化及乡村振兴等工作的顺利开展提供了有效的组织保障。稳步推进党支部标准化建设，从严落实组织生活。进一步规范和加强党支部主题党日活动，不断创新活动方式。为进一步加强院所合作交流，与定西市、平凉市、庆阳市农业科学研究院联合开展了“党建引领聚合力，院所合作促创新”庆祝中国共产党 99 周年主题党日活动。通过专题党课、田间试验观摩及形式多样、丰富多彩的趣味运动比赛，促进各单位相互交流、相互促进、共建双赢，并在“甘肃党建”平台进行了专题报道。疫情期间建立了党员先锋岗，发动全体党员志愿者开展疫情监测点防控服务工作，发扬广大党员同志的奉献精神，树立大局意识。

生物技术研究所

一、基本情况

甘肃省农业科学院生物技术学科始创于 1972 年，历经近 50 年的发展，于 2001 年组建甘肃省农业科学院生物技术中心，并于 2006 年成立甘肃省农业科学院生物技术研究所。所内设置分子育种研究室、基因工程研究室、微生物应用研究室、食用百合研究室等 4 个研究室，1 个国家现代农业产业技术体系——特色油料产业技术体系胡麻兰州试验站团队。全所现有职工 29 人，其中管理岗位 2 人，专业技术人员 27 人，团队平均年龄 41 岁，是一支朝气蓬勃、积极进取的队伍。研究所拥有省领军人才第一层次人选 1 人、研究员 2 人、副研究员 13 人、博士和在读博士 6 人、硕士 16 人，副高级以上职称人数达到 52%，硕士以上学历人员达到 75.8%，是一支具有高学历、高素质、高潜力的科研队伍。所内现有从事基因工程、细胞工程及其他农业生物技术研究所需的关键仪器设备价值近 300 万元。“十三五”以来，全所完成项目结题验收 29 项，获省科技进步奖三等奖 4 项，地厅级奖项 2 项，出版专著 1 部，获得授权发明专利 8 项，发布地方标准 6 项，授权软件著作权 6 项，发表学术论文 96 篇，其中核心期刊 45 篇，SCI 收录 4 篇。

二、科技创新及学科建设

2020 年承担在研项目 36 项，获各类项目立项 14 项，合同经费 323.25 万元。完成验收项目 5 项、成果登记 4 项，获省科技进步奖三等奖 1 项、出版专著 1 部、授权发明专利 2 项、实用新型专利 3 项、软件著作权 3 项，发表论文 35 篇，其中 SCI 收录期刊 2 篇，中文核心期刊 10 篇。完成成果转化收入 32.26 万元。

三、科技服务与脱贫攻坚

主动对接服务扶贫地区和精准扶贫任务，依托国家产业技术体系胡麻试验站、三区项目、扶贫专项等，先后在兰州市榆中县、临夏州永靖县、定西市临洮县等地发放各类作物良种共计 16 余吨，建立示范基地面积约 450 亩，落实技术示范推广面积共计15 000多亩。一年来累计聘请相关领域专家 8 人次，开展科技培训与现场技术指导 36 场次，派发科技培训资料及技术手册3 000余册，受培训农民和乡、村农技人员共计1 000余人次，科技培训得到当地政府和村民的大力支持和认可。通过农科热线、短信、微信进行各类农业技术咨询服务 20 余人次，帮扶县全面脱贫摘帽。

四、人才培养与合作交流

根据院学科设置指导思想，优化人员结构配置，为创新发展打好基础。注重人才队伍建设，加大外引内培力度，突出岗位成才。4 名科技人员晋升高一级职称，其中 2 人晋升副研究员、2 人晋升助理研究员，1 人取得博士学位。全年共派出 20 多人次参加国内学术交流活动，其中 4 人参加由中国检测技术研究院在兰州举办的“检验检测机构资质认定和实验室认可”内审员培训班，取得内审员资格证，1 人取得初级技术经纪人培训资格证书。

五、科研条件与平台建设

筹建“甘肃农科种子种苗质量检测中心”，已完成种子种苗质量检测实验室改造和检测中心管理体系文件撰写，成立了内部组织管理机构和职能部门，制定中心管理规章制度，接受了省种子管理总站组织的盲样考核并顺利通过。实施了“甘肃省农业科学院生物育种急需设备购置”条件建设专项，完成了缺乏仪器设备的采购计划制定、仪器设备选型、技术参数确定、进口设备专家论证等相关手续。参加“第二届甘肃省农业科技成果推介会”，与有关企业、合作社签订项目合作协议 1 项、技术服务协议 8 项，全年共获得成果转化收入共计 32.26 万元。

六、党建和精神文明建设

强化政治理论学习，认真组织干部群众学

习落实党的十九大，十九届二中、三中、四中、五中全会精神和习近平总书记系列重要讲话精神，提高干部群众的政治思想素养和业务水平。通过“学习强国”“甘肃党建”等网络平台实现政治学习常态化，坚持不懈用习近平新时代中国特色社会主义思想武装头脑，不断增强“四个意识”，坚定“四个自信”，做到“两个维护”，把初心使命转化为担当作为、干事创业的实际行动。防控新冠肺炎疫情期间，积极主动承担“甘肃省农科院疫情防控党员先锋岗”值班任务，及时开展《同心战“疫”情，奋力保春耕》道德讲堂，倡议广大农业工作者在全国抗击新冠肺炎疫情的关键时刻逆流而动，战疫情、保春耕，有效发挥党总支战斗堡垒作用。狠抓党支部标准化建设工作，增强党组织凝聚力，调动党员干部积极参加文化艺术节、趣味运动会、抖音大赛等系列院所文化建设活动，获得一等奖 1 项、二等奖 1 项、三等奖 1 项，增强了党组织凝聚力。积极组织参与共青团志愿服务活动、党员先锋岗值班执勤活动、文明城市创建相关活动，培养了干部职工“奉献、友爱、互助、进步”的志愿服务精神及胸怀祖国、勇攀高峰的科学家精神。

土壤肥料与节水农业研究所

一、基本情况

甘肃省农业科学院土壤肥料与节水农业研究所（原甘肃省农业科学院土壤肥料研究所，2007 年更名）成立于 1958 年，是甘肃省专门从事土、肥、水农业资源高效利用研究的公益性科研单位。研究所下设土壤、植物营养与肥料、水资源与节水农业、绿洲农业生态、农业微生物、农业资源高效利用、新型肥料研发等 7 个研究室（中心）。拥有国家农业环境张掖观测实验站、国家土壤质量凉州观测实验站、农业农村部甘肃耕地保育与农业环境科学观测实验站，科技部干旱灌区节水高效农业国际科技合作基地、国家绿肥产业技术体系武威综合试验站等 5 个国家科研平台；甘肃省精准灌溉工程研究中心、新型肥料创制工程实验室、水肥一体化技术研发中心、绿洲农业节水高效技术中试基地、土壤肥料长期定位试验科研协作网、新型肥料创新联盟、院农业资源环境重点实验室等 7 个省级科研创新平台。现有仪器设备价值1 200余万元，试验田 280 亩。在张掖、武威、靖远建有 3 个综合试验站，开展试验研究和技术推广工作。

建所以来，主持完成各类科技项目 380 余项，在水资源高效利用、耕地质量提升、化学肥料减施增效、绿肥资源利用与生产模式集成、农业面源污染防治和废弃物资源化利用等方面先后获国家科技成果奖 3 项，甘肃省科技进步奖二等奖 16 项、三等奖 14 项，甘肃省专利奖 3 项，中国农科院科技进步奖一等奖 1 项，中国土壤学会一等奖 1 项。研发新产品 30 多个，获国家发明专利 27 项，制定地方标准 37 项，发表论文 580 余篇。

现有编制 58 人，实有职工 50 人，其中研究员 8 人，副研究员 22 人，中级职称 9 人，初级职称 7 人，工人 2 人；博士 8 人，在读博士 1 人，硕士 21 人，本科生 19 人；2 人入选“甘肃省领军人才”，2 人入选“甘肃省 555 创新人才”。

二、科技创新及学科建设

2020 年共承担各类科研和示范推广项目

45 项，开展田间试验 74 项，占地面积 400 余亩，地点涉及张掖、武威、靖远等 16 个市(县)，示范推广面积超过 3 万亩；向各级部门申报项目 81 项，获批 32 项，新上项目合同经费3 156.80万元，到位经费2 985.08万元；获甘肃省科技进步奖三等奖 1 项、甘肃省专利发明人奖 1 项；授权国家发明专利 2 项、实用新型专利 13 项、计算机软件著作权 7 项；颁布地方标准 5 项；出版专著《新型肥料生产工艺与装备》；发表论文 29 篇，其中第一标注 25 篇、SCI 论文 2 篇。

三、科技服务与脱贫攻坚

扎实推进贫困村帮扶任务，在方山乡王湾村示范玉米、胡麻、马铃薯等良种 480 亩，提供绿肥颗粒机 1 台、绿肥种子 500 千克，开展农作物间作绿肥和绿肥繁种技术示范，取得经济效益 20 万元以上。结对帮扶的 8 户贫困户全部脱贫摘帽。在静宁、民勤县开展苹果、西甜瓜技术服务 15 次，示范果园间作绿肥、灌区甜瓜底肥一次性深施等技术 150 亩。选派 11 名科技人员赴靖远、古浪等地开展三区科技服务 28 场次。共培训农民1 825人次，发放培训资料1 320份、农资1 500多份，示范玉米、胡麻、蔬菜新品种 5 个。继续加强与金九月、甘肃驰奈等企业的合作，共同研发各类专用肥、土壤改良剂、水溶肥等新产品；与窑街煤电集团等 8 家企业签订技术服务合同 16 项，总经费 424.68 万元；在“第二届甘肃省农业科技成果推介会”和“兰州市科技大市场科技成果路演会”上展示推介科技成果 22 个。

四、人才培养和团队建设

本年度培养在读博士生 1 人，1 人取得博士学位，1 人博士后出站；3 人晋升研究员，2 人晋升副研究员，1 人晋升助理研究员。

五、科技交流与合作

全年共邀请 26 名省内外专家来所访问，选派 25 批次、36 人外出交流。成功举办“黄河甘肃段农业高质量发展和生态环境保护”研讨会、“国家绿肥产业技术体系甘肃绿肥现场观摩会”、甘肃省土壤肥料学会 2020 年学术年会等活动。在《甘肃日报》、甘肃电视台等 8 家媒体报道 15 次。

六、科研条件与平台建设

2020 年，争取到国家农业科学观测实验站建设项目 2 个，到位资金2 312万元。国家农业环境靖远观测实验站、西北农业废弃物资源化利用重点实验室建设项目进入 2021 年农业农村部基础设施建设项目储备库。按期完成国家农业基础性长期性科技工作监测任务。“甘肃省新型肥料创制工程实验室”完成了实验室技术改造。

七、党建和精神文明建设

2020 年，研究所党总支履行全面从严治党主体责任，组织党员干部学习十九届五中全会精神，学习习近平总书记在科学家座谈会、在全国劳动模范和先进工作者表彰大会等会议以及对甘肃重要讲话指示精神。组织在职党员开展“增强团队意识、促进协同创新”拓展训练活动、参加省科协“全国科技工作者日”活动；九九重阳节看望慰问退休职工，并组织退休党员赴白云试验站、黄羊试验场、古浪县八步沙林场、富民新村观摩学习。全所职工参加院第四届文化艺术节系列活动，观看爱国影片，着力塑造和谐文明的发展环境。

蔬菜研究所

一、基本情况

甘肃省农业科学院蔬菜研究所是在甘肃省农业科学院园艺研究所（成立于 1958 年 10 月）蔬菜研究室的基础上于 1978 年 10 月成立。设有西甜瓜、辣椒、番茄、资源利用、食用菌和栽培等 6 个专业研究室。主要开展蔬菜、瓜类、食用菌等资源创新与利用开发、优良品种选育，高产优质蔬菜栽培技术研究与示范，设施园艺生产关键技术研究与设备开发，蔬菜生产新技术推广、技术咨询与培训等工作。建有蔬菜遗传育种与栽培生理实验室，拥有农业农村部西北地区蔬菜科学观测实验站和大宗蔬菜、特色蔬菜、西甜瓜、食用菌国家现代农业产业技术体系综合试验站等国家级科研平台，在永昌县和高台县各建有 1 个综合性试验站。全所现有在职职工 54 人，科技人员 49 人，其中正高级职称 11 人、副高级职称 27 人、中级职称 9 人，博士 8 人，硕士 18 人，硕士研究生导师 4 人，入选甘肃省领军人才 4 人。

二、科技创新及学科建设

全年共申报各类项目 37 项，新上项目合同经费 886 万元，到位经费 630.165 万元。实施各类科技计划项目 35 项，投入科研经费 684 万元，布设各类试验示范 121 项，田间试验示范面积 186 亩。结题验收项目 4 项，完成省级成果登记 3 项。获省科技进步奖二等奖 1 项，神农中华农业科技奖二等奖 1 项（协作第 5）。申报专利 4 项，其中发明专利 3 项，授权实用新型专利 1 项。发表学术论文 24 篇，其中在美国 CSHL（冷泉港实验室）发表在线论文 1 篇，CSCD 论文 3 篇。育成瓜菜新品种 8 个，甘甜 3 号等 6 个品种通过了农业农村部非主要农作物品种登记初审。根据学科建设及新时期现代农业发展的新形势，在原有研究室设置的基础上，设置了茄果类蔬菜资源创制与遗传育种、瓜类蔬菜资源创制与遗传育种、蔬菜高效栽培及食用菌资源利用与高效栽培 4 个学科团队。

2020 年共承担各类科技计划项目 40 项，其中新上项目 22 项，合同经费 574.74 万元，到位经费 600.36 万元。年度结题验收项目 15 项，完成省级成果登记 4 项。获 2020 年度甘肃省科技进步奖一等奖（协作第 3）。申报发明专利 1 项，授权实用新型专利 2 项。发表学术论文 41 篇，其中 SCI 论文 4 篇，CSCD 论文 8 篇，出版《甘肃省食用菌资源利用与高效栽培技术》学术专著 1 部。育成蔬菜新品种 4 个，甘甜 3 号等 6 个品种通过农业农村部非主要农作物品种登记。

三、科技服务与推广

依托现有品种、技术及人才优势，大力推进所地（企）合作，为当地特色产业发展、特色产业龙头企业、涉农企业提供技术服务，积极开展科技成果转化工作，为区域特色产业发展提供技术支撑。先后与金川区农业农村局、窑街煤电集团甘肃金能工贸有限责任公司等签订“四技服务”合同 7 项，合同经费 108.86

万元。依托重大项目和院地合作项目，加大新品种、新技术、新设施示范推广力度，建立科技示范基地，加速科技成果转化，强化技术支撑，有效服务“三农”，促进产业发展。新品种、新技术示范面积10 000亩以上，推广面积30万亩以上。

四、人才队伍与团队建设

采取自主培养与引进相结合的方式，结合重大项目实施和学科建设的要求，大力培养骨干人才、紧缺人才。2020年，1名在职培养的博士顺利毕业，获得博士学位。

五、科技交流与合作

全年共30人次外出参加国内学术研讨与交流。依托国家产业技术体系平台，加强与同行间交流，邀请产业体系岗位专家8人次来所交流指导。成功承办了“2020中国设施农业专家甘肃行暨产业发展研讨会”。

六、科研条件和平台建设

完成了永昌试验站20亩试验地田间低压管道输水灌溉工程建设任务；依托项目实施，为部分科研人员更换了计算机，购置了土壤水分速测仪、糖酸度计、电热恒温培养箱等小型仪器设备。

七、党建和精神文明建设

全面推进党支部建设标准化工作，认真贯彻“三会一课”制度，所领导班子成员均能按时参加双重组织生活会，并落实讲党课制度。开展了形式多样的“主题党日”活动。认真组织全所职工参加了院第四届文化艺术节，取得了“唱农科梦想、谱时代华章”合唱比赛一等奖、“我运动、我健康、我快乐”趣味运动会三等奖、“秋之韵、农科美”插花艺术比赛三等奖的好成绩，并荣获优秀组织奖。坚持离退休人员情况通报制度，认真组织落实综合治理目标任务，履行所党总支抓全面从严治党主体责任，加强科研作风、学风建设。

林果花卉研究所

一、基本情况

甘肃省农业科学院林果花卉研究所始建于1958年，前身为甘肃省农业科学院园艺研究所，1978年在园艺所果树研究室的基础上成立了果树研究所，2006年12月与原甘肃省农业科学院花卉中心（兰州试验场）合并成立了甘肃省农业科学院林果花卉研究所。研究所主要从事林果花卉种质资源收集、保存、评价与利用研究，新品种选育，栽培技术研究与集成创新，开展人才培养、技术示范、成果转化、科技服务与培训工作。现有职工53人，其中科技人员50人，技术工人3人，副高级职称以上人员27人，中级职称11人，初级职称12人，博士7人，硕士21人。入选甘肃省领军人才工程二层次4人，入选甘肃省省属科研院所学科带头人1人，享受国务院特殊津贴1人，全国五一劳动奖章获得者1人，博士生导师1人，硕士生导师6人。

建有农业农村部西北地区果树科学观测实验站、甘肃省农业科学院高寒果树综合试验站、甘肃省主要果树种质资源库、甘肃省农业科学院秦安试验站、甘肃省农业科学院果树生物技术与生理生态实验室，现有各类实验仪器90多台（套），设生理生化实验室、生态实验室、组织培养实验室、土壤实验室和分子实验室等5个专业实验室。有智能温室2栋、日光温室2栋，总面积1 960平方米。林果花卉种质资源保存圃及品种园300亩，保存资源1 400多份。在甘肃省林果主产区静宁、秦安、清水、景泰、高台、永靖等地建立苹果、桃、核桃、梨、葡萄、草莓试验示范基地26个。

二、科技创新及学科建设

2020年共承担各类项目37项，到位经费693万元，其中新上项目22项。获甘肃省科技进步奖二等奖2项，结题验收项目2项、省级成果登记1项，获新品种保护权3项、登记品种2项、甘肃省林木良种审定5个，获授权发明专利1项、实用新型专利6项、国际专利3项，软件著作权2项，颁布标准2项，发表科技论文42篇，其中SCI论文1篇、CSCD论文11篇。现有果树育种、果树栽培、果树种苗繁育3个学科团队。

三、科技服务与脱贫攻坚

2020年共布设各类试验示范42项，田间试验示范面积1 950亩。积极开展公益性品种和技术推广应用，在全省22个县26个示范基地和示范园开展技术指导和培训76场次，培训当地科技人员及果农5 486人次，发放技术资料2 900余份，提供优良品种苗木17 790株。

在定点帮扶村王湾村，帮扶干部及时对接，完成“一户一策”精准脱贫计划，筹集帮扶资金4万元，为每户提供胡麻、玉米等各类农作物种子（薯）850公斤。秦安科技帮扶项目建成桃标准化示范园2处，帮扶10户贫困户稳定脱贫，完成科技助推农业产业发展建议1份。王发林研究员任“科技助力甘肃省西和县产业技术顾问组”组长和“科技助力甘肃省通渭县产业技术顾问组”成员，并提交了《甘肃省西和县林果中药材蜂产业技术顾问组开展科技扶贫情况报告》《西和县林果（梨）产业技术顾问组王发林开展科技扶贫情况报告》。

四、人才培养和团队建设

2020年新晋升研究员1人、助理研究员2人，1名在职博士毕业，新增1名省领军人才，1人荣获“省级优秀科技特派员”称号。在育种方面，抗寒核桃种质资源、草莓新品系、紫斑牡丹杂交种均有所突破。

五、科技交流与国际合作

承办了中国园艺学会苹果分会2019年学术年会，来自全国高校、科研院所及地方苹果科技人员共180余人参加了会议。全年共55人次参加中国核桃产业创新发展研讨会暨2019年度核桃产业国家创新联盟年会、国际植物钾营养和钾肥大会等全国性学术会议。2人参加了园艺学科群年度总结。桃、苹果、梨、葡萄4位体系首席科学家以及41位国内知名专家来研究所指导、交流。

通过“走出去、请进来”的方式，及时了解国内外果树育种、栽培方面的行业动态及前瞻性研究，掌握科研新动态，宣传自身优势，扩大对外影响力。先后邀请国家桃产业技术体系首席科学家姜全研究员、国家梨产业技术体系栽培与土肥研究室主任张玉星教授、葡萄产业技术体系首席科学家段长青教授等知名专家考察指导工作23人次。参加相关学术研讨会、考察和交流17人次。600余人参加了在天水市麦积区举办的“苹果化肥农药减施增效技术集成研究与示范”和在平凉市灵台县举办的“全国矮砧苹果标准化生产学术研讨会”。

六、科研条件与平台建设

农业农村部西北地区果树观测实验站通过“十三五”考核。召开了甘肃省果树果品标准化技术委员会年会，组织推荐果树果品地方标准60余项。甘肃紫斑牡丹种质资源圃开始建设，甘肃省主要果树种质资源库安宁资源圃进行了基础条件升级改造。

七、党建和精神文明建设

充分发挥党组织的政治引领和战斗堡垒作用，保障科研中心工作要求，教育引导全所党员和职工进一步加强政治理论学习，提高政治站位，增强“四个意识”，坚定“四个自信”，做到“两个维护”。深入学习党的十九届五中全会精神及习近平总书记的系列重要讲话精神，凝心聚力，推动全所各项事业持续健康发展。认真履行全面从严治党主体责任，严格执行“三重一大”决策召开所两委会讨论研究决定制度。抓好党支部建设标准化工作，研究室党支部被院党委推荐上报参评“省级标准化先进党支部”。组织全所职工打好新冠肺炎疫情阻击战。全所职工积极参加院第四届文化艺术节，获二等奖1项、三等奖2项，进一步活跃了职工文化生活，展现了全所的精神风貌。认真落实退休职工两项待遇，组织举办了“重阳节茶话会”。

植物保护研究所

一、基本情况

甘肃省农业科学院植物保护研究所成立于1958年，主要服务全省植物保护事业和无公害农业发展，从事农作物病虫草害预测预报、有害生物治理技术研究、农作物抗病虫性鉴定、新农药研发，农药登记试验，开展人才培养、技术示范、成果转化、科技服务与培训。现设禾谷类病害研究室、农业昆虫及螨类研究室、农药与杂草研究室、生物防治研究室、经济作物病害研究室、昆虫标本室以及甘谷和榆中两个试验站。全所现有在职职工50人，其中研究员9人、副高职称19人、中级职称11人，硕士生导师6人、博士12人、硕士15人。入选甘肃省“333科技人才工程”和“555创新人才工程”第一、二层次6人，甘肃省优秀专家1人，甘肃省领军人才6人，省属科研院所学科带头人1人，国家“百千万人才工程”1人，甘肃省拔尖人才1人，4人分别获“全国优秀青年科技创新奖”“中国农学会青年科技奖”和“甘肃省青年科技奖”。

二、科技创新及学科建设

全年共承担在研项目57项，到位经费752万元。共登记评价成果3项，结题验收项目7项，以第一完成单位完成的“胡麻田杂草综合治理技术研究与示范推广”获2020年度甘肃省科技进步奖二等奖；“一种裸燕麦种衣剂及其制备方法”获2020年度甘肃省专利奖二等奖；参加完成的“优质、高抗、耐贮运金城系列西瓜新品种选育，推广及应用”获2020年度甘肃省科技进步奖一等奖；获得国际专利授权2件，国家发明专利授权4件，实用新型专利授权2件，软件著作权2项，制定并颁布地方标准2项。发表学术论文38篇，其中SCI论文3篇。

三、科技服务与脱贫攻坚

在抓好疫情防控的同时，利用“农情热线”、QQ、微信平台、快手、抖音等渠道，做好病虫害防治和春耕科技服务，科技人员累计开展各类服务、宣传培训30多场次，培训人数累计超过2万余人。开展镇原县方山乡张大湾村、静宁县原安镇、会宁县大沟镇扶贫工作，围绕帮扶乡镇产业发展特点，深入调研，结合市、县、乡、村发展规划，围绕特色林果和经济作物种植、草畜养殖等，提出富民产业发展规划，通过品种引进与改良、试验示范栽培管理技术、农民实用技术培训与推广、产业基地与科技示范园区建设等，全面完成帮扶工作。疫情期间购置医用一次性口罩1 600只，保障当地疫情防控和防护人员的安全。发放技术手册《应对新型冠状肺炎疫情甘肃农业技术200问》。

四、人才培养和团队建设

全年共选派1名科技人员赴中科院微生物研究所定向研修。在职攻读博士学位2人，3人晋升副研究员。现有小麦条锈病可持续控制、农药毒理与杂草防控、生物防治技术研究与应用3个学科团队。

五、科技交流与合作

全年共有20余人次参加国内外各类学术交流。通过“甘肃省农科院简报”和院局域网，报道研究所项目重大进展和对外学术交流情况20余条。

六、科研条件与平台建设

承担完成了甘谷试验站设施条件改造提升工程科研条件建设项目，将甘谷试验站变压器由目前的30千伏安扩容到200千伏安，解决了试验站变压器容量不足问题，完善了站内试验田道路规整、排（灌）水系统。投入110余万元，采购环境因子对接系统、虫情自动采集识别系统、农业环境监控物流系统及冷冻离心机、恒温振荡器等急需的科研仪器设备。

七、党建和精神文明建设

党总支坚持建立健全党务工作规章制度，努力抓好党支部标准化建设。发挥党总支和党支部在全所工作中的领导核心作用，解决职工群众最关心的热点难点问题。充分发挥工青妇联功能。按期转正中共正式党员1名，培训积极分子2名；各支部“甘肃党建”完成率达到100%。通过“学习强国”平台学习情况的督促检查，形成了自我对照、自我比较、自我追赶的氛围。切实推进老干部信息化建设。严格落实疫情防控规章制度，安排人员值班，并捐款6 000元。成立的“敬老护老爱心团队”，把退休职工的难处和需求当成在职人员工作责任，同时发放“九九重阳节”慰问金和生日蛋糕卡。组织参加院所各类活动，开展红色基地教育、专业知识比武、道德讲堂等形式多样的主题党日活动。

农产品贮藏加工研究所

一、基本情况

甘肃省农业科学院农产品贮藏加工研究所成立于2001年，主要从事农产品采后处理、贮运保鲜、精深加工等技术的研究与新产品开发；特色植物资源有效成分分析评价与利用研究；农产品现代贮运工程技术集成示范等工作。研究所已建成农产品加工、农产品贮藏保鲜和现代贮运中试研究3个小区，占地面积10 696平方米，建筑面积4 746平方米，下设果蔬加工、果蔬保鲜、生物机能、马铃薯贮藏加工、加工原料与质量控制、畜产品加工等6个研究室；拥有果蔬加工、生物发酵、采后处理、贮藏保鲜和果蔬太阳能脱水、畜产品加工、马铃薯主食化加工7个中试车间，拥有实验研究及检测仪器200多台（件）。先后主持承担国家、省部级等专业研究课题120余项，完成重大科研课题20余项，获省科技进步奖二等奖8项、三等奖5项，获国家授权专利25项，开发出国家级新产品5项，制定国家行业标准1项，在国内外学术期刊发表科研论文400余篇。其中苹果采后处理技术、纳米SiOx保鲜果蜡（伊源牌CFW果蜡）新产品、果蔬微波-压差膨化技术、蔬菜冷冻-压差膨化技术、软包装水果罐头加工技术、马铃薯贮运保鲜技术及抑芽剂新产品、苹果白兰地生产加工关键技术及产品、果醋及果醋饮料生产技术及产品、鲜核桃冷冻-解冻复鲜周年保鲜技术等创新成果在国内同行业中具有较大影响。

二、科技创新及学科建设

全年共申报各类项目42项，立项28项。新增项目合同经费595.5万元，到位经费680.91万元，人均17.91万元。获得甘肃省科技进步奖二等奖1项、三等奖1项，省农牧渔业丰收奖二等奖1项，中国酒业协会科技进步奖一等奖1项，通过结题验收项目8项，通过现场验收项目4项，完成成果登记项目5项，申报发明专利2项、实用新型专利1项、外观设计专利6项，获得授权发明专利1项、实用新型专利1项、外观设计专利6项，制定地方标准2项，发表学术论文30篇，其中SCI论文2篇，出版学术专著1部。设立薯类及小杂粮贮运与产品开发、果蔬药贮运及产品开发、果蔬精深加工技术及工艺优化、农业微生物及废弃物循环利用等4个研究力量相对稳定、科研投入比较集中的优势学科团队。

三、科技服务与推广

积极推进精准扶贫工作，所党总支书记赴镇原县方山乡张大湾村担任扶贫工作队队长，5名技术干部结对帮扶贫困农户。针对当地产业发展需求，开展黄花菜产业支撑精准扶贫相关试验示范，累计开展试验示范面积178.0亩，为当地黄花菜产业持续健康发展提供了有力的技术支撑。在麦积区、庄浪县等地采取线上授课的形式为农户开展相关技术指导，引进“陇薯10号”2 800千克，购买复合专用肥420袋，发放各类培训教材、技术指南、宣传挂图1 300份，建成了马铃薯试验田18亩，花椒新品种示范基地100亩。通过集成示范与人才培训，全年共开展相关技术培训 23 场次，培训合作社负责人及员工、种植大户、致富带头人等1 742人次。

四、人才队伍与团队建设

现有专业技术人员 34 人，其中高级职称 21 人，博士 5 人，硕士 19 人，2 人在职攻读博士学位，入选国家现代农业产业体系岗位科学家 2 人，入选“甘肃省千名科技领军人才” 1 人，入选甘肃省“333”学术技术带头人 2 人。1 人荣获 2014 年度“全国优秀科技工作者”荣誉称号，1 人被授予 2015 年度“全国先进工作者”荣誉称号。2011 年，被中共中央组织部评为“全国先进基层党组织”，2014 年，被中组部、中宣部、人力资源和社会保障部、科技部等部委联合授予“全国专业技术人才先进集体”荣誉称号。本年度引进硕士研究生 1 名，培养硕士研究生 1 名。

五、科技合作与交流

与上海沃迪智能装备股份有限公司、天水裕源果蔬有限责任公司等多家企业签订技术合作协议，提供技术服务，获得成果转化收入 111.28 万元。全年共选派科技人员 38 人次，参加“国家马铃薯主食产业化成果展示暨科技创新联盟成立大会”“2020 年功能性食品创新大会”“第五届中国冷库产业年会与首届中小冷链企业发展论坛”“2020 年全国农产品加工院所长座谈会暨首届农产品加工青年科技论坛”，与联合国世界粮食计划署（WFP）和凤凰网北京总部对接富锌马铃薯品牌设计的相关事宜等各种学术交流活动 26 场次。

六、科研条件与平台建设

“果酒及小麦新产品研发平台建设”项目已办理招投标手续，正在建设中。“植物多元化加工与贮藏保鲜急需仪器设备购置”项目，计划采购的全波长光吸收型酶标仪、气调包装机、水果无损检测设备等 27 台（套）仪器设备，完成了招投标手续，部分仪器设备已到位。

七、党建和精神文明建设

以“不忘初心、牢记使命”主题教育整改落实“回头看”和党支部标准化建设为契机，扎实推进基层党组织建设，组织党员干部认真学习了党的十九大和十九届二中、三中、四中、五中全会精神等，进一步坚定了理想信念，提高了思想认识和政治觉悟；严格执行“三会一课”制度，通过认真开展“整治党员信教和涉黑涉恶问题”的党员组织生活会、专题学习会以及“坚定理想信念，做合格党员”主题教育活动，“学习雷锋精神，培养爱国精神”道德讲堂活动等，使党支部的组织力、凝聚力和战斗力进一步得到提升。

畜草与绿色农业研究所

一、基本情况

甘肃省农科院畜草与绿色农业研究所成立于 2006 年，加挂绿色农业兰州研究中心牌子。原名甘肃省农业科学院畜禽品种改良研究所，2009 年经省编办批复，更名为甘肃省农业科学院畜草与绿色农业研究所。2013 年 4 月独立运行，是集畜牧、草业、绿色农业研究为一体的综合性科研机构。主要从事畜禽品种改良、牛羊健康养殖、饲草饲料开发利用、绿色农业，以及科技扶贫、技术培训等方面的社会公益性科研及推广工作。现有在职职工 27 人，其中副高以上技术职务 13 人，中级职称 11 人，博士 6 人，硕士 15 人，入选省领军人才 1 人。研究所下设养牛、养羊、饲草、饲料、绿色农业等 5 个专业研究室。

二、科技创新及学科建设

2020 年承担和参加各类项目 51 项，新上项目 25 项，合同经费 847.75 万元，到位经费 624.05 万元。作为第一单位和主要参加单位获甘肃省科技进步奖二等奖 1 项，甘肃省农牧渔业丰收奖二等奖 1 项。登记软件著作权 3 项，获实用新型专利授权 6 项。结题验收 2 项，成果登记 4 项。出版专著 1 部，发表论文 21 篇，其中 CSCD 5 篇。

三、科技服务与脱贫攻坚

通过扶贫专项、成果转化以及“三区”人才等项目的开展，推行“科研机构+企业、合作社+农户”科技扶贫模式，在定点帮扶县和深度贫困县环县、天祝、东乡、镇原、会宁等地开展牛羊生产关键技术示范推广，饲用高粱、玉米、藜麦种植、牛羊高效健康养殖及秸秆饲料化高效利用，藜麦栽培及饲料化利用示范与推广工作。开展技术培训 81 场次，总计 10 433人次，发放各类培训资料 1 700余册、有机肥 380 袋、饲草种子 200 千克、饲料维生素 140 袋、畜禽健胃散 100 千克、尿素3 000 千克。指导天祝县、东乡县种植藜麦 4.25 万亩。3 名农情热线专家共为省内外企业、农户开展技术咨询 76 次。

四、人才培养和团队建设

采取自主培养与引进相结合的方式，结合项目实施和学科建设的需要，大力培养骨干人才。与甘肃农业大学联合培养硕士研究生 2 人；通过项目柔性引进高层次人才 6 人次，培养硕士 5 人、博士 2 人；选派 1 人参加国家专业技术人才知识更新工程“生态畜牧业发展与重大疫病防控”高级研修培训班；1 人晋升副研究员任职资格。

五、科技交流与国际合作

全年选派科技人员参加国内学术交流会议 10 批 19 人次。举办视频会议“草食家畜可持续发展国际研讨会”“平凉红牛新品种培育技术研讨会”，参会 120 余人；与美国、加拿大、澳大利亚、英国、法国等国专家 8 人次开展网络学术交流。邀请中国农科院作物研究所、贵州省农科院旱粮所、河北省农林科学院遗传生理研究所、青海省农林科学院、山西农业大学等单位的有关专家学者举办了“藜麦学术交流会”，成立了“甘肃省藜麦种植行业协会”。推进了畜草所特色学科建设，提高了团队学术研究水平。

六、科研条件与平台建设

“甘肃省农科院（畜草与绿色农业研究所）国家引才引智示范基地”正式挂牌。省发改委“甘肃省藜麦育种栽培技术及综合开发工程研究中心”获建设补助资金 40 万元。“动物营养与饲料研究中心建设”完成项目设计、评审、立项工作。

七、党建和精神文明建设

坚持“党的一切工作到支部”的鲜明导向，狠抓党建业务融合，充分发挥基层党支部战斗堡垒和党员先锋模范作用，把党建工作成效转化为指导和推动科研中心工作的实际举措，全面提升工作质量和水平。全年共组织集体学习 12 次，开展讲党课活动 9 次，提高了党员干部理论水平和政治站位。创新方式方法，落实党建重点任务，通过“学习强国”“甘肃党建”等网络平台推送理论学习文章、开展普通党员讲党课活动、参观革命纪念馆、邀请党史专家授课、集体观看爱国影片等多种形式的活动，创新学习形式，不断推进支部标准化建设工作。认真对照《准则》和《条例》要求，开展理想信念教育、党性党风党纪教育。全年组织召开党风廉政建设专题会议 2 次，组织所属 3 个支部开展从严治党集体学习 4 次，召开专题组织生活会和专题党课，18 名党员全部签订《党员不信教不涉黑不涉恶承诺书》，并开展“以德立学，弘扬科学家精神”为主题的道德讲堂活动。

农业质量标准与检测技术研究所

一、基本情况

甘肃省农业科学院农业质量标准与检测技术研究所创建于 2011 年，与甘肃省农业科学院畜草与绿色农业研究所同一法人，独立运行，是一家集农产品质量安全与标准领域科学研究、农业检测与农产品营养品质鉴定评价等技术服务于一体的公益性科研机构。内设风险分析研究室、农业标准研究室、营养功能研究室、农兽药残留研究室、重金属及农业环境研究室、微生物及生物毒素研究室。研究领域涉及农产品质量安全检测与评价、农产品风险预警与评估、食用农产品营养与安全、农产品质量安全与过程控制。现有在职职工 25 人，其中高级职称 8 人，中级职称 14 人，硕士及以上学历 12 人。实验室和办公用房 2 091平方米，拥有仪器设备 160 多台（套），其中大型仪器设备 20 多台（套）。建有农业农村部农产品质量安全风险评估实验室（兰州）、全国农产品地理标志产品品质鉴定检测机构、全国名特优新农产品营养品质评价鉴定机构、全国农产品质量安全科普基地、甘肃省农业科学院农业测试中心、甘肃名特优农畜产品营养与安全重点实验室、甘肃农业大学教学实习基地、甘肃省农科院质标所农产品质量安全检测技术中心等 8 个科研平台，获得甘肃省农业科学院农业测试中心、全国名特优新农产品营养品质评价鉴定、全国农产品质量安全科普、有机产品检测机构、三聚氰胺检测能力验证合格实验室、甘肃农作物新品种品质鉴定单位、甘肃省肥料田间肥效鉴定单位等 7 项资质。

“十三五”期间，获得科技成果奖励 3 项，制订甘肃省地方标准 2 项，获国家实用新型专利 1 项，计算机软件著作权 4 项；完成省级科技成果登记 3 项，通过鉴定或结题验收项目共计 25 项；发表学术论文 65 篇，其中 SCI 期刊 3 篇、国家核心期刊 12 篇、省级期刊 50 篇，参编出版专著 2 部。

二、科技创新与成果转化

“畜禽水产品、地栽黑木耳、玉米毒素、百合投入品”等国家农产品质量安全风险评估专项研究稳中有进，克服新冠疫情干扰，跨省区采集样品 989 份，验证参数近 70 种，获得有效评估数据8 798个，在风险排查、模拟实验、研判评估、关键防控中取得了突破性进展，为国家农产品质量安全科学研究、科学监管、应急处置等提供了技术支撑。对甘肃现行 63 项绿色食品生产技术标准进行整合修订，形成 32 项绿色食品生产技术类标准。2020 年被农业农村部农产品质量安全中心评为“全国农产品质量安全与优质化业务技术优秀工作机构”，两名同志被评为“全国农产品质量安全与优质化业务技术优秀个人”。全年组织申报各类项目 25 项，获准立项 11 项，合同经费 113 万元，到位经费 113 万元。承担实施各类科研项目 18 项。获甘肃省科技进步奖三等奖 1 项，结题验收项目 6 项，获得计算机软件著作权 2 项。发表科技论文 15 篇。通过服务科研单位、地方政府、中小微企业和创新创业团队，取得科技成果转化收入 96.1 万元。

三、科技服务与脱贫攻坚

全年与企业、地方签订长期合作技术咨询和检测技术服务合同 117 份，受理委托检验样品 567 批次，样品数3 733份，核报委托检验检测数据16 205个，出具检验报告1 079份。积极落实帮扶工作任务，抽调 2 名科技骨干驻村帮扶，柳利龙同志荣获 2019 年度庆阳市脱贫攻坚先进驻村帮扶工作队员称号。向关山村捐赠万寿菊专用肥 150 袋，玉米收获机 1 台（套），合计 4.1 万元。示范推广小杂粮糜谷 300 亩、甜高粱 150 亩；与合作社共同研发小杂粮产品 5 种，设计产品包装一套。开展科技培训 7 场次，培训人员 350 余人，发放各类培训材料 500 余份。配合驻村工作队和关山村“两委”完成省委巡视和检视清零专项行动，制作和发放了“厘清扶贫收益账，饮水思源感党恩”政策明白卡。

四、人才培养和团队建设

加强专业和技能培训，选派科技骨干 9 批 16 人（次）参加全国农产品质量安全学科领域发展论坛、品质鉴评、科普宣展及机构考核、资质认定等技能培训，提升工作能力。加强在职培养，支持一名青年科技人员赴北京攻读博士学位，提高学历层次；通过风险评估等国家项目，分解具体任务，给年轻人压担子担任课题副主持，培养青年科技骨干快速成长。

五、科技交流与合作

选派 5 批 22 人（次）通过现场或网络视频等方式，参加国家粮食专项监测、风险评估及投入品监管专项团队工作交流及调度会。积极参加全省农产品质量安全形势会商分析会和无公害农产品续展评审会，与省、市、县农产品质量安全监管部门广泛开展风险交流。

六、科研条件与平台建设

申报甘肃省农产品质量安全检测机构，有效发挥全国农产品质量安全科普示范基地作用，推荐获批甘肃省农产品质量安全科普工作站 1 家，科普专员 3 名；撰写提交科普文章 3

篇，其中《百合营养价值》分别在农安科普、中国农产品质量安全微信公众号刊登，并获2019—2020年度全国农产品质量安全与营养健康优秀科普三等奖。积极编制上报农业农村部农产品质量安全风险评估实验室（兰州）风险评估能力建设规划建议书。

七、党建和精神文明建设

认真落实“坚持用习近平新时代中国特色社会主义思想武装全党”的要求，组织党员干部集中学习，自觉用学习成果指导实践、推动工作。认真落实“三会一课”、民主评议党员等制度，甘肃党建平台统计各项指标完成率100%。狠抓问题整改落实，以“四抓两整治”为主要措施，对全所18名党员逐一排查，均没有信仰宗教、涉黑涉恶问题。按照全院深化科技领域突出问题集中整治相关要求，制定工作计划，开展整改情况“回头看”和专项整治自查自纠，针对查摆梳理的4个方面问题，逐项完成整改。加强党风廉政建设，开展警示教育，做好疫情常态化防控。班子成员严格落实“一岗双责”，严格执行“三重一大”制度。充分利用院局域网，宣传报道最新科研动态及学术交流活动，全年发布新闻报道13篇，提升了影响力。

经济作物与啤酒原料研究所

一、基本情况

甘肃省农业科学院经济作物与啤酒原料研究所（甘肃省农业科学院中药材研究所）是甘肃省农业科学院下属具有独立法人资格的全民所有制事业单位，下设大麦育种研究室、大麦栽培研究室、特色经济作物研究室、河西中药材研究室、中部中药材研究室、陇南中药材研究室等6个研究室，拥有1个中心、3个实验室、2个综合性农业科研试验站，分别为国家大麦改良甘肃分中心，西北啤酒大麦及麦芽品质检测分析实验室、甘肃省中药材种质改良与质量控制工程实验室、中药材组培快繁实验室和黄羊试验站、岷县中药材试验站。主要研究领域有啤酒原料与特色经济作物种质创新、保存及新品种的选（引）育、高效栽培技术研究、产业化开发以及相关技术培训等；甘肃道地中药材种质创新、保存及新品种的选（引）育、种子种苗繁育、高效栽培技术研究，珍稀濒危药用植物的保护与开发研究。现有在职职工34人。其中高级职称21人，中级8人，博士研究生3人，在读博士1人，硕士研究生7人，农业推广硕士5人；1人次入选甘肃省“领军人才”第一层次，1人次享受政府特殊津贴。研究所党总支共有党员30人，其中在职党员20人，退休党员10人。下设3个基层党支部，为啤酒原料研究组党支部，中药材研究组党支部和退休党支部。

二、科技创新及成果转化

全年新上项目13项，执行在研项目26项，新增合同经费475.75万元，到位经费共487.95万元。“优质高产啤酒大麦新品种甘啤6号选育及推广”获甘肃省科技进步奖三等奖，“一种当归温室育苗裸苗移栽促根缓苗剂及其制备方法和应用”获甘肃省专利奖二等奖。5个项目通过结题验收。完成了省发改委“甘肃省中药材种质改良与质量控制工程实验室”评估工作，“陇南山地中药材协同创新中心”项目通过仪器设备现场验收。对半夏自毒物质及病原菌积累特征研究等2项成果进行了登记。制定甘肃省地方标准5项。授权发明专利1件，国际发明专利2件，实用新型专利2件。发表论文21篇，其中SCI期刊收录3篇，中文核心期刊6篇。引进各类中药材种质资源320余份，抚育珍稀濒危资源5份，引进种植地域广泛，基因类型丰富的优异大麦青稞种质资源400多份。选育出陇蓝1号、陇蓝2号、陇党1号、陇党2号、陇黄芪1号、陇黄芪2号6个中药材新品种（系）和甘啤8号、甘啤9号两个专用大麦新品种及粮草双高青稞新品种陇青1号。通过参加各种推介会，展示啤酒大麦、青稞、饲用大麦新品种，中药材丸粒化种子，优良种子种苗等科研成果。通过板蓝根种子丸粒化技术服务、庆阳农民职业培训学校技术服务、《华夏文明在甘肃》道地药材生产板块提供技术服务，黄芪、黄芩种子种苗繁育及栽培技术服务等，完成成果转化合同收入52.31万元，净收入42万元。

三、科技服务与脱贫攻坚

2人选派为省委组织部技术帮扶专家赴岷县、宕昌进行为期10天的技术帮扶。全年有8人参加省科技厅“三区”人才项目。在岷县、西河、古浪等地开展了中药材、功能性大麦及其他经济作物新品种高效栽培技术培训及技术指导。编写《半夏规范化种植技术》《黄芪规范化种植技术规程》《党参规范化种植技术规程》培训材料，对当归、党参、黄芪等中药材发展前景、田间管理、常见病虫害防治、产地加工技术等方面进行详细讲解，并到田间地头进行现场指导。对功能性大麦及饲用甜菜新品种及栽培技术进行了推广及培训。开展了新冠肺炎疫情期间岷县中药材生产技术服务。共举办专场培训15场，田间小型培训10场，培训农民2 000余人，发放培训资料5 000多份。接受电话咨询中药材种植相关问题20余次。对于所联系的镇原县方山乡关山村8户贫困户，通过进村入户，完善“一户一策”方案，按照“缺什么补什么的原则”，对症下药，开展精准帮扶，提供了价值4.2万元的良种，通过产业扶持全部稳定脱贫。

四、人才培养和团队建设

2020年有1人晋升为研究员，1人晋升为副研究员，1人被定西市委评为“定西市十大科技带头人”。9人被认定为甘肃省首批省级科技特派员，2人为疫情防控期间农科热线中药材咨询服务专家。

五、科技交流与国际合作

邀请农业农村部南京农业机械化研究所西部思路现代农业装备团队来研究所考察，并赴定西、陇西、西和、渭源进行中药材机械化生产及应用调研。邀请广西农科院生物技术研究所健康种苗研究室石云平主任来所进行组织培养技术交流。有2人应邀参加“礼县大黄产业论坛”，并作了“甘肃省大黄种子种苗生产标准化研究”报告。全年有8人次参加了国内专业学术会议6场次。有2人次赴安国、青岛，参加全国中药材机械田间地头展及青岛国际农机展。撰写了“甘肃省中药材机械化应用现状及需求”的研讨报告。

六、科研条件与平台建设

完成了46.44亩试验用地流转经营权证的

办理，4.4 亩试验站建设用地已完成审批。建成了中药材质量测定与评价实验室，采购总投资 288 万元的 47 类共 72 件科研仪器设备；对中药材组培快繁实验室进行了改扩建及设备购置。

七、党建和精神文明建设

扎实推进“不忘初心，牢记使命”主题教育制度化常态化，坚持不懈用习近平新时代中国特色社会主义思想武装头脑，指导实践、推动工作。组织全体党员开展重走长征路主题党日活动，举行“红军长征在甘肃”专题党课等系列学习活动，增强“四个意识”，坚定“四个自信”，做到“两个维护”，使党员干部坚定不移贯彻落实党中央决策部署，把初心使命转化为担当作为、干事创业的实际行动，在疫情防控、脱贫攻坚、科技创新、成果转化一线践行初心使命、体现责任担当。以“三会一课”为抓手，抓好党支部标准化建设。坚持全体党员充分利用“学习强国”和“甘肃党建”学习平台加强自学，认真组织学习领会十九届五中全会精神，为“十四五”开好局起好步凝心聚力。扎实推进全面从严管党治党和党风廉政建设，严明政治纪律和政治规矩。落实党、政负责人党风廉政建设主体责任，通过政治理论学习和警示教育，加强廉政教育，按照相关规定，严格控制“三公”经费支出，进一步规范了公务用车报销管理。扎实开展 2020 年度深化科技领域突出问题集中整治工作，杜绝学术造假、学术不端问题。组织开展各类精神文明创建活动，参加院第四届文化艺术节，丰富职工业余文化生活，营造文明和谐、健康向上、创新创效的文化氛围。

农业经济与信息研究所

一、基本情况

甘肃省农业科学院农业经济与信息研究所前身为甘肃省农业科学院科技情报研究所，始建于 1978 年 10 月，2006 年 11 月科技体制改革中更名为科技信息中心，2009 年 2 月更现名。内设机构有：农业经济研究室、农业信息化研究室、工程咨询研究中心，《甘肃农业科技》编辑部、办公室等 5 个部门。现有在职职工 40 人，其中正高级职称 4 人，副高职称 13 人，中级职称 14 人，省领军人才第一层次 1 人，“555”人才第二层次 1 人，注册咨询工程师 7 人，博士 2 人，硕士 9 人。自成立以来，根据农业科技工作需要，逐步健全机构，拓宽业务范围，提高服务职能，在农业经济研究、农业科技信息利用、文献信息服务、科技期刊编辑出版、网络信息和农业工程项目咨询等学科领域形成了自己的专业特色和服务体系，先后获得 17 项成果，科技期刊编辑出版获得 8 项奖励。

二、科技创新及学科建设

2020 年共组织申报国家社科基金、省社科基金、省科技厅、院列等各类项目 22 项，其中撰写国家自然基金项目申报书 1 项、国家社科基金项目申报书 5 项，获准立项的课题研究及科技扶贫项目 13 项，新上项目合同经费 287.4 万元。完成绿皮书专题报告 9 篇；承担完成 7 期《智库要报》的审校、编印呈送工作；取得软件著作权 3 项。重点推进项目绿皮书《甘肃农业现代化发展研究报告》获第十一届“优秀皮书奖”三等奖。全年公开发表学术论文11篇。年成果转化净收入116万元，签订“四技”协议20项。

三、科技服务与脱贫攻坚

切实承担起镇原县方山乡贾山村科技帮扶第一书记单位的职责，齐心协力，真抓实干，扎实推进扶贫工作。全体帮扶干部突出政治意识，通过入户、打电话以及开展党员组织联学共建等形式，深入宣讲党的政策，帮助谋划脱贫之策，完善户内资料，充分激发了贫困户跟党致富奔小康的决心和信心。同时，自筹经费给贫困户送床单被套、衣物、技术资料等，帮助解决了部分生产生活中的困难。以院列成果转化项目为依托，通过申报省科协学会助力脱贫攻坚项目，为贾山村提供玉米品种陇单339号1 000亩2 000千克、小麦品种陇鉴108号700亩8 750千克、胡麻陇亚10号250亩840千克、饲用甜菜甜饲2号50亩地50千克、马铃薯专用肥225袋、黑地膜200卷、400亩地万寿菊复合肥、650亩地万寿菊机械租用费、塑料青贮袋4 000个，玉米种植收获机械2台、颗粒饲料加工设备1套，修建羊圈10个，同时推广早熟马铃薯全程机械化种植技术、青贮技术、清洁养殖技术等，实现良法全配套、良种全配套、农资农机全到位。壮大了传统养殖业，形成“以种促养，以养带种”的种养循环互促农业生产模式，提高了综合效益，培育了早熟马铃薯、万寿菊等新型产业，拓宽了增收渠道。举办大规模的帮扶观摩活动2次，中央人民广播电台中国之声、《科技日报》《中国妇女报》《甘肃日报》等多家媒体先后报道驻村帮扶工作12次。

四、人才培养和合作交流

2人晋升副研究员专业技术职务，1人晋升助理研究员专业技术职务。1人被聘为甘肃省人民政府参事室特约研究员。全年共有23人次参加学术交流会和岗位培训，通过学习、交流、培训等各种方式，持续提升人员综合素质，培养多面手队伍，全面提升争锋硬实力。

五、党建和精神文明建设

研究所党总支、所属各支部及时召开组织生活会，认真开展批评与自我批评，扎实推进民主评议活动，增加了党组织的凝聚力和战斗力。严格落实“三会一课”制度，积极开展线上及集中学习，观看了《时代楷模朱有勇院士》，学习了《甘肃省人民政府关于促进乡村产业振兴的实施意见》《关于促进乡村产业振兴的实施意见》《关于新时代推进西部大开发形成新格局的指导意见》，组织全体党员撰写学习感悟。新冠肺炎疫情期间，全体党员积极参与全院的疫情防控值班工作，积极向武汉捐款。组织参加了院文化艺术节合唱比赛，并获得三等奖。

张掖试验场

一、基本情况

甘肃省农业科学院张掖试验场位于张掖市甘州区城南张大公路九公里处，是甘肃省农业科学院按照全省农业科研布局设置在河西走廊绿洲灌区的综合性农业科研创新基地。现有在职职工 90 人，其中管理和专业技术人员 35 人，技术工人 55 人；拥有初中级专业技术人员 23 人，高级工以上工勤技能人员 36 人（其中企业职工 55 人，事业职工 35 人）。内设办公室、财务科、科研生产科、成果转化科和综合科 5 个职能科室，下辖林果中心、设施农业中心、贮藏保鲜中心和特色农业中心等 4 个承担科研示范和成果转化职责的单位。

二、科研条件与平台建设

全年共承担实施条件建设、科技创新、成果转化等各类项目 4 项，累计到位项目资金 519 万元。农业农村部青藏区综合试验基地（甘肃省）建设项目全部完成，建成 1 个国家级科技创新平台和 6 个高标准集成创新区。开展寒旱种质资源创制与利用、节水节药技术示范应用、区域农作物新品种选育、制种玉米提质增效、经济林果调质增效、高原夏菜优质生产、作物水肥高效利用、设施农业、戈壁农业、循环农业等方面研究与创新；承担各类项目 34 项，争取项目资金2 445万元；审定玉米、大豆等新品种 12 个，申请国家发明专利 3 项，在 SCI、CSCD 及其他期刊发表论文 50 余篇，观测监测数据227 050组。其中制种玉米膜下滴灌技术可实现平均纯收益3 450元/公顷，小麦/玉米垄作（膜）沟灌技术增收 493 元/公顷，设施甜瓜水肥一体化高效栽培技术增收 955 元/公顷，2019 年推广面积达到 385 万亩，累积增产 1.27 亿千克，累积节水 1.43 亿立方米，累积节肥 0.28 亿千克；示范玉米陇单系列新品种 2 000 亩，示范大豆陇中黄系列新品种 500 亩；形成玉米化肥减施集成技术模式一项。

三、科技交流与合作

坚持开放办场、合作办场的路线和政策，主动对接有关研究所，积极开展示范基地建设、科研攻关、“科研辅助工培养”和“农机服务”等方面的合作。作物所、土肥所等 7 个研究所、3 个专业试验站、9 个课题组常驻试验场开展科研工作，试验基地科研平台累计承担项目 48 项。3 个试验站（点）20 名技术人员入住专家公寓，实行物业化管理，为驻场科技人员提供工作和生活上的便利。坚持请进来与走出去相结合，加大对外宣传力度，接待兰州市少年儿童第十一届生态道德实践活动营的师生来场参加实践活动，全国设施农业专家甘肃行专家团来场观摩设施农业建设，中国工程院张福锁院士来场考察调研等，组织职工在果园管理关键环节前往张掖农场交流学习，进一步扩大了影响力和关注度。

四、制度建设

在加强内控机制建设，强化经济责任风险防控上持续用力，全年共梳理各项制度 38 条，废止 15 条，保留 11 条，新修订和待完善 20 条。制定出台了《张掖试验场“三重一大”事项决策制度》《张掖试验场财务报销管理制度》，重大事项会议集体决策，召开各类议事会议 27 次，强化决策办事流程管理。推进目标责任管理常态化、长效化、制度化。针对各中心，实行目标责任管理，签订成果转化目标任务书。

五、民生保障和条件改善

深入落实全域无垃圾环境治理常态化制度，

进行全场垃圾集中清理 6 次；积极办理社会保障和民生救助工作，全年临时救助 42 户 94 人次 14.66 万元，医疗救助 5 人 3.5 万元，通过甘州区应急局为全场 54 户 135 人争取冬春生活政府救助资金6 318元。多方筹措资金16 250元，为 33 户职工维修住房屋顶2 080平方米。

六、党建和精神文明建设

深入开展党的思想政治建设，认真落实党建主体责任，全年召开党委会、党员大会、党建专题会议等 14 次，领导讲党课 3 次，举行主题党日活动 36 次，召开组织生活会评议党员 2 次。积极推进党支部标准化建设，“三会一课”、支部书记讲党课、党员集中学习、民主评议党员等按时举行，组织生活制度落实到位。及时宣传党建活动信息，报送宣传材料、图片 10 次，更新党建宣传栏 4 次。评选全院先进基层党组织 1 个，优秀党务工作者 1 名，优秀党员 3 名。强化纪检监察，运用好监督执纪“四种形态”，在元旦、春节、端午等重要节点和关键环节，对党员干部提醒约谈，及时排查廉政风险点。全年提醒约谈 93 人次、批评教育 1 人次，通报批评 21 人次。认真落实新冠肺炎疫情防控工作精神，强化管理责任，积极宣传动员，组织安排 30 多名党员职工设岗值守、消毒测温、宣传讲解，坚持疫情防控常态化工作。动员全场党员 112 人和非党员职工群众 158 人为疫情防控捐款32 507.2元。

黄羊试验场

一、基本情况

甘肃省农业科学院黄羊试验场位于武威市凉州区黄羊镇，始建于 1958 年，是原院部所在地，主要从事作物种质创制、新品种选育及成果示范推广等工作，立足河西走廊、服务全省粮食安全和农业供给侧改革，是甘肃省农业科学院布设在石羊河流域的科技创新基地。现有在职职工 26 名，其中科技管理人员 8 人，技术工人 18 人，科技人员中：中级职称 7 人，研究生及以上学历 2 人，高中级技术工人 18 人。目前黄羊试验场和黄羊麦类作物育种试验站采取“一套人马两块牌子”并轨运行的管理模式。内设有综合办公室、创新基地服务中心、产业开发中心、后勤服务中心等部门。

二、科技交流与合作

不断拓展所场合作内容，院内 5 个研究所、6 个研究团队来场开展研究示范项目 11 项，进行了小麦、大麦、玉米、胡麻、大豆新品种选育及种质资源繁育利用研究，开展了作物高效节水、节肥、节药研究以及大豆间套作技术研究与示范等。实施的科研项目涵盖了行业专项、重大专项、产业技术体系、引智项目、国家自然基金项目等。全年到场交流人员达 200 人次。所场合作由简单的土地出租，逐渐转型为科研全过程参与和日常管理。

三、条件改善和民生保障

完成办公区和中心市场提升改造项目 2 项，累计投资 40 多万元。持续加大民生保障力度，有效落实了“五险一金”“两增一免”等改革方案，使全场承包职工年收入稳定增加，生产生活条件明显改善。积极争取镇区低保、大病救助指标，为 5 名特困职工及家属解了燃眉之急；积极落实各种劳动福利待遇；自筹资金组织全场职工进行健康体检，并邀请医生来场进行健康咨询和体检报告解读，做到早发现、早提醒、早医治。为2名职工亲人去世发放慰问金3 000元，发放院工会困难慰问金6 000元。加强人才培养和人文关怀，加大职工培训力度，1人晋升中级职称。

四、党建和精神文明建设

持续加强理论武装，以党的十九大精神为指导、以“作风建设年活动集中整治方案”为抓手，扎实推进基层党建工作，抓好干部职工零散时间学习，全年共组织集中学习20余次、座谈会4次。坚持加强试验场文化建设和宣传工作，定期制作党支部工作、科研服务、商贸管理等工作动态宣传栏，丰富了单位文化。加强基层党组织建设标准化，认真贯彻落实省、院党建标准化方案，扎实推进党支部建设标准化，结合实际制定党支部建设标准化推进计划，认真查找存在的问题，制定工作措施，逐项整改落实。严格“三会一课”制度，做好党建管理信息化，完成支部换届工作。改善工作作风，严格按照“一岗双责”的要求，加强干部职工监督管理，按要求对各部门负责人进行廉政责任约谈，提高其拒腐防变的意识和能力。坚决贯彻落实民主集中制原则，重大决策事项及时形成会议纪要，彰显科学、民主、依法决策精神。

榆中园艺试验场

一、基本情况

甘肃省农业科学院榆中园艺试验场前身为甘肃园艺试验总场。1958年迁址榆中县，1973年由甘肃省农林厅划归甘肃省农业科学院。主要承担全省高寒农业科技试验示范推广及成果转化应用的重要职能。现有在职职工56人，其中科技管理人员15人，科技人员中有高级职称2人，中级职称6人，初级职称7人，研究生及本科以上学历11人，工勤1人，高中初级技术工人40人。内设综合办公室、生产研发中心、产业开发中心、财务结算中心、后勤服务中心5个职能部门。下设集体企业兰州奥赛园林绿化有限公司。

二、科研条件和平台建设

2020年到位各类资金950万元。完成了“甘肃省城郊农业绿色增效技术孵化试验基地配套项目建设”和“甘肃省科技科普单位基础条件改善及能力建设”等项目并通过院组织的现场竣工验收。启动了“榆中试验基地综合实验楼室内装饰装修工程”，试验基地基本条件进一步改善。

三、科技交流与合作

围绕加强所场合作，打造综合性高寒农业试验基地，持续提高服务科研能力，通过院“三平台一体系”建设，积极加大与院内外科研院所合作力度，与马铃薯研究所合作实施甘肃省现代农业科技支撑体系区域创新重点科技项目，建成2 400平方米玻璃钢结构智能马铃薯育种连栋日光温室；与兰州植物园合作实施了中央财政林业科技推广“优良观赏海棠品种推广应用及示范项目”。试验基地已有院林果花卉、马铃薯、植物保护等3个研究所进驻并开展相关科研试验和试验站建设，同时与旱农、畜草、经啤等相关研究所合作开展部分科研项目，试验基地功能不断发挥，所场合作前景良好。

四、民生保障和条件改善

2020 年，筹资实施了老旧平房家属院公共区域排水渠道疏通改造；对场区公共区域给排水管道进行疏通并对 24 个受损的观察井盖进行保护性修复；安排生活困难的 1 名职工到工程项目参与施工；减免了 1 名困难职工使用场库存纸箱销售承包果园果品的费用；为 1 名困难职工考上大学子女申报争取到省直机关工委“金秋助学金”2 000元。

五、党建和精神文明建设

深入开展“不忘初心、牢记使命”主题教育，坚决扛起疫情防控重大政治责任，设立党员先锋示范岗，各基层党支部组织党员带头值班，场党员领导带头捐款，全场党员捐款率 100%。顺利完成了场党总支及 4 个基层党支部的换届选举工作，全年召开总支会议 18 次，累计组织开展学习教育活动 12 次，各类党课 8 次，撰写心得体会 30 余篇。坚持“学习强国”和“甘肃党建”平台学习，认真完成了“信教、涉黑涉恶”专项整改工作。同时，场党总支全面履行党的建设、意识形态、党风廉政建设和党要管党全面从严治党的主体责任，与基层党支部和支部书记签订责任书，层层传导党风廉政建设和全面从严治党压力。

十、表彰奖励

2020 年受表彰的先进集体

甘肃省科技工作先进集体 旱地农业研究所

2019 年度庆阳市脱贫攻坚先进驻村帮扶工作队 镇原县方山乡张大湾村驻村帮扶工作队

甘肃省第五届科普讲解大赛优秀组织奖 科技合作交流处

2020 年度院先进基层党组织（15 个）

作物研究所小宗粮豆党支部

旱地农业研究所定西试验站党支部

土壤肥料与节水农业研究所试验站党支部

蔬菜研究所育种组党支部

林果花卉所研究室党支部

植物保护研究所科研党支部

农产品贮藏加工研究所加工研究组党支部

经济作物与啤酒原料研究所啤酒原料研究组党支部

农业经济与信息研究所工程咨询中心党支部

张掖试验场机关党支部

黄羊试验场党支部

榆中试验场机关党支部

院机关离退休人员党支部

院科技成果转化处党支部

后勤服务中心机关党支部

2020 年受表彰的先进个人

全国先进工作者　张国宏

全国三八红旗手　齐恩芳

第九批甘肃省优秀专家　杨天育

民进全国履职能力建设先进个人　鲁清林

甘肃省三八红旗手　赵　利

全省保密工作先进个人　王润琴

全省老干部工作先进个人　蒲海泉

全省科技工作先进个人　刘文瑜

全省科技工作先进个人　董孔军

全省科技统计工作先进个人　李伟绮

2019 年度庆阳市脱贫攻坚先进驻村帮扶工作队员　柳利龙

2019 年度甘肃省技术市场工作先进个人　田　斌

马铃薯产业技术扶贫优秀团队成员　文国宏

2020 年度院优秀共产党员（33 名）

王　卉　王　婧　王兴荣　王国栋
王和平　牛茹萱　方　蕊　卯旭辉
冯海山　刘明军　刘明霞　刘彬汉
刘强德　李玉芳　李伟绮　李进京
李建武　沈　慧　张红梅　陈光荣
荆卓琼　柳　娜　段　誉　骆惠生
班明辉　党　翼　徐永伟　郭家玮
康明荣　蒋锦霞　韩富军　蔡子平
薛　亮

2020 年度院优秀党务工作者（15 名）

马心科　王　敏　王卫成　冉生斌
杨学鹏　张　力　张　环　张有元
张礼军　张霁红　耿新军　倪胜利
郭致杰　鲍如娟　鞠　琪

十一、大事记

甘肃省农业科学院 2020 年大事记

1 月 15 日，在省委农村工作会议期间，由甘肃省农业科学院承办的农业科技成果推介展示暨转移转化签约活动在兰州宁卧庄宾馆成功举办。省委副书记孙伟、省人大常委会副主任马青林、副省长常正国、省政协副主席尚勋武出席活动和签约仪式。

1 月 16—17 日，甘肃省农业科学院召开 2020 年工作会议。

1 月 17 日，甘肃省农业科学院召开离退休职工情况通报会。

2 月 5—7 日，甘肃省农业科学院开展节前送温暖走访慰问活动，院领导班子成员分别走访、慰问了全院地级老干部、离休老干部、困难老党员、劳模、困难职工和重病职工，为他们送上了慰问金和慰问品。

2 月 20 日，甘肃省农业科学院开通农科热线咨询电话，为农业经营主体、合作社及广大农民搭建信息咨询的平台，提供现代农业生产的科技知识和咨询服务。

2 月 24 日，中国农业银行甘肃省分行党委书记、行长王霄汉一行来甘肃省农业科学院座谈交流并洽谈合作事宜。

3 月 4 日，窑街煤电集团有限公司董事长张炳忠一行 9 人来甘肃省农业科学院调研，双方就加强院企合作事宜进行了深入交流，并对接了具体合作项目。

3 月 6 日，甘肃省农业科学院党委书记魏胜文、院长马忠明、副院长宗瑞谦带领院办、人事处、财务处、成果转化处及基建办负责人赴榆中试验场现场办公。

3 月 10 日，甘肃省农业科学院党委书记魏胜文参加镇原县全面高质量打赢脱贫攻坚战誓师大会。

3 月 13—15 日，甘肃省农业科学院党委书记魏胜文、院长马忠明带领院办公室、人事处及财务资产管理处负责人赴黄羊试验场和张掖试验场调研并现场办公。

3 月 26 日，甘肃省农业科学院院长马忠明带领院办、人事处、成果转化处负责人先后赴镇原试验站和定西试验站检查指导工作。

3 月 26 日，甘肃省农业科学院院长马忠明、副院长李敏权带领院办、人事处、帮扶办主要负责人，赴镇原县方山乡 4 个帮扶村调研督战脱贫攻坚工作。

3 月 26 日，甘肃省农业科学院在镇原县方山乡组织开展了捐赠农资农机发放活动。

4 月 8 日，甘肃省农业科学院院长马忠明带领院办公室、成果转化处、土肥所相关人员赴窑街煤电集团洽谈战略合作相关事宜。

4 月 9—12 日，甘肃省农业科学院院长马忠明带领院办公室、成果转化处、蔬菜所、林果所相关人员赴张掖市临泽县和酒泉市肃州区、玉门市、瓜州县等地开展技术服务对接和产业发展调研。

4 月 16 日，中国人寿财险甘肃省分公司主要负责人罗成有、党委委员王文彬一行 9

人，来甘肃省农业科学院洽谈合作事宜并签署战略合作协议。

4 月 21 日，甘肃省机械科学研究院有限责任公司党委书记、董事长韩少平一行 8 人来甘肃省农业科学院调研并对接院企合作事宜。

4 月 24 日，甘肃省农业科学院与甘肃农垦亚盛薯业集团天润公司举行马铃薯科研成果转化项目合作签约暨授牌仪式。

4 月 23—25 日，甘肃省农业科学院院长马忠明带领院办公室、财务资产管理处负责人一行先后赴张掖试验场、黄羊试验场检查指导工作，并赴甘肃勇馨公司调研农业科技成果转化情况。

4 月 26 日，海南省农业科学院党委书记、院长张治礼及副院长张春义带领科研管理处、畜牧兽医研究所负责人一行 5 人来甘肃省农业科学院交流并座谈。

4 月 28 日，兰州市安宁区城市基层党建联盟成立大会暨第一次联席会议在安宁区委召开。甘肃省农业科学院党委书记魏胜文出席会议并代表甘肃省农业科学院与安宁区委签订了兰州市安宁区城市基层党建联盟共建协议。

4 月 30 日，甘肃省农业科学院院长马忠明带领院办公室、人事处、科研管理处、成果转化处等部门负责人赴甘肃农业职业技术学院调研交流并签订战略合作协议。

5 月 13 日，甘肃省农业科学院与中国人寿财产保险股份有限公司甘肃省分公司联合举办农业保险高质量发展研讨班。

5 月 14 日，甘肃省农业科学院工会被省直属机关工会工委评为 2019 年度省直机关工会重点工作完成情况考评“优秀”等次单位。

5 月 19 日，甘肃省农业科学院组织召开了主要领导经济责任审计整改任务落实对接会议，全面安排部署审计整改工作。

5 月 20—22 日，甘肃省农业科学院党委书记魏胜文先后赴张掖、黄羊、榆中试验场出席试验场干部宣布会议，调研新冠肺炎疫情期间试验场生产经营工作情况，并就全面从严治党加强党的建设工作开展专项约谈。

5 月 21—27 日，全国政协委员、甘肃省农业科学院院长马忠明赴北京参加了全国政协第十三届三次会议。

6 月 3 日，甘肃省农业科学院召开 2019 年度县处级领导班子和领导人员考核结果通报会，通报了县处级领导班子和领导人员 2019 年度科学发展业绩考核结果。

6 月 4 日，省科技厅副厅长巨有谦一行来甘肃省农业科学院，就国家引才引智工作开展调研，并为“甘肃省农科院（畜草与绿色农业研究所）国家引才引智示范基地”授牌。

6 月 8 日，甘肃省农业科学院组织开展重大项目观摩检查。

6 月 8—12 日，甘肃省农业科学院组织开展陇南、中部片科研工作现场观摩检查。

6 月 9 日，甘肃省农业科学院党委书记魏胜文在贾山村向省委常委、统战部部长马廷礼汇报帮扶工作。

6 月 12 日，甘肃省农业科学院在定西试验站召开陇南、中部片重大项目执行进展汇报交流会。

6 月 17—23 日，甘肃省农业科学院开展县处级干部集中约谈。

6 月 19 日，甘肃省农业科学院举行 2020 年甘肃省“最美家庭”授牌仪式，院党委书记魏胜文、院长马忠明出席仪式并授牌。

6 月 22 日，甘肃省农业科学院召开院属企业改革工作推进会。

6 月 30 日，甘肃省农业科学院召开财务工作专题座谈会。

7月2日，宕昌县委书记李平生、副书记孙敏，县委常委、组织部部长贾爱会，县委常委、宣传部部长唐春梅，以及副县长何玉柏，带领县商务局、扶贫办及相关企业负责人一行14人，来甘肃省农业科学院对接脱贫帮扶工作并进行座谈。

7月14日，甘肃省农业科学院召开了2020年上半年工作总结会，院长马忠明全面回顾总结了全院上半年各项工作进展情况，安排部署了下半年重点工作任务。

8月2日，甘肃省农业科学院在镇原县方山乡举办马铃薯种植技术现场观摩活动。

8月3日，甘肃省农业科学院在平凉市举办玉米病虫害无人机“一喷多防”控制技术现场会。

8月3—9日，由省委组织部主办、省一级干部教育培训省农科院基地承办的全省乡村振兴专题培训班在甘肃省农业科学院成功举办。

8月15日，由甘肃省农业科学院和兰州新区管委会主办、甘肃省农业科学院作物研究所和兰州新区秦川园区管委会共同承办的甘肃省农业科学院秦王川现代农业综合试验站“科技开放周”启动仪式在兰州新区秦川园区隆重举行。

8月19日，省科技厅党组成员、副厅长王彬带领农村科技处处长王芳、省科技情报研究所所长杜英以及有关人员莅临甘肃省农业科学院，调研“十三五”农业科技创新情况，并听取省农科院专家对全省“十四五”科技发展规划的意见建议。

8月20—23日，甘肃省农业科学院院长马忠明带领院办公室及作物研究所负责人和有关人员，赴海南考察南繁基地建设事宜。

8月25日，甘肃省农业科学院党委组织召开严格落实党组织生活制度约谈会。

8月27—29日，甘肃省农业科学院院长马忠明带领院办公室、马铃薯研究所和甘肃一航薯业科技发展有限责任公司负责人，赴西藏调研马铃薯产业发展，并在西藏自治区农牧科学院举办了“陇薯入藏”品种推介及产业需求座谈会。

8月28日，中国工程院院士、中国农业大学教授张福锁，中国农业大学教授李隆、张卫峰一行7人来甘肃省农业科学院土肥所武威绿洲农业试验站观摩交流，院党委书记魏胜文陪同。

9月9日，甘肃省农业科学院举办《中华人民共和国民法典》宣讲会，邀请院法律顾问，甘肃经邦律师事务所合伙人、执行主任杜江律师，为全院职工宣讲《中华人民共和国民法典》。

9月11日，甘肃省农业科学院召开深化科技领域突出问题集中整治专项巡察动员部署会。

9月15日“甘肃富锌马铃薯——主题工作坊启动会”在甘肃省农业科学院召开。

9月16日，省政府新闻办举行新闻发布会，就由甘肃省农业科学院承办的第二届甘肃省农业科技成果推介会筹备情况进行新闻发布。

9月16日，甘肃省农业科学院举行了西北种质资源保存与创新利用中心开工仪式。省政协副主席尚勋武出席仪式并宣布西北种质资源保存与创新利用中心开工。

9月20日，由甘肃省农业科学院、兰州经济区管委会主办，甘肃省农业科技创新联盟、甘肃省农学会、兰州市科技局、兰州市农业农村局共同承办的第五届中国兰州科技成果博览会“都市农业可持续发展论坛”在兰州举行。

9 月 21—25 日，甘肃省农业科学院成功举办第四届文化艺术节，隆重庆祝新中国成立 71 周年，颂扬党的丰功伟绩，讴歌祖国辉煌成就，唱响时代主旋律，营造全院积极向上的文化氛围。

9 月 23 日，由甘肃省农业科技创新联盟主办，甘肃省农业科学院承办的第二届甘肃省农业科技成果推介会“现代农业高质量论坛”在甘肃省农业科学院成功举办。

9 月 23 日，由甘肃省农业科学院承办的第二届甘肃省农业科技成果推介会隆重开幕。

9 月 23 日，甘肃省农业科学院科技成果孵化中心揭牌成立。

9 月 23 日，甘肃省智慧农业研究中心、国家农业信息化工程技术研究中心甘肃省农业信息化示范基地、智慧农业专家工作站揭牌仪式在甘肃省农业科学院隆重举行。

9 月 24 日，由甘肃省农业科技创新联盟主办，甘肃省农业科学院承办、中国农业银行股份有限公司甘肃省分行等 8 家单位协办的第二届甘肃省农业科技成果推介会“一带一路与乡村振兴”论坛在甘肃省农业科学院成功举办。

9 月 24—27 日，省政协主席欧阳坚率驻甘全国政协委员考察团赴浙江省考察学习，全国政协委员、甘肃省农业科学院院长马忠明参加考察学习活动。

9 月 25—26 日，由中国社会科学院主办、社会科学文献出版社和云南大学共同承办的第二十一次全国皮书年会在昆明举行。甘肃省农业科学院党委书记魏胜文参加本次会议并应邀担任了“行业类皮书高质量发展：研创与引领”平行论坛的主持人以及大会闭幕式主持人。会上，甘肃省农业科学院组织研创的《甘肃农业现代化发展研究报告（2019）》荣获“优秀皮书奖”三等奖。

10 月 16 日，甘肃省农业科学院院长马忠明到医院看望慰问参加抗美援朝出国作战的志愿军老战士焦铭生同志，为他发放、佩戴“中国人民志愿军抗美援朝出国作战 70 周年”纪念章并慰问。

10 月 21—24 日，甘肃省农业科学院举办“看脱贫新成就共度重阳佳节”系列活动。

11 月 1—2 日，甘肃省农业科学院院长马忠明、副院长贺春贵带领院办公室、人事处、财务资产管理处和科技成果转化处主要负责同志，赴山东省农业科学院调研成果转化工作。

11 月 6 日，由甘肃省农业科学院畜草与绿色农业研究所牵头，联合甘肃同德农业集团有限责任公司、永昌县养生三宝食业有限责任公司、兰州明志农业科技有限公司、合作市鑫茂生态农业科技发展有限责任公司 4 家企业，共同发起的甘肃省藜麦种植行业协会成立大会暨第一次会员代表大会在兰州市宁卧庄宾馆召开。

11 月 18 日，甘肃省农业科学院党委书记魏胜文应邀为省委党校“学习党史、新中国史培训班”“高校、科研院所青年专业技术骨干培训班”“全省年轻干部固根守魂示范培训班”等 3 个主体班次授课。

11 月 18 日，省委常委、省委秘书长石谋军到甘肃省农业科学院走访调研，省委副秘书长、省委办公厅主任李德新，省委办公厅秘书三处处长华伟，省委办公厅调研处负责人王国军等陪同调研。

11 月 19 日，以色列驻华使馆公使尤瓦尔一行来甘肃省农业科学院实地考察并落实中以友好现代农业合作项目。

11 月 22—25 日，西藏自治区农牧科学院党组书记、副院长高学，院长助理刘秀群，带领计财处、科管处、质标所、资环所、草业所、食品所、办公室及政工人事处负责人一行10人来甘肃省农业科学院考察交流。

11月26—28日，由中国农科院、农业农村部科技发展中心、农民日报社、山东省农科院共同主办的“给农业插上科技的翅膀”理论研讨会在山东济南召开。甘肃省农业科学院院长马忠明及院办公室负责人参加了研讨会。

11月30日，由中共甘肃省委直属机关工作委员会、甘肃省体育局主办的2020年“省直机关干部职工健身气功—八段锦”比赛在兰州大学体育馆举行，共有来自甘肃省直属机关的33支代表队1 400余人参加了比赛。经过激烈争夺，甘肃省农业科学院荣获2020年“省直机关干部职工健身气功—八段锦”比赛三等奖。

11月30日至12月1日，甘肃省农业科学院党委书记魏胜文赴黄羊试验场、张掖试验场宣讲党的十九届五中全会精神，与基层党员干部共话党和国家事业取得的历史性成就，展望“十四五”和2035年发展的美好蓝图。

12月3日，省委直属机关工委副书记薛生家一行来甘肃省农业科学院调研指导工作，并为“省委直属机关职工书屋示范点”授牌、赠书。

12月4日，甘肃省农业科学院党委书记魏胜文带领全院县处级以上领导干部参加甘肃省高级人民法院开展的全国宪法日主题活动。

12月4日，甘肃省农业科学院召开交流及新提拔选用领导干部集体廉政谈话会。

12月7日，甘肃省农业科学院党委书记魏胜文为全院职工做党的十九届五中全会精神宣讲报告。

12月7—9日，甘肃省农业科学院举办学习贯彻党的十九届五中全会精神研讨培训班。

12月11日，甘肃省农业科学院院长马忠明应邀出席2020甘肃（兰州）智慧农业展览会暨现代丝路寒旱农业与科技应用发展论坛，并宣布展览会开幕。开幕式上，马忠明代表甘肃省农业科学院与甘肃省农民专业合作社联合社签署战略合作框架协议。

12月11日，甘肃省农业科学院党外知识分子联谊会召开“学习贯彻中共十九届五中全会精神座谈会”。

12月14日，“中—以绿色农业交流示范项目”签字暨揭牌仪式在甘肃省农业科学院举行。

12月17日，甘肃省农业科学院党委书记魏胜文应平凉市农业科学院邀请，宣讲党的十九届五中全会精神。

12月23日，“中以同心·智创同行”合作启动仪式在北京举行。甘肃省农业科学院院长马忠明应邀参加，并与以色列驻华大使何泽伟进行亲切交谈。

12月30日，甘肃省农业科学院举办“逐梦十四五、奋进新征程”迎新年环院健步走活动。

图书在版编目（CIP）数据

甘肃省农业科学院年鉴．2020／甘肃省农业科学院办公室编．—北京：中国农业出版社，2022.1
ISBN 978-7-109-29110-2

Ⅰ.①甘…　Ⅱ.①甘…　Ⅲ.①农业科学院—甘肃—2020—年鉴　Ⅳ.①S-242.42

中国版本图书馆 CIP 数据核字（2022）第 014871 号

甘肃省农业科学院年鉴．2020
GANSU SHENG NONGYE KEXUEYUAN NIANJIAN. 2020

中国农业出版社出版
地址：北京市朝阳区麦子店街 18 号楼
邮编：100125
责任编辑：程　燕
版式设计：王　晨　　责任校对：吴丽婷
印刷：北京通州皇家印刷厂
版次：2022 年 1 月第 1 版
印次：2022 年 1 月北京第 1 次印刷
发行：新华书店北京发行所
开本：889mm×1194mm　1/16
印张：20.5　　插页：14
字数：500 千字
定价：190.00 元